Family Maps
of
Van Buren County, Arkansas
Deluxe Edition

With Homesteads, Roads, Waterways, Towns, Cemeteries, Railroads, and More

Family Maps
of
Van Buren County, Arkansas
Deluxe Edition

With Homesteads, Roads, Waterways, Towns, Cemeteries, Railroads, and More

by Gregory A. Boyd, J.D.

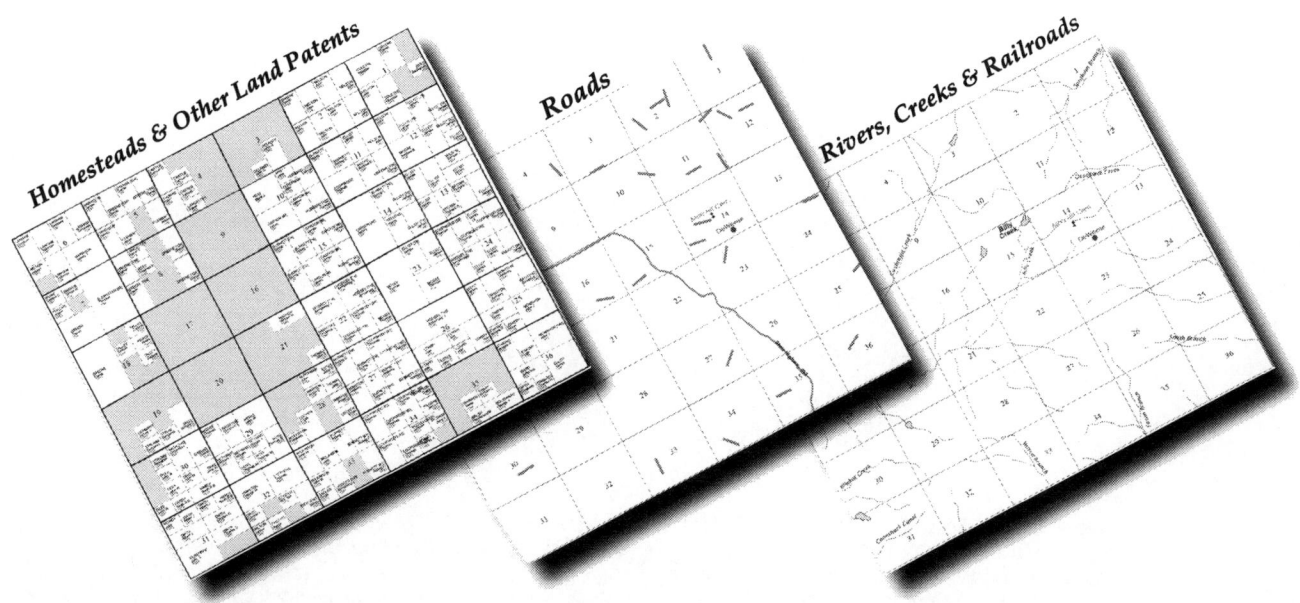

Featuring 3 Maps Per Township...

Arphax Publishing Co.
www.arphax.com

Family Maps of Van Buren County, Arkansas, Deluxe Edition: With Homesteads, Roads, Waterways, Towns, Cemeteries, Railroads, and More.
by Gregory A. Boyd, J.D.

ISBN 1-4203-1189-1

Copyright © 2006, 2010 by Boyd IT, Inc., All rights reserved.
Printed in the United States of America

Published by Arphax Publishing Co., 2210 Research Park Blvd., Norman, Oklahoma, USA 73069
www.arphax.com

First Edition

ATTENTION HISTORICAL & GENEALOGICAL SOCIETIES, UNIVERSITIES, COLLEGES, CORPORATIONS, FAMILY REUNION COORDINATORS, AND PROFESSIONAL ORGANIZATIONS: Quantity discounts are available on bulk purchases of this book. For information, please contact Arphax Publishing Co., at the address listed above, or at (405) 366-6181, or visit our web-site at www.arphax.com and contact us through the "Bulk Sales" link.

—LEGAL—

The contents of this book rely on data published by the United States Government and its various agencies and departments, including but not limited to the General Land Office–Bureau of Land Management, the Department of the Interior, and the U.S. Census Bureau. The author has relied on said government agencies or re-sellers of its data, but makes no guarantee of the data's accuracy or of its representation herein, neither in its text nor maps. Said maps have been proportioned and scaled in a manner reflecting the author's primary goal—to make patentee names readable. This book will assist in the discovery of possible relationships between people, places, locales, rivers, streams, cemeteries, etc., but "proving" those relationships or exact geographic locations of any of the elements contained in the maps will require the use of other source material, which could include, but not be limited to: land patents, surveys, the patentees' applications, professionally drawn road-maps, etc.

Neither the author nor publisher makes any claim that the contents herein represent a complete or accurate record of the data it presents and disclaims any liability for reader's use of the book's contents. Many circumstances exist where human, computer, or data delivery errors could cause records to have been missed or to be inaccurately represented herein. Neither the author nor publisher shall assume any liability whatsoever for errors, inaccuracies, omissions or other inconsistencies herein.

No part of this book may be reproduced, stored, or transmitted by any means (electronic, mechanical, photocopying, recording, or otherwise, as applicable) without the prior written permission of the publisher.

This book is dedicated to my wonderful family:

Vicki, Jordan, & Amy Boyd

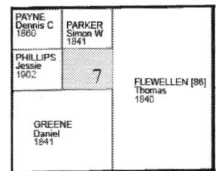

Contents

Preface...1
How to Use this Book - A Graphical Summary 2
How to Use This Book..3

- Part I -

The Big Picture

Map **A** - Where Van Buren County, Arkansas Lies Within the State 11
Map **B** - Van Buren County, Arkansas and Surrounding Counties 12
Map **C** - Congressional Townships of Van Buren County, Arkansas 13
Map **D** - Cities & Towns of Van Buren County, Arkansas 14
Map **E** - Cemeteries of Van Buren County, Arkansas...16
Surnames in Van Buren County, Arkansas Patents 18
Surname/Township Index 23

- Part II -

Township Map Groups

(each Map Group contains a Patent Index, Patent Map, Road Map, & Historical Map)

Map Group **1** - Township 13-N Range 15-W 58
Map Group **2** - Township 13-N Range 14-W 70
Map Group **3** - Township 12-N Range 17-W 82
Map Group **4** - Township 12-N Range 16-W 92
Map Group **5** - Township 12-N Range 15-W 104
Map Group **6** - Township 12-N Range 14-W 116
Map Group **7** - Township 12-N Range 13-W. 128
Map Group **8** - Township 12-N Range 12-W 140
Map Group **9** - Township 11-N Range 17-W 150
Map Group **10** - Township 11-N Range 16-W 160
Map Group **11** - Township 11-N Range 15-W 172
Map Group **12** - Township 11-N Range 14-W 184
Map Group **13** - Township 11-N Range 13-W 196
Map Group **14** - Township 11-N Range 12-W 208
Map Group **15** - Township 10-N Range 17-W 218
Map Group **16** - Township 10-N Range 16-W 228
Map Group **17** - Township 10-N Range 15-W 240
Map Group **18** - Township 10-N Range 14-W 252
Map Group **19** - Township 10-N Range 13-W 264

Map Group **20** - Township 10-N Range 12-W 276
Map Group **21** - Township 9-N Range 14-W 286
Map Group **22** - Township 9-N Range 13-W 292
Map Group **23** - Township 9-N Range 12-W 302

Appendices

Appendix A - Congressional Authority for Land Patents..314
Appendix B - Section Parts (Aliquot Parts)..315
Appendix C - Multi-Patentee Groups in Van Buren County 319

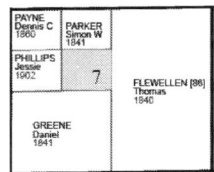

Preface

The quest for the discovery of my ancestors' origins, migrations, beliefs, and life-ways has brought me rewards that I could never have imagined. The *Family Maps* series of books is my first effort to share with historical and genealogical researchers, some of the tools that I have developed to achieve my research goals. I firmly believe that this effort will allow many people to reap the same sorts of treasures that I have.

Our Federal government's General Land Office of the Bureau of Land Management (the "GLO") has given genealogists and historians an incredible gift by virtue of its enormous database housed on its web-site at glorecords.blm.gov. Here, you can search for and find millions of parcels of land purchased by our ancestors in about thirty states.

This GLO web-site is one of the best FREE on-line tools available to family researchers. But, it is not for the faint of heart, nor is it for those unwilling or unable to to sift through and analyze the thousands of records that exist for most counties.

My immediate goal with this series is to spare you the hundreds of hours of work that it would take you to map the Land Patents for this county. Every Van Buren County homestead or land patent that I have gleaned from public GLO databases is mapped here. Consequently, I can usually show you in an instant, where your ancestor's land is located, as well as the names of nearby landowners.

Originally, that was my primary goal. But after speaking to other genealogists, it became clear that there was much more that they wanted. Taking their advice set me back almost a full year, but I think you will agree it was worth the wait. Because now, you can learn so much more.

Now, this book answers these sorts of questions:

- Are there any variant spellings for surnames that I have missed in searching GLO records?
- Where is my family's traditional home-place?
- What cemeteries are near Grandma's house?
- My Granddad used to swim in such-and-such-Creek—where is that?
- How close is this little community to that one?
- Are there any other people with the same surname who bought land in the county?
- How about cousins and in-laws—did they buy land in the area?

And these are just for starters!

The rules for using the *Family Maps* books are simple, but the strategies for success are many. Some techniques are apparent on first use, but many are gained with time and experience. Please take the time to notice the roads, cemeteries, creek-names, family names, and unique first-names throughout the whole county. You cannot imagine what YOU might be the first to discover.

I hope to learn that many of you have answered age-old research questions within these pages or that you have discovered relationships previously not even considered. When these sorts of things happen to you, will you please let me hear about it? I would like nothing better. My contact information can always be found at www.arphax.com.

One more thing: please read the "How To Use This Book" chapter; it starts on the next page. This will give you the very best chance to find the treasures that lie within these pages.

My family and I wish you the very best of luck, both in life, and in your research.   Greg Boyd

How to Use This Book - A Graphical Summary

Part I
"The Big Picture"

- **Map A** ▸ *Counties in the State*
- **Map B** ▸ *Surrounding Counties*
- **Map C** ▸ *Congressional Townships (Map Groups) in the County*
- **Map D** ▸ *Cities & Towns in the County*
- **Map E** ▸ *Cemeteries in the County*
- **Surnames in the County** ▸ *Number of Land-Parcels for Each Surname*
- **Surname/Township Index** ▸ *Directs you to Township Map Groups in Part II*

The Surname/Township Index can direct you to any number of **Township Map Groups**

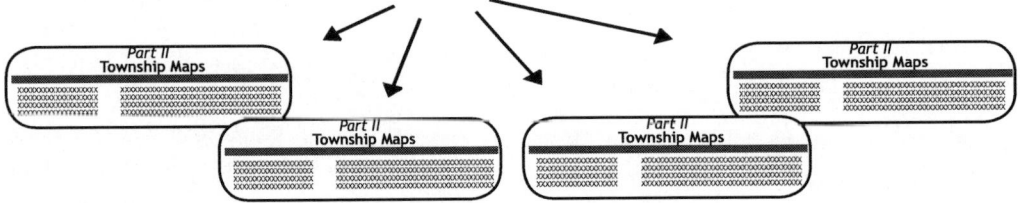

Part II
Township Map Groups
(1 for each Township in the County)

Each Township Map Group contains all four of of the following tools . . .

- **Land Patent Index** ▸ *Every-name Index of Patents Mapped in this Township*
- **Land Patent Map** ▸ *Map of Patents as listed in above Index*
- **Road Map** ▸ *Map of Roads, City-centers, and Cemeteries in the Township*
- **Historical Map** ▸ *Map of Lakes, Rivers, Creeks, City-Centers, and Cemeteries*

Appendices

- **Appendix A** ▸ *Congressional Authority enabling Patents within our Maps*
- **Appendix B** ▸ *Section-Parts / Aliquot Parts (a comprehensive list)*
- **Appendix C** ▸ *Multi-patentee Groups (Individuals within Buying Groups)*

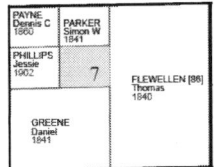

How to Use This Book

The two "Parts" of this *Family Maps* volume seek to answer two different types of questions. Part I deals with broad questions like: what counties surround Van Buren County, are there any ASHCRAFTs in Van Buren County, and if so, in which Townships or Maps can I find them? Ultimately, though, Part I should point you to a particular Township Map Group in Part II.

Part II concerns itself with details like: where exactly is this family's land, who else bought land in the area, and what roads and streams run through the land, or are located nearby. The Chart on the opposite page, and the remainder of this chapter attempt to convey to you the particulars of these two "parts", as well as how best to use them to achieve your research goals.

Part I
"The Big Picture"

Within Part I, you will find five "Big Picture" maps and two county-wide surname tools.

These include:

- Map A - Where Van Buren County lies within the state
- Map B - Counties that surround Van Buren County
- Map C - Congressional Townships of Van Buren County (+ Map Group Numbers)
- Map D - Cities & Towns of Van Buren County (with Index)
- Map E - Cemeteries of Van Buren County (with Index)
- Surnames in Van Buren County Patents (with Parcel-counts for each surname)
- Surname/Township Index (with Parcel-counts for each surname by Township)

The five "Big-Picture" Maps are fairly self-explanatory, yet should not be overlooked. This is particularly true of Maps "C", "D", and "E", all of which show Van Buren County and its Congressional Townships (and their assigned Map Group Numbers).

Let me briefly explain this concept of Map Group Numbers. These are a device completely of our own invention. They were created to help you quickly locate maps without having to remember the full legal name of the various Congressional Townships. It is simply easier to remember "Map Group 1" than a legal name like: "Township 9-North Range 6-West, 5th Principal Meridian." But the fact is that the TRUE legal name for these Townships IS terribly important. These are the designations that others will be familiar with and you will need to accurately record them in your notes. This is why both Map Group numbers AND legal descriptions of Townships are almost always displayed together.

Map "C" will be your first intoduction to "Map Group Numbers", and that is all it contains: legal Township descriptions and their assigned Map Group Numbers. Once you get further into your research, and more immersed in the details, you will likely want to refer back to Map "C" from time to time, in order to regain your bearings on just where in the county you are researching.

Remember, township boundaries are a completely artificial device, created to standardize land descriptions. But do not let them become a boundary in your mind when choosing which townships to research. Your relative's in-laws, children, cousins, siblings, and mamas and papas, might just as easily have lived in the township next to the one your grandfather lived in—rather than in the one where he actually lived. So Map "C" can be your guide to which other Townships/Map Groups you likewise ought to analyze.

Of course, the same holds true for County lines; this is the purpose behind Map "B". It shows you surrounding counties that you may want to consider for further reserarch.

Map "D", the Cities and Towns map, is the first map with an index. Map "E" is the second (Cemeteries). Both, Maps "D" and "E" give you broad views of City (or Cemetery) locations in the County. But they go much further by pointing you toward pertinent Township Map Groups so you can locate the patents, roads, and waterways located near a particular city or cemetery.

Once you are familiar with these *Family Maps* volumes and the county you are researching, the "Surnames In Van Buren County" chapter (or its sister chapter in other volumes) is where you'll likely start your future research sessions. Here, you can quickly scan its few pages and see if anyone in the county possesses the surnames you are researching. The "Surnames in Van Buren County" list shows only two things: surnames and the number of parcels of land we have located for that surname in Van Buren County. But whether or not you immediately locate the surnames you are researching, please do not go any further without taking a few moments to scan ALL the surnames in these very few pages.

You cannot imagine how many lost ancestors are waiting to be found by someone willing to take just a little longer to scan the "Surnames In Van Buren County" list. Misspellings and typographical errors abound in most any index of this sort. Don't miss out on finding your Kinard that was written Rynard or Cox that was written Lox. If it looks funny or wrong, it very often is. And one of those little errors may well be your relative.

Now, armed with a surname and the knowledge that it has one or more entries in this book, you are ready for the "Surname/Township Index." Unlike the "Surnames In Van Buren County", which has only one line per Surname, the "Surname/Township Index" contains one line-item for each Township Map Group in which each surname is found. In other words, each line represents a different Township Map Group that you will need to review.

Specifically, each line of the Surname/Township Index contains the following four columns of information:

1. Surname
2. Township Map Group Number (these Map Groups are found in Part II)
3. Parcels of Land (number of them with the given Surname within the Township)
4. Meridian/Township/Range (the legal description for this Township Map Group)

The key column here is that of the Township Map Group Number. While you should definitely record the Meridian, Township, and Range, you can do that later. Right now, you need to dig a little deeper. That Map Group Number tells you where in Part II that you need to start digging.

But before you leave the "Surname/Township Index", do the same thing that you did with the "Surnames in Van Buren County" list: take a moment to scan the pages of the Index and see if there are similarly spelled or misspelled surnames that deserve your attention. Here again, is an easy opportunity to discover grossly misspelled family names with very little effort. Now you are ready to turn to . . .

Part II
"Township Map Groups"

You will normally arrive here in Part II after being directed to do so by one or more "Map Group Numbers" in the Surname/Township Index of Part I.

Each Map Group represents a set of four tools dedicated to a single Congressional Township that is either wholly or partially within the county. If you are trying to learn all that you can about a particular family or their land, then these tools should usually be viewed in the order they are presented.

These four tools include:

1. a Land Patent Index
2. a Land Patent Map
3. a Road Map, and
4. an Historical Map

As I mentioned earlier, each grouping of this sort is assigned a Map Group Number. So, let's now move on to a discussion of the four tools that make up one of these Township Map Groups.

Land Patent Index

Each Township Map Group's Index begins with a title, something along these lines:

MAP GROUP 1: Index to Land Patents
Township 16-North Range 5-West (2nd PM)

The Index contains seven (7) columns. They are:

1. ID (a unique ID number for this Individual and a corresponding Parcel of land in this Township)
2. Individual in Patent (name)
3. Sec. (Section), and
4. Sec. Part (Section Part, or Aliquot Part)
5. Date Issued (Patent)
6. Other Counties (often means multiple counties were mentioned in GLO records, or the section lies within multiple counties).
7. For More Info . . . (points to other places within this index or elsewhere in the book where you can find more information)

While most of the seven columns are self-explanatory, I will take a few moments to explain the "Sec. Part." and "For More Info" columns.

The "Sec. Part" column refers to what surveryors and other land professionals refer to as an Aliquot Part. The origins and use of such a term mean little to a non-surveyor, and I have chosen to simply call these sub-sections of land what they are: a "Section Part". No matter what we call them, what we are referring to are things like a quarter-section or half-section or quarter-quarter-section. See Appendix "B" for most of the "Section Parts" you will come across (and many you will not) and what size land-parcel they represent.

The "For More Info" column of the Index may seem like a small appendage to each line, but please recognize quickly that this is not so. And to understand the various items you might find here, you need to become familiar with the Legend that appears at the top of each Land Patent Index.

Here is a sample of the Legend . . .

LEGEND

"For More Info . . . " column
A = Authority (Legislative Act, See Appendix "A")
B = Block or Lot (location in Section unknown)
C = Cancelled Patent
F = Fractional Section
G = Group (Multi-Patentee Patent, see Appendix "C")
V = Overlaps another Parcel
R = Re-Issued (Parcel patented more than once)

Most parcels of land will have only one or two of these items in their "For More Info" columns, but when that is not the case, there is often some valuable information to be gained from further investigation. Below, I will explain what each of these items means to you you as a researcher.

A = Authority
(Legislative Act, See Appendix "A")
All Federal Land Patents were issued because some branch of our government (usually the U.S. Congress) passed a law making such a transfer of title possible. And therefore every patent within these pages will have an "A" item next to it in the index. The number after the "A" indicates which item in Appendix "A" holds the citation to the particular law which authorized the transfer of land to the public. As it stands, most of the Public Land data compiled and released by our government, and which serves as the basis for the patents mapped here, concerns itself with "Cash Sale" homesteads. So in some Counties, the law which authorized cash sales will be the primary, if not the only, entry in the Appendix.

B = Block or Lot (location in Section unknown)
A "B" designation in the Index is a tip-off that the EXACT location of the patent within the map is not apparent from the legal description. This

Patent will nonetheless be noted within the proper Section along with any other Lots purchased in the Section. Given the scope of this project (many states and many Counties are being mapped), trying to locate all relevant plats for Lots (if they even exist) and accurately mapping them would have taken one person several lifetimes. But since our primary goal from the onset has been to establish relationships between neighbors and families, very little is lost to this goal since we can still observe who all lived in which Section.

C = Cancelled Patent

A Cancelled Patent is just that: cancelled. Whether the original Patentee forfeited his or her patent due to fraud, a technicality, non-payment, or whatever, the fact remains that it is significant to know who received patents for what parcels and when. A cancellation may be evidence that the Patentee never physically re-located to the land, but does not in itself prove that point. Further evidence would be required to prove that. *See also*, Re-issued Patents, *below*.

F = Fractional Section

A Fractional Section is one that contains less than 640 acres, almost always because of a body of water. The exact size and shape of land-parcels contained in such sections may not be ascertainable, but we map them nonetheless. Just keep in mind that we are not mapping an actual parcel to scale in such instances. Another point to consider is that we have located some fractional sections that are not so designated by the Bureau of Land Management in their data. This means that not all fractional sections have been so identified in our indexes.

G = Group
(Multi-Patentee Patent, see Appendix "C")

A "G" designation means that the Patent was issued to a GROUP of people (Multi-patentees). The "G" will always be followed by a number. Some such groups were quite large and it was impractical if not impossible to display each individual in our maps without unduly affecting readability. EACH person in the group is named in the Index, but they won't all be found on the Map. You will find the name of the first person in such a Group on the map with the Group number next to it, enclosed in [square brackets].

To find all the members of the Group you can either scan the Index for all people with the same Group Number or you can simply refer to Appendix "C" where all members of the Group are listed next to their number.

O = Overlaps another Parcel

An Overlap is one where PART of a parcel of land gets issued on more than one patent. For genealogical purposes, both transfers of title are important and both Patentees are mapped. If the ENTIRE parcel of land is re-issued, that is what we call it, a Re-Issued Patent (*see below*). The number after the "O" indicates the ID for the overlapping Patent(s) contained within the same Index. Like Re-Issued and Cancelled Patents, Overlaps may cause a map-reader to be confused at first, but for genealogical purposes, all of these parties' relationships to the underlying land is important, and therefore, we map them.

R = Re-Issued (Parcel patented more than once)

The label, "Re-issued Patent" describes Patents which were issued more than once for land with the EXACT SAME LEGAL DESCRIPTION. Whether the original patent was cancelled or not, there were a good many parcels which were patented more than once. The number after the "R" indicates the ID for the other Patent contained within the same Index that was for the same land. A quick glance at the map itself within the relevant Section will be the quickest way to find the other Patentee to whom the Parcel was transferred. They should both be mapped in the same general area.

I have gone to some length describing all sorts of anomalies either in the underlying data or in their representation on the maps and indexes in this book. Most of this will bore the most ardent reseracher, but I do this with all due respect to those researchers who will inevitably (and rightfully) ask: *"Why isn't so-and-so's name on the exact spot that the index says it should be?"*

In most cases it will be due to the existence of a Multi-Patentee Patent, a Re-issued Patent, a Cancelled Patent, or Overlapping Parcels named in separate Patents. I don't pretend that this discussion will answer every question along these lines, but I hope it will at least convince you of the complexity of the subject.

Not to despair, this book's companion web-site will offer a way to further explain "odd-ball" or errant data. Each book (County) will have its own web-page or pages to discuss such situations. You can go to www.arphax.com to find the relevant web-page for Van Buren County.

Land Patent Map

On the first two-page spread following each Township's Index to Land Patents, you'll find the corresponding Land Patent Map. And here lies the real heart of our work. For the first time anywhere, researchers will be able to observe and analyze, on a grand scale, most of the original land-owners for an area AND see them mapped in proximity to each one another.

We encourage you to make vigorous use of the accompanying Index described above, but then later, to abandon it, and just stare at these maps for a while. This is a great way to catch misspellings or to find collateral kin you'd not known were in the area.

Each Land Patent Map represents one Congressional Township containing approximately 36-square miles. Each of these square miles is labeled by an accompanying Section Number (1 through 36, in most cases). Keep in mind, that this book concerns itself solely with Van Buren County's patents. Townships which creep into one or more other counties will not be shown in their entirety in any one book. You will need to consult other books, as they become available, in order to view other countys' patents, cities, cemeteries, etc.

But getting back to Van Buren County: each Land Patent Map contains a Statistical Chart that looks like the following:

Township Statistics

Parcels Mapped	:	173
Number of Patents	:	163
Number of Individuals	:	152
Patentees Identified	:	151
Number of Surnames	:	137
Multi-Patentee Parcels	:	4
Oldest Patent Date	:	11/27/1820
Most Recent Patent	:	9/28/1917
Block/Lot Parcels	:	0
Parcels Re-Issued	:	3
Parcels that Overlap	:	8
Cities and Towns	:	6
Cemeteries	:	6

This information may be of more use to a social statistician or historian than a genealogist, but I think all three will find it interesting.

Most of the statistics are self-explanatory, and what is not, was described in the above discussion of the Index's Legend, but I do want to mention a few of them that may affect your understanding of the Land Patent Maps.

First of all, Patents often contain more than one Parcel of land, so it is common for there to be more Parcels than Patents. Also, the Number of Individuals will more often than not, not match the number of Patentees. A Patentee is literally the person or PERSONS named in a patent. So, a Patent may have a multi-person Patentee or a single-person patentee. Nonetheless, we account for all these individuals in our indexes.

On the lower-righthand side of the Patent Map is a Legend which describes various features in the map, including Section Boundaries, Patent (land) Boundaries, Lots (numbered), and Multi-Patentee Group Numbers. You'll also find a "Helpful Hints" Box that will assist you.

One important note: though the vast majority of Patents mapped in this series will prove to be reasonably accurate representations of their actual locations, we cannot claim this for patents lying along state and county lines, or waterways, or that have been platted (lots).

Shifting boundaries and sparse legal descriptions in the GLO data make this a reality that we have nonetheless tried to overcome by estimating these patents' locations the best that we can.

Road Map

On the two-page spread following each Patent Map you will find a Road Map covering the exact same area (the same Congressional Township).

For me, fully exploring the past means that every once in a while I must leave the library and travel to the actual locations where my ancestors once walked and worked the land. Our Township Road Maps are a great place to begin such a quest.

Keep in mind that the scaling and proportion of these maps was chosen in order to squeeze hundreds of people-names, road-names, and place-names into tinier spaces than you would traditionally see. These are not professional road-maps, and like any secondary genealogical source, should be looked upon as an entry-way to original sources—in this case, original patents and applications, professionally produced maps and surveys, etc.

Both our Road Maps and Historical Maps contain cemeteries and city-centers, along with a listing of these on the left-hand side of the map. I should note that I am showing you city center-points, rather than city-limit boundaries, because in many instances, this will represent a place where settlement began. This may be a good time to mention that many cemeteries are located on private property, Always check with a local historical or genealogical society to see if a particular cemetery is publicly accessible (if it is not obviously so). As a final point, look for your surnames among the road-names. You will often be surprised by what you find.

Historical Map

The third and final map in each Map Group is our attempt to display what each Township might have looked like before the advent of modern roads. In frontier times, people were usually more determined to settle near rivers and creeks than they were near roads, which were often few and far between. As was the case with the Road Map, we have included the same cemeteries and city-centers. We normally include railroads, but the U.S. Census maps we rely on contained none, and therefore they are not in our Van Buren County book.

While some may claim "Historical Map" to be a bit of a misnomer for this tool, we settled for this label simply because it was almost as accurate as saying "Lakes, Rivers, Cities, and Cemeteries," and it is much easier to remember.

In Closing . . .

By way of example, here is *A Really Good Way to Use a Township Map Group*. First, find the person you are researching in the Township's Index to Land Patents, which will direct you to the proper Section and parcel on the Patent Map. But before leaving the Index, scan all the patents within it, looking for other names of interest. Now, turn to the Patent Map and locate your parcels of land. Pay special attention to the names of patent-holders who own land surrounding your person of interest. Next, turn the page and look at the same Section(s) on the Road Map. Note which roads are closest to your parcels and also the names of nearby towns and cemeteries. Using other resources, you may be able to learn of kin who have been buried here, plus, you may choose to visit these cemeteries the next time you are in the area.

Finally, turn to the Historical Map. Look once more at the same Sections where you found your research subject's land. Note the nearby streams, creeks, and other geographical features. You may be surprised to find family names were used to name them, or you may see a name you haven't heard mentioned in years and years—and a new research possibility is born.

Many more techniques for using these *Family Maps* volumes will no doubt be discovered. If from time to time, you will navigate to Van Buren County's web-page at www.arphax.com (use the "Research" link), you can learn new tricks as they become known (or you can share ones you have employed). But for now, you are ready to get started. So, go, and good luck.

– Part I –

The Big Picture

The Big Picture

Map A - Where Van Buren County, Arkansas Lies Within the State

Legend
— State Boundary
— County Boundaries
▢ Van Buren County, Arkansas

Helpful Hints

1. We start with Map "A" which simply shows us where within the State this county lies.

2. Map "B" zooms in further to help us more easily identify surrounding Counties.

3. Map "C" zooms in even further to reveal the Congressional Townships that either lie within or intersect Van Buren County.

Copyright © 2006 Boyd IT, Inc. All Rights Reserved

Map B - Van Buren County, Arkansas and Surrounding Counties

The Big Picture

Map C - Congressional Townships of Van Buren County, Arkansas

	Map Group 1 Township 13-N Range 15-W	Map Group 2 Township 13-N Range 14-W

Map Group 3 Township 12-N Range 17-W	Map Group 4 Township 12-N Range 16-W	Map Group 5 Township 12-N Range 15-W	Map Group 6 Township 12-N Range 14-W	Map Group 7 Township 12-N Range 13-W	Map Group 8 Township 12-N Range 12-W
Map Group 9 Township 11-N Range 17-W	Map Group 10 Township 11-N Range 16-W	Map Group 11 Township 11-N Range 15-W	Map Group 12 Township 11-N Range 14-W	Map Group 13 Township 11-N Range 13-W	Map Group 14 Township 11-N Range 12-W
Map Group 15 Township 10-N Range 17-W	Map Group 16 Township 10-N Range 16-W	Map Group 17 Township 10-N Range 15-W	Map Group 18 Township 10-N Range 14-W	Map Group 19 Township 10-N Range 13-W	Map Group 20 Township 10-N Range 12-W
			Map Group 21 Township 9-N Range 14-W	Map Group 22 Township 9-N Range 13-W	Map Group 23 Township 9-N Range 12-W

Legend
- Van Buren County, Arkansas
- Congressional Townships

Copyright © 2006 Boyd IT, Inc. All Rights Reserved

Helpful Hints

1. Many Patent-holders and their families settled across county lines. It is always a good idea to check nearby counties for your families (See Map "B").

2. Refer to Map "A" to see a broader view of where this county lies within the State, and Map "B" for a view of the counties surrounding Van Buren County.

Map D Index: Cities & Towns of Van Buren County, Arkansas

The following represents the Cities and Towns of Van Buren County, along with the corresponding Map Group in which each is found. Cities and Towns are displayed in both the Road and Historical maps in the Group.

City/Town	Map Group No.
Alread	10
Archey (historical)	6
Archey Valley	4
Austin	15
Banner (historical)	13
Bee Branch	22
Bloomington (historical)	19
Botkinburg	6
Butter Creek (historical)	17
Buzzard Roost (historical)	12
Chalk (historical)	14
Chimes	4
Choctaw	18
Choctaw Pines	19
Claude	17
Clinton	12
Copeland	4
Crabtree	11
Culpepper	18
Dabney	9
Damascus	22
Dennard	1
East Mountain (historical)	19
Edge (historical)	16
Eglantine	14
Elba	2
Fairbanks	23
Fairfield Bay	14
Formosa	18
Gladys (historical)	11
Gravel Hill	17
Gravesville	22
Green Tree	19
Gridley (historical)	16
Half Moon	2
Kinderhook (historical)	8
Koones Gulf (historical)	9
Latham (historical)	10
Liberty Springs (historical)	16
Morganton	19
Oak Flat (historical)	1
Old Botkinburg	6
Old Liberty (historical)	16
Palisades	19
Pee Dee	13
Pine Mountain (historical)	17
Plant	2
Pleasant Grove	17
Poe (historical)	8
Rabbit Ridge	21
Racket Ridge (historical)	10
Rex	10
Rocky Hill	1
Rumley	2
Rupert	4
Scotland	17
Settlement (historical)	7
Shake Rag (historical)	12
Shirley	7

City/Town	Map Group No.
Southside	22
Stumptoe	15
Sulphur Springs	20
Walnut Grove	11
Whipple	21
Williams Gulf (historical)	10
Woolum	4
Zion Hill	3

The Big Picture

Map D - Cities & Towns of Van Buren County, Arkansas

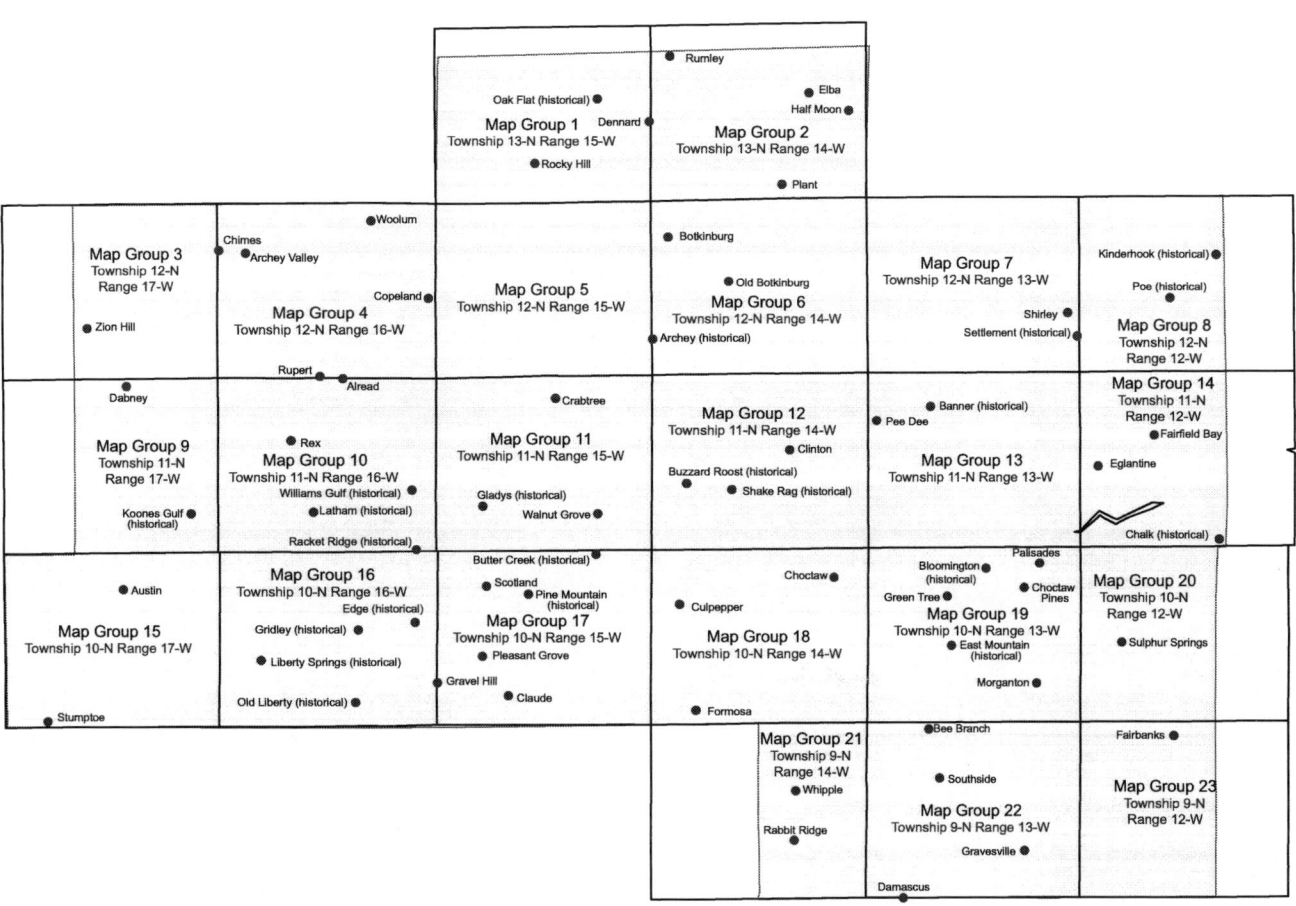

— Legend —

Van Buren County, Arkansas

Congressional Townships

Copyright © 2006 Boyd IT, Inc. All Rights Reserved

— Helpful Hints —

1. Cities and towns are marked only at their center-points as published by the USGS and/or NationalAtlas.gov. This often enables us to more closely approximate where these might have existed when first settled.

2. To see more specifically where these Cities & Towns are located within the county, refer to both the Road and Historical maps in the Map-Group referred to above. See also, the Map "D" Index on the opposite page.

Map E Index: Cemeteries of Van Buren County, Arkansas

The following represents many of the Cemeteries of Van Buren County, along with the corresponding Township Map Group in which each is found. Cemeteries are displayed in both the Road and Historical maps in the Map Groups referred to below.

Cemetery	Map Group No.
Arnhart Cem.	5
Bee Branch Cem.	22
Bee Branch Cem.	22
Blackwell Cem.	22
Bluffton Cem.	6
Bradford Cem.	14
Bradley Cem.	12
Burke Cem.	10
Center Hill Cem.	22
Collins Cem.	8
Crowell Cem.	11
Davis Cem.	8
Dennard Cem.	2
Eglantine Cem.	14
Evans Cem.	12
Foster Cem.	17
Gardner Cem.	11
Hardin Cem.	19
Holland Cem.	22
Holly Mountain Cem.	6
Hunter-Hill Cem.	12
Johnson Cem.	12
Liberty Cem.	4
Liberty Springs Cem.	16
Lloyd Cem.	22
Low Gap Cem.	10
Lowder Cem.	15
Lunceford Cem.	1
Lute Cem.	7
Mountain View Cem.	6
Old Liberty Cem.	16
Pee Dee Cem.	13
Pine Grove Cem.	1
Quattlebaum Cem.	19
Rocky Valley Cem.	15
Salem Cem.	1
Settlement Cem.	8
Union Hill Cem.	3
Woolum Cem.	5

Map E - Cemeteries of Van Buren County, Arkansas

		⚰ Pine Grove Cem.				
		Map Group 1 Township 13-N Range 15-W	⚰ Dennard Cem. **Map Group 2** Township 13-N Range 14-W			
		Lunceford Cem. ⚰ ⚰ Salem Cem.				
⚰ Union Hill Cem.	⚰ Liberty Cem.	⚰ Woolum Cem. ⚰ Arnhart Cem.	Holly Mountain Cem. ⚰	Lute Cem. ⚰	**Map Group 8** Township 12-N Range 12-W	
Map Group 3 Township 12-N Range 17-W	**Map Group 4** Township 12-N Range 16-W	**Map Group 5** Township 12-N Range 15-W	**Map Group 6** Township 12-N Range 14-W Mountain View Cem. ⚰ ⚰ Bluffton Cem.	**Map Group 7** Township 12-N Range 13-W	⚰ Collins Cem. ⚰ Settlement Cem. Davis Cem. ⚰	
		Map Group 11 Township 11-N Range 15-W	⚰ Evans Cem. **Map Group 12** Township 11-N Range 14-W	⚰ Pee Dee Cem.	⚰ Bradford Cem. ⚰ Eglantine Cem.	
Map Group 9 Township 11-N Range 17-W	Low Gap Cem. ⚰ **Map Group 10** Township 11-N Range 16-W	⚰ Crowell Cem. ⚰ Gardner Cem.	Johnson Cem. ⚰ ⚰ Bradley Cem. Hunter-Hill Cem. ⚰	**Map Group 13** Township 11-N Range 13-W	**Map Group 14** Township 11-N Range 12-W	
	Burke Cem. ⚰	⚰ Foster Cem.				
Map Group 15 Township 10-N Range 17-W	**Map Group 16** Township 10-N Range 16-W	**Map Group 17** Township 10-N Range 15-W	**Map Group 18** Township 10-N Range 14-W	**Map Group 19** Township 10-N Range 13-W	**Map Group 20** Township 10-N Range 12-W	
Rocky Valley Cem. ⚰ Lowder Cem. ⚰	⚰ Liberty Springs Cem. Old Liberty Cem. ⚰			⚰ Quattlebaum Cem.	Hardin Cem. ⚰	
				⚰ Bee Branch Cem. ⚰ Bee Branch Cem. ⚰ Blackwell Cem.		
			Map Group 21 Township 9-N Range 14-W	**Map Group 22** Township 9-N Range 13-W ⚰ Lloyd Cem.	**Map Group 23** Township 9-N Range 12-W	
				Center Hill Cem. ⚰ Holland Cem. ⚰		

— Legend —

▢ Van Buren County, Arkansas

▢ Congressional Townships

Copyright © 2006 Boyd IT, Inc. All Rights Reserved

— Helpful Hints —

1. Cemeteries are marked at locations as published by the USGS and/or NationalAtlas.gov.

2. To see more specifically where these Cemeteries are located, refer to the Road & Historical maps in the Map-Group referred to above. See also, the Map "E" Index on the opposite page to make sure you don't miss any of the Cemeteries located within this Congressional township.

Family Maps of Van Buren County, Arkansas

Surnames in Van Buren County, Arkansas Patents

The following list represents the surnames that we have located in Van Buren County, Arkansas Patents and the number of parcels that we have mapped for each one. Here is a quick way to determine the existence (or not) of Patents to be found in the subsequent indexes and maps of this volume.

Surname	# of Land Parcels	Surname	# of Land Parcels	Surname	# of Land Parcels	Surname	# of Land Parcels
AARONS	2	BENNING	3	BURGESS	6	COLLINS	13
ABERNATHY	2	BENSBERG	2	BURK	25	COLLUMS	1
ACTON	14	BENTLEY	11	BURKE	2	COLVIN	3
ADAMS	1	BERRY	14	BURKET	3	COLWELL	1
ADAY	1	BEVERAGE	23	BURNETT	15	COMPTON	2
ADKINS	3	BIGELOW	6	BURROUGH	3	CONKLIN	1
AIKIN	1	BINGHAM	8	BURROUGHS	3	CONLEY	4
AKIN	3	BINGLE	3	BURT	2	CONNER	1
AKINS	5	BINTLIFF	3	BYERS	2	CONNETT	5
ALEXANDER	3	BISHOP	13	BYNUM	5	COOK	23
ALISON	5	BIXLER	7	CAGLE	1	COOPER	17
ALLEN	5	BIZZELL	4	CALDWELL	10	COPELAND	10
ALLISON	3	BLACKBURN	10	CALLAHAN	7	CORMACK	1
ALLRED	2	BLACKWELL	1	CALLEN	3	CORSBIE	3
ALMAND	3	BLAINEY	1	CALLENDER	3	COSSEY	5
ALSTON	7	BLAIR	4	CALVIN	4	COSTLEY	5
ANDERSON	12	BLANEY	8	CAMPBELL	22	COTTON	2
ANDREWS	7	BLANTON	3	CANADAY	3	COTTRELL	14
ANGLIN	1	BLEVINS	4	CANBY	1	COUCH	17
APJONES	3	BLOODWORTH	4	CARAKER	1	COUNTS	4
ARCHER	10	BLOUNT	3	CARGILL	1	COX	1
ARMISTEAD	6	BLUE	1	CARIKER	7	CRABTREE	3
ARMSTRONG	4	BOLES	1	CARMICHAEL	5	CRAINE	1
ARNHART	15	BOLTON	3	CARMICKLE	1	CRAMPTON	1
ARNOLD	6	BONDS	16	CARON	1	CRANE	1
ASBURY	1	BOON	8	CARRELL	3	CRAVENS	7
ATWELL	3	BOST	39	CARROLL	7	CRAWFORD	6
AUSTIN	7	BOSWELL	3	CARTER	7	CRENSHAW	3
AUTRY	5	BOWDEN	5	CASEY	6	CRITTENDEN	1
AUVENSHINE	2	BOWLING	18	CASH	3	CROLL	6
AVERY	3	BOYCE	2	CASSEY	4	CROMWELL	2
AVEY	1	BOYD	6	CASTLEBERRY	3	CROOK	4
AXTELL	1	BOYKIN	4	CASTLEBURY	1	CROSS	5
AYRES	1	BOYLE	2	CASTOE	3	CROUCH	5
BACON	1	BRADBERRY	2	CATES	11	CROW	5
BAILEY	17	BRADBURY	5	CAVENDER	2	CROWELL	5
BAIN	1	BRADFORD	68	CHADWICK	1	CROWNOVER	1
BAIRD	2	BRADLEY	32	CHALK	3	CRUSE	1
BAKER	14	BRANCH	3	CHAMBERS	2	CUDE	2
BALDRIDGE	2	BRANNON	2	CHANDLER	17	CULLAM	1
BANKS	6	BRANSCUM	2	CHASTAIN	11	CULLUM	49
BARBER	1	BRANSON	2	CHEW	3	CULPEPER	6
BARKER	3	BRANUM	1	CHILDERS	4	CULPEPPER	6
BARNES	27	BRATTON	4	CHILDRES	4	CUMMANS	2
BARNETT	7	BRENTS	8	CHISCO	1	CUNNINGHAM	4
BARNUM	2	BREWER	8	CHISM	1	CURRENT	1
BARTLETT	1	BREWINGTON	1	CHRISCO	1	CURTIS	6
BARTOLD	2	BRICKEY	14	CHRISTENBERRY	3	CYPERT	1
BASS	3	BRIDGES	8	CHRISTIAN	5	DALY	1
BATES	7	BRIGGS	2	CHRISTIEN	1	DANIEL	3
BATTLES	2	BRITTAIN	4	CHRISTOPHER	6	DANLEY	1
BAUGH	5	BRITTON	4	CLARK	23	DAUGHERTY	7
BAUMGARDNER	3	BROCK	21	CLEAVER	4	DAULEY	9
BAY	2	BROOKS	4	CLIFTON	4	DAVES	3
BEAN	3	BROWN	36	CLINTON	2	DAVIDSON	6
BEASLEY	3	BROYLES	3	CLONINGER	1	DAVIS	55
BEAVERS	21	BRUCE	20	CLUTTS	5	DAY	2
BECKHAM	9	BRYANT	9	COALE	6	DEAN	20
BEGGS	2	BUCHANAN	7	COKER	3	DEANE	2
BEGLY	2	BUIE	3	COLEMAN	12	DEASON	6
BELL	3	BULLARD	1	COLEY	3	DEMPSEY	6
BENNETT	8	BUNCH	3	COLLIE	4	DEMPSY	3

Surnames in Van Buren County, Arkansas Patents

Surname	# of Land Parcels
DENNEY	8
DENNY	1
DENTON	4
DICKERSON	1
DICKSON	3
DILLARD	5
DINKINS	1
DIXON	1
DOLLAR	4
DONAHUE	1
DOOLEY	2
DOSHIER	1
DOUGLAS	5
DOUGLASS	3
DOWDY	8
DRAKE	3
DRISKILL	1
DRIVER	11
DUCKWORTH	3
DUDLEY	2
DUGLASS	3
DUKE	3
DUNCAN	15
DUNLAP	7
DUNN	2
DUNSWORTH	4
DURRETT	2
DUSCHEL	2
DUSCHELL	1
DUVALL	15
DYER	11
EADES	8
EADS	2
EASON	2
EATON	7
EDWARDS	28
EGGER	2
ELDER	5
ELDRIDGE	3
ELLENBURG	3
ELLIOTT	5
ELLIS	4
ELY	3
EMBREE	3
EMERSON	39
EMMERET	3
EMMONS	4
ENGLAND	8
ENGLES	3
ENGLIS	4
ENNES	2
ENNIS	2
ENYART	6
EOFF	7
ESKRIDGE	7
ESTES	5
EUBANKS	4
EVANS	15
FAIN	1
FARLEY	11
FARMER	7
FARR	3
FARRIS	3
FENDER	1
FERGERSON	3
FERGUSON	3
FERRELL	2
FIELDER	2
FIELDS	1
FIFE	1
FILES	6
FILLERS	5
FINCH	2
FINNEY	3
FIRESTONE	2
FISHER	4
FITZPATRICK	1
FLEMMINGS	1
FLEMMONS	3
FLESHER	1
FLORY	2
FLOWERS	6
FLOYD	1
FOLKS	1
FORD	8
FORRESTER	9
FORSTER	3
FORTNER	4
FOSTER	2
FOWLER	3
FRANCIS	3
FRANKLIN	11
FRANKS	1
FRASER	2
FRAZIER	1
FREDERICK	3
FREEMAN	9
FRENCH	7
FRIZZELL	1
FROST	1
FRYMAN	1
FUDGE	3
FULKERSON	3
FULKS	2
FULLERTON	8
GADBERRY	7
GADDY	5
GALLOWAY	4
GANES	3
GANNON	3
GARDNER	31
GARLAND	5
GARNER	5
GARRETT	2
GEAN	3
GEARY	4
GEE	3
GEER	4
GEORGE	2
GIBBINS	2
GIBBONS	5
GIBBY	3
GIDDENS	4
GIFFORD	3
GILBERT	1
GILDERSLEVE	3
GILES	3
GILLMORE	2
GILMAN	3
GIPSON	2
GIST	2
GIVENS	4
GOATCHER	2
GOATS	10
GODBERRY	1
GODFREY	2
GOFF	3
GOLDMAN	5
GOOCH	1
GOODEN	9
GOODIN	6
GOODMAN	5
GOODNIGHT	2
GOODRIGHT	2
GOODWIN	1
GORDON	6
GRADDY	11
GRAHAM	2
GRANT	7
GRAY	3
GRAYSON	3
GREEN	15
GREENLEE	2
GREER	7
GREESON	1
GRIFFIN	13
GRIGGS	20
GRIGSBY	2
GRIMES	2
GRISHAM	1
GRISSETTE	2
GRISSOM	1
GRISWOLD	1
GROH	1
GROSS	5
GROVE	3
GUFFEY	5
GUILING	2
GUILLIAM	3
GUINN	3
GUTHRIE	4
GUY	1
HACKETT	3
HALBROOK	3
HALE	2
HALL	28
HALLEY	2
HAM	2
HAMET	2
HAMETT	1
HAMILTON	4
HAMM	2
HAMMETT	2
HAMMOND	6
HAMPTON	2
HANCOCK	2
HANEY	2
HANKS	3
HANKWITZ	3
HANSON	2
HARDEN	3
HARDESTER	2
HARDIN	19
HARDY	9
HARE	2
HARGIS	5
HARMAN	2
HARMON	10
HARMOND	3
HARNESS	16
HARPER	15
HARRINGTON	17
HARRIS	8
HARRISON	6
HARTLEY	2
HARTSELL	2
HARTWICK	4
HARTZOG	1
HASKINS	1
HATCHETT	19
HATLEY	6
HAWKINS	1
HAYES	16
HAYFORD	1
HAYNES	11
HEATER	3
HEFFLEY	14
HEFNER	8
HENDERSON	4
HENDRICKSON	3
HENDRIXSON	3
HENLEY	32
HENRY	6
HENSLEY	51
HENSLY	1
HENTHORN	2
HERNANDES	2
HERRING	3
HICE	1
HICKS	3
HILAND	4
HILGER	5
HILL	7
HILLIS	2
HINES	3
HINESLEY	7
HINKLE	16
HODGES	1
HODGSON	2
HOGAN	2
HOIL	3
HOLBROOK	2
HOLDERFIELD	4
HOLESOMBACK	1
HOLIFIELD	3
HOLLAND	22
HOLLEY	18
HOLLINGSWORTH	3
HOLLOWELL	6
HOLLY	3
HOLMES	9
HOMSLEY	2
HONEYCUTT	11
HOOTEN	8
HOPPER	1
HORN	8
HORNE	2
HORTON	6
HOUSE	2
HOWARD	7
HOYT	3
HUBBARD	2
HUDDLESTON	2
HUDSON	3
HUFFAKER	4
HUGGINS	19
HUGHS	3
HUIE	49
HUNNICUTT	4
HUNT	13
HUNTER	22
HURDLOW	1
HUTCHENS	1
HUTCHINS	9
HUTCHINSON	4
HUTSON	7
HUTTO	1
INGLES	2
INGRAM	13
ISAACS	18

Family Maps of Van Buren County, Arkansas

Surname	# of Land Parcels
ISOM	17
JACKSON	6
JACOBS	5
JAMES	8
JANES	1
JEFFERS	1
JENKINS	4
JENNINGS	19
JOHNS	2
JOHNSON	45
JOHNSTON	1
JOLLY	3
JONES	96
JORDAN	4
JOSLIN	6
JOYNER	1
KARR	2
KECK	3
KEELING	8
KEES	2
KEIGER	1
KEITH	3
KELLER	5
KELLEY	1
KELLOGG	1
KEMP	2
KENIMER	3
KENNEDY	7
KENNER	3
KETCHAM	4
KIES	3
KILPATRICK	6
KINCANNON	16
KINDRICK	3
KING	3
KINGSLEY	5
KINSER	1
KIRKENDALL	4
KIRKINDALL	3
KIRTLEY	3
KLINE	2
KNARD	3
KNIGHT	11
KNOWLTON	6
KOLB	3
KOON	2
KOONE	7
KOPP	1
LACKEY	1
LAFFOON	4
LAKE	2
LAMSDIN	3
LANCASTER	1
LANDERS	2
LANDFORD	1
LANDIS	3
LANDRUM	2
LANDSOWN	3
LANGDON	2
LANGFORD	1
LANGSTON	3
LANKFORD	4
LATHAN	2
LAURENCE	2
LAWLESS	9
LAWRANCE	3
LAWRENCE	2
LAWSON	1
LAY	2
LAYTON	1
LEADBETTER	2
LEDBETTER	15
LEE	6
LEFLER	3
LEMINGS	6
LENTZ	2
LEONARD	14
LESLEY	11
LEWIS	30
LIGAN	3
LIGHT	4
LINCYCOMB	1
LINDNER	1
LINDSEY	11
LINN	31
LINTON	1
LISTON	5
LITICKER	5
LITTLE	4
LITTLETON	4
LOCKARD	3
LOFTIS	21
LOHSE	3
LONG	8
LONGCRIER	4
LOOPER	6
LOTT	7
LOUDERMILK	2
LOVE	9
LOVELL	22
LOVIN	4
LOW	2
LOWE	3
LOWELL	3
LOYD	14
LUCAS	2
LUNG	2
LUNSFORD	6
LUTE	8
LUTHER	2
LYNCH	3
LYTLE	3
MACKEY	4
MADDOX	17
MADDUX	1
MAHANEY	3
MAIN	5
MALDON	3
MALONE	4
MANES	3
MANN	3
MANNING	2
MARCHBANKS	13
MARCUM	3
MARSHALL	2
MARTIN	16
MASON	2
MASSEY	6
MATHEWS	5
MATHIES	2
MATHIS	7
MATTESON	1
MATTISON	2
MAXEY	3
MAXWELL	5
MAY	3
MCALISTER	20
MCALLISTER	1
MCCAGHREN	3
MCCALISTER	2
MCCALOUM	2
MCCARLEY	3
MCCASLIN	7
MCCLAIN	1
MCCOLLOM	5
MCCOMIC	1
MCCOY	9
MCDANIEL	11
MCDONALD	12
MCDOW	2
MCELHANY	1
MCELROY	3
MCENTIRE	8
MCFARLAND	1
MCFARLIN	3
MCGEE	9
MCGEHEE	5
MCGINTY	3
MCGONIGEL	2
MCGRUDER	2
MCGUIRE	2
MCKEE	1
MCKENZIE	3
MCKIM	7
MCKINEY	3
MCKINNEY	6
MCKNIGHT	4
MCKUIN	3
MCLAIN	3
MCLEHANY	3
MCMAHEL	2
MCMILLEN	2
MCNABB	5
MCNAMEE	3
MCNEAL	3
MCNEELEY	1
MCNEELY	6
MCNEIL	1
MCSHERRY	6
MEDLOCK	8
MEEK	4
MEELER	4
MELER	4
MELTON	9
MERIDETH	3
MERIDITH	1
MERRYMAN	8
MESSAMORE	1
METCALF	2
MICHAEL	6
MICHAELS	2
MIDDLEBROOKS	3
MIDDLETON	6
MILIKEN	3
MILLER	12
MILLIGAN	5
MILLIKIN	2
MILLS	12
MILLSAPS	26
MIZE	4
MOBBS	14
MOBLEY	1
MOLDEN	1
MONCRIEF	3
MONTGOMERY	3
MOODY	7
MOORE	15
MOREDOCK	3
MORELAND	3
MORGAN	17
MORRIS	13
MORRISON	3
MORROW	3
MOSS	4
MURE	1
MURPHY	5
MUSICK	2
MYERS	1
MYOVER	2
MYRICK	1
NALLY	2
NEAL	11
NEEDHAM	8
NEELY	4
NELDON	5
NELMS	2
NELSON	17
NEWLAND	3
NEWMAN	12
NEWTON	2
NICHOLS	6
NICHOLSON	6
NICKLES	1
NISLER	3
NISSERT	3
NIXON	12
NOLLY	1
NORMAN	12
NORRIS	1
NUNLEY	4
NUNN	3
OATS	3
ODAM	2
ODOM	7
OLIGER	1
ONEAL	21
ORMOND	3
ORRICK	1
OSBORN	4
OTT	14
OTTE	2
OVERTON	1
OVIATT	2
OWEN	2
OWENS	4
PACK	35
PAGE	12
PALMER	4
PARISH	26
PARKER	8
PARKS	12
PARSLEY	7
PATE	4
PATTERSON	16
PATTON	26
PAVATT	8
PAXSON	2
PAYNE	13
PAYTON	1
PEARCE	6
PEARSON	5
PEEL	8
PENDLEY	1
PENNINGTON	3
PERDUE	1
PERKINS	8
PERMENTER	2
PERSON	7
PETTIT	3
PHARRIS	1

Surnames in Van Buren County, Arkansas Patents

Surname	# of Land Parcels
PHILIPS	6
PHILLIPS	21
PHILPOT	2
PICKELSIMER	4
PIERCE	19
PIKE	6
PISTOLE	2
PLEAS	9
PLUMMER	6
PLUNKETT	3
POE	4
POINTER	5
POLK	6
PORTER	2
POSTELL	3
POWELL	12
POWERS	3
POYNE	2
PRATT	10
PRESLEY	11
PRESNELL	4
PREWETT	1
PRICE	13
PRINCE	19
PRIOR	2
PRIVITT	4
PROUSE	1
PRUIT	4
PRUITT	21
QUATTLEBAUM	7
QUATTLEBUM	7
RABUN	1
RACKLEY	1
RAINBOLT	1
RAINEY	2
RAINWATER	9
RAMBO	25
RAMSEY	6
RANKIN	1
RAY	1
READ	3
RECTOR	1
REDDICK	3
REED	8
REES	3
REEVES	27
REID	10
RENEAU	3
REVES	10
REXROAD	3
REYNOLDS	12
RHEA	3
RHOADES	17
RHOADS	9
RHODES	1
RICE	3
RICHMOND	5
RIDENS	3
RIDINGS	3
RILEY	8
ROACH	1
ROBARDS	1
ROBBERTS	1
ROBBINS	3
ROBERDES	2
ROBERSON	9
ROBERTS	13
ROBERTSON	5
ROBESON	3
ROBINSON	3
RODEN	2
ROGERS	20
ROLEN	1
ROLLINGS	2
ROLLINS	3
ROPER	3
RORIE	8
ROSAMAND	1
ROTEN	4
ROW	4
ROWE	4
RUFF	4
RUMLEY	6
RUMLY	1
RUSHING	3
RUSSELL	39
RUTHERFORD	6
RUTTENBUR	3
SADLER	1
SAFFLEY	3
SANDAGE	6
SANDERS	24
SARTAIN	1
SCANLAN	1
SCANLON	1
SCARBERRY	7
SCARLETT	13
SCHOCK	2
SCHWARTZ	3
SCOGGINS	3
SCOTT	8
SCROGGIN	2
SCROGGINS	3
SEALS	2
SELPH	2
SHACKLEFORD	3
SHADOW	3
SHAIN	1
SHANAN	2
SHANK	1
SHANKS	3
SHANNON	3
SHARP	5
SHAW	3
SHEARRON	1
SHELTON	15
SHEPHERD	6
SHERRELL	3
SHERRILL	3
SHETLEY	4
SHIPLEY	2
SHIPMAN	6
SHIPP	14
SHOFFIT	5
SHOPTAW	3
SHORT	4
SHULL	2
SICKLER	3
SILLIVAN	2
SIMMONS	2
SIMMS	4
SIMPKINS	20
SIMPSON	6
SIMS	7
SINGLETON	1
SISSON	3
SKIDMORE	4
SKINNER	5
SMALLWOOD	2
SMART	2
SMITH	76
SNEED	17
SNOWDEN	2
SOHN	1
SOUTH	3
SOWALL	1
SOWELL	21
SPAIN	1
SPEIGHTS	1
SPENCER	4
SPILLERS	1
SPIRES	3
STACKS	2
STANDRIDGE	1
STANLEY	8
STARCHER	2
STARK	3
STARNES	4
STEEL	2
STEELE	3
STELL	4
STEPHENS	22
STERLIN	5
STEVENS	1
STEWARD	4
STEWART	5
STILES	2
STIRLIN	2
STOBAUGH	24
STOBOY	1
STOCKTON	3
STONEKING	2
STORY	9
STRACENER	5
STRIPLING	2
STROUD	21
STUART	5
STUBBLEFIELD	2
STUBLEFIELD	2
STURDEVANT	5
SUGG	6
SUGGS	13
SULLIVAN	4
SUMNERS	2
SUTER	2
SWAIM	7
SWANEY	1
SWEEDEN	5
SWINEA	3
SWINEY	1
SWINGER	2
SYKES	1
TACKETT	6
TALLENT	5
TALLEY	2
TANKERSLEY	1
TARKINGTON	8
TARKINTON	5
TASKINGTON	2
TATE	3
TAYLOR	6
TEAGUE	14
TESTER	12
THATCHER	7
THOMAS	20
THOMASON	11
THOMPSON	35
THURMAN	3
TIPTON	16
TOMLINSON	2
TOTTEN	2
TOUNSLEY	1
TOWERY	7
TRAWICK	5
TREADAWAY	12
TREATE	1
TREECE	9
TRIMBLE	1
TRINKLE	6
TRUETT	2
TUCKER	8
TUELL	3
TUMBLESTON	2
TURNER	1
TURNEY	4
TWILEY	1
UNDERWOOD	14
USSERY	2
VAN WINKLE	1
VAUGHAN	10
VAUGHN	1
VENABLE	2
VENETZ	2
VEST	4
VIA	3
VINEYARD	3
WADDEL	4
WADDELL	3
WADDLE	11
WADE	1
WAIN	2
WALDRIP	6
WALKER	3
WALLACE	3
WALLEY	3
WALLS	7
WALTERMIRE	4
WALTERS	4
WAMMACK	3
WARBRITTEN	1
WARBRITTON	1
WARD	55
WARREN	5
WASHINGTON	3
WATERS	1
WATKINS	2
WATSON	18
WATTS	27
WEAVER	18
WEBB	7
WEDMORE	2
WEEKS	6
WEST	33
WESTERMAN	4
WESTFIELD	1
WHEELERS	2
WHILLOCK	12
WHISENANT	2
WHITE	8
WHITFIELD	3
WHITWORTH	6
WHORTON	10
WILEY	1
WILKES	3
WILKS	2
WILL	3
WILLARD	3
WILLCOX	3
WILLIAMS	119
WILLIS	5

Surname	# of Land Parcels
WILLOUGHBY	5
WILLS	3
WILSON	17
WIMPEE	5
WINFREY	2
WINNINGHAM	9
WITHEY	2
WOOD	13
WOODRUFF	1
WOODS	4
WOODWARD	1
WOODY	2
WORLEY	7
WRIGHT	3
WYLIE	1
YATES	1
YEAKLEY	2
YERBY	1
YOUNCE	5
YOUNG	1
YOUNGMAN	1

Surname/Township Index

This Index allows you to determine which *Township Map Group(s)* contain individuals with the following surnames. Each *Map Group* has a corresponding full-name index of all individuals who obtained patents for land within its Congressional township's borders. After each index you will find the Patent Map to which it refers, and just thereafter, you can view the township's Road Map and Historical Map, with the latter map displaying lakes, streams, and more.

So, once you find your Surname here, proceed to the Index at the beginning of the **Map Group** indicated below.

Surname	Map Group	Parcels of Land	Meridian/Township/Range
AARONS	**19**	2	5th PM 10-N 13-W
ABERNATHY	**21**	2	5th PM 9-N 14-W
ACTON	**10**	9	5th PM 11-N 16-W
" "	**16**	5	5th PM 10-N 16-W
ADAMS	**15**	1	5th PM 10-N 17-W
ADAY	**5**	1	5th PM 12-N 15-W
ADKINS	**16**	3	5th PM 10-N 16-W
AIKIN	**11**	1	5th PM 11-N 15-W
AKIN	**17**	3	5th PM 10-N 15-W
AKINS	**17**	3	5th PM 10-N 15-W
" "	**11**	2	5th PM 11-N 15-W
ALEXANDER	**15**	3	5th PM 10-N 17-W
ALISON	**14**	3	5th PM 11-N 12-W
" "	**20**	2	5th PM 10-N 12-W
ALLEN	**12**	2	5th PM 11-N 14-W
" "	**14**	1	5th PM 11-N 12-W
" "	**7**	1	5th PM 12-N 13-W
" "	**4**	1	5th PM 12-N 16-W
ALLISON	**3**	2	5th PM 12-N 17-W
" "	**4**	1	5th PM 12-N 16-W
ALLRED	**2**	2	5th PM 13-N 14-W
ALMAND	**16**	2	5th PM 10-N 16-W
" "	**10**	1	5th PM 11-N 16-W
ALSTON	**8**	6	5th PM 12-N 12-W
" "	**7**	1	5th PM 12-N 13-W
ANDERSON	**19**	5	5th PM 10-N 13-W
" "	**8**	3	5th PM 12-N 12-W
" "	**16**	2	5th PM 10-N 16-W
" "	**14**	2	5th PM 11-N 12-W
ANDREWS	**19**	3	5th PM 10-N 13-W
" "	**20**	2	5th PM 10-N 12-W
" "	**11**	2	5th PM 11-N 15-W
ANGLIN	**12**	1	5th PM 11-N 14-W
APJONES	**18**	3	5th PM 10-N 14-W
ARCHER	**1**	9	5th PM 13-N 15-W
" "	**2**	1	5th PM 13-N 14-W
ARMISTEAD	**9**	6	5th PM 11-N 17-W
ARMSTRONG	**8**	3	5th PM 12-N 12-W
" "	**2**	1	5th PM 13-N 14-W
ARNHART	**5**	11	5th PM 12-N 15-W
" "	**4**	3	5th PM 12-N 16-W
" "	**11**	1	5th PM 11-N 15-W
ARNOLD	**8**	3	5th PM 12-N 12-W
" "	**7**	3	5th PM 12-N 13-W

Surname	Map Group	Parcels of Land	Meridian/Township/Range
ASBURY	3	1	5th PM 12-N 17-W
ATWELL	10	3	5th PM 11-N 16-W
AUSTIN	15	5	5th PM 10-N 17-W
" "	22	2	5th PM 9-N 13-W
AUTRY	5	5	5th PM 12-N 15-W
AUVENSHINE	18	2	5th PM 10-N 14-W
AVERY	2	3	5th PM 13-N 14-W
AVEY	5	1	5th PM 12-N 15-W
AXTELL	6	1	5th PM 12-N 14-W
AYRES	18	1	5th PM 10-N 14-W
BACON	7	1	5th PM 12-N 13-W
BAILEY	19	8	5th PM 10-N 13-W
" "	13	4	5th PM 11-N 13-W
" "	20	3	5th PM 10-N 12-W
" "	22	2	5th PM 9-N 13-W
BAIN	13	1	5th PM 11-N 13-W
BAIRD	6	2	5th PM 12-N 14-W
BAKER	19	6	5th PM 10-N 13-W
" "	8	4	5th PM 12-N 12-W
" "	2	3	5th PM 13-N 14-W
" "	13	1	5th PM 11-N 13-W
BALDRIDGE	1	2	5th PM 13-N 15-W
BANKS	18	3	5th PM 10-N 14-W
" "	12	3	5th PM 11-N 14-W
BARBER	18	1	5th PM 10-N 14-W
BARKER	18	3	5th PM 10-N 14-W
BARNES	17	13	5th PM 10-N 15-W
" "	4	8	5th PM 12-N 16-W
" "	1	3	5th PM 13-N 15-W
" "	23	3	5th PM 9-N 12-W
BARNETT	16	4	5th PM 10-N 16-W
" "	2	2	5th PM 13-N 14-W
" "	6	1	5th PM 12-N 14-W
BARNUM	14	2	5th PM 11-N 12-W
BARTLETT	21	1	5th PM 9-N 14-W
BARTOLD	5	2	5th PM 12-N 15-W
BASS	16	3	5th PM 10-N 16-W
BATES	19	6	5th PM 10-N 13-W
" "	13	1	5th PM 11-N 13-W
BATTLES	19	2	5th PM 10-N 13-W
BAUGH	1	4	5th PM 13-N 15-W
" "	2	1	5th PM 13-N 14-W
BAUMGARDNER	1	3	5th PM 13-N 15-W
BAY	22	2	5th PM 9-N 13-W
BEAN	23	3	5th PM 9-N 12-W
BEASLEY	1	3	5th PM 13-N 15-W
BEAVERS	15	15	5th PM 10-N 17-W
" "	6	6	5th PM 12-N 14-W
BECKHAM	4	9	5th PM 12-N 16-W
BEGGS	17	2	5th PM 10-N 15-W
BEGLY	5	2	5th PM 12-N 15-W
BELL	6	2	5th PM 12-N 14-W
" "	3	1	5th PM 12-N 17-W
BENNETT	16	4	5th PM 10-N 16-W
" "	12	4	5th PM 11-N 14-W
BENNING	18	3	5th PM 10-N 14-W
BENSBERG	10	2	5th PM 11-N 16-W
BENTLEY	6	10	5th PM 12-N 14-W
" "	5	1	5th PM 12-N 15-W
BERRY	11	6	5th PM 11-N 15-W

Surname/Township Index

Surname	Map Group	Parcels of Land	Meridian/Township/Range
BERRY (Cont'd)	8	3	5th PM 12-N 12-W
" "	5	3	5th PM 12-N 15-W
" "	7	2	5th PM 12-N 13-W
BEVERAGE	10	9	5th PM 11-N 16-W
" "	9	6	5th PM 11-N 17-W
" "	11	3	5th PM 11-N 15-W
" "	3	3	5th PM 12-N 17-W
" "	4	2	5th PM 12-N 16-W
BIGELOW	12	3	5th PM 11-N 14-W
" "	6	3	5th PM 12-N 14-W
BINGHAM	11	6	5th PM 11-N 15-W
" "	6	2	5th PM 12-N 14-W
BINGLE	6	3	5th PM 12-N 14-W
BINTLIFF	2	2	5th PM 13-N 14-W
" "	6	1	5th PM 12-N 14-W
BISHOP	18	5	5th PM 10-N 14-W
" "	17	5	5th PM 10-N 15-W
" "	16	3	5th PM 10-N 16-W
BIXLER	4	7	5th PM 12-N 16-W
BIZZELL	11	4	5th PM 11-N 15-W
BLACKBURN	13	10	5th PM 11-N 13-W
BLACKWELL	22	1	5th PM 9-N 13-W
BLAINEY	3	1	5th PM 12-N 17-W
BLAIR	6	4	5th PM 12-N 14-W
BLANEY	9	6	5th PM 11-N 17-W
" "	3	2	5th PM 12-N 17-W
BLANTON	6	3	5th PM 12-N 14-W
BLEVINS	7	4	5th PM 12-N 13-W
BLOODWORTH	8	4	5th PM 12-N 12-W
BLOUNT	4	3	5th PM 12-N 16-W
BLUE	17	1	5th PM 10-N 15-W
BOLES	14	1	5th PM 11-N 12-W
BOLTON	15	3	5th PM 10-N 17-W
BONDS	6	4	5th PM 12-N 14-W
" "	18	3	5th PM 10-N 14-W
" "	12	3	5th PM 11-N 14-W
" "	7	3	5th PM 12-N 13-W
" "	14	2	5th PM 11-N 12-W
" "	23	1	5th PM 9-N 12-W
BOON	19	6	5th PM 10-N 13-W
" "	13	2	5th PM 11-N 13-W
BOST	9	15	5th PM 11-N 17-W
" "	16	12	5th PM 10-N 16-W
" "	10	10	5th PM 11-N 16-W
" "	17	1	5th PM 10-N 15-W
" "	15	1	5th PM 10-N 17-W
BOSWELL	1	3	5th PM 13-N 15-W
BOWDEN	17	5	5th PM 10-N 15-W
BOWLING	17	10	5th PM 10-N 15-W
" "	18	4	5th PM 10-N 14-W
" "	11	3	5th PM 11-N 15-W
" "	14	1	5th PM 11-N 12-W
BOYCE	5	2	5th PM 12-N 15-W
BOYD	3	4	5th PM 12-N 17-W
" "	2	1	5th PM 13-N 14-W
" "	22	1	5th PM 9-N 13-W
BOYKIN	12	4	5th PM 11-N 14-W
BOYLE	2	2	5th PM 13-N 14-W
BRADBERRY	4	2	5th PM 12-N 16-W
BRADBURY	8	3	5th PM 12-N 12-W

Surname	Map Group	Parcels of Land	Meridian/Township/Range		
BRADBURY (Cont'd)	14	2	5th PM	11-N	12-W
BRADFORD	14	39	5th PM	11-N	12-W
" "	7	7	5th PM	12-N	13-W
" "	19	5	5th PM	10-N	13-W
" "	8	4	5th PM	12-N	12-W
" "	17	3	5th PM	10-N	15-W
" "	13	3	5th PM	11-N	13-W
" "	6	3	5th PM	12-N	14-W
" "	20	2	5th PM	10-N	12-W
" "	15	2	5th PM	10-N	17-W
BRADLEY	17	15	5th PM	10-N	15-W
" "	1	10	5th PM	13-N	15-W
" "	18	3	5th PM	10-N	14-W
" "	12	2	5th PM	11-N	14-W
" "	11	1	5th PM	11-N	15-W
" "	21	1	5th PM	9-N	14-W
BRANCH	2	3	5th PM	13-N	14-W
BRANNON	10	2	5th PM	11-N	16-W
BRANSCUM	2	2	5th PM	13-N	14-W
BRANSON	4	2	5th PM	12-N	16-W
BRANUM	17	1	5th PM	10-N	15-W
BRATTON	2	3	5th PM	13-N	14-W
" "	4	1	5th PM	12-N	16-W
BRENTS	16	6	5th PM	10-N	16-W
" "	17	2	5th PM	10-N	15-W
BREWER	18	8	5th PM	10-N	14-W
BREWINGTON	14	1	5th PM	11-N	12-W
BRICKEY	6	4	5th PM	12-N	14-W
" "	17	3	5th PM	10-N	15-W
" "	21	3	5th PM	9-N	14-W
" "	22	2	5th PM	9-N	13-W
" "	13	1	5th PM	11-N	13-W
" "	12	1	5th PM	11-N	14-W
BRIDGES	3	4	5th PM	12-N	17-W
" "	12	3	5th PM	11-N	14-W
" "	15	1	5th PM	10-N	17-W
BRIGGS	2	2	5th PM	13-N	14-W
BRITTAIN	4	2	5th PM	12-N	16-W
" "	20	1	5th PM	10-N	12-W
" "	19	1	5th PM	10-N	13-W
BRITTON	20	3	5th PM	10-N	12-W
" "	14	1	5th PM	11-N	12-W
BROCK	3	14	5th PM	12-N	17-W
" "	7	6	5th PM	12-N	13-W
" "	15	1	5th PM	10-N	17-W
BROOKS	1	4	5th PM	13-N	15-W
BROWN	8	7	5th PM	12-N	12-W
" "	13	6	5th PM	11-N	13-W
" "	7	4	5th PM	12-N	13-W
" "	3	4	5th PM	12-N	17-W
" "	20	3	5th PM	10-N	12-W
" "	12	3	5th PM	11-N	14-W
" "	2	3	5th PM	13-N	14-W
" "	22	3	5th PM	9-N	13-W
" "	6	2	5th PM	12-N	14-W
" "	14	1	5th PM	11-N	12-W
BROYLES	7	3	5th PM	12-N	13-W
BRUCE	4	9	5th PM	12-N	16-W
" "	10	4	5th PM	11-N	16-W
" "	3	4	5th PM	12-N	17-W

Surname	Map Group	Parcels of Land	Meridian/Township/Range
BRUCE (Cont'd)	9	2	5th PM 11-N 17-W
" "	11	1	5th PM 11-N 15-W
BRYANT	14	3	5th PM 11-N 12-W
" "	22	3	5th PM 9-N 13-W
" "	19	2	5th PM 10-N 13-W
" "	12	1	5th PM 11-N 14-W
BUCHANAN	2	4	5th PM 13-N 14-W
" "	11	3	5th PM 11-N 15-W
BUIE	13	3	5th PM 11-N 13-W
BULLARD	17	1	5th PM 10-N 15-W
BUNCH	8	3	5th PM 12-N 12-W
BURGESS	8	4	5th PM 12-N 12-W
" "	11	2	5th PM 11-N 15-W
BURK	10	23	5th PM 11-N 16-W
" "	16	2	5th PM 10-N 16-W
BURKE	7	2	5th PM 12-N 13-W
BURKET	19	3	5th PM 10-N 13-W
BURNETT	12	11	5th PM 11-N 14-W
" "	10	3	5th PM 11-N 16-W
" "	3	1	5th PM 12-N 17-W
BURROUGH	23	3	5th PM 9-N 12-W
BURROUGHS	22	3	5th PM 9-N 13-W
BURT	10	2	5th PM 11-N 16-W
BYERS	4	2	5th PM 12-N 16-W
BYNUM	20	5	5th PM 10-N 12-W
CAGLE	23	1	5th PM 9-N 12-W
CALDWELL	12	3	5th PM 11-N 14-W
" "	7	3	5th PM 12-N 13-W
" "	13	2	5th PM 11-N 13-W
" "	14	1	5th PM 11-N 12-W
" "	8	1	5th PM 12-N 12-W
CALLAHAN	10	7	5th PM 11-N 16-W
CALLEN	5	3	5th PM 12-N 15-W
CALLENDER	8	3	5th PM 12-N 12-W
CALVIN	2	4	5th PM 13-N 14-W
CAMPBELL	10	8	5th PM 11-N 16-W
" "	15	6	5th PM 10-N 17-W
" "	14	2	5th PM 11-N 12-W
" "	8	2	5th PM 12-N 12-W
" "	22	2	5th PM 9-N 13-W
" "	16	1	5th PM 10-N 16-W
" "	13	1	5th PM 11-N 13-W
CANADAY	5	3	5th PM 12-N 15-W
CANBY	21	1	5th PM 9-N 14-W
CARAKER	16	1	5th PM 10-N 16-W
CARGILL	23	1	5th PM 9-N 12-W
CARIKER	17	5	5th PM 10-N 15-W
" "	16	2	5th PM 10-N 16-W
CARMICHAEL	16	5	5th PM 10-N 16-W
CARMICKLE	14	1	5th PM 11-N 12-W
CARON	10	1	5th PM 11-N 16-W
CARRELL	13	3	5th PM 11-N 13-W
CARROLL	13	6	5th PM 11-N 13-W
" "	7	1	5th PM 12-N 13-W
CARTER	11	3	5th PM 11-N 15-W
" "	7	3	5th PM 12-N 13-W
" "	5	1	5th PM 12-N 15-W
CASEY	6	3	5th PM 12-N 14-W
" "	22	3	5th PM 9-N 13-W
CASH	5	3	5th PM 12-N 15-W

Family Maps of Van Buren County, Arkansas

Surname	Map Group	Parcels of Land	Meridian/Township/Range
CASSEY	22	4	5th PM 9-N 13-W
CASTLEBERRY	11	2	5th PM 11-N 15-W
" "	21	1	5th PM 9-N 14-W
CASTLEBURY	15	1	5th PM 10-N 17-W
CASTOE	3	3	5th PM 12-N 17-W
CATES	18	5	5th PM 10-N 14-W
" "	13	2	5th PM 11-N 13-W
" "	12	2	5th PM 11-N 14-W
" "	7	2	5th PM 12-N 13-W
CAVENDER	23	2	5th PM 9-N 12-W
CHADWICK	7	1	5th PM 12-N 13-W
CHALK	20	3	5th PM 10-N 12-W
CHAMBERS	22	2	5th PM 9-N 13-W
CHANDLER	11	8	5th PM 11-N 15-W
" "	13	6	5th PM 11-N 13-W
" "	10	2	5th PM 11-N 16-W
" "	2	1	5th PM 13-N 14-W
CHASTAIN	16	6	5th PM 10-N 16-W
" "	19	3	5th PM 10-N 13-W
" "	23	2	5th PM 9-N 12-W
CHEW	18	3	5th PM 10-N 14-W
CHILDERS	13	3	5th PM 11-N 13-W
" "	7	1	5th PM 12-N 13-W
CHILDRES	10	3	5th PM 11-N 16-W
" "	21	1	5th PM 9-N 14-W
CHISCO	22	1	5th PM 9-N 13-W
CHISM	17	1	5th PM 10-N 15-W
CHRISCO	22	1	5th PM 9-N 13-W
CHRISTENBERRY	16	3	5th PM 10-N 16-W
CHRISTIAN	1	4	5th PM 13-N 15-W
" "	5	1	5th PM 12-N 15-W
CHRISTIEN	12	1	5th PM 11-N 14-W
CHRISTOPHER	13	6	5th PM 11-N 13-W
CLARK	2	11	5th PM 13-N 14-W
" "	9	4	5th PM 11-N 17-W
" "	14	3	5th PM 11-N 12-W
" "	13	3	5th PM 11-N 13-W
" "	7	2	5th PM 12-N 13-W
CLEAVER	18	2	5th PM 10-N 14-W
" "	17	2	5th PM 10-N 15-W
CLIFTON	23	4	5th PM 9-N 12-W
CLINTON	1	2	5th PM 13-N 15-W
CLONINGER	19	1	5th PM 10-N 13-W
CLUTTS	3	5	5th PM 12-N 17-W
COALE	1	6	5th PM 13-N 15-W
COKER	2	3	5th PM 13-N 14-W
COLEMAN	4	5	5th PM 12-N 16-W
" "	3	3	5th PM 12-N 17-W
" "	14	2	5th PM 11-N 12-W
" "	11	2	5th PM 11-N 15-W
COLEY	7	3	5th PM 12-N 13-W
COLLIE	17	3	5th PM 10-N 15-W
" "	15	1	5th PM 10-N 17-W
COLLINS	6	8	5th PM 12-N 14-W
" "	8	4	5th PM 12-N 12-W
" "	22	1	5th PM 9-N 13-W
COLLUMS	19	1	5th PM 10-N 13-W
COLVIN	4	3	5th PM 12-N 16-W
COLWELL	7	1	5th PM 12-N 13-W
COMPTON	11	2	5th PM 11-N 15-W

Surname/Township Index

Surname	Map Group	Parcels of Land	Meridian/Township/Range
CONKLIN	13	1	5th PM 11-N 13-W
CONLEY	4	4	5th PM 12-N 16-W
CONNER	14	1	5th PM 11-N 12-W
CONNETT	2	5	5th PM 13-N 14-W
COOK	13	16	5th PM 11-N 13-W
" "	5	5	5th PM 12-N 15-W
" "	7	2	5th PM 12-N 13-W
COOPER	4	8	5th PM 12-N 16-W
" "	5	3	5th PM 12-N 15-W
" "	2	3	5th PM 13-N 14-W
" "	1	2	5th PM 13-N 15-W
" "	10	1	5th PM 11-N 16-W
COPELAND	5	5	5th PM 12-N 15-W
" "	11	3	5th PM 11-N 15-W
" "	4	2	5th PM 12-N 16-W
CORMACK	12	1	5th PM 11-N 14-W
CORSBIE	15	3	5th PM 10-N 17-W
COSSEY	22	3	5th PM 9-N 13-W
" "	10	1	5th PM 11-N 16-W
" "	9	1	5th PM 11-N 17-W
COSTLEY	16	3	5th PM 10-N 16-W
" "	17	2	5th PM 10-N 15-W
COTTON	4	2	5th PM 12-N 16-W
COTTRELL	13	7	5th PM 11-N 13-W
" "	8	6	5th PM 12-N 12-W
" "	7	1	5th PM 12-N 13-W
COUCH	5	7	5th PM 12-N 15-W
" "	17	5	5th PM 10-N 15-W
" "	16	3	5th PM 10-N 16-W
" "	1	2	5th PM 13-N 15-W
COUNTS	12	3	5th PM 11-N 14-W
" "	11	1	5th PM 11-N 15-W
COX	2	1	5th PM 13-N 14-W
CRABTREE	5	2	5th PM 12-N 15-W
" "	11	1	5th PM 11-N 15-W
CRAINE	3	1	5th PM 12-N 17-W
CRAMPTON	2	1	5th PM 13-N 14-W
CRANE	3	1	5th PM 12-N 17-W
CRAVENS	4	4	5th PM 12-N 16-W
" "	10	3	5th PM 11-N 16-W
CRAWFORD	18	3	5th PM 10-N 14-W
" "	16	3	5th PM 10-N 16-W
CRENSHAW	11	3	5th PM 11-N 15-W
CRITTENDEN	1	1	5th PM 13-N 15-W
CROLL	7	6	5th PM 12-N 13-W
CROMWELL	12	2	5th PM 11-N 14-W
CROOK	11	4	5th PM 11-N 15-W
CROSS	12	3	5th PM 11-N 14-W
" "	4	2	5th PM 12-N 16-W
CROUCH	8	5	5th PM 12-N 12-W
CROW	1	3	5th PM 13-N 15-W
" "	17	2	5th PM 10-N 15-W
CROWELL	16	2	5th PM 10-N 16-W
" "	11	2	5th PM 11-N 15-W
" "	17	1	5th PM 10-N 15-W
CROWNOVER	21	1	5th PM 9-N 14-W
CRUSE	22	1	5th PM 9-N 13-W
CUDE	13	2	5th PM 11-N 13-W
CULLAM	14	1	5th PM 11-N 12-W
CULLUM	14	24	5th PM 11-N 12-W

Surname	Map Group	Parcels of Land	Meridian/Township/Range		
CULLUM (Cont'd)	19	11	5th PM	10-N	13-W
" "	18	7	5th PM	10-N	14-W
" "	13	4	5th PM	11-N	13-W
" "	20	2	5th PM	10-N	12-W
" "	21	1	5th PM	9-N	14-W
CULPEPER	18	3	5th PM	10-N	14-W
" "	15	3	5th PM	10-N	17-W
CULPEPPER	12	3	5th PM	11-N	14-W
" "	2	3	5th PM	13-N	14-W
CUMMANS	7	2	5th PM	12-N	13-W
CUNNINGHAM	22	4	5th PM	9-N	13-W
CURRENT	6	1	5th PM	12-N	14-W
CURTIS	5	2	5th PM	12-N	15-W
" "	2	2	5th PM	13-N	14-W
" "	23	2	5th PM	9-N	12-W
CYPERT	4	1	5th PM	12-N	16-W
DALY	7	1	5th PM	12-N	13-W
DANIEL	13	3	5th PM	11-N	13-W
DANLEY	5	1	5th PM	12-N	15-W
DAUGHERTY	14	3	5th PM	11-N	12-W
" "	1	3	5th PM	13-N	15-W
" "	19	1	5th PM	10-N	13-W
DAULEY	10	7	5th PM	11-N	16-W
" "	21	2	5th PM	9-N	14-W
DAVES	23	3	5th PM	9-N	12-W
DAVIDSON	11	4	5th PM	11-N	15-W
" "	10	1	5th PM	11-N	16-W
" "	21	1	5th PM	9-N	14-W
DAVIS	23	12	5th PM	9-N	12-W
" "	19	7	5th PM	10-N	13-W
" "	6	6	5th PM	12-N	14-W
" "	3	6	5th PM	12-N	17-W
" "	1	5	5th PM	13-N	15-W
" "	22	5	5th PM	9-N	13-W
" "	20	3	5th PM	10-N	12-W
" "	9	3	5th PM	11-N	17-W
" "	8	3	5th PM	12-N	12-W
" "	4	3	5th PM	12-N	16-W
" "	14	2	5th PM	11-N	12-W
DAY	9	2	5th PM	11-N	17-W
DEAN	10	16	5th PM	11-N	16-W
" "	9	4	5th PM	11-N	17-W
DEANE	19	2	5th PM	10-N	13-W
DEASON	11	5	5th PM	11-N	15-W
" "	10	1	5th PM	11-N	16-W
DEMPSEY	13	2	5th PM	11-N	13-W
" "	11	2	5th PM	11-N	15-W
" "	19	1	5th PM	10-N	13-W
" "	12	1	5th PM	11-N	14-W
DEMPSY	19	3	5th PM	10-N	13-W
DENNEY	5	5	5th PM	12-N	15-W
" "	11	3	5th PM	11-N	15-W
DENNY	5	1	5th PM	12-N	15-W
DENTON	5	3	5th PM	12-N	15-W
" "	12	1	5th PM	11-N	14-W
DICKERSON	8	1	5th PM	12-N	12-W
DICKSON	18	2	5th PM	10-N	14-W
" "	16	1	5th PM	10-N	16-W
DILLARD	19	3	5th PM	10-N	13-W
" "	18	2	5th PM	10-N	14-W

Surname/Township Index

Surname	Map Group	Parcels of Land	Meridian/Township/Range		
DINKINS	17	1	5th PM	10-N	15-W
DIXON	22	1	5th PM	9-N	13-W
DOLLAR	18	3	5th PM	10-N	14-W
" "	1	1	5th PM	13-N	15-W
DONAHUE	22	1	5th PM	9-N	13-W
DOOLEY	7	2	5th PM	12-N	13-W
DOSHIER	1	1	5th PM	13-N	15-W
DOUGLAS	22	5	5th PM	9-N	13-W
DOUGLASS	8	2	5th PM	12-N	12-W
" "	22	1	5th PM	9-N	13-W
DOWDY	13	3	5th PM	11-N	13-W
" "	2	2	5th PM	13-N	14-W
" "	14	1	5th PM	11-N	12-W
" "	12	1	5th PM	11-N	14-W
" "	8	1	5th PM	12-N	12-W
DRAKE	17	3	5th PM	10-N	15-W
DRISKILL	23	1	5th PM	9-N	12-W
DRIVER	15	6	5th PM	10-N	17-W
" "	16	5	5th PM	10-N	16-W
DUCKWORTH	18	3	5th PM	10-N	14-W
DUDLEY	3	2	5th PM	12-N	17-W
DUGLASS	21	2	5th PM	9-N	14-W
" "	22	1	5th PM	9-N	13-W
DUKE	20	3	5th PM	10-N	12-W
DUNCAN	13	6	5th PM	11-N	13-W
" "	12	4	5th PM	11-N	14-W
" "	23	3	5th PM	9-N	12-W
" "	14	2	5th PM	11-N	12-W
DUNLAP	1	3	5th PM	13-N	15-W
" "	14	2	5th PM	11-N	12-W
" "	17	1	5th PM	10-N	15-W
" "	13	1	5th PM	11-N	13-W
DUNN	14	2	5th PM	11-N	12-W
DUNSWORTH	17	4	5th PM	10-N	15-W
DURRETT	12	2	5th PM	11-N	14-W
DUSCHEL	7	2	5th PM	12-N	13-W
DUSCHELL	7	1	5th PM	12-N	13-W
DUVALL	16	12	5th PM	10-N	16-W
" "	15	3	5th PM	10-N	17-W
DYER	1	11	5th PM	13-N	15-W
EADES	17	5	5th PM	10-N	15-W
" "	11	3	5th PM	11-N	15-W
EADS	16	2	5th PM	10-N	16-W
EASON	20	2	5th PM	10-N	12-W
EATON	7	3	5th PM	12-N	13-W
" "	5	3	5th PM	12-N	15-W
" "	13	1	5th PM	11-N	13-W
EDWARDS	13	9	5th PM	11-N	13-W
" "	23	9	5th PM	9-N	12-W
" "	12	3	5th PM	11-N	14-W
" "	10	3	5th PM	11-N	16-W
" "	9	3	5th PM	11-N	17-W
" "	11	1	5th PM	11-N	15-W
EGGER	16	2	5th PM	10-N	16-W
ELDER	19	3	5th PM	10-N	13-W
" "	18	2	5th PM	10-N	14-W
ELDRIDGE	14	3	5th PM	11-N	12-W
ELLENBURG	15	3	5th PM	10-N	17-W
ELLIOTT	8	5	5th PM	12-N	12-W
ELLIS	12	3	5th PM	11-N	14-W

Surname	Map Group	Parcels of Land	Meridian/Township/Range		
ELLIS (Cont'd)	4	1	5th PM	12-N	16-W
ELY	1	3	5th PM	13-N	15-W
EMBREE	12	3	5th PM	11-N	14-W
EMERSON	10	14	5th PM	11-N	16-W
" "	1	8	5th PM	13-N	15-W
" "	11	5	5th PM	11-N	15-W
" "	16	4	5th PM	10-N	16-W
" "	4	4	5th PM	12-N	16-W
" "	9	3	5th PM	11-N	17-W
" "	3	1	5th PM	12-N	17-W
EMMERET	1	3	5th PM	13-N	15-W
EMMONS	23	4	5th PM	9-N	12-W
ENGLAND	6	5	5th PM	12-N	14-W
" "	2	3	5th PM	13-N	14-W
ENGLES	17	3	5th PM	10-N	15-W
ENGLIS	20	3	5th PM	10-N	12-W
" "	19	1	5th PM	10-N	13-W
ENNES	4	2	5th PM	12-N	16-W
ENNIS	4	2	5th PM	12-N	16-W
ENYART	11	4	5th PM	11-N	15-W
" "	12	2	5th PM	11-N	14-W
EOFF	2	5	5th PM	13-N	14-W
" "	8	2	5th PM	12-N	12-W
ESKRIDGE	5	5	5th PM	12-N	15-W
" "	11	1	5th PM	11-N	15-W
" "	10	1	5th PM	11-N	16-W
ESTES	14	3	5th PM	11-N	12-W
" "	9	2	5th PM	11-N	17-W
EUBANKS	16	3	5th PM	10-N	16-W
" "	1	1	5th PM	13-N	15-W
EVANS	12	5	5th PM	11-N	14-W
" "	5	3	5th PM	12-N	15-W
" "	1	3	5th PM	13-N	15-W
" "	20	2	5th PM	10-N	12-W
" "	22	1	5th PM	9-N	13-W
" "	21	1	5th PM	9-N	14-W
FAIN	11	1	5th PM	11-N	15-W
FARLEY	19	8	5th PM	10-N	13-W
" "	22	2	5th PM	9-N	13-W
" "	18	1	5th PM	10-N	14-W
FARMER	22	3	5th PM	9-N	13-W
" "	20	2	5th PM	10-N	12-W
" "	23	2	5th PM	9-N	12-W
FARR	5	3	5th PM	12-N	15-W
FARRIS	7	3	5th PM	12-N	13-W
FENDER	4	1	5th PM	12-N	16-W
FERGERSON	12	3	5th PM	11-N	14-W
FERGUSON	2	3	5th PM	13-N	14-W
FERRELL	6	2	5th PM	12-N	14-W
FIELDER	5	2	5th PM	12-N	15-W
FIELDS	16	1	5th PM	10-N	16-W
FIFE	8	1	5th PM	12-N	12-W
FILES	7	5	5th PM	12-N	13-W
" "	5	1	5th PM	12-N	15-W
FILLERS	11	5	5th PM	11-N	15-W
FINCH	4	2	5th PM	12-N	16-W
FINNEY	19	3	5th PM	10-N	13-W
FIRESTONE	5	2	5th PM	12-N	15-W
FISHER	19	4	5th PM	10-N	13-W
FITZPATRICK	16	1	5th PM	10-N	16-W

Surname/Township Index

Surname	Map Group	Parcels of Land	Meridian/Township/Range
FLEMMINGS	22	1	5th PM 9-N 13-W
FLEMMONS	20	3	5th PM 10-N 12-W
FLESHER	4	1	5th PM 12-N 16-W
FLORY	11	2	5th PM 11-N 15-W
FLOWERS	20	3	5th PM 10-N 12-W
" "	15	3	5th PM 10-N 17-W
FLOYD	23	1	5th PM 9-N 12-W
FOLKS	13	1	5th PM 11-N 13-W
FORD	18	8	5th PM 10-N 14-W
FORRESTER	4	7	5th PM 12-N 16-W
" "	10	1	5th PM 11-N 16-W
" "	3	1	5th PM 12-N 17-W
FORSTER	9	2	5th PM 11-N 17-W
" "	3	1	5th PM 12-N 17-W
FORTNER	13	4	5th PM 11-N 13-W
FOSTER	17	1	5th PM 10-N 15-W
" "	11	1	5th PM 11-N 15-W
FOWLER	2	2	5th PM 13-N 14-W
" "	22	1	5th PM 9-N 13-W
FRANCIS	10	2	5th PM 11-N 16-W
" "	16	1	5th PM 10-N 16-W
FRANKLIN	9	7	5th PM 11-N 17-W
" "	10	4	5th PM 11-N 16-W
FRANKS	2	1	5th PM 13-N 14-W
FRASER	12	2	5th PM 11-N 14-W
FRAZIER	17	1	5th PM 10-N 15-W
FREDERICK	12	3	5th PM 11-N 14-W
FREEMAN	15	4	5th PM 10-N 17-W
" "	1	3	5th PM 13-N 15-W
" "	3	2	5th PM 12-N 17-W
FRENCH	6	4	5th PM 12-N 14-W
" "	19	2	5th PM 10-N 13-W
" "	17	1	5th PM 10-N 15-W
FRIZZELL	12	1	5th PM 11-N 14-W
FROST	9	1	5th PM 11-N 17-W
FRYMAN	2	1	5th PM 13-N 14-W
FUDGE	12	3	5th PM 11-N 14-W
FULKERSON	21	3	5th PM 9-N 14-W
FULKS	20	2	5th PM 10-N 12-W
FULLERTON	18	8	5th PM 10-N 14-W
GADBERRY	14	3	5th PM 11-N 12-W
" "	13	3	5th PM 11-N 13-W
" "	8	1	5th PM 12-N 12-W
GADDY	8	4	5th PM 12-N 12-W
" "	7	1	5th PM 12-N 13-W
GALLOWAY	12	3	5th PM 11-N 14-W
" "	6	1	5th PM 12-N 14-W
GANES	6	3	5th PM 12-N 14-W
GANNON	7	3	5th PM 12-N 13-W
GARDNER	11	7	5th PM 11-N 15-W
" "	4	7	5th PM 12-N 16-W
" "	2	7	5th PM 13-N 14-W
" "	10	4	5th PM 11-N 16-W
" "	20	3	5th PM 10-N 12-W
" "	16	2	5th PM 10-N 16-W
" "	5	1	5th PM 12-N 15-W
GARLAND	4	5	5th PM 12-N 16-W
GARNER	4	2	5th PM 12-N 16-W
" "	3	2	5th PM 12-N 17-W
" "	11	1	5th PM 11-N 15-W

Surname	Map Group	Parcels of Land	Meridian/Township/Range
GARRETT	12	2	5th PM 11-N 14-W
GEAN	12	3	5th PM 11-N 14-W
GEARY	2	3	5th PM 13-N 14-W
" "	1	1	5th PM 13-N 15-W
GEE	10	3	5th PM 11-N 16-W
GEER	8	3	5th PM 12-N 12-W
" "	22	1	5th PM 9-N 13-W
GEORGE	15	2	5th PM 10-N 17-W
GIBBINS	20	1	5th PM 10-N 12-W
" "	23	1	5th PM 9-N 12-W
GIBBONS	8	5	5th PM 12-N 12-W
GIBBY	10	3	5th PM 11-N 16-W
GIDDENS	7	4	5th PM 12-N 13-W
GIFFORD	1	3	5th PM 13-N 15-W
GILBERT	7	1	5th PM 12-N 13-W
GILDERSLEVE	6	3	5th PM 12-N 14-W
GILES	5	3	5th PM 12-N 15-W
GILLMORE	20	2	5th PM 10-N 12-W
GILMAN	9	2	5th PM 11-N 17-W
" "	10	1	5th PM 11-N 16-W
GIPSON	19	1	5th PM 10-N 13-W
" "	18	1	5th PM 10-N 14-W
GIST	5	2	5th PM 12-N 15-W
GIVENS	17	3	5th PM 10-N 15-W
" "	11	1	5th PM 11-N 15-W
GOATCHER	18	1	5th PM 10-N 14-W
" "	17	1	5th PM 10-N 15-W
GOATS	4	6	5th PM 12-N 16-W
" "	5	4	5th PM 12-N 15-W
GODBERRY	13	1	5th PM 11-N 13-W
GODFREY	3	2	5th PM 12-N 17-W
GOFF	23	3	5th PM 9-N 12-W
GOLDMAN	13	5	5th PM 11-N 13-W
GOOCH	23	1	5th PM 9-N 12-W
GOODEN	13	6	5th PM 11-N 13-W
" "	18	3	5th PM 10-N 14-W
GOODIN	13	3	5th PM 11-N 13-W
" "	4	3	5th PM 12-N 16-W
GOODMAN	23	4	5th PM 9-N 12-W
" "	2	1	5th PM 13-N 14-W
GOODNIGHT	7	2	5th PM 12-N 13-W
GOODRIGHT	7	2	5th PM 12-N 13-W
GOODWIN	13	1	5th PM 11-N 13-W
GORDON	18	3	5th PM 10-N 14-W
" "	2	3	5th PM 13-N 14-W
GRADDY	20	11	5th PM 10-N 12-W
GRAHAM	22	2	5th PM 9-N 13-W
GRANT	23	5	5th PM 9-N 12-W
" "	20	1	5th PM 10-N 12-W
" "	22	1	5th PM 9-N 13-W
GRAY	13	2	5th PM 11-N 13-W
" "	17	1	5th PM 10-N 15-W
GRAYSON	17	3	5th PM 10-N 15-W
GREEN	18	10	5th PM 10-N 14-W
" "	2	3	5th PM 13-N 14-W
" "	13	2	5th PM 11-N 13-W
GREENLEE	18	1	5th PM 10-N 14-W
" "	12	1	5th PM 11-N 14-W
GREER	5	5	5th PM 12-N 15-W
" "	12	2	5th PM 11-N 14-W

Surname	Map Group	Parcels of Land	Meridian/Township/Range		
GREESON	12	1	5th PM	11-N	14-W
GRIFFIN	10	5	5th PM	11-N	16-W
" "	11	3	5th PM	11-N	15-W
" "	1	3	5th PM	13-N	15-W
" "	4	2	5th PM	12-N	16-W
GRIGGS	11	12	5th PM	11-N	15-W
" "	12	7	5th PM	11-N	14-W
" "	19	1	5th PM	10-N	13-W
GRIGSBY	7	2	5th PM	12-N	13-W
GRIMES	22	2	5th PM	9-N	13-W
GRISHAM	23	1	5th PM	9-N	12-W
GRISSETTE	5	2	5th PM	12-N	15-W
GRISSOM	23	1	5th PM	9-N	12-W
GRISWOLD	11	1	5th PM	11-N	15-W
GROH	20	1	5th PM	10-N	12-W
GROSS	10	5	5th PM	11-N	16-W
GROVE	2	2	5th PM	13-N	14-W
" "	6	1	5th PM	12-N	14-W
GUFFEY	2	3	5th PM	13-N	14-W
" "	13	1	5th PM	11-N	13-W
" "	7	1	5th PM	12-N	13-W
GUILING	17	2	5th PM	10-N	15-W
GUILLIAM	3	3	5th PM	12-N	17-W
GUINN	17	3	5th PM	10-N	15-W
GUTHRIE	21	4	5th PM	9-N	14-W
GUY	1	1	5th PM	13-N	15-W
HACKETT	8	3	5th PM	12-N	12-W
HALBROOK	16	2	5th PM	10-N	16-W
" "	12	1	5th PM	11-N	14-W
HALE	4	2	5th PM	12-N	16-W
HALL	17	12	5th PM	10-N	15-W
" "	11	6	5th PM	11-N	15-W
" "	14	4	5th PM	11-N	12-W
" "	16	3	5th PM	10-N	16-W
" "	4	3	5th PM	12-N	16-W
HALLEY	7	1	5th PM	12-N	13-W
" "	1	1	5th PM	13-N	15-W
HAM	8	1	5th PM	12-N	12-W
" "	3	1	5th PM	12-N	17-W
HAMET	12	2	5th PM	11-N	14-W
HAMETT	12	1	5th PM	11-N	14-W
HAMILTON	9	4	5th PM	11-N	17-W
HAMM	8	1	5th PM	12-N	12-W
" "	7	1	5th PM	12-N	13-W
HAMMETT	18	2	5th PM	10-N	14-W
HAMMOND	7	3	5th PM	12-N	13-W
" "	16	2	5th PM	10-N	16-W
" "	21	1	5th PM	9-N	14-W
HAMPTON	14	2	5th PM	11-N	12-W
HANCOCK	2	1	5th PM	13-N	14-W
" "	1	1	5th PM	13-N	15-W
HANEY	22	2	5th PM	9-N	13-W
HANKS	9	3	5th PM	11-N	17-W
HANKWITZ	11	3	5th PM	11-N	15-W
HANSON	8	2	5th PM	12-N	12-W
HARDEN	19	2	5th PM	10-N	13-W
" "	12	1	5th PM	11-N	14-W
HARDESTER	3	2	5th PM	12-N	17-W
HARDIN	16	6	5th PM	10-N	16-W
" "	19	4	5th PM	10-N	13-W

Surname	Map Group	Parcels of Land	Meridian/Township/Range		
HARDIN (Cont'd)	18	3	5th PM	10-N	14-W
" "	17	2	5th PM	10-N	15-W
" "	11	2	5th PM	11-N	15-W
" "	22	2	5th PM	9-N	13-W
HARDY	11	6	5th PM	11-N	15-W
" "	18	2	5th PM	10-N	14-W
" "	17	1	5th PM	10-N	15-W
HARE	11	2	5th PM	11-N	15-W
HARGIS	12	5	5th PM	11-N	14-W
HARMAN	14	2	5th PM	11-N	12-W
HARMON	5	4	5th PM	12-N	15-W
" "	8	3	5th PM	12-N	12-W
" "	1	2	5th PM	13-N	15-W
" "	19	1	5th PM	10-N	13-W
HARMOND	19	3	5th PM	10-N	13-W
HARNESS	7	10	5th PM	12-N	13-W
" "	18	3	5th PM	10-N	14-W
" "	13	2	5th PM	11-N	13-W
" "	6	1	5th PM	12-N	14-W
HARPER	13	6	5th PM	11-N	13-W
" "	4	5	5th PM	12-N	16-W
" "	7	4	5th PM	12-N	13-W
HARRINGTON	12	8	5th PM	11-N	14-W
" "	6	6	5th PM	12-N	14-W
" "	11	3	5th PM	11-N	15-W
HARRIS	17	2	5th PM	10-N	15-W
" "	19	1	5th PM	10-N	13-W
" "	12	1	5th PM	11-N	14-W
" "	11	1	5th PM	11-N	15-W
" "	7	1	5th PM	12-N	13-W
" "	22	1	5th PM	9-N	13-W
" "	21	1	5th PM	9-N	14-W
HARRISON	17	3	5th PM	10-N	15-W
" "	11	3	5th PM	11-N	15-W
HARTLEY	23	2	5th PM	9-N	12-W
HARTSELL	17	2	5th PM	10-N	15-W
HARTWICK	22	4	5th PM	9-N	13-W
HARTZOG	12	1	5th PM	11-N	14-W
HASKINS	23	1	5th PM	9-N	12-W
HATCHETT	5	10	5th PM	12-N	15-W
" "	6	4	5th PM	12-N	14-W
" "	12	2	5th PM	11-N	14-W
" "	1	2	5th PM	13-N	15-W
" "	2	1	5th PM	13-N	14-W
HATLEY	9	5	5th PM	11-N	17-W
" "	15	1	5th PM	10-N	17-W
HAWKINS	20	1	5th PM	10-N	12-W
HAYES	5	13	5th PM	12-N	15-W
" "	1	3	5th PM	13-N	15-W
HAYFORD	15	1	5th PM	10-N	17-W
HAYNES	14	5	5th PM	11-N	12-W
" "	8	5	5th PM	12-N	12-W
" "	15	1	5th PM	10-N	17-W
HEATER	4	3	5th PM	12-N	16-W
HEFFLEY	4	14	5th PM	12-N	16-W
HEFNER	4	4	5th PM	12-N	16-W
" "	10	3	5th PM	11-N	16-W
" "	3	1	5th PM	12-N	17-W
HENDERSON	6	2	5th PM	12-N	14-W
" "	4	2	5th PM	12-N	16-W

Surname/Township Index

Surname	Map Group	Parcels of Land	Meridian/Township/Range
HENDRICKSON	23	3	5th PM 9-N 12-W
HENDRIXSON	20	3	5th PM 10-N 12-W
HENLEY	16	12	5th PM 10-N 16-W
" "	10	12	5th PM 11-N 16-W
" "	15	4	5th PM 10-N 17-W
" "	9	2	5th PM 11-N 17-W
" "	4	2	5th PM 12-N 16-W
HENRY	2	3	5th PM 13-N 14-W
" "	8	2	5th PM 12-N 12-W
" "	6	1	5th PM 12-N 14-W
HENSLEY	7	34	5th PM 12-N 13-W
" "	13	9	5th PM 11-N 13-W
" "	2	3	5th PM 13-N 14-W
" "	8	2	5th PM 12-N 12-W
" "	6	2	5th PM 12-N 14-W
" "	14	1	5th PM 11-N 12-W
HENSLY	7	1	5th PM 12-N 13-W
HENTHORN	13	1	5th PM 11-N 13-W
" "	7	1	5th PM 12-N 13-W
HERNANDES	11	2	5th PM 11-N 15-W
HERRING	18	3	5th PM 10-N 14-W
HICE	19	1	5th PM 10-N 13-W
HICKS	23	2	5th PM 9-N 12-W
" "	20	1	5th PM 10-N 12-W
HILAND	17	4	5th PM 10-N 15-W
HILGER	12	3	5th PM 11-N 14-W
" "	11	2	5th PM 11-N 15-W
HILL	13	3	5th PM 11-N 13-W
" "	7	2	5th PM 12-N 13-W
" "	19	1	5th PM 10-N 13-W
" "	16	1	5th PM 10-N 16-W
HILLIS	17	2	5th PM 10-N 15-W
HINES	7	3	5th PM 12-N 13-W
HINESLEY	8	7	5th PM 12-N 12-W
HINKLE	8	16	5th PM 12-N 12-W
HODGES	4	1	5th PM 12-N 16-W
HODGSON	7	2	5th PM 12-N 13-W
HOGAN	17	2	5th PM 10-N 15-W
HOIL	11	3	5th PM 11-N 15-W
HOLBROOK	4	2	5th PM 12-N 16-W
HOLDERFIELD	19	2	5th PM 10-N 13-W
" "	22	2	5th PM 9-N 13-W
HOLESOMBACK	20	1	5th PM 10-N 12-W
HOLIFIELD	13	3	5th PM 11-N 13-W
HOLLAND	23	13	5th PM 9-N 12-W
" "	8	3	5th PM 12-N 12-W
" "	7	3	5th PM 12-N 13-W
" "	22	3	5th PM 9-N 13-W
HOLLEY	6	10	5th PM 12-N 14-W
" "	7	7	5th PM 12-N 13-W
" "	12	1	5th PM 11-N 14-W
HOLLINGSWORTH	11	3	5th PM 11-N 15-W
HOLLOWELL	16	6	5th PM 10-N 16-W
HOLLY	6	3	5th PM 12-N 14-W
HOLMES	5	5	5th PM 12-N 15-W
" "	20	3	5th PM 10-N 12-W
" "	23	1	5th PM 9-N 12-W
HOMSLEY	20	2	5th PM 10-N 12-W
HONEYCUTT	2	9	5th PM 13-N 14-W
" "	17	2	5th PM 10-N 15-W

Surname	Map Group	Parcels of Land	Meridian/Township/Range
HOOTEN	8	3	5th PM 12-N 12-W
" "	14	2	5th PM 11-N 12-W
" "	7	2	5th PM 12-N 13-W
" "	13	1	5th PM 11-N 13-W
HOPPER	1	1	5th PM 13-N 15-W
HORN	3	5	5th PM 12-N 17-W
" "	9	3	5th PM 11-N 17-W
HORNE	9	2	5th PM 11-N 17-W
HORTON	1	4	5th PM 13-N 15-W
" "	6	2	5th PM 12-N 14-W
HOUSE	12	2	5th PM 11-N 14-W
HOWARD	7	3	5th PM 12-N 13-W
" "	5	2	5th PM 12-N 15-W
" "	6	1	5th PM 12-N 14-W
" "	1	1	5th PM 13-N 15-W
HOYT	1	3	5th PM 13-N 15-W
HUBBARD	17	2	5th PM 10-N 15-W
HUDDLESTON	12	2	5th PM 11-N 14-W
HUDSON	23	3	5th PM 9-N 12-W
HUFFAKER	17	4	5th PM 10-N 15-W
HUGGINS	7	13	5th PM 12-N 13-W
" "	14	3	5th PM 11-N 12-W
" "	13	3	5th PM 11-N 13-W
HUGHS	10	3	5th PM 11-N 16-W
HUIE	6	15	5th PM 12-N 14-W
" "	18	13	5th PM 10-N 14-W
" "	19	10	5th PM 10-N 13-W
" "	12	7	5th PM 11-N 14-W
" "	13	4	5th PM 11-N 13-W
HUNNICUTT	6	4	5th PM 12-N 14-W
HUNT	20	4	5th PM 10-N 12-W
" "	14	4	5th PM 11-N 12-W
" "	23	4	5th PM 9-N 12-W
" "	17	1	5th PM 10-N 15-W
HUNTER	18	18	5th PM 10-N 14-W
" "	6	3	5th PM 12-N 14-W
" "	16	1	5th PM 10-N 16-W
HURDLOW	15	1	5th PM 10-N 17-W
HUTCHENS	22	1	5th PM 9-N 13-W
HUTCHINS	22	9	5th PM 9-N 13-W
HUTCHINSON	11	3	5th PM 11-N 15-W
" "	1	1	5th PM 13-N 15-W
HUTSON	12	4	5th PM 11-N 14-W
" "	18	3	5th PM 10-N 14-W
HUTTO	22	1	5th PM 9-N 13-W
INGLES	7	2	5th PM 12-N 13-W
INGRAM	4	10	5th PM 12-N 16-W
" "	20	2	5th PM 10-N 12-W
" "	5	1	5th PM 12-N 15-W
ISAACS	2	12	5th PM 13-N 14-W
" "	5	3	5th PM 12-N 15-W
" "	13	2	5th PM 11-N 13-W
" "	7	1	5th PM 12-N 13-W
ISOM	6	16	5th PM 12-N 14-W
" "	12	1	5th PM 11-N 14-W
JACKSON	12	3	5th PM 11-N 14-W
" "	10	2	5th PM 11-N 16-W
" "	11	1	5th PM 11-N 15-W
JACOBS	11	3	5th PM 11-N 15-W
" "	7	2	5th PM 12-N 13-W

Surname	Map Group	Parcels of Land	Meridian/Township/Range		
JAMES	1	3	5th PM	13-N	15-W
" "	11	2	5th PM	11-N	15-W
" "	21	2	5th PM	9-N	14-W
" "	22	1	5th PM	9-N	13-W
JANES	18	1	5th PM	10-N	14-W
JEFFERS	19	1	5th PM	10-N	13-W
JENKINS	5	2	5th PM	12-N	15-W
" "	22	1	5th PM	9-N	13-W
" "	21	1	5th PM	9-N	14-W
JENNINGS	13	8	5th PM	11-N	13-W
" "	19	4	5th PM	10-N	13-W
" "	18	4	5th PM	10-N	14-W
" "	11	3	5th PM	11-N	15-W
JOHNS	1	2	5th PM	13-N	15-W
JOHNSON	23	9	5th PM	9-N	12-W
" "	12	7	5th PM	11-N	14-W
" "	21	6	5th PM	9-N	14-W
" "	13	5	5th PM	11-N	13-W
" "	22	5	5th PM	9-N	13-W
" "	7	3	5th PM	12-N	13-W
" "	1	3	5th PM	13-N	15-W
" "	6	2	5th PM	12-N	14-W
" "	4	2	5th PM	12-N	16-W
" "	20	1	5th PM	10-N	12-W
" "	14	1	5th PM	11-N	12-W
" "	5	1	5th PM	12-N	15-W
JOHNSTON	22	1	5th PM	9-N	13-W
JOLLY	1	3	5th PM	13-N	15-W
JONES	18	20	5th PM	10-N	14-W
" "	10	16	5th PM	11-N	16-W
" "	17	14	5th PM	10-N	15-W
" "	9	11	5th PM	11-N	17-W
" "	4	10	5th PM	12-N	16-W
" "	3	9	5th PM	12-N	17-W
" "	1	4	5th PM	13-N	15-W
" "	2	3	5th PM	13-N	14-W
" "	20	2	5th PM	10-N	12-W
" "	16	2	5th PM	10-N	16-W
" "	23	2	5th PM	9-N	12-W
" "	22	2	5th PM	9-N	13-W
" "	8	1	5th PM	12-N	12-W
JORDAN	13	4	5th PM	11-N	13-W
JOSLIN	12	5	5th PM	11-N	14-W
" "	11	1	5th PM	11-N	15-W
JOYNER	19	1	5th PM	10-N	13-W
KARR	23	2	5th PM	9-N	12-W
KECK	12	3	5th PM	11-N	14-W
KEELING	6	5	5th PM	12-N	14-W
" "	5	3	5th PM	12-N	15-W
KEES	1	2	5th PM	13-N	15-W
KEIGER	17	1	5th PM	10-N	15-W
KEITH	15	3	5th PM	10-N	17-W
KELLER	4	3	5th PM	12-N	16-W
" "	8	1	5th PM	12-N	12-W
" "	7	1	5th PM	12-N	13-W
KELLEY	5	1	5th PM	12-N	15-W
KELLOGG	16	1	5th PM	10-N	16-W
KEMP	11	2	5th PM	11-N	15-W
KENIMER	5	3	5th PM	12-N	15-W
KENNEDY	20	4	5th PM	10-N	12-W

Surname	Map Group	Parcels of Land	Meridian/Township/Range		
KENNEDY (Cont'd)	6	2	5th PM	12-N	14-W
" "	19	1	5th PM	10-N	13-W
KENNER	8	3	5th PM	12-N	12-W
KETCHAM	8	3	5th PM	12-N	12-W
" "	12	1	5th PM	11-N	14-W
KIES	12	3	5th PM	11-N	14-W
KILPATRICK	9	3	5th PM	11-N	17-W
" "	10	2	5th PM	11-N	16-W
" "	4	1	5th PM	12-N	16-W
KINCANNON	15	14	5th PM	10-N	17-W
" "	16	2	5th PM	10-N	16-W
KINDRICK	18	3	5th PM	10-N	14-W
KING	1	3	5th PM	13-N	15-W
KINGSLEY	10	5	5th PM	11-N	16-W
KINSER	13	1	5th PM	11-N	13-W
KIRKENDALL	6	3	5th PM	12-N	14-W
" "	12	1	5th PM	11-N	14-W
KIRKINDALL	6	2	5th PM	12-N	14-W
" "	12	1	5th PM	11-N	14-W
KIRTLEY	12	3	5th PM	11-N	14-W
KLINE	19	1	5th PM	10-N	13-W
" "	18	1	5th PM	10-N	14-W
KNARD	6	3	5th PM	12-N	14-W
KNIGHT	13	4	5th PM	11-N	13-W
" "	1	4	5th PM	13-N	15-W
" "	18	1	5th PM	10-N	14-W
" "	12	1	5th PM	11-N	14-W
" "	2	1	5th PM	13-N	14-W
KNOWLTON	16	6	5th PM	10-N	16-W
KOLB	12	3	5th PM	11-N	14-W
KOON	10	2	5th PM	11-N	16-W
KOONE	10	4	5th PM	11-N	16-W
" "	9	2	5th PM	11-N	17-W
" "	16	1	5th PM	10-N	16-W
KOPP	22	1	5th PM	9-N	13-W
LACKEY	21	1	5th PM	9-N	14-W
LAFFOON	2	4	5th PM	13-N	14-W
LAKE	19	2	5th PM	10-N	13-W
LAMSDIN	4	3	5th PM	12-N	16-W
LANCASTER	17	1	5th PM	10-N	15-W
LANDERS	8	2	5th PM	12-N	12-W
LANDFORD	19	1	5th PM	10-N	13-W
LANDIS	8	3	5th PM	12-N	12-W
LANDRUM	16	2	5th PM	10-N	16-W
LANDSOWN	12	3	5th PM	11-N	14-W
LANGDON	7	2	5th PM	12-N	13-W
LANGFORD	22	1	5th PM	9-N	13-W
LANGSTON	11	3	5th PM	11-N	15-W
LANKFORD	22	3	5th PM	9-N	13-W
" "	19	1	5th PM	10-N	13-W
LATHAN	4	2	5th PM	12-N	16-W
LAURENCE	10	2	5th PM	11-N	16-W
LAWLESS	15	7	5th PM	10-N	17-W
" "	9	2	5th PM	11-N	17-W
LAWRANCE	2	3	5th PM	13-N	14-W
LAWRENCE	8	2	5th PM	12-N	12-W
LAWSON	16	1	5th PM	10-N	16-W
LAY	12	2	5th PM	11-N	14-W
LAYTON	13	1	5th PM	11-N	13-W
LEADBETTER	14	2	5th PM	11-N	12-W

Surname/Township Index

Surname	Map Group	Parcels of Land	Meridian/Township/Range
LEDBETTER	6	15	5th PM 12-N 14-W
LEE	1	3	5th PM 13-N 15-W
" "	22	2	5th PM 9-N 13-W
" "	21	1	5th PM 9-N 14-W
LEFLER	17	3	5th PM 10-N 15-W
LEMINGS	11	6	5th PM 11-N 15-W
LENTZ	16	2	5th PM 10-N 16-W
LEONARD	18	5	5th PM 10-N 14-W
" "	6	4	5th PM 12-N 14-W
" "	4	2	5th PM 12-N 16-W
" "	13	1	5th PM 11-N 13-W
" "	10	1	5th PM 11-N 16-W
" "	23	1	5th PM 9-N 12-W
LESLEY	19	9	5th PM 10-N 13-W
" "	20	2	5th PM 10-N 12-W
LEWIS	16	18	5th PM 10-N 16-W
" "	1	5	5th PM 13-N 15-W
" "	8	3	5th PM 12-N 12-W
" "	20	2	5th PM 10-N 12-W
" "	9	2	5th PM 11-N 17-W
LIGAN	20	3	5th PM 10-N 12-W
LIGHT	12	4	5th PM 11-N 14-W
LINCYCOMB	13	1	5th PM 11-N 13-W
LINDNER	4	1	5th PM 12-N 16-W
LINDSEY	17	7	5th PM 10-N 15-W
" "	12	2	5th PM 11-N 14-W
" "	6	1	5th PM 12-N 14-W
" "	22	1	5th PM 9-N 13-W
LINN	19	14	5th PM 10-N 13-W
" "	20	6	5th PM 10-N 12-W
" "	8	6	5th PM 12-N 12-W
" "	22	3	5th PM 9-N 13-W
" "	21	2	5th PM 9-N 14-W
LINTON	14	1	5th PM 11-N 12-W
LISTON	1	5	5th PM 13-N 15-W
LITICKER	11	4	5th PM 11-N 15-W
" "	17	1	5th PM 10-N 15-W
LITTLE	18	2	5th PM 10-N 14-W
" "	16	1	5th PM 10-N 16-W
" "	8	1	5th PM 12-N 12-W
LITTLETON	7	4	5th PM 12-N 13-W
LOCKARD	2	3	5th PM 13-N 14-W
LOFTIS	18	9	5th PM 10-N 14-W
" "	23	9	5th PM 9-N 12-W
" "	19	3	5th PM 10-N 13-W
LOHSE	6	3	5th PM 12-N 14-W
LONG	10	3	5th PM 11-N 16-W
" "	20	2	5th PM 10-N 12-W
" "	7	2	5th PM 12-N 13-W
" "	8	1	5th PM 12-N 12-W
LONGCRIER	9	2	5th PM 11-N 17-W
" "	3	2	5th PM 12-N 17-W
LOOPER	12	3	5th PM 11-N 14-W
" "	5	3	5th PM 12-N 15-W
LOTT	4	7	5th PM 12-N 16-W
LOUDERMILK	5	2	5th PM 12-N 15-W
LOVE	2	5	5th PM 13-N 14-W
" "	17	4	5th PM 10-N 15-W
LOVELL	6	11	5th PM 12-N 14-W
" "	12	5	5th PM 11-N 14-W

Surname	Map Group	Parcels of Land	Meridian/Township/Range		
LOVELL (Cont'd)	19	3	5th PM	10-N	13-W
" "	18	3	5th PM	10-N	14-W
LOVIN	9	4	5th PM	11-N	17-W
LOW	5	2	5th PM	12-N	15-W
LOWE	5	3	5th PM	12-N	15-W
LOWELL	7	3	5th PM	12-N	13-W
LOYD	22	9	5th PM	9-N	13-W
" "	20	2	5th PM	10-N	12-W
" "	21	2	5th PM	9-N	14-W
" "	19	1	5th PM	10-N	13-W
LUCAS	12	2	5th PM	11-N	14-W
LUNG	5	2	5th PM	12-N	15-W
LUNSFORD	1	4	5th PM	13-N	15-W
" "	19	2	5th PM	10-N	13-W
LUTE	7	8	5th PM	12-N	13-W
LUTHER	21	2	5th PM	9-N	14-W
LYNCH	7	2	5th PM	12-N	13-W
" "	16	1	5th PM	10-N	16-W
LYTLE	11	3	5th PM	11-N	15-W
MACKEY	18	4	5th PM	10-N	14-W
MADDOX	19	9	5th PM	10-N	13-W
" "	12	8	5th PM	11-N	14-W
MADDUX	12	1	5th PM	11-N	14-W
MAHANEY	7	3	5th PM	12-N	13-W
MAIN	5	3	5th PM	12-N	15-W
" "	20	2	5th PM	10-N	12-W
MALDON	8	3	5th PM	12-N	12-W
MALONE	18	3	5th PM	10-N	14-W
" "	17	1	5th PM	10-N	15-W
MANES	12	3	5th PM	11-N	14-W
MANN	18	2	5th PM	10-N	14-W
" "	1	1	5th PM	13-N	15-W
MANNING	16	2	5th PM	10-N	16-W
MARCHBANKS	10	12	5th PM	11-N	16-W
" "	19	1	5th PM	10-N	13-W
MARCUM	19	3	5th PM	10-N	13-W
MARSHALL	7	2	5th PM	12-N	13-W
MARTIN	18	5	5th PM	10-N	14-W
" "	16	4	5th PM	10-N	16-W
" "	19	3	5th PM	10-N	13-W
" "	22	3	5th PM	9-N	13-W
" "	21	1	5th PM	9-N	14-W
MASON	9	2	5th PM	11-N	17-W
MASSEY	17	3	5th PM	10-N	15-W
" "	2	2	5th PM	13-N	14-W
" "	1	1	5th PM	13-N	15-W
MATHEWS	14	3	5th PM	11-N	12-W
" "	22	2	5th PM	9-N	13-W
MATHIES	5	2	5th PM	12-N	15-W
MATHIS	3	5	5th PM	12-N	17-W
" "	4	2	5th PM	12-N	16-W
MATTESON	14	1	5th PM	11-N	12-W
MATTISON	14	2	5th PM	11-N	12-W
MAXEY	8	2	5th PM	12-N	12-W
" "	7	1	5th PM	12-N	13-W
MAXWELL	8	3	5th PM	12-N	12-W
" "	17	1	5th PM	10-N	15-W
" "	14	1	5th PM	11-N	12-W
MAY	9	3	5th PM	11-N	17-W
MCALISTER	11	11	5th PM	11-N	15-W

Surname/Township Index

Surname	Map Group	Parcels of Land	Meridian/Township/Range
MCALISTER (Cont'd)	18	3	5th PM 10-N 14-W
" "	15	3	5th PM 10-N 17-W
" "	22	2	5th PM 9-N 13-W
" "	12	1	5th PM 11-N 14-W
MCALLISTER	17	1	5th PM 10-N 15-W
MCCAGHREN	16	3	5th PM 10-N 16-W
MCCALISTER	21	2	5th PM 9-N 14-W
MCCALOUM	6	2	5th PM 12-N 14-W
MCCARLEY	9	1	5th PM 11-N 17-W
" "	4	1	5th PM 12-N 16-W
" "	3	1	5th PM 12-N 17-W
MCCASLIN	16	7	5th PM 10-N 16-W
MCCLAIN	14	1	5th PM 11-N 12-W
MCCOLLOM	2	3	5th PM 13-N 14-W
" "	6	2	5th PM 12-N 14-W
MCCOMIC	18	1	5th PM 10-N 14-W
MCCOY	16	7	5th PM 10-N 16-W
" "	11	1	5th PM 11-N 15-W
" "	21	1	5th PM 9-N 14-W
MCDANIEL	18	3	5th PM 10-N 14-W
" "	21	3	5th PM 9-N 14-W
" "	19	1	5th PM 10-N 13-W
" "	13	1	5th PM 11-N 13-W
" "	12	1	5th PM 11-N 14-W
" "	2	1	5th PM 13-N 14-W
" "	22	1	5th PM 9-N 13-W
MCDONALD	10	4	5th PM 11-N 16-W
" "	6	3	5th PM 12-N 14-W
" "	5	3	5th PM 12-N 15-W
" "	16	2	5th PM 10-N 16-W
MCDOW	19	2	5th PM 10-N 13-W
MCELHANY	19	1	5th PM 10-N 13-W
MCELROY	14	3	5th PM 11-N 12-W
MCENTIRE	9	3	5th PM 11-N 17-W
" "	3	3	5th PM 12-N 17-W
" "	4	2	5th PM 12-N 16-W
MCFARLAND	21	1	5th PM 9-N 14-W
MCFARLIN	21	3	5th PM 9-N 14-W
MCGEE	2	4	5th PM 13-N 14-W
" "	4	3	5th PM 12-N 16-W
" "	1	2	5th PM 13-N 15-W
MCGEHEE	19	4	5th PM 10-N 13-W
" "	14	1	5th PM 11-N 12-W
MCGINTY	16	2	5th PM 10-N 16-W
" "	17	1	5th PM 10-N 15-W
MCGONIGEL	2	2	5th PM 13-N 14-W
MCGRUDER	13	2	5th PM 11-N 13-W
MCGUIRE	2	2	5th PM 13-N 14-W
MCKEE	11	1	5th PM 11-N 15-W
MCKENZIE	23	2	5th PM 9-N 12-W
" "	6	1	5th PM 12-N 14-W
MCKIM	19	4	5th PM 10-N 13-W
" "	22	2	5th PM 9-N 13-W
" "	23	1	5th PM 9-N 12-W
MCKINEY	11	3	5th PM 11-N 15-W
MCKINNEY	11	4	5th PM 11-N 15-W
" "	2	2	5th PM 13-N 14-W
MCKNIGHT	21	3	5th PM 9-N 14-W
" "	22	1	5th PM 9-N 13-W
MCKUIN	17	3	5th PM 10-N 15-W

Surname	Map Group	Parcels of Land	Meridian/Township/Range		
MCLAIN	19	3	5th PM	10-N	13-W
MCLEHANY	20	3	5th PM	10-N	12-W
MCMAHEL	9	2	5th PM	11-N	17-W
MCMILLEN	19	2	5th PM	10-N	13-W
MCNABB	17	5	5th PM	10-N	15-W
MCNAMEE	23	3	5th PM	9-N	12-W
MCNEAL	14	3	5th PM	11-N	12-W
MCNEELEY	6	1	5th PM	12-N	14-W
MCNEELY	12	4	5th PM	11-N	14-W
" "	6	2	5th PM	12-N	14-W
MCNEIL	8	1	5th PM	12-N	12-W
MCSHERRY	5	6	5th PM	12-N	15-W
MEDLOCK	17	7	5th PM	10-N	15-W
" "	18	1	5th PM	10-N	14-W
MEEK	2	4	5th PM	13-N	14-W
MEELER	16	4	5th PM	10-N	16-W
MELER	16	4	5th PM	10-N	16-W
MELTON	13	5	5th PM	11-N	13-W
" "	20	3	5th PM	10-N	12-W
" "	14	1	5th PM	11-N	12-W
MERIDETH	16	3	5th PM	10-N	16-W
MERIDITH	7	1	5th PM	12-N	13-W
MERRYMAN	17	8	5th PM	10-N	15-W
MESSAMORE	7	1	5th PM	12-N	13-W
METCALF	9	2	5th PM	11-N	17-W
MICHAEL	14	5	5th PM	11-N	12-W
" "	20	1	5th PM	10-N	12-W
MICHAELS	14	2	5th PM	11-N	12-W
MIDDLEBROOKS	12	3	5th PM	11-N	14-W
MIDDLETON	1	3	5th PM	13-N	15-W
" "	11	2	5th PM	11-N	15-W
" "	2	1	5th PM	13-N	14-W
MILIKEN	23	3	5th PM	9-N	12-W
MILLER	11	4	5th PM	11-N	15-W
" "	5	3	5th PM	12-N	15-W
" "	1	3	5th PM	13-N	15-W
" "	17	2	5th PM	10-N	15-W
MILLIGAN	12	5	5th PM	11-N	14-W
MILLIKIN	23	2	5th PM	9-N	12-W
MILLS	16	7	5th PM	10-N	16-W
" "	11	3	5th PM	11-N	15-W
" "	14	2	5th PM	11-N	12-W
MILLSAPS	3	11	5th PM	12-N	17-W
" "	4	6	5th PM	12-N	16-W
" "	10	5	5th PM	11-N	16-W
" "	9	4	5th PM	11-N	17-W
MIZE	3	4	5th PM	12-N	17-W
MOBBS	4	14	5th PM	12-N	16-W
MOBLEY	2	1	5th PM	13-N	14-W
MOLDEN	14	1	5th PM	11-N	12-W
MONCRIEF	3	3	5th PM	12-N	17-W
MONTGOMERY	19	2	5th PM	10-N	13-W
" "	22	1	5th PM	9-N	13-W
MOODY	5	5	5th PM	12-N	15-W
" "	7	2	5th PM	12-N	13-W
MOORE	12	5	5th PM	11-N	14-W
" "	13	4	5th PM	11-N	13-W
" "	20	3	5th PM	10-N	12-W
" "	6	3	5th PM	12-N	14-W
MOREDOCK	11	3	5th PM	11-N	15-W

Surname	Map Group	Parcels of Land	Meridian/Township/Range		
MORELAND	11	3	5th PM	11-N	15-W
MORGAN	17	6	5th PM	10-N	15-W
" "	4	4	5th PM	12-N	16-W
" "	2	4	5th PM	13-N	14-W
" "	16	3	5th PM	10-N	16-W
MORRIS	16	8	5th PM	10-N	16-W
" "	3	5	5th PM	12-N	17-W
MORRISON	13	2	5th PM	11-N	13-W
" "	12	1	5th PM	11-N	14-W
MORROW	11	2	5th PM	11-N	15-W
" "	12	1	5th PM	11-N	14-W
MOSS	12	2	5th PM	11-N	14-W
" "	15	1	5th PM	10-N	17-W
" "	8	1	5th PM	12-N	12-W
MURE	7	1	5th PM	12-N	13-W
MURPHY	6	2	5th PM	12-N	14-W
" "	5	2	5th PM	12-N	15-W
" "	1	1	5th PM	13-N	15-W
MUSICK	11	2	5th PM	11-N	15-W
MYERS	14	1	5th PM	11-N	12-W
MYOVER	12	2	5th PM	11-N	14-W
MYRICK	8	1	5th PM	12-N	12-W
NALLY	7	2	5th PM	12-N	13-W
NEAL	19	3	5th PM	10-N	13-W
" "	17	3	5th PM	10-N	15-W
" "	23	2	5th PM	9-N	12-W
" "	20	1	5th PM	10-N	12-W
" "	18	1	5th PM	10-N	14-W
" "	14	1	5th PM	11-N	12-W
NEEDHAM	18	7	5th PM	10-N	14-W
" "	13	1	5th PM	11-N	13-W
NEELY	16	4	5th PM	10-N	16-W
NELDON	11	3	5th PM	11-N	15-W
" "	5	2	5th PM	12-N	15-W
NELMS	8	2	5th PM	12-N	12-W
NELSON	10	5	5th PM	11-N	16-W
" "	2	5	5th PM	13-N	14-W
" "	13	3	5th PM	11-N	13-W
" "	19	2	5th PM	10-N	13-W
" "	20	1	5th PM	10-N	12-W
" "	22	1	5th PM	9-N	13-W
NEWLAND	2	3	5th PM	13-N	14-W
NEWMAN	17	4	5th PM	10-N	15-W
" "	14	3	5th PM	11-N	12-W
" "	13	3	5th PM	11-N	13-W
" "	7	1	5th PM	12-N	13-W
" "	4	1	5th PM	12-N	16-W
NEWTON	16	1	5th PM	10-N	16-W
" "	21	1	5th PM	9-N	14-W
NICHOLS	17	2	5th PM	10-N	15-W
" "	12	2	5th PM	11-N	14-W
" "	16	1	5th PM	10-N	16-W
" "	6	1	5th PM	12-N	14-W
NICHOLSON	18	5	5th PM	10-N	14-W
" "	21	1	5th PM	9-N	14-W
NICKLES	8	1	5th PM	12-N	12-W
NISLER	22	2	5th PM	9-N	13-W
" "	18	1	5th PM	10-N	14-W
NISSERT	3	3	5th PM	12-N	17-W
NIXON	7	4	5th PM	12-N	13-W

Surname	Map Group	Parcels of Land	Meridian/Township/Range		
NIXON (Cont'd)	13	3	5th PM	11-N	13-W
" "	11	2	5th PM	11-N	15-W
" "	8	2	5th PM	12-N	12-W
" "	12	1	5th PM	11-N	14-W
NOLLY	17	1	5th PM	10-N	15-W
NORMAN	16	8	5th PM	10-N	16-W
" "	6	4	5th PM	12-N	14-W
NORRIS	4	1	5th PM	12-N	16-W
NUNLEY	5	2	5th PM	12-N	15-W
" "	1	2	5th PM	13-N	15-W
NUNN	4	3	5th PM	12-N	16-W
OATS	15	3	5th PM	10-N	17-W
ODAM	22	2	5th PM	9-N	13-W
ODOM	22	5	5th PM	9-N	13-W
" "	20	2	5th PM	10-N	12-W
OLIGER	17	1	5th PM	10-N	15-W
ONEAL	4	20	5th PM	12-N	16-W
" "	3	1	5th PM	12-N	17-W
ORMOND	2	3	5th PM	13-N	14-W
ORRICK	7	1	5th PM	12-N	13-W
OSBORN	10	4	5th PM	11-N	16-W
OTT	5	8	5th PM	12-N	15-W
" "	1	4	5th PM	13-N	15-W
" "	11	2	5th PM	11-N	15-W
OTTE	2	2	5th PM	13-N	14-W
OVERTON	15	1	5th PM	10-N	17-W
OVIATT	22	2	5th PM	9-N	13-W
OWEN	5	2	5th PM	12-N	15-W
OWENS	17	4	5th PM	10-N	15-W
PACK	4	18	5th PM	12-N	16-W
" "	9	11	5th PM	11-N	17-W
" "	3	5	5th PM	12-N	17-W
" "	1	1	5th PM	13-N	15-W
PAGE	5	12	5th PM	12-N	15-W
PALMER	7	3	5th PM	12-N	13-W
" "	21	1	5th PM	9-N	14-W
PARISH	19	12	5th PM	10-N	13-W
" "	20	7	5th PM	10-N	12-W
" "	12	3	5th PM	11-N	14-W
" "	23	3	5th PM	9-N	12-W
" "	22	1	5th PM	9-N	13-W
PARKER	4	4	5th PM	12-N	16-W
" "	19	2	5th PM	10-N	13-W
" "	12	2	5th PM	11-N	14-W
PARKS	18	5	5th PM	10-N	14-W
" "	1	5	5th PM	13-N	15-W
" "	17	1	5th PM	10-N	15-W
" "	2	1	5th PM	13-N	14-W
PARSLEY	12	7	5th PM	11-N	14-W
PATE	12	4	5th PM	11-N	14-W
PATTERSON	22	4	5th PM	9-N	13-W
" "	21	4	5th PM	9-N	14-W
" "	1	3	5th PM	13-N	15-W
" "	20	2	5th PM	10-N	12-W
" "	19	1	5th PM	10-N	13-W
" "	18	1	5th PM	10-N	14-W
" "	12	1	5th PM	11-N	14-W
PATTON	6	19	5th PM	12-N	14-W
" "	5	4	5th PM	12-N	15-W
" "	14	2	5th PM	11-N	12-W

Surname/Township Index

Surname	Map Group	Parcels of Land	Meridian/Township/Range
PATTON (Cont'd)	12	1	5th PM 11-N 14-W
PAVATT	18	8	5th PM 10-N 14-W
PAXSON	6	2	5th PM 12-N 14-W
PAYNE	15	8	5th PM 10-N 17-W
" "	16	2	5th PM 10-N 16-W
" "	8	2	5th PM 12-N 12-W
" "	20	1	5th PM 10-N 12-W
PAYTON	15	1	5th PM 10-N 17-W
PEARCE	19	5	5th PM 10-N 13-W
" "	13	1	5th PM 11-N 13-W
PEARSON	16	5	5th PM 10-N 16-W
PEEL	12	6	5th PM 11-N 14-W
" "	6	2	5th PM 12-N 14-W
PENDLEY	17	1	5th PM 10-N 15-W
PENNINGTON	20	3	5th PM 10-N 12-W
PERDUE	18	1	5th PM 10-N 14-W
PERKINS	2	6	5th PM 13-N 14-W
" "	6	2	5th PM 12-N 14-W
PERMENTER	20	2	5th PM 10-N 12-W
PERSON	15	7	5th PM 10-N 17-W
PETTIT	19	3	5th PM 10-N 13-W
PHARRIS	2	1	5th PM 13-N 14-W
PHILIPS	23	6	5th PM 9-N 12-W
PHILLIPS	23	10	5th PM 9-N 12-W
" "	17	4	5th PM 10-N 15-W
" "	3	3	5th PM 12-N 17-W
" "	20	1	5th PM 10-N 12-W
" "	15	1	5th PM 10-N 17-W
" "	7	1	5th PM 12-N 13-W
" "	4	1	5th PM 12-N 16-W
PHILPOT	15	2	5th PM 10-N 17-W
PICKELSIMER	10	3	5th PM 11-N 16-W
" "	9	1	5th PM 11-N 17-W
PIERCE	6	10	5th PM 12-N 14-W
" "	19	5	5th PM 10-N 13-W
" "	14	3	5th PM 11-N 12-W
" "	7	1	5th PM 12-N 13-W
PIKE	20	3	5th PM 10-N 12-W
" "	19	3	5th PM 10-N 13-W
PISTOLE	12	2	5th PM 11-N 14-W
PLEAS	12	9	5th PM 11-N 14-W
PLUMMER	17	6	5th PM 10-N 15-W
PLUNKETT	15	3	5th PM 10-N 17-W
POE	8	3	5th PM 12-N 12-W
" "	22	1	5th PM 9-N 13-W
POINTER	7	5	5th PM 12-N 13-W
POLK	18	6	5th PM 10-N 14-W
PORTER	15	2	5th PM 10-N 17-W
POSTELL	4	3	5th PM 12-N 16-W
POWELL	18	8	5th PM 10-N 14-W
" "	17	2	5th PM 10-N 15-W
" "	11	2	5th PM 11-N 15-W
POWERS	15	3	5th PM 10-N 17-W
POYNE	22	2	5th PM 9-N 13-W
PRATT	4	10	5th PM 12-N 16-W
PRESLEY	20	4	5th PM 10-N 12-W
" "	19	4	5th PM 10-N 13-W
" "	13	2	5th PM 11-N 13-W
" "	14	1	5th PM 11-N 12-W
PRESNELL	4	3	5th PM 12-N 16-W

Surname	Map Group	Parcels of Land	Meridian/Township/Range		
PRESNELL (Cont'd)	10	1	5th PM	11-N	16-W
PREWETT	13	1	5th PM	11-N	13-W
PRICE	10	8	5th PM	11-N	16-W
" "	11	3	5th PM	11-N	15-W
" "	15	2	5th PM	10-N	17-W
PRINCE	15	17	5th PM	10-N	17-W
" "	17	2	5th PM	10-N	15-W
PRIOR	6	2	5th PM	12-N	14-W
PRIVITT	13	2	5th PM	11-N	13-W
" "	8	2	5th PM	12-N	12-W
PROUSE	23	1	5th PM	9-N	12-W
PRUIT	7	3	5th PM	12-N	13-W
" "	8	1	5th PM	12-N	12-W
PRUITT	9	13	5th PM	11-N	17-W
" "	10	4	5th PM	11-N	16-W
" "	11	3	5th PM	11-N	15-W
" "	13	1	5th PM	11-N	13-W
QUATTLEBAUM	19	4	5th PM	10-N	13-W
" "	22	3	5th PM	9-N	13-W
QUATTLEBUM	19	5	5th PM	10-N	13-W
" "	18	1	5th PM	10-N	14-W
" "	22	1	5th PM	9-N	13-W
RABUN	16	1	5th PM	10-N	16-W
RACKLEY	10	1	5th PM	11-N	16-W
RAINBOLT	6	1	5th PM	12-N	14-W
RAINEY	17	2	5th PM	10-N	15-W
RAINWATER	12	4	5th PM	11-N	14-W
" "	18	3	5th PM	10-N	14-W
" "	17	2	5th PM	10-N	15-W
RAMBO	3	25	5th PM	12-N	17-W
RAMSEY	19	4	5th PM	10-N	13-W
" "	20	1	5th PM	10-N	12-W
" "	16	1	5th PM	10-N	16-W
RANKIN	16	1	5th PM	10-N	16-W
RAY	22	1	5th PM	9-N	13-W
READ	3	3	5th PM	12-N	17-W
RECTOR	22	1	5th PM	9-N	13-W
REDDICK	23	3	5th PM	9-N	12-W
REED	17	3	5th PM	10-N	15-W
" "	16	2	5th PM	10-N	16-W
" "	8	2	5th PM	12-N	12-W
" "	3	1	5th PM	12-N	17-W
REES	18	3	5th PM	10-N	14-W
REEVES	7	10	5th PM	12-N	13-W
" "	2	8	5th PM	13-N	14-W
" "	1	6	5th PM	13-N	15-W
" "	6	3	5th PM	12-N	14-W
REID	16	4	5th PM	10-N	16-W
" "	15	3	5th PM	10-N	17-W
" "	6	2	5th PM	12-N	14-W
" "	7	1	5th PM	12-N	13-W
RENEAU	6	3	5th PM	12-N	14-W
REVES	4	5	5th PM	12-N	16-W
" "	3	3	5th PM	12-N	17-W
" "	1	2	5th PM	13-N	15-W
REXROAD	10	3	5th PM	11-N	16-W
REYNOLDS	17	3	5th PM	10-N	15-W
" "	16	3	5th PM	10-N	16-W
" "	15	3	5th PM	10-N	17-W
" "	11	3	5th PM	11-N	15-W

Surname	Map Group	Parcels of Land	Meridian/Township/Range
RHEA	19	3	5th PM 10-N 13-W
RHOADES	19	9	5th PM 10-N 13-W
" "	18	8	5th PM 10-N 14-W
RHOADS	18	5	5th PM 10-N 14-W
" "	19	4	5th PM 10-N 13-W
RHODES	18	1	5th PM 10-N 14-W
RICE	1	3	5th PM 13-N 15-W
RICHMOND	23	5	5th PM 9-N 12-W
RIDENS	22	2	5th PM 9-N 13-W
" "	20	1	5th PM 10-N 12-W
RIDINGS	6	3	5th PM 12-N 14-W
RILEY	17	6	5th PM 10-N 15-W
" "	1	1	5th PM 13-N 15-W
" "	21	1	5th PM 9-N 14-W
ROACH	12	1	5th PM 11-N 14-W
ROBARDS	18	1	5th PM 10-N 14-W
ROBBERTS	20	1	5th PM 10-N 12-W
ROBBINS	1	3	5th PM 13-N 15-W
ROBERDES	18	2	5th PM 10-N 14-W
ROBERSON	15	6	5th PM 10-N 17-W
" "	16	3	5th PM 10-N 16-W
ROBERTS	6	4	5th PM 12-N 14-W
" "	18	3	5th PM 10-N 14-W
" "	10	3	5th PM 11-N 16-W
" "	8	2	5th PM 12-N 12-W
" "	19	1	5th PM 10-N 13-W
ROBERTSON	7	3	5th PM 12-N 13-W
" "	18	2	5th PM 10-N 14-W
ROBESON	8	3	5th PM 12-N 12-W
ROBINSON	17	1	5th PM 10-N 15-W
" "	16	1	5th PM 10-N 16-W
" "	12	1	5th PM 11-N 14-W
RODEN	7	2	5th PM 12-N 13-W
ROGERS	19	6	5th PM 10-N 13-W
" "	18	5	5th PM 10-N 14-W
" "	13	3	5th PM 11-N 13-W
" "	5	3	5th PM 12-N 15-W
" "	12	2	5th PM 11-N 14-W
" "	22	1	5th PM 9-N 13-W
ROLEN	2	1	5th PM 13-N 14-W
ROLLINGS	23	2	5th PM 9-N 12-W
ROLLINS	23	2	5th PM 9-N 12-W
" "	14	1	5th PM 11-N 12-W
ROPER	16	3	5th PM 10-N 16-W
RORIE	5	4	5th PM 12-N 15-W
" "	1	4	5th PM 13-N 15-W
ROSAMAND	5	1	5th PM 12-N 15-W
ROTEN	5	4	5th PM 12-N 15-W
ROW	6	3	5th PM 12-N 14-W
" "	19	1	5th PM 10-N 13-W
ROWE	22	4	5th PM 9-N 13-W
RUFF	15	3	5th PM 10-N 17-W
" "	12	1	5th PM 11-N 14-W
RUMLEY	6	3	5th PM 12-N 14-W
" "	2	3	5th PM 13-N 14-W
RUMLY	2	1	5th PM 13-N 14-W
RUSHING	16	2	5th PM 10-N 16-W
" "	13	1	5th PM 11-N 13-W
RUSSELL	10	20	5th PM 11-N 16-W
" "	16	4	5th PM 10-N 16-W

Surname	Map Group	Parcels of Land	Meridian/Township/Range
RUSSELL (Cont'd)	2	3	5th PM 13-N 14-W
" "	19	2	5th PM 10-N 13-W
" "	14	2	5th PM 11-N 12-W
" "	11	2	5th PM 11-N 15-W
" "	3	2	5th PM 12-N 17-W
" "	9	1	5th PM 11-N 17-W
" "	4	1	5th PM 12-N 16-W
" "	1	1	5th PM 13-N 15-W
" "	22	1	5th PM 9-N 13-W
RUTHERFORD	5	4	5th PM 12-N 15-W
" "	15	2	5th PM 10-N 17-W
RUTTENBUR	1	3	5th PM 13-N 15-W
SADLER	21	1	5th PM 9-N 14-W
SAFFLEY	15	3	5th PM 10-N 17-W
SANDAGE	22	5	5th PM 9-N 13-W
" "	23	1	5th PM 9-N 12-W
SANDERS	20	14	5th PM 10-N 12-W
" "	10	4	5th PM 11-N 16-W
" "	16	3	5th PM 10-N 16-W
" "	12	3	5th PM 11-N 14-W
SARTAIN	20	1	5th PM 10-N 12-W
SCANLAN	21	1	5th PM 9-N 14-W
SCANLON	22	1	5th PM 9-N 13-W
SCARBERRY	10	5	5th PM 11-N 16-W
" "	4	2	5th PM 12-N 16-W
SCARLETT	23	13	5th PM 9-N 12-W
SCHOCK	11	2	5th PM 11-N 15-W
SCHWARTZ	4	3	5th PM 12-N 16-W
SCOGGINS	16	3	5th PM 10-N 16-W
SCOTT	1	4	5th PM 13-N 15-W
" "	3	2	5th PM 12-N 17-W
" "	20	1	5th PM 10-N 12-W
" "	17	1	5th PM 10-N 15-W
SCROGGIN	16	2	5th PM 10-N 16-W
SCROGGINS	16	3	5th PM 10-N 16-W
SEALS	19	2	5th PM 10-N 13-W
SELPH	23	2	5th PM 9-N 12-W
SHACKLEFORD	23	3	5th PM 9-N 12-W
SHADOW	8	3	5th PM 12-N 12-W
SHAIN	2	1	5th PM 13-N 14-W
SHANAN	18	2	5th PM 10-N 14-W
SHANK	8	1	5th PM 12-N 12-W
SHANKS	5	2	5th PM 12-N 15-W
" "	11	1	5th PM 11-N 15-W
SHANNON	18	3	5th PM 10-N 14-W
SHARP	19	2	5th PM 10-N 13-W
" "	18	2	5th PM 10-N 14-W
" "	13	1	5th PM 11-N 13-W
SHAW	15	3	5th PM 10-N 17-W
SHEARRON	22	1	5th PM 9-N 13-W
SHELTON	20	4	5th PM 10-N 12-W
" "	7	4	5th PM 12-N 13-W
" "	8	3	5th PM 12-N 12-W
" "	6	3	5th PM 12-N 14-W
" "	19	1	5th PM 10-N 13-W
SHEPHERD	7	6	5th PM 12-N 13-W
SHERRELL	11	3	5th PM 11-N 15-W
SHERRILL	11	3	5th PM 11-N 15-W
SHETLEY	19	4	5th PM 10-N 13-W
SHIPLEY	17	2	5th PM 10-N 15-W

Surname	Map Group	Parcels of Land	Meridian/Township/Range
SHIPMAN	19	4	5th PM 10-N 13-W
" "	2	2	5th PM 13-N 14-W
SHIPP	17	5	5th PM 10-N 15-W
" "	13	3	5th PM 11-N 13-W
" "	8	3	5th PM 12-N 12-W
" "	7	2	5th PM 12-N 13-W
" "	18	1	5th PM 10-N 14-W
SHOFFIT	4	5	5th PM 12-N 16-W
SHOPTAW	16	3	5th PM 10-N 16-W
SHORT	17	2	5th PM 10-N 15-W
" "	20	1	5th PM 10-N 12-W
" "	16	1	5th PM 10-N 16-W
SHULL	14	2	5th PM 11-N 12-W
SICKLER	2	3	5th PM 13-N 14-W
SILLIVAN	8	2	5th PM 12-N 12-W
SIMMONS	6	1	5th PM 12-N 14-W
" "	2	1	5th PM 13-N 14-W
SIMMS	23	3	5th PM 9-N 12-W
" "	20	1	5th PM 10-N 12-W
SIMPKINS	13	7	5th PM 11-N 13-W
" "	14	4	5th PM 11-N 12-W
" "	19	3	5th PM 10-N 13-W
" "	7	3	5th PM 12-N 13-W
" "	20	2	5th PM 10-N 12-W
" "	8	1	5th PM 12-N 12-W
SIMPSON	15	5	5th PM 10-N 17-W
" "	16	1	5th PM 10-N 16-W
SIMS	23	5	5th PM 9-N 12-W
" "	2	2	5th PM 13-N 14-W
SINGLETON	2	1	5th PM 13-N 14-W
SISSON	18	3	5th PM 10-N 14-W
SKIDMORE	9	4	5th PM 11-N 17-W
SKINNER	9	5	5th PM 11-N 17-W
SMALLWOOD	14	2	5th PM 11-N 12-W
SMART	17	2	5th PM 10-N 15-W
SMITH	13	22	5th PM 11-N 13-W
" "	7	9	5th PM 12-N 13-W
" "	3	9	5th PM 12-N 17-W
" "	18	8	5th PM 10-N 14-W
" "	12	5	5th PM 11-N 14-W
" "	1	5	5th PM 13-N 15-W
" "	4	4	5th PM 12-N 16-W
" "	2	4	5th PM 13-N 14-W
" "	17	3	5th PM 10-N 15-W
" "	11	3	5th PM 11-N 15-W
" "	20	2	5th PM 10-N 12-W
" "	5	2	5th PM 12-N 15-W
SNEED	23	11	5th PM 9-N 12-W
" "	19	3	5th PM 10-N 13-W
" "	22	2	5th PM 9-N 13-W
" "	20	1	5th PM 10-N 12-W
SNOWDEN	12	2	5th PM 11-N 14-W
SOHN	21	1	5th PM 9-N 14-W
SOUTH	1	3	5th PM 13-N 15-W
SOWALL	7	1	5th PM 12-N 13-W
SOWELL	7	10	5th PM 12-N 13-W
" "	13	6	5th PM 11-N 13-W
" "	8	5	5th PM 12-N 12-W
SPAIN	22	1	5th PM 9-N 13-W
SPEIGHTS	23	1	5th PM 9-N 12-W

Surname	Map Group	Parcels of Land	Meridian/Township/Range
SPENCER	17	4	5th PM 10-N 15-W
SPILLERS	21	1	5th PM 9-N 14-W
SPIRES	22	3	5th PM 9-N 13-W
STACKS	18	2	5th PM 10-N 14-W
STANDRIDGE	4	1	5th PM 12-N 16-W
STANLEY	13	6	5th PM 11-N 13-W
" "	17	1	5th PM 10-N 15-W
" "	11	1	5th PM 11-N 15-W
STARCHER	5	2	5th PM 12-N 15-W
STARK	19	3	5th PM 10-N 13-W
STARNES	13	3	5th PM 11-N 13-W
" "	6	1	5th PM 12-N 14-W
STEEL	21	2	5th PM 9-N 14-W
STEELE	21	3	5th PM 9-N 14-W
STELL	11	4	5th PM 11-N 15-W
STEPHENS	14	9	5th PM 11-N 12-W
" "	13	5	5th PM 11-N 13-W
" "	2	4	5th PM 13-N 14-W
" "	1	3	5th PM 13-N 15-W
" "	17	1	5th PM 10-N 15-W
STERLIN	2	5	5th PM 13-N 14-W
STEVENS	13	1	5th PM 11-N 13-W
STEWARD	20	4	5th PM 10-N 12-W
STEWART	7	3	5th PM 12-N 13-W
" "	2	2	5th PM 13-N 14-W
STILES	2	2	5th PM 13-N 14-W
STIRLIN	2	2	5th PM 13-N 14-W
STOBAUGH	18	7	5th PM 10-N 14-W
" "	16	5	5th PM 10-N 16-W
" "	19	3	5th PM 10-N 13-W
" "	17	3	5th PM 10-N 15-W
" "	15	2	5th PM 10-N 17-W
" "	11	2	5th PM 11-N 15-W
" "	13	1	5th PM 11-N 13-W
" "	12	1	5th PM 11-N 14-W
STOBOY	11	1	5th PM 11-N 15-W
STOCKTON	1	3	5th PM 13-N 15-W
STONEKING	1	2	5th PM 13-N 15-W
STORY	18	3	5th PM 10-N 14-W
" "	17	3	5th PM 10-N 15-W
" "	13	3	5th PM 11-N 13-W
STRACENER	19	4	5th PM 10-N 13-W
" "	22	1	5th PM 9-N 13-W
STRIPLING	19	1	5th PM 10-N 13-W
" "	18	1	5th PM 10-N 14-W
STROUD	16	21	5th PM 10-N 16-W
STUART	12	3	5th PM 11-N 14-W
" "	20	2	5th PM 10-N 12-W
STUBBLEFIELD	10	2	5th PM 11-N 16-W
STUBLEFIELD	10	2	5th PM 11-N 16-W
STURDEVANT	13	3	5th PM 11-N 13-W
" "	7	2	5th PM 12-N 13-W
SUGG	17	3	5th PM 10-N 15-W
" "	11	3	5th PM 11-N 15-W
SUGGS	13	7	5th PM 11-N 13-W
" "	16	3	5th PM 10-N 16-W
" "	15	3	5th PM 10-N 17-W
SULLIVAN	18	3	5th PM 10-N 14-W
" "	8	1	5th PM 12-N 12-W
SUMNERS	19	2	5th PM 10-N 13-W

Surname/Township Index

Surname	Map Group	Parcels of Land	Meridian/Township/Range
SUTER	17	2	5th PM 10-N 15-W
SWAIM	17	7	5th PM 10-N 15-W
SWANEY	7	1	5th PM 12-N 13-W
SWEEDEN	16	3	5th PM 10-N 16-W
" "	15	2	5th PM 10-N 17-W
SWINEA	20	3	5th PM 10-N 12-W
SWINEY	13	1	5th PM 11-N 13-W
SWINGER	16	2	5th PM 10-N 16-W
SYKES	13	1	5th PM 11-N 13-W
TACKETT	14	3	5th PM 11-N 12-W
" "	20	1	5th PM 10-N 12-W
" "	15	1	5th PM 10-N 17-W
" "	13	1	5th PM 11-N 13-W
TALLENT	20	5	5th PM 10-N 12-W
TALLEY	21	2	5th PM 9-N 14-W
TANKERSLEY	7	1	5th PM 12-N 13-W
TARKINGTON	14	2	5th PM 11-N 12-W
" "	12	2	5th PM 11-N 14-W
" "	6	2	5th PM 12-N 14-W
" "	7	1	5th PM 12-N 13-W
" "	22	1	5th PM 9-N 13-W
TARKINTON	22	3	5th PM 9-N 13-W
" "	19	1	5th PM 10-N 13-W
" "	18	1	5th PM 10-N 14-W
TASKINGTON	12	2	5th PM 11-N 14-W
TATE	9	3	5th PM 11-N 17-W
TAYLOR	14	2	5th PM 11-N 12-W
" "	22	2	5th PM 9-N 13-W
" "	18	1	5th PM 10-N 14-W
" "	8	1	5th PM 12-N 12-W
TEAGUE	13	14	5th PM 11-N 13-W
TESTER	5	11	5th PM 12-N 15-W
" "	10	1	5th PM 11-N 16-W
THATCHER	15	7	5th PM 10-N 17-W
THOMAS	2	6	5th PM 13-N 14-W
" "	1	4	5th PM 13-N 15-W
" "	3	3	5th PM 12-N 17-W
" "	13	2	5th PM 11-N 13-W
" "	21	2	5th PM 9-N 14-W
" "	19	1	5th PM 10-N 13-W
" "	15	1	5th PM 10-N 17-W
" "	14	1	5th PM 11-N 12-W
THOMASON	19	5	5th PM 10-N 13-W
" "	22	5	5th PM 9-N 13-W
" "	5	1	5th PM 12-N 15-W
THOMPSON	17	17	5th PM 10-N 15-W
" "	20	5	5th PM 10-N 12-W
" "	14	3	5th PM 11-N 12-W
" "	13	3	5th PM 11-N 13-W
" "	1	3	5th PM 13-N 15-W
" "	16	2	5th PM 10-N 16-W
" "	12	2	5th PM 11-N 14-W
THURMAN	8	3	5th PM 12-N 12-W
TIPTON	6	9	5th PM 12-N 14-W
" "	19	3	5th PM 10-N 13-W
" "	23	2	5th PM 9-N 12-W
" "	3	1	5th PM 12-N 17-W
" "	22	1	5th PM 9-N 13-W
TOMLINSON	19	2	5th PM 10-N 13-W
TOTTEN	14	2	5th PM 11-N 12-W

Surname	Map Group	Parcels of Land	Meridian/Township/Range		
TOUNSLEY	13	1	5th PM	11-N	13-W
TOWERY	14	6	5th PM	11-N	12-W
" "	13	1	5th PM	11-N	13-W
TRAWICK	22	3	5th PM	9-N	13-W
" "	23	2	5th PM	9-N	12-W
TREADAWAY	19	11	5th PM	10-N	13-W
" "	18	1	5th PM	10-N	14-W
TREATE	8	1	5th PM	12-N	12-W
TREECE	7	4	5th PM	12-N	13-W
" "	19	3	5th PM	10-N	13-W
" "	6	2	5th PM	12-N	14-W
TRIMBLE	16	1	5th PM	10-N	16-W
TRINKLE	13	6	5th PM	11-N	13-W
TRUETT	2	2	5th PM	13-N	14-W
TUCKER	3	6	5th PM	12-N	17-W
" "	12	2	5th PM	11-N	14-W
TUELL	2	3	5th PM	13-N	14-W
TUMBLESTON	6	2	5th PM	12-N	14-W
TURNER	2	1	5th PM	13-N	14-W
TURNEY	20	2	5th PM	10-N	12-W
" "	14	2	5th PM	11-N	12-W
TWILEY	13	1	5th PM	11-N	13-W
UNDERWOOD	17	9	5th PM	10-N	15-W
" "	12	5	5th PM	11-N	14-W
USSERY	2	2	5th PM	13-N	14-W
VAN WINKLE	10	1	5th PM	11-N	16-W
VAUGHAN	10	4	5th PM	11-N	16-W
" "	20	3	5th PM	10-N	12-W
" "	9	3	5th PM	11-N	17-W
VAUGHN	22	1	5th PM	9-N	13-W
VENABLE	12	2	5th PM	11-N	14-W
VENETZ	15	2	5th PM	10-N	17-W
VEST	7	2	5th PM	12-N	13-W
" "	22	2	5th PM	9-N	13-W
VIA	1	3	5th PM	13-N	15-W
VINEYARD	21	3	5th PM	9-N	14-W
WADDEL	12	3	5th PM	11-N	14-W
" "	11	1	5th PM	11-N	15-W
WADDELL	22	2	5th PM	9-N	13-W
" "	17	1	5th PM	10-N	15-W
WADDLE	4	7	5th PM	12-N	16-W
" "	5	3	5th PM	12-N	15-W
" "	22	1	5th PM	9-N	13-W
WADE	17	1	5th PM	10-N	15-W
WAIN	19	2	5th PM	10-N	13-W
WALDRIP	2	6	5th PM	13-N	14-W
WALKER	6	2	5th PM	12-N	14-W
" "	22	1	5th PM	9-N	13-W
WALLACE	5	3	5th PM	12-N	15-W
WALLEY	19	3	5th PM	10-N	13-W
WALLS	17	4	5th PM	10-N	15-W
" "	22	3	5th PM	9-N	13-W
WALTERMIRE	1	4	5th PM	13-N	15-W
WALTERS	19	2	5th PM	10-N	13-W
" "	22	2	5th PM	9-N	13-W
WAMMACK	2	3	5th PM	13-N	14-W
WARBRITTEN	22	1	5th PM	9-N	13-W
WARBRITTON	18	1	5th PM	10-N	14-W
WARD	22	20	5th PM	9-N	13-W
" "	13	13	5th PM	11-N	13-W

Surname/Township Index

Surname	Map Group	Parcels of Land	Meridian/Township/Range		
WARD (Cont'd)	**23**	7	5th PM	9-N	12-W
" "	**21**	6	5th PM	9-N	14-W
" "	**19**	3	5th PM	10-N	13-W
" "	**12**	3	5th PM	11-N	14-W
" "	**5**	2	5th PM	12-N	15-W
" "	**11**	1	5th PM	11-N	15-W
WARREN	**1**	5	5th PM	13-N	15-W
WASHINGTON	**6**	3	5th PM	12-N	14-W
WATERS	**23**	1	5th PM	9-N	12-W
WATKINS	**16**	1	5th PM	10-N	16-W
" "	**7**	1	5th PM	12-N	13-W
WATSON	**11**	5	5th PM	11-N	15-W
" "	**4**	5	5th PM	12-N	16-W
" "	**16**	3	5th PM	10-N	16-W
" "	**5**	3	5th PM	12-N	15-W
" "	**3**	2	5th PM	12-N	17-W
WATTS	**1**	17	5th PM	13-N	15-W
" "	**2**	7	5th PM	13-N	14-W
" "	**11**	3	5th PM	11-N	15-W
WEAVER	**13**	10	5th PM	11-N	13-W
" "	**7**	8	5th PM	12-N	13-W
WEBB	**18**	4	5th PM	10-N	14-W
" "	**17**	3	5th PM	10-N	15-W
WEDMORE	**2**	2	5th PM	13-N	14-W
WEEKS	**1**	6	5th PM	13-N	15-W
WEST	**4**	20	5th PM	12-N	16-W
" "	**3**	6	5th PM	12-N	17-W
" "	**2**	3	5th PM	13-N	14-W
" "	**1**	3	5th PM	13-N	15-W
" "	**6**	1	5th PM	12-N	14-W
WESTERMAN	**18**	3	5th PM	10-N	14-W
" "	**19**	1	5th PM	10-N	13-W
WESTFIELD	**21**	1	5th PM	9-N	14-W
WHEELERS	**13**	2	5th PM	11-N	13-W
WHILLOCK	**6**	10	5th PM	12-N	14-W
" "	**12**	2	5th PM	11-N	14-W
WHISENANT	**4**	2	5th PM	12-N	16-W
WHITE	**19**	4	5th PM	10-N	13-W
" "	**15**	3	5th PM	10-N	17-W
" "	**6**	1	5th PM	12-N	14-W
WHITFIELD	**16**	3	5th PM	10-N	16-W
WHITWORTH	**18**	6	5th PM	10-N	14-W
WHORTON	**9**	7	5th PM	11-N	17-W
" "	**15**	3	5th PM	10-N	17-W
WILEY	**13**	1	5th PM	11-N	13-W
WILKES	**17**	2	5th PM	10-N	15-W
" "	**18**	1	5th PM	10-N	14-W
WILKS	**16**	2	5th PM	10-N	16-W
WILL	**5**	3	5th PM	12-N	15-W
WILLARD	**7**	3	5th PM	12-N	13-W
WILLCOX	**2**	3	5th PM	13-N	14-W
WILLIAMS	**7**	26	5th PM	12-N	13-W
" "	**10**	13	5th PM	11-N	16-W
" "	**5**	10	5th PM	12-N	15-W
" "	**20**	8	5th PM	10-N	12-W
" "	**12**	8	5th PM	11-N	14-W
" "	**17**	7	5th PM	10-N	15-W
" "	**18**	5	5th PM	10-N	14-W
" "	**16**	5	5th PM	10-N	16-W
" "	**11**	5	5th PM	11-N	15-W

Surname	Map Group	Parcels of Land	Meridian/Township/Range		
WILLIAMS (Cont'd)	6	5	5th PM	12-N	14-W
" "	1	5	5th PM	13-N	15-W
" "	19	4	5th PM	10-N	13-W
" "	15	4	5th PM	10-N	17-W
" "	14	4	5th PM	11-N	12-W
" "	13	3	5th PM	11-N	13-W
" "	9	2	5th PM	11-N	17-W
" "	8	2	5th PM	12-N	12-W
" "	4	2	5th PM	12-N	16-W
" "	22	1	5th PM	9-N	13-W
WILLIS	13	2	5th PM	11-N	13-W
" "	5	2	5th PM	12-N	15-W
" "	6	1	5th PM	12-N	14-W
WILLOUGHBY	6	4	5th PM	12-N	14-W
" "	5	1	5th PM	12-N	15-W
WILLS	15	3	5th PM	10-N	17-W
WILSON	7	5	5th PM	12-N	13-W
" "	3	4	5th PM	12-N	17-W
" "	9	3	5th PM	11-N	17-W
" "	13	2	5th PM	11-N	13-W
" "	2	2	5th PM	13-N	14-W
" "	15	1	5th PM	10-N	17-W
WIMPEE	3	5	5th PM	12-N	17-W
WINFREY	14	2	5th PM	11-N	12-W
WINNINGHAM	18	4	5th PM	10-N	14-W
" "	2	2	5th PM	13-N	14-W
" "	21	2	5th PM	9-N	14-W
" "	19	1	5th PM	10-N	13-W
WITHEY	7	2	5th PM	12-N	13-W
WOOD	4	4	5th PM	12-N	16-W
" "	16	3	5th PM	10-N	16-W
" "	7	3	5th PM	12-N	13-W
" "	20	1	5th PM	10-N	12-W
" "	19	1	5th PM	10-N	13-W
" "	23	1	5th PM	9-N	12-W
WOODRUFF	20	1	5th PM	10-N	12-W
WOODS	19	3	5th PM	10-N	13-W
" "	4	1	5th PM	12-N	16-W
WOODWARD	19	1	5th PM	10-N	13-W
WOODY	22	2	5th PM	9-N	13-W
WORLEY	15	4	5th PM	10-N	17-W
" "	12	3	5th PM	11-N	14-W
WRIGHT	11	2	5th PM	11-N	15-W
" "	18	1	5th PM	10-N	14-W
WYLIE	13	1	5th PM	11-N	13-W
YATES	5	1	5th PM	12-N	15-W
YEAKLEY	13	2	5th PM	11-N	13-W
YERBY	21	1	5th PM	9-N	14-W
YOUNCE	5	5	5th PM	12-N	15-W
YOUNG	19	1	5th PM	10-N	13-W
YOUNGMAN	7	1	5th PM	12-N	13-W

– Part II –

Township Map Groups

Family Maps of Van Buren County, Arkansas

Map Group 1: Index to Land Patents
Township 13-North Range 15-West (5th PM)

After you locate an individual in this Index, take note of the Section and Section Part then proceed to the Land Patent map on the pages immediately following. You should have no difficulty locating the corresponding parcel of land.

The "For More Info" Column will lead you to more information about the underlying Patents. See the *Legend* at right, and the "How to Use this Book" chapter, for more information.

```
                    LEGEND
          "For More Info . . . " column
A = Authority (Legislative Act, See Appendix "A")
B = Block or Lot (location in Section unknown)
C = Cancelled Patent
F = Fractional Section
G = Group  (Multi-Patentee Patent, see Appendix "C")
V = Overlaps another Parcel
R = Re-Issued (Parcel patented more than once)

(A & G items require you to look in the Appendixes referred
to above. All other Letter-designations followed by a number
require you to locate line-items in this index that possess
the ID number found after the letter).
```

ID	Individual in Patent	Sec.	Sec. Part	Date Issued	Other Counties	For More Info . . .
45	ARCHER, Charley	13	N½SW	1914-02-28		A2
46	" "	13	NWSE	1914-02-28		A2
47	" "	13	SENW	1914-02-28		A2
71	ARCHER, Felix P	23	N½SE	1904-12-31		A2
72	" "	23	S½NE	1904-12-31		A2
83	ARCHER, George W	24	E½SW	1901-02-01		A2
84	" "	24	W½SE	1901-02-01		A2
265	ARCHER, William D	12	NWSE	1903-05-19		A2
266	" "	12	SWNE	1903-05-19		A2
256	BALDRIDGE, William A	7	SENE	1910-06-09		A1
257	" "	8	SWNW	1910-06-09		A1
101	BARNES, Hyram M	18	NENW	1904-05-05		A2
102	" "	18	NWNE	1904-05-05		A2
103	" "	7	S½SE	1904-05-05		A2
56	BAUGH, David E	36	E½NE	1911-12-11		A2
221	BAUGH, Sterling L	36	NWSE	1924-04-09		A2
222	" "	36	S½SE	1924-04-09		A2
223	" "	36	SWNE	1924-04-09		A2
73	BAUMGARDNER, George	20	SESE	1909-03-11		A2
74	" "	21	S½SW	1909-03-11		A2
75	" "	28	NENW	1909-03-11		A2
11	BEASLEY, Alva B	32	NWSE	1920-06-07		A2
12	" "	32	SWNE	1920-06-07		A2
67	BEASLEY, Evan	20	N½SW	1916-09-16		A2
57	BOSWELL, David G	10	SESE	1910-09-15		A2
58	" "	14	NWNW	1910-09-15		A2
59	" "	15	N½NE	1910-09-15		A2
44	BRADLEY, Charles W	22	S½SW	1910-01-20		A2
42	" "	21	NENE	1917-07-03		A2
43	" "	22	NWNW	1917-07-03		A2
85	BRADLEY, George W	21	NESE	1905-06-28		A2
86	" "	21	S½SE	1905-06-28		A2
87	" "	21	SENE	1905-06-28		A2
138	BRADLEY, John E	21	NESW	1906-09-05		A2
139	" "	21	NWSE	1906-09-05		A2
140	" "	21	SENW	1906-09-05		A2
141	" "	21	SWNE	1906-09-05		A2
77	BROOKS, George C	8	N½NW	1888-02-23		A2
76	" "	7	NENE	1910-06-27		A1
128	BROOKS, John B	8	NENE	1906-08-10		A2
211	BROOKS, Sarah E	8	NWNE	1883-08-13		A2
94	CHRISTIAN, Henry	30	S½SW	1911-12-04		A2
95	" "	31	N½NW	1911-12-04		A2
287	CHRISTIAN, Zachariah	34	E½NE	1910-03-28		A2
288	" "	35	W½NW	1910-03-28		A2
96	CLINTON, Henry	9	NENW	1906-08-10		A2

ID	Individual in Patent	Sec.	Sec. Part	Date Issued	Other Counties	For More Info . . .
97	CLINTON, Henry (Cont'd)	9	NWNE	1906-08-10		A2
20	COALE, Barney D	20	N½SE	1905-03-30		A2
21	" "	21	NWSW	1905-03-30		A2
22	" "	21	SWNW	1905-03-30		A2
241	COALE, Thomas S	8	SESE	1905-03-30		A2
242	" "	9	SESW	1905-03-30		A2
243	" "	9	W½SW	1905-03-30		A2
36	COOPER, Carroll M	32	N½SW	1911-12-19		A2
37	" "	32	S½NW	1911-12-19		A2
2	COUCH, Albert B	33	S½SE	1901-10-08		A2
3	" "	34	SWSW	1901-10-08		A2
220	CRITTENDEN, Stephen A	9	W½NW	1912-06-11		A2
267	CROW, William E	11	SESE	1912-08-19		A2
268	" "	12	SWSW	1912-08-19		A2
269	" "	13	NWNW	1912-08-19		A2
68	DAUGHERTY, Evan	25	NESW	1904-05-05		A2
69	" "	25	S½NW	1904-05-05		A2
70	" "	25	SWNE	1904-05-05		A2
16	DAVIS, Arden	28	W½SW	1908-07-14		A2
17	" "	29	NESE	1908-07-14		A2
18	" "	29	SENE	1908-07-14		A2
244	DAVIS, Thomas W	8	S½SW	1896-08-13		A2
245	" "	8	W½SE	1896-08-13		A2
137	DOLLAR, John	10	N½NE	1904-05-05		A2
34	DOSHIER, Boone	20	S½NE	1911-12-11		A2
158	DUNLAP, John R	10	SWSW	1906-03-28		A2
159	" "	15	W½NW	1906-03-28		A2
160	" "	9	SESE	1906-03-28		A2
112	DYER, James T	30	S½NE	1903-03-17		A2
113	" "	30	S½NW	1903-03-17		A2
190	DYER, Mattie	29	E½SW	1910-04-01		A2 G20
191	" "	29	NWSE	1910-04-01		A2 G20
192	" "	29	SWNE	1910-04-01		A2 G20
190	DYER, Samuel H	29	E½SW	1910-04-01		A2 G20
191	" "	29	NWSE	1910-04-01		A2 G20
192	" "	29	SWNE	1910-04-01		A2 G20
261	DYER, William C	26	NESW	1905-08-31		A2
262	" "	26	NWSE	1905-08-31		A2
263	" "	26	S½SW	1905-08-31		A2
284	DYER, William T	29	NWSW	1920-01-19		A2
285	" "	30	N½SE	1920-01-19		A2
286	" "	30	NESW	1920-01-19		A2
190	ELY, Mattie	29	E½SW	1910-04-01		A2 G20
191	" "	29	NWSE	1910-04-01		A2 G20
192	" "	29	SWNE	1910-04-01		A2 G20
91	EMERSON, Henry C	26	SWNW	1908-07-14		A2
92	" "	27	NESE	1908-07-14		A2
93	" "	27	S½NE	1908-07-14		A2
156	EMERSON, John P	27	E½SW	1912-09-09		A2
157	" "	27	S½SE	1912-09-09		A2
281	EMERSON, William S	33	N½SE	1907-04-10		A2
282	" "	34	NWSW	1907-04-10		A2
283	" "	34	SWNW	1907-04-10		A2
142	EMMERET, John	24	N½NE	1883-02-03		A2
143	" "	24	SENW	1883-02-03		A2
144	" "	24	SWNE	1883-02-03		A2
165	EUBANKS, Joseph A	18	NESW	1919-06-09		A2
167	EVANS, Leviet	14	S½SW	1906-08-10		A2
168	" "	14	SWSE	1906-08-10		A2
169	" "	23	NWNE	1906-08-10		A2
146	FREEMAN, John H	13	SWNW	1909-06-28		A2
147	" "	14	E½NE	1909-06-28		A2
148	" "	14	NESE	1909-06-28		A2
31	GEARY, Benjamin H	12	NWNE	1893-12-26		A2 G28
31	GEARY, Sarah	12	NWNE	1893-12-26		A2 G28
60	GIFFORD, Elijah	15	N½SW	1905-06-28		A2
61	" "	15	SENW	1905-06-28		A2
62	" "	15	SWSW	1905-06-28		A2
248	GRIFFIN, Todd W	19	SENW	1911-03-16		A2
249	" "	19	W½NW	1911-03-16		A2
273	GRIFFIN, William G	7	N½NW	1904-08-01		A2
238	GUY, Thomas J	15	SE	1915-06-09		A2
10	HALLEY, Allen	30	NWSW	1913-05-14		A2

Family Maps of Van Buren County, Arkansas

ID	Individual in Patent	Sec.	Sec. Part	Date Issued	Other Counties	For More Info . . .
264	HANCOCK, William C	24	E½SE	1897-05-03		A2
163	HARMON, Jonah L	34	NESE	1921-11-16		A2
164	" "	35	N½SW	1921-11-16		A2
196	HATCHETT, Page	12	NWNW	1856-03-01		A1
224	HATCHETT, Susanah	11	W½SE	1891-07-20		A2
110	HAYES, James O	27	NWSE	1919-05-01		A2
239	HAYES, Thomas O	27	NWSW	1920-01-19		A2
240	" "	27	SWSW	1920-01-19		A2
104	HOPPER, James A	13	NE	1909-11-08		A2
231	HORTON, Thomas H	17	SESW	1905-05-09		A2
232	" "	17	SWSE	1905-05-09		A2
233	" "	20	NENW	1905-05-09		A2
234	" "	20	NWNE	1905-05-09		A2
4	HOWARD, Albert S	17	NWSW	1918-06-17		A2
173	HOYT, Lindon G	17	N½NW	1916-06-16		A2
174	" "	17	NWNE	1916-06-16		A2
175	" "	18	NENE	1916-06-16		A2
78	HUTCHINSON, George E	19	SENE	1920-04-02		A2
216	JAMES, Squire J	10	NWSE	1909-10-11		A2
217	" "	10	SWNE	1909-10-11		A2
215	" "	10	E½SW	1913-06-07		A2
48	JOHNS, Charley J	11	NENW	1920-05-27		A2
49	" "	11	W½NW	1920-05-27		A2
278	JOHNSON, William J	33	NENE	1901-08-12		A2
279	" "	34	N½NW	1901-08-12		A2
280	" "	34	NWNE	1901-08-12		A2
228	JOLLY, Thomas C	36	E½NW	1905-08-31		A2
229	" "	36	NESW	1905-08-31		A2
230	" "	36	NWNE	1905-08-31		A2
39	JONES, Charles T	9	N½SE	1909-06-28		A2
40	" "	9	NESW	1909-06-28		A2
41	" "	9	SENW	1909-06-28		A2
155	JONES, John O	9	SWSE	1913-12-09		A2
183	KEES, Manford	7	NESW	1914-09-09		A1
184	" "	7	S½NW	1914-09-09		A1
258	KING, William A	26	NWNE	1909-03-11		A2
259	" "	26	S½NE	1909-03-11		A2
260	" "	26	SENW	1909-03-11		A2
204	KNIGHT, Ruben P	13	S½SE	1903-05-19		A2
205	" "	13	S½SW	1903-05-19		A2
206	KNIGHT, Ruben R	14	SESE	1921-12-20		A2
207	" "	23	NENE	1921-12-20		A2
176	LEE, Logan	28	SENW	1910-03-28		A2
177	" "	28	W½NW	1910-03-28		A2
178	" "	29	NENE	1910-03-28		A2
27	LEWIS, Benjamin F	29	W½NW	1896-12-04		A2
28	" "	30	N½NE	1896-12-04		A2
125	LEWIS, Joe O	19	NESE	1914-07-28		A2
126	" "	19	S½SE	1914-07-28		A2
127	" "	20	SWSW	1914-07-28		A2
33	LISTON, Binnie K	7	W½SW	1909-05-11		A2
151	LISTON, John	18	SESW	1884-11-01		A1
149	" "	18	NWSW	1889-07-05		A2
150	" "	18	SENW	1889-07-05		A2
152	" "	18	W½NW	1889-07-05		A2
98	LUNSFORD, Hiram	26	SWSE	1921-11-16		A2
99	" "	35	E½NW	1921-11-16		A2
100	" "	35	NWNE	1921-11-16		A2
121	LUNSFORD, Jesse	28	NENE	1921-01-17		A2
79	MANN, George R	7	NWNE	1918-08-06		A2
105	MASSEY, James C	24	SENE	1903-07-14		A2
188	MCGEE, Mary E	12	NESW	1905-08-31		A2 G53
189	" "	12	SENW	1905-08-31		A2 G53
235	MIDDLETON, Thomas H	25	NWSW	1919-10-04		A2
236	" "	26	E½SE	1919-10-04		A2
237	" "	35	NENE	1919-10-04		A2
201	MILLER, Richard B	35	SESE	1913-06-07		A2
202	" "	35	SESW	1913-06-07		A2
203	" "	35	W½SE	1913-06-07		A2
19	MURPHY, Asa L	33	S½NE	1909-05-04		A2
153	NUNLEY, John M	34	SESW	1905-08-31		A2
154	" "	34	SWSE	1905-08-31		A2
252	OTT, Wesley	34	NESW	1910-04-25		A2

Township 13-N Range 15-W (5th PM) - Map Group 1

ID	Individual in Patent	Sec.	Sec. Part	Date Issued	Other Counties	For More Info...
253	OTT, Wesley (Cont'd)	34	NWSE	1910-04-25		A2
254	" "	34	SENW	1910-04-25		A2
255	" "	34	SWNE	1910-04-25		A2
251	PACK, Washington S	30	NENW	1919-07-22		A2
111	PARKS, James S	12	NENW	1891-07-20		A2
274	PARKS, William H	23	N½SW	1906-08-10		A2
275	" "	23	SESW	1906-08-10		A2
276	" "	23	SWSE	1906-08-10		A2
277	" "	25	N½NE	1923-02-17		A2
50	PATTERSON, Daniel	28	NESW	1897-06-11		A2
51	" "	28	NWSE	1897-06-11		A2
52	" "	28	S½SE	1897-06-11		A2
80	REEVES, George S	19	E½SW	1894-04-10		A2
81	" "	19	SWSW	1894-04-10		A2
82	" "	30	NWNW	1894-04-10		A2
122	REEVES, Joe M	29	SWSW	1919-12-11		A2
123	" "	32	N½NW	1919-12-11		A2
124	" "	32	NWNE	1919-12-11		A2
38	REVES, Chapman	19	NWSW	1897-07-03		A2
250	REVES, Walter C	11	E½SW	1919-09-26		A2
208	RICE, Sarah A	11	NESE	1905-03-30		A2
209	" "	11	S½NE	1905-03-30		A2
210	" "	11	SENW	1905-03-30		A2
200	RILEY, Rebecca C	33	SW	1905-03-30		A2
179	ROBBINS, Louis S	10	NWSW	1897-11-01		A2
180	" "	10	SWNW	1897-11-01		A2
181	" "	9	S½NE	1897-11-01		A2
114	RORIE, James T	32	N½NESE	1919-09-08		A2
115	" "	32	S½SE	1919-09-08		A2
116	" "	32	S½SENESE	1919-09-08		A2
117	" "	32	SWNESE	1919-09-08		A2
161	RUSSELL, John T	32	SESW	1889-12-19		A2
13	RUTTENBUR, Andrew Z	20	NENE	1916-01-26		A2
14	" "	21	N½NW	1916-01-26		A2
15	" "	21	NWNE	1916-01-26		A2
107	SCOTT, James M	24	NENW	1901-08-12		A2
108	" "	24	NWSW	1901-08-12		A2
109	" "	24	W½NW	1901-08-12		A2
145	SCOTT, John F	22	NE	1901-08-12		A2
29	SMITH, Benjamin G	34	SESE	1905-03-30		A2
30	" "	35	SWSW	1905-03-30		A2
35	SMITH, Carl J	14	W½NE	1907-04-10		A2
166	SMITH, Joseph M	11	N½NE	1905-06-28		A2
182	SMITH, Malissa J	23	NW	1905-03-30		A2
225	SOUTH, Thomas B	23	SWSW	1913-04-15		A2
226	" "	26	NWNW	1913-04-15		A2
227	" "	27	N½NE	1913-04-15		A2
5	STEPHENS, Alexander K	12	NESE	1904-07-15		A2
6	" "	12	SENE	1904-07-15		A2
106	STEPHENS, James E	13	NESE	1901-04-22		A2
170	STOCKTON, Levina A	17	SWSW	1893-02-21		A2
171	" "	20	SENW	1893-02-21		A2
172	" "	20	W½NW	1893-02-21		A2
89	STONEKING, Harvey	15	SESW	1917-10-26		A2
90	" "	22	NENW	1917-10-26		A2
25	THOMAS, Basdil B	14	SWNW	1877-03-20		A2
26	" "	15	S½NE	1877-03-20		A2
24	" "	14	SENW	1901-08-12		A2
23	" "	14	N½SW	1905-12-30		A1
129	THOMPSON, John B	17	SWNW	1893-05-10		A2
130	" "	18	NWSE	1893-05-10		A2
131	" "	18	S½NE	1893-05-10		A2
7	VIA, Alice	12	S½SE	1899-04-17		A2
8	" "	12	SESW	1899-04-17		A2
9	" "	13	NENW	1899-04-17		A2
88	WALTERMIRE, Harry C	18	SWSW	1919-07-22		A2
270	WALTERMIRE, William F	19	NENW	1911-02-06		A2
271	" "	19	NWSE	1911-02-06		A2
272	" "	19	W½NE	1911-02-06		A2
197	WARREN, Preston R	10	NESE	1898-10-13		A2
198	" "	10	SENE	1898-10-13		A2
199	" "	11	W½SW	1898-10-13		A2
218	WARREN, Squire	10	NWNW	1895-11-13		A2 G75

Family Maps of Van Buren County, Arkansas

ID	Individual in Patent	Sec.	Sec. Part	Date Issued	Other Counties	For More Info . . .
219	WARREN, Squire (Cont'd)	9	NENE	1895-11-13		A2 G75
218	WARREN, Tolitha C	10	NWNW	1895-11-13		A2 G75
219	" "	9	NENE	1895-11-13		A2 G75
32	WATTS, Benjamin T	22	SE	1904-05-05		A2
63	WATTS, Ervin S	20	SESW	1912-03-01		A2
64	" "	20	SWSE	1912-03-01		A2
65	" "	29	NENW	1912-03-01		A2
66	" "	29	NWNE	1912-03-01		A2
132	WATTS, John C	22	N½SW	1913-12-09		A2
133	" "	22	S½NW	1913-12-09		A2
162	WATTS, Johnson A	27	NW	1908-07-14		A2
185	WATTS, Marion F	12	NWSW	1904-11-01		A2
186	" "	12	SWNW	1904-11-01		A2
188	WATTS, Mary E	12	NESW	1905-08-31		A2 G53
189	" "	12	SENW	1905-08-31		A2 G53
193	WATTS, Odas J	25	S½SW	1921-08-19		A2
194	" "	25	SWSE	1921-08-19		A2
195	" "	36	NWNW	1921-08-19		A2
246	WATTS, Thomas W	23	SESE	1918-06-13		A2
247	" "	26	NENE	1918-06-13		A2
53	WEEKS, Daniel T	17	N½SE	1918-05-24		A2
54	" "	17	NESW	1918-05-24		A2
55	" "	17	SESE	1918-05-24		A2
134	WEEKS, John C	17	NENE	1918-06-26		A2
135	" "	17	S½NE	1918-06-26		A2
136	" "	17	SENW	1918-06-26		A2
212	WEST, Spencer	28	NESE	1912-05-16		A2
213	" "	28	SENE	1912-05-16		A2
214	" "	28	W½NE	1912-05-16		A2
1	WILLIAMS, Adam E	29	S½SE	1923-04-13		A2
118	WILLIAMS, James W	28	SESW	1912-09-09		A2
119	" "	33	E½NW	1912-09-09		A2
120	" "	33	NWNW	1912-09-09		A2
187	WILLIAMS, Martin C	29	SENW	1923-04-13		A2

Family Maps of Van Buren County, Arkansas

Patent Map

T13-N R15-W
5th PM Meridian

Map Group 1

Township Statistics

Parcels Mapped	:	288
Number of Patents	:	138
Number of Individuals	:	136
Patentees Identified	:	131
Number of Surnames	:	88
Multi-Patentee Parcels	:	8
Oldest Patent Date	:	3/1/1856
Most Recent Patent	:	4/9/1924
Block/Lot Parcels	:	0
Parcels Re - Issued	:	0
Parcels that Overlap	:	0
Cities and Towns	:	3
Cemeteries	:	3

Searcy County

Van Buren County

Sections shown: 6, 5, 4, 7, 8, 9, 18, 17, 16, 19, 20, 21, 30, 29, 28, 31, 32, 33

Section 7:
- GRIFFIN William G 1904
- MANN George R 1918
- BROOKS George C 1910
- KEES Manford 1914
- BALDRIDGE William A 1910
- LISTON Binnie K 1909
- KEES Manford 1914
- BARNES Hyram M 1904

Section 8:
- BROOKS George C 1888
- BROOKS Sarah E 1883
- BROOKS John B 1906
- BALDRIDGE William A 1910
- DAVIS Thomas W 1896
- DAVIS Thomas W 1896

Section 9:
- CRITTENDEN Stephen A 1912
- CLINTON Henry 1906
- CLINTON Henry 1906
- WARREN [76] Squire 1895
- JONES Charles T 1909
- ROBBINS Louis S 1897
- COALE Thomas S 1905
- JONES Charles T 1909
- JONES Charles T 1909
- COALE Thomas S 1905
- JONES John O 1913
- DUNLAP John R 1906

Section 18:
- LISTON John 1889
- BARNES Hyram M 1904
- BARNES Hyram M 1904
- HOYT Lindon G 1916
- LISTON John 1889
- LISTON John 1889
- THOMPSON John B 1893
- EUBANKS Joseph A 1919
- THOMPSON John B 1893
- WALTERMIRE Harry C 1919

Section 17:
- HOYT Lindon G 1916
- HOYT Lindon G 1916
- WEEKS John C 1918
- THOMPSON John B 1893
- WEEKS John C 1918
- WEEKS John C 1918
- HOWARD Albert S 1918
- WEEKS Daniel T 1918
- WEEKS Daniel T 1918
- STOCKTON Levina A 1893
- HORTON Thomas H 1905
- HORTON Thomas H 1905
- WEEKS Daniel T 1918

Section 16: *Van Buren County*

Section 19:
- GRIFFIN Todd W 1911
- WALTERMIRE William F 1911
- WALTERMIRE William F 1911
- GRIFFIN Todd W 1911
- HUTCHINSON George E 1920
- REVES Chapman 1897
- WALTERMIRE William F 1911
- LEWIS Joe O 1914
- REEVES George S 1894
- REEVES George S 1894
- LEWIS Joe O 1914
- REEVES George S 1894
- PACK Washington S 1919
- LEWIS Benjamin F 1896
- DYER James T 1903
- DYER James T 1903
- HALLEY Allen 1913
- DYER William T 1920
- DYER William T 1920
- CHRISTIAN Henry 1911
- CHRISTIAN Henry 1911

Section 20:
- STOCKTON Levina A 1893
- HORTON Thomas H 1905
- HORTON Thomas H 1905
- STOCKTON Levina A 1893
- DOSHIER Boone 1911
- BEASLEY Evan 1916
- COALE Barney D 1905
- LEWIS Joe O 1914
- WATTS Ervin S 1912
- WATTS Ervin S 1912
- BAUMGARDNER George 1909
- LEWIS Benjamin F 1896
- WATTS Ervin S 1912
- WATTS Ervin S 1912
- WILLIAMS Martin C 1923
- DYER [20] Mattie 1910
- DAVIS Arden 1908
- DYER William T 1920
- DYER [20] Mattie 1910
- DAVIS Arden 1908
- REEVES Joe M 1919
- DYER [20] Mattie 1910
- WILLIAMS Adam E 1923

Section 21:
- RUTTENBUR Andrew Z 1916
- RUTTENBUR Andrew Z 1916
- RUTTENBUR Andrew Z 1916
- BRADLEY Charles W 1917
- COALE Barney D 1905
- BRADLEY John E 1906
- BRADLEY John E 1906
- BRADLEY George W 1905
- COALE Barney D 1905
- BRADLEY John E 1906
- BRADLEY John E 1906
- BRADLEY George W 1905
- BAUMGARDNER George 1909
- BRADLEY George W 1905

Section 28:
- LEE Logan 1910
- BAUMGARDNER George 1909
- LUNSFORD Jesse 1921
- LEE Logan 1910
- WEST Spencer 1912
- LEE Logan 1910
- WEST Spencer 1912
- DAVIS Arden 1908
- PATTERSON Daniel 1897
- PATTERSON Daniel 1897
- WEST Spencer 1912
- WILLIAMS James W 1912
- PATTERSON Daniel 1897

Section 30, 31, 29, 32, 33:
- WILLIAMS James W 1912
- JOHNSON William J 1901
- REEVES Joe M 1919
- REEVES Joe M 1919
- WILLIAMS James W 1912
- MURPHY Asa L 1909
- COOPER Carroll M 1911
- BEASLEY Alva B 1920
- RORIE James T 1919
- COOPER Carroll M 1911
- BEASLEY Alva B 1920
- RORIE James T 1919
- RILEY Rebecca C 1905
- EMERSON William S 1907
- RUSSELL John T 1889
- RORIE James T 1919
- COUCH Albert B 1901

Copyright 2006 Boyd IT, Inc. All Rights Reserved

Township 13-N Range 15-W (5th PM) - Map Group 1

Helpful Hints

1. This Map's INDEX can be found on the preceding pages.
2. Refer to Map "C" to see where this Township lies within Van Buren County, Arkansas.
3. Numbers within square brackets [ ] denote a multi-patentee land parcel (multi-owner). Refer to Appendix "C" for a full list of members in this group.
4. Areas that look to be crowded with Patentees usually indicate multiple sales of the same parcel (Re-issues) or Overlapping parcels. See this Township's Index for an explanation of these and other circumstances that might explain "odd" groupings of Patentees on this map.

Section 3
(no patents shown)

Section 2
(no patents shown)

Section 1
(no patents shown)

Section 10
- WARREN [76] Squire 1895
- ROBBINS Louis S 1897
- ROBBINS Louis S 1897
- DUNLAP John R 1906
- DUNLAP John R 1906
- DOLLAR John 1904
- JAMES Squire J 1909
- JAMES Squire J 1909
- JAMES Squire J 1913
- WARREN Preston R 1898
- WARREN Preston R 1898
- BOSWELL David G 1910

Section 11
- JOHNS Charley J 1920
- JOHNS Charley J 1920
- RICE Sarah A 1905
- RICE Sarah A 1905
- WARREN Preston R 1898
- REVES Walter C 1919

Section 12
- HATCHETT Page 1856
- WATTS Marion F 1904
- WATTS Marion F 1904
- PARKS James S 1891
- MCGEE [54] Mary E 1905
- MCGEE [54] Mary E 1905
- GEARY [28] Benjamin H 1893
- ARCHER William D 1903
- ARCHER William D 1903
- STEPHENS Alexander K 1904
- STEPHENS Alexander K 1904
- VIA Alice 1899
- VIA Alice 1899

Section 14
- SMITH Joseph M 1905
- RICE Sarah A 1905
- HATCHETT Susanah 1891
- SMITH Carl J 1907
- BOSWELL David G 1910
- THOMAS Basdil B 1877
- THOMAS Basdil B 1901
- THOMAS Basdil B 1905
- FREEMAN John H 1909
- FREEMAN John H 1909

Section 13
- CROW William E 1912
- CROW William E 1912
- FREEMAN John H 1909
- ARCHER Charley 1914
- HOPPER James A 1909
- ARCHER Charley 1914
- ARCHER Charley 1914
- STEPHENS James E 1901

Section 15
- GIFFORD Elijah 1905
- GIFFORD Elijah 1905
- GIFFORD Elijah 1905
- STONEKING Harvey 1917
- BRADLEY Charles W 1917
- STONEKING Harvey 1917
- GUY Thomas J 1915

Section 22
- WATTS John C 1913
- WATTS John C 1913
- BRADLEY Charles W 1910
- SCOTT John F 1901
- WATTS Benjamin T 1904

Section 23
- EVANS Leviet 1906
- EVANS Leviet 1906
- SMITH Malissa J 1905
- PARKS William H 1906
- SOUTH Thomas B 1913
- PARKS William H 1906

Section 24
- KNIGHT Ruben R 1921
- SCOTT James M 1901
- KNIGHT Ruben R 1921
- ARCHER Felix P 1904
- ARCHER Felix P 1904
- WATTS Thomas W 1918
- SCOTT James M 1901

Section (upper row 13 area)
- KNIGHT Ruben P 1903
- SCOTT James M 1901
- EMMERET John 1883
- EMMERET John 1883
- ARCHER George W 1901
- ARCHER George W 1901
- KNIGHT Ruben P 1903
- EMMERET John 1883
- MASSEY James C 1903
- HANCOCK William C 1897

Section 27
- WATTS Johnson A 1908
- HAYES Thomas O 1920
- HAYES Thomas O 1920
- SOUTH Thomas B 1913
- EMERSON Henry C 1908
- HAYES James O 1919
- EMERSON John P 1912
- EMERSON Henry C 1908

Section 26
- SOUTH Thomas B 1913
- EMERSON Henry C 1908
- KING William A 1909
- KING William A 1909
- DYER William C 1905
- DYER William C 1905
- EMERSON Henry C 1908
- EMERSON John P 1912
- DYER William C 1905
- KING William A 1909
- WATTS Thomas W 1918
- DAUGHERTY Evan 1904
- DYER William C 1905
- LUNSFORD Hiram 1921

Section 25
- PARKS William H 1923
- DAUGHERTY Evan 1904
- MIDDLETON Thomas H 1919
- DAUGHERTY Evan 1904
- MIDDLETON Thomas H 1919
- WATTS Odas J 1921
- WATTS Odas J 1921

Section 34
- JOHNSON William J 1901
- EMERSON William S 1907
- EMERSON William S 1907
- JOHNSON William J 1901
- OTT Wesley 1910
- OTT Wesley 1910
- OTT Wesley 1910
- CHRISTIAN Zachariah 1910
- CHRISTIAN Zachariah 1910
- HARMON Jonah L 1921

Section 35
- CHRISTIAN Zachariah 1910
- LUNSFORD Hiram 1921
- HARMON Jonah L 1921
- LUNSFORD Hiram 1921
- SMITH Benjamin G 1905
- MIDDLETON Thomas H 1919
- MILLER Richard B 1913
- MILLER Richard B 1913
- MILLER Richard B 1913

Section 36
- WATTS Odas J 1921
- JOLLY Thomas C 1905
- JOLLY Thomas C 1905
- BAUGH Sterling L 1924
- JOLLY Thomas C 1905
- BAUGH Sterling L 1924
- BAUGH David E 1911
- BAUGH Sterling L 1924

Section (lower 34 area)
- COUCH Albert B 1901
- NUNLEY John M 1905
- NUNLEY John M 1905
- SMITH Benjamin G 1905

Legend

— Patent Boundary
━ Section Boundary
  No Patents Found (or Outside County)
1., 2., 3., … Lot Numbers (when beside a name)
[ ] Group Number (see Appendix "C")

Scale: Section = 1 mile X 1 mile (generally, with some exceptions)

Copyright 2006 Boyd IT, Inc. All Rights Reserved

Family Maps of Van Buren County, Arkansas

Road Map
T13-N R15-W
5th PM Meridian

Map Group 1

Cities & Towns
Dennard
Oak Flat (historical)
Rocky Hill

Cemeteries
Lunceford Cemetery
Pine Grove Cemetery
Salem Cemetery

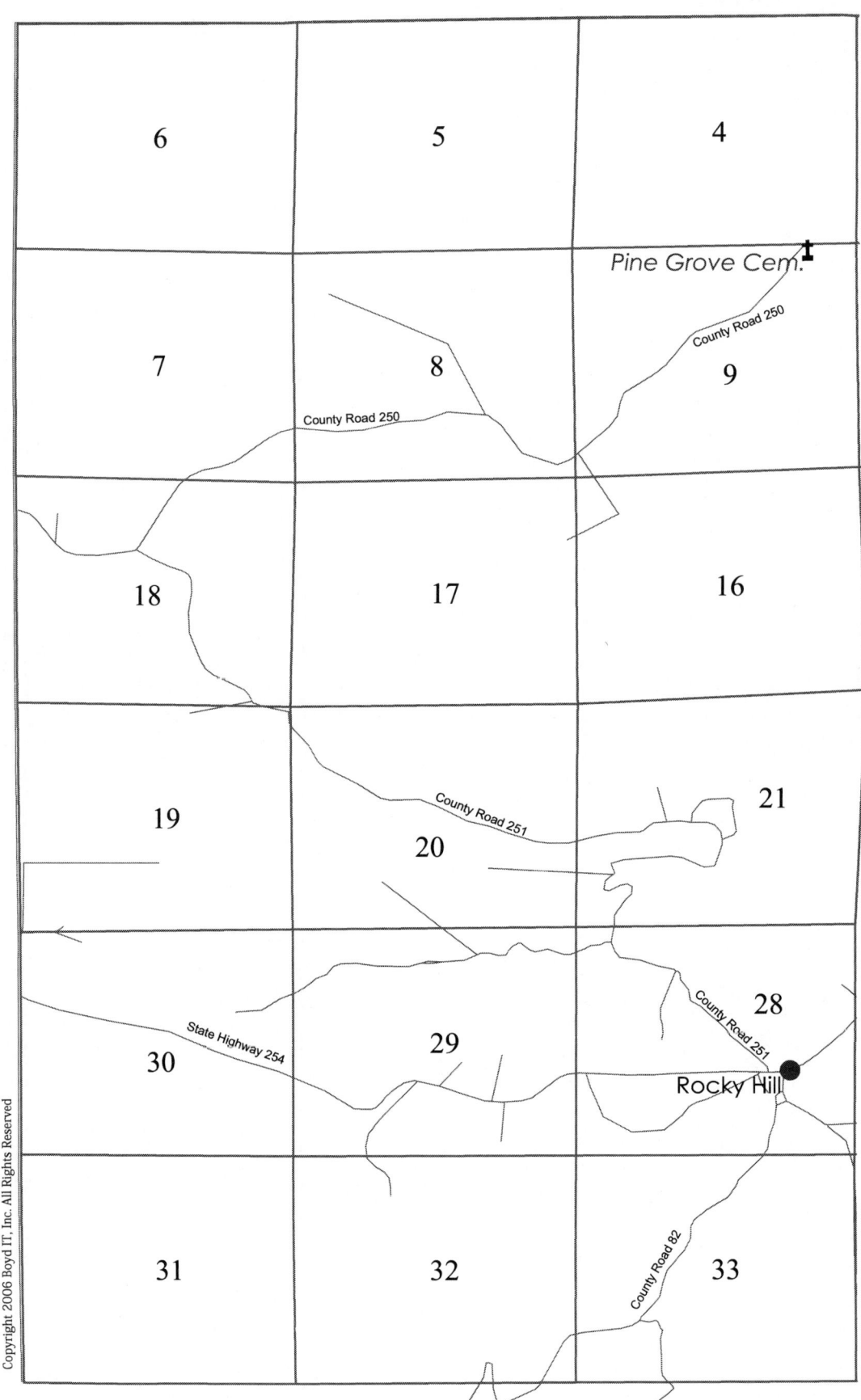

Township 13-N Range 15-W (5th PM) - Map Group 1

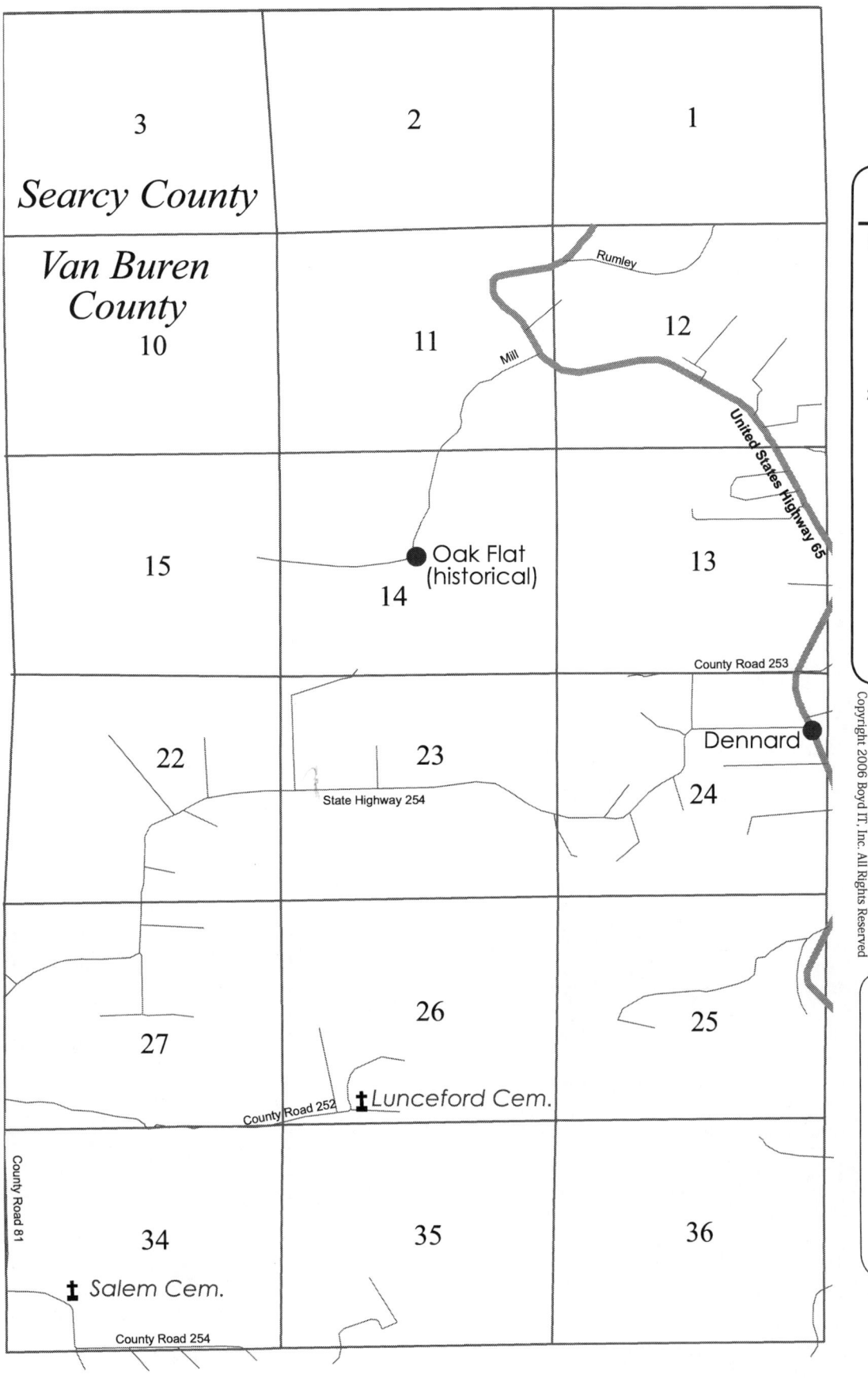

Family Maps of Van Buren County, Arkansas

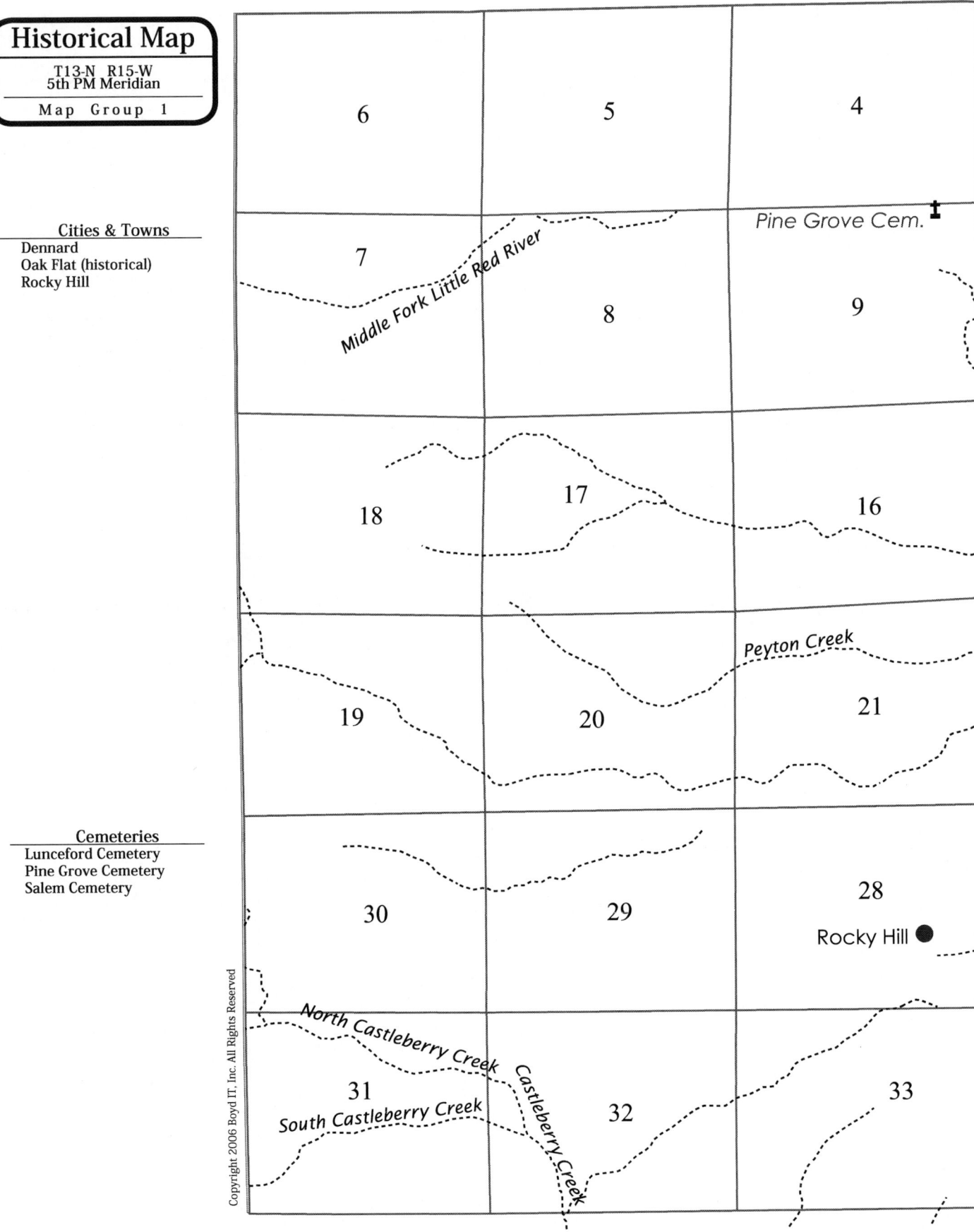

Historical Map
T13-N R15-W
5th PM Meridian
Map Group 1

Cities & Towns
Dennard
Oak Flat (historical)
Rocky Hill

Cemeteries
Lunceford Cemetery
Pine Grove Cemetery
Salem Cemetery

Township 13-N Range 15-W (5th PM) - Map Group 1

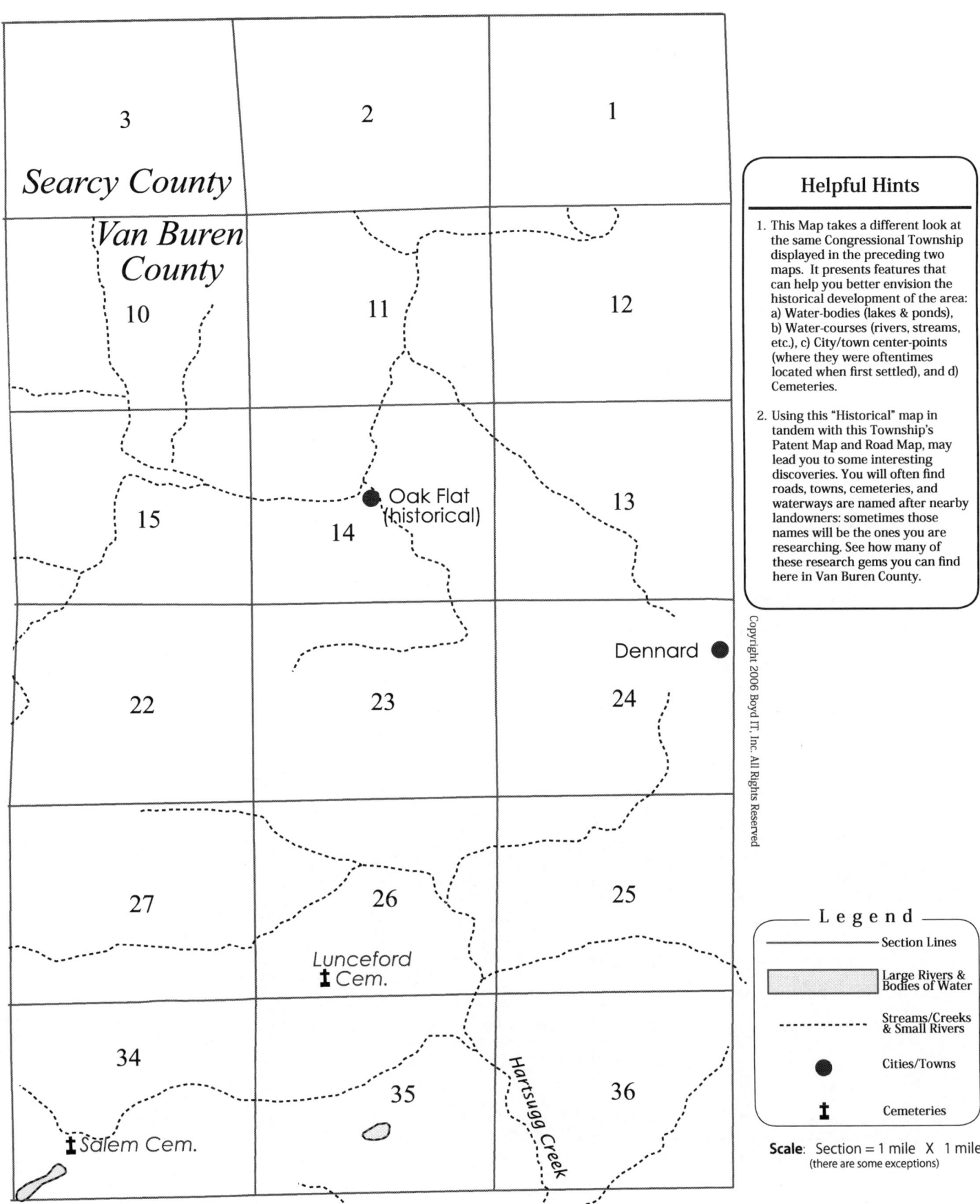

Map Group 2: Index to Land Patents
Township 13-North Range 14-West (5th PM)

After you locate an individual in this Index, take note of the Section and Section Part then proceed to the Land Patent map on the pages immediately following. You should have no difficulty locating the corresponding parcel of land.

The "For More Info" Column will lead you to more information about the underlying Patents. See the *Legend* at right, and the "How to Use this Book" chapter, for more information.

```
LEGEND
       "For More Info . . . " column
A = Authority (Legislative Act, See Appendix "A")
B = Block or Lot (location in Section unknown)
C = Cancelled Patent
F = Fractional Section
G = Group  (Multi-Patentee Patent, see Appendix "C")
V = Overlaps another Parcel
R = Re-Issued (Parcel patented more than once)

(A & G items require you to look in the Appendixes referred
to above. All other Letter-designations followed by a number
require you to locate line-items in this index that possess
the ID number found after the letter).
```

ID	Individual in Patent	Sec.	Sec. Part	Date Issued	Other Counties	For More Info . . .
525	ALLRED, Samuel N	26	S½SW	1889-12-19		A2
526	" "	35	N½NW	1889-12-19		A2
508	ARCHER, Riley C	8	S½SE	1912-09-25		A2
451	ARMSTRONG, John V	15	SWSE	1919-11-24		A2
338	AVERY, Cos	9	N½NE	1912-10-01		A2
339	" "	9	NWSE	1912-10-01		A2
340	" "	9	SWNE	1912-10-01		A2
372	BAKER, Grant	23	NESE	1910-12-15		A1
373	" "	24	NWSW	1910-12-15		A1
377	BAKER, Hezekiah	27	W½SW	1904-08-26		A2 G3
377	BAKER, Martha S	27	W½SW	1904-08-26		A2 G3
517	BARNETT, Robert N	13	SESE	1906-08-10		A2
518	" "	24	NENE	1906-08-10		A2
344	BAUGH, David E	31	W½NW	1911-12-11		A2
551	BINTLIFF, Will C	32	E½SW	1904-06-14		A2
552	" "	32	W½SE	1904-06-14		A2
332	BOYD, Charles E	10	NWNW	1911-05-03		A2
300	BOYLE, Amanda M	36	E½NE	1900-02-20		A2
301	" "	36	SWNE	1900-02-20		A2
522	BRANCH, Samuel	36	N½SE	1903-04-08		A2
523	" "	36	NESW	1903-04-08		A2
524	" "	36	SENW	1903-04-08		A2
408	BRANSCUM, James M	25	E½SE	1905-05-09		A2
409	" "	25	SENE	1905-05-09		A2
302	BRATTON, Ambrose	22	NWNE	1907-05-06		A1
303	" "	22	S½NE	1907-05-06		A1
304	" "	23	SWNW	1907-05-06		A1
535	BRIGGS, Simeon J	13	E½NE	1911-05-03		A2
536	" "	13	NESE	1911-05-03		A2
358	BROWN, Fred B	29	NWSE	1910-03-14		A1
359	" "	29	S½NW	1910-03-14		A1
360	" "	29	SWNE	1910-03-14		A1
420	BUCHANAN, John A	18	S½SE	1900-03-26		A2
421	" "	19	N½NE	1900-03-26		A2
468	BUCHANAN, Joshua H	19	S½NE	1888-06-04		A2
469	" "	19	W½SE	1888-06-04		A2
378	CALVIN, Horace E	17	NWSE	1912-09-25		A2
379	" "	17	S½SE	1912-09-25		A2
380	" "	17	SESW	1912-09-25		A2
499	CALVIN, Perry D	20	NW	1909-02-01		A2
361	CHANDLER, George C	23	S½SE	1912-09-25		A2 V445
348	CLARK, Elisha N	26	N½SW	1906-03-12		A2
349	" "	26	SWNW	1906-03-12		A2
350	" "	27	SESE	1912-08-22		A1
391	CLARK, James A	12	E½NW	1901-04-22		A2
392	" "	12	SWNE	1901-04-22		A2

Township 13-N Range 14-W (5th PM) - Map Group 2

ID	Individual in Patent	Sec.	Sec. Part	Date Issued	Other Counties	For More Info . . .
393	CLARK, James A (Cont'd)	26	SENE	1907-04-10		A2
401	CLARK, James D	22	S½SE	1910-07-11		A2
402	" "	27	N½NE	1910-07-11		A2
527	CLARK, Samuel S	20	SESE	1909-01-07		A2
528	" "	29	N½NE	1909-01-07		A2
529	" "	29	SENE	1909-01-07		A2
538	COKER, Thomas J	14	SWSW	1904-05-05		A2
539	" "	15	SESE	1904-05-05		A2
540	" "	23	N½NW	1904-05-05		A2
341	CONNETT, Curtis G	22	NENW	1915-08-23		A2
342	" "	22	NWSW	1915-08-23		A2
343	" "	22	W½NW	1915-08-23		A2
374	CONNETT, Heathcoat C	30	S½NE	1920-09-20		A2
375	" "	30	W½SE	1920-09-20		A2
441	COOPER, John N	11	NWSE	1910-05-05		A2
442	" "	11	S½NE	1910-05-05		A2
443	" "	11	SENW	1910-05-05		A2
472	COX, Leafus J	14	SESE	1915-03-19		A2
387	CRAMPTON, Irven	32	N½NE	1914-02-28		A2
317	CULPEPPER, Benjamin A	18	NENW	1902-02-12		A2
318	" "	18	NWSE	1902-02-12		A2
319	" "	18	W½NE	1902-02-12		A2
410	CURTIS, James M	9	SWNW	1881-02-17		A1
553	CURTIS, William A	12	N½NE	1914-09-09		A2
388	DOWDY, Isaac	15	NWNW	1876-03-10		A2
483	DOWDY, Mary	9	S½SE	1882-05-10		A2 G18
483	DOWDY, Thomas	9	S½SE	1882-05-10		A2 G18
331	ENGLAND, Charles C	34	W½SW	1915-03-19		A2
561	ENGLAND, William F	35	E½SW	1903-04-08		A2
562	" "	35	S½NW	1903-04-08		A2
496	EOFF, Paul C	22	NESE	1906-03-28		A2
497	" "	23	W½SW	1906-03-28		A2
498	" "	26	NWNW	1906-03-28		A2
530	EOFF, Shields	36	NWSW	1911-03-16		A2
531	" "	36	SWNW	1911-03-16		A2
295	FERGUSON, Alexander	27	N½SE	1905-10-19		A2
296	" "	27	SESW	1905-10-19		A2
297	" "	27	SWSE	1905-10-19		A2
466	FOWLER, Joseph J	20	S½SW	1905-02-13		A2
467	" "	29	N½NW	1905-02-13		A2
403	FRANKS, James E	11	N½NE	1909-07-06		A1
484	FRYMAN, Mary E	17	W½SW	1913-12-09		A2 G24
484	FRYMAN, Stephen	17	W½SW	1913-12-09		A2 G24
305	GARDNER, Andrew	21	NESE	1913-07-15		A2
306	" "	21	SENE	1913-07-15		A2
307	" "	21	W½SE	1913-07-15		A2
396	GARDNER, James A	14	E½NE	1911-05-25		A2
394	" "	10	S½SWSE	1920-07-22		A2
395	" "	10	S½SWSE	1920-07-22		A2
544	GARDNER, Thomas M	24	E½SE	1911-07-01		A2
545	" "	24	SENE	1911-07-01		A2
463	GEARY, Joseph H	34	NENW	1905-04-18		A2
464	" "	34	NWNE	1905-04-18		A2
465	" "	34	S½NE	1905-04-18		A2
337	GOODMAN, Chesley M	36	SESE	1904-07-15		A2
362	GORDON, George	29	SWSE	1909-06-03		A2
363	" "	32	SENW	1909-06-03		A2
364	" "	32	W½NE	1909-06-03		A2
485	GREEN, Mary E	14	NWSW	1894-11-28		A2
486	" "	14	S½NW	1894-11-28		A2
487	" "	15	SENE	1894-11-28		A2
563	GROVE, William F	31	SESW	1914-01-17		A2
564	" "	31	SWSE	1914-01-17		A2
345	GUFFEY, Eli E	12	N½SW	1911-03-16		A2
346	" "	12	NWSE	1911-03-16		A2
347	" "	12	SESW	1911-03-16		A2
554	HANCOCK, William C	19	W½SW	1897-05-03		A2 F
471	HATCHETT, King	8	N½NE	1855-03-01		A1
311	HENRY, Anthony A	31	E½SE	1906-10-31		A2
312	" "	32	NWSW	1906-10-31		A2
313	" "	32	SWNW	1906-10-31		A2
292	HENSLEY, Albert A	26	NESE	1901-08-12		A2
293	" "	26	W½SE	1901-08-12		A2

ID	Individual in Patent	Sec.	Sec. Part	Date Issued	Other Counties	For More Info...
294	HENSLEY, Albert A (Cont'd)	35	NWNE	1901-08-12		A2
397	HONEYCUTT, James A	14	SESW	1913-05-14		A2
444	HONEYCUTT, John R	15	NESE	1911-08-07		A2
445	" "	23	SWSE	1914-02-28		A2 V361
503	HONEYCUTT, Phillip I	13	E½SW	1909-01-18		A2
504	" "	13	SWSW	1909-01-18		A2
505	" "	24	NWNW	1909-01-18		A2
558	HONEYCUTT, William E	15	NESW	1906-03-28		A2
559	" "	15	NWSE	1906-03-28		A2
560	" "	15	S½SW	1906-03-28		A2
353	ISAACS, Emerson M	28	N½SW	1905-10-19		A2
354	" "	28	NWSE	1905-10-19		A2
355	" "	28	SENW	1905-10-19		A2
418	ISAACS, Jefferson N	33	S½SW	1909-11-08		A2
419	" "	33	SWSE	1909-11-08		A2
417	" "	14	SWNE	1917-06-27		A1
548	ISAACS, Tillmon J	33	NESW	1894-04-10		A2
549	" "	33	S½NW	1894-04-10		A2
550	" "	33	SWNE	1894-04-10		A2
575	ISAACS, William Y	27	NESW	1901-10-23		A2
576	" "	27	S½NW	1901-10-23		A2
577	" "	27	SWNE	1901-10-23		A2
541	JONES, Thomas	18	NENE	1909-01-07		A2
542	" "	7	E½SE	1909-01-07		A2
543	" "	7	SWSE	1909-01-07		A2
431	KNIGHT, John E G	17	NE	1910-05-23		A2
477	LAFFOON, Lycurgus W	21	SESE	1905-10-19		A2
478	" "	22	SWSW	1905-10-19		A2
479	" "	27	NWNW	1905-10-19		A2
480	" "	28	NENE	1905-10-19		A2
422	LAWRANCE, John B	13	NWSW	1911-07-01		A2
423	" "	13	S½NW	1911-07-01		A2
424	" "	14	NESE	1911-07-01		A2
437	LOCKARD, John M	19	E½SW	1905-08-31		A2
438	" "	30	NENW	1905-08-31		A2
439	" "	30	NWNE	1905-08-31		A2
515	LOVE, Robert	13	W½NE	1902-02-12		A2
516	" "	13	W½SE	1902-02-12		A2
555	LOVE, William D	28	NESE	1905-08-31		A2
556	" "	28	NWNE	1905-08-31		A2
557	" "	28	S½NE	1905-08-31		A2
399	MASSEY, James C	19	SENW	1903-07-14		A2
400	" "	19	W½NW	1903-07-14		A2
384	MCCOLLOM, Ida	33	N½SE	1906-03-12		A2
385	" "	33	SENE	1906-03-12		A2
386	" "	33	SESE	1906-03-12		A2
333	MCDANIEL, Charles I	27	SENE	1915-06-15		A2
365	MCGEE, George M	28	SWSW	1901-08-24		A2
366	" "	29	SESE	1901-08-24		A2
367	" "	32	NENE	1901-08-24		A2
368	" "	33	NWNW	1901-08-24		A2
494	MCGONIGEL, Patrick	21	N½NW	1908-07-20		A2
495	" "	21	W½NE	1908-07-20		A2
415	MCGUIRE, James T	29	S½SW	1910-04-01		A2
416	" "	30	E½SE	1910-04-01		A2
328	MCKINNEY, Cass	24	NENW	1906-03-28		A2
329	" "	24	W½NE	1906-03-28		A2
568	MEEK, William P	28	SESW	1904-05-05		A2
569	" "	28	SWSE	1904-05-05		A2
570	" "	33	NENW	1904-05-05		A2
571	" "	33	NWNE	1904-05-05		A2
330	MIDDLETON, Charles A	21	SW	1909-01-07		A2
440	MOBLEY, John	7	NWNE	1891-08-18		A2
369	MORGAN, George W	20	NE	1907-04-10		A2
512	MORGAN, Robert C	23	E½SW	1901-10-23		A2
513	" "	23	NWSE	1901-10-23		A2
514	" "	23	SENW	1901-10-23		A2
491	NELSON, Osee	17	E½NW	1903-03-17		A2
492	" "	8	S½SW	1903-03-17		A2
509	NELSON, Robert A	17	W½NW	1900-03-26		A2
510	" "	18	NESE	1900-03-26		A2
511	" "	18	SENE	1900-03-26		A2
435	NEWLAND, John K	30	N½SW	1902-10-11		A2

Township 13-N Range 14-W (5th PM) - Map Group 2

ID	Individual in Patent	Sec.	Sec. Part	Date Issued	Other Counties	For More Info . . .
436	NEWLAND, John K (Cont'd)	30	S½NW	1902-10-11		A2
493	NEWLAND, Otto R	32	SWSW	1918-10-19		A2
454	ORMOND, John Vivian	15	NWSW	1916-06-29		A2
455	" "	15	S½NW	1916-06-29		A2
456	" "	15	SWNE	1916-06-29		A2
566	OTTE, William	10	SWNW	1918-04-16		A2
567	" "	9	SENE	1918-04-16		A2
565	PARKS, William H	30	NWNW	1923-02-17		A2 F
457	PERKINS, John W	25	W½SE	1904-12-31		A2
458	" "	36	NENW	1904-12-31		A2
459	" "	36	NWNE	1904-12-31		A2
532	PERKINS, Silas T	34	NESW	1900-08-09		A2
533	" "	34	SENW	1900-08-09		A2
534	" "	34	W½NW	1900-08-09		A2
383	PHARRIS, Hugh A	12	SWSE	1920-06-02		A2
356	REEVES, Emma C	25	W½NW	1906-09-05		A2 G60
357	" "	26	NENE	1906-09-05		A2 G60
428	REEVES, John D	25	E½SW	1904-12-31		A2
429	" "	25	NWSW	1904-12-31		A2
430	" "	25	SENW	1904-12-31		A2
470	REEVES, Joshua	36	SWSE	1906-06-26		A2
546	REEVES, Thomas R	35	E½SE	1905-03-30		A2
547	" "	36	S½SW	1905-03-30		A2
537	ROLEN, Sumpter	12	W½NE	1923-03-07		A2
351	RUMLEY, Eliza	7	S½NE	1905-04-18		A2
352	" "	8	NWNW	1905-04-18		A2
376	RUMLEY, Henry N	7	NWSE	1905-11-03		A1
327	RUMLY, Carroll	7	NENE	1859-12-10		A1
460	RUSSELL, John W	34	NESE	1891-07-20		A2
461	" "	34	W½SE	1891-07-20		A2
462	" "	35	NWSW	1891-07-20		A2
414	SHAIN, James R	9	SWSW	1918-12-19		A2
406	SHIPMAN, James L	18	S½SW	1909-01-07		A2
407	" "	19	NENW	1909-01-07		A2
432	SICKLER, John J	24	SWSE	1911-12-11		A2
433	" "	25	N½NE	1911-12-11		A2
434	" "	25	SWNE	1911-12-11		A2
326	SIMMONS, Carl W	34	SESW	1915-02-26		A2
381	SIMS, Houston H	28	SESE	1917-07-03		A2 G65
382	" "	33	NENE	1917-07-03		A2 G65
381	SIMS, Rosie B	28	SESE	1917-07-03		A2 G65
382	" "	33	NENE	1917-07-03		A2 G65
398	SINGLETON, James B	29	N½SW	1914-03-07		A2
289	SMITH, Abner H	10	SWSW	1860-05-01		A1
500	SMITH, Peter A	8	N½SW	1905-08-31		A2
501	" "	8	NWSE	1905-08-31		A2
502	" "	8	SENW	1905-08-31		A2
298	STEPHENS, Alexander K	7	NWSW	1904-07-15		A2 F
299	" "	7	SWNW	1904-07-15		A2 F
404	STEPHENS, James E	18	N½SW	1901-04-22		A2 F
405	" "	18	SWNW	1901-04-22		A2 F
356	STERLIN, Emma C	25	W½NW	1906-09-05		A2 G60
357	" "	26	NENE	1906-09-05		A2 G60
572	STERLIN, William T	14	NESW	1907-04-10		A2
573	" "	14	W½SE	1907-04-10		A2
574	" "	23	NWNE	1907-04-10		A2
452	STEWART, John V	26	E½NW	1905-06-28		A2 G69
453	" "	26	W½NE	1905-06-28		A2 G69
452	STEWART, Phebe	26	E½NW	1905-06-28		A2 G69
453	" "	26	W½NE	1905-06-28		A2 G69
506	STILES, Phillip L	31	NESW	1912-06-18		A1
507	" "	31	W½SW	1912-06-18		A1
446	STIRLIN, John R	14	N½NW	1909-11-08		A2
447	" "	14	NWNE	1909-11-08		A2
322	THOMAS, Benjamin F	8	NESE	1911-03-16		A2
323	" "	8	SENE	1911-03-16		A2
370	THOMAS, George W	26	SESE	1908-07-01		A2
448	THOMAS, John R	25	SWSW	1904-08-26		A2
449	" "	35	E½NE	1904-08-26		A2
450	" "	36	NWNW	1904-08-26		A2
320	TRUETT, Benjamin E	23	E½NE	1912-03-01		A2
321	" "	24	S½NW	1912-03-01		A2
334	TUELL, Charles M	24	E½SW	1904-03-01		A2

Family Maps of Van Buren County, Arkansas

ID	Individual in Patent	Sec.	Sec. Part	Date Issued	Other Counties	For More Info . . .
335	TUELL, Charles M (Cont'd)	24	NWSE	1904-03-01		A2
336	" "	24	SWSW	1904-03-01		A2
316	TURNER, Bailey	30	SWSW	1924-01-24		A2 F
389	USSERY, Jacob P	12	E½SE	1909-11-08		A2
390	" "	12	SENE	1909-11-08		A2
290	WALDRIP, Aggie M J	30	SESW	1912-03-01		A2 G74
291	" "	31	NENW	1912-03-01		A2 G74
290	WALDRIP, Carrie C	30	SESW	1912-03-01		A2 G74
291	" "	31	NENW	1912-03-01		A2 G74
411	WALDRIP, James M	31	NWSE	1903-04-08		A2
412	" "	31	SENW	1903-04-08		A2
413	" "	31	W½NE	1903-04-08		A2
476	WALDRIP, Levi	31	E½NE	1905-03-30		A2
488	WAMMACK, Milam J	20	NESE	1902-03-25		A2
489	" "	20	NESW	1902-03-25		A2
490	" "	20	W½SE	1902-03-25		A2
371	WATTS, George W	29	NESE	1919-07-22		A2
426	WATTS, John C	9	E½SW	1901-02-01		A2
427	" "	9	NWSW	1901-02-01		A2
425	" "	30	NENE	1913-03-03		A2
519	WATTS, Roy C	8	NENW	1917-10-26		A2
520	" "	8	SWNE	1917-10-26		A2
521	" "	8	SWNW	1917-10-26		A2
314	WEDMORE, Arthur	9	N½NW	1916-04-07		A1
315	" "	9	SENW	1916-04-07		A1
473	WEST, Leander N	32	E½SE	1904-12-31		A2
474	" "	32	SENE	1904-12-31		A2
475	" "	33	NWSW	1904-12-31		A2
308	WILLCOX, Andrew J	10	N½SW	1911-03-16		A2
309	" "	10	SENW	1911-03-16		A2
310	" "	9	NESE	1911-03-16		A2
324	WILSON, Bennie	10	E½NE	1919-11-25		A2
325	" "	11	N½NW	1919-11-25		A2
481	WINNINGHAM, Marion S	19	E½SE	1912-03-01		A2
482	" "	20	NWSW	1912-03-01		A2

Family Maps of Van Buren County, Arkansas

Patent Map
T13-N R14-W
5th PM Meridian
Map Group 2

Township Statistics

Parcels Mapped	:	289
Number of Patents	:	142
Number of Individuals	:	143
Patentees Identified	:	136
Number of Surnames	:	100
Multi-Patentee Parcels	:	11
Oldest Patent Date	:	3/1/1855
Most Recent Patent	:	1/24/1924
Block/Lot Parcels	:	0
Parcels Re-Issued	:	0
Parcels that Overlap	:	2
Cities and Towns	:	4
Cemeteries	:	1

Searcy County

Van Buren County

Section 6

Section 5

Section 4

Section 7
- STEPHENS Alexander K 1904
- STEPHENS Alexander K 1904
- MOBLEY John 1891
- RUMLY Carroll 1859
- RUMLEY Eliza 1905
- RUMLEY Henry N 1905
- JONES Thomas 1909
- JONES Thomas 1909

Section 8
- RUMLEY Eliza 1905
- WATTS Roy C 1917
- WATTS Roy C 1917
- SMITH Peter A 1905
- SMITH Peter A 1905
- NELSON Osee 1903
- HATCHETT King 1855
- WATTS Roy C 1917
- THOMAS Benjamin F 1911
- SMITH Peter A 1905
- THOMAS Benjamin F 1911
- ARCHER Riley C 1912

Section 9
- WEDMORE Arthur 1916
- CURTIS James M 1881
- WEDMORE Arthur 1916
- WATTS John C 1901
- SHAIN James R 1918
- WATTS John C 1901
- AVERY Cos 1912
- AVERY Cos 1912
- AVERY Cos 1912
- OTTE William 1918
- WILLCOX Andrew J 1911
- DOWDY [18] Mary 1882

Section 18
- CULPEPPER Benjamin A 1902
- STEPHENS James E 1901
- CULPEPPER Benjamin A 1902
- STEPHENS James E 1901
- CULPEPPER Benjamin A 1902
- SHIPMAN James L 1909
- JONES Thomas 1909
- NELSON Robert A 1900
- NELSON Robert A 1900
- BUCHANAN John A 1900

Section 17
- NELSON Robert A 1900
- NELSON Osee 1903
- FRYMAN [24] Mary E 1913
- CALVIN Horace E 1912
- KNIGHT John E G 1910
- CALVIN Horace E 1912
- CALVIN Horace E 1912

Section 16

Section 19
- MASSEY James C 1903
- HANCOCK William C 1897
- SHIPMAN James L 1909
- MASSEY James C 1903
- BUCHANAN Joshua H 1888
- BUCHANAN John A 1900
- BUCHANAN John A 1900
- BUCHANAN Joshua H 1888
- LOCKARD John M 1905

Section 20
- CALVIN Perry D 1909
- WINNINGHAM Marion S 1912
- WINNINGHAM Marion S 1912
- FOWLER Joseph J 1905
- MORGAN George W 1907
- WAMMACK Milam J 1902
- WAMMACK Milam J 1902
- WAMMACK Milam J 1902
- CLARK Samuel S 1909

Section 21
- MCGONIGEL Patrick 1908
- MCGONIGEL Patrick 1908
- MIDDLETON Charles A 1909
- GARDNER Andrew 1913
- GARDNER Andrew 1913
- GARDNER Andrew 1913
- LAFFOON Lycurgus W 1905

Section 30
- PARKS William H 1923
- NEWLAND John K 1902
- NEWLAND John K 1902
- LOCKARD John M 1905
- LOCKARD John M 1905
- CONNETT Heathcoal C 1920
- CONNETT Heathcoat C 1920
- WATTS John C 1913

Section 29
- FOWLER Joseph J 1905
- BROWN Fred B 1910
- SINGLETON James B 1914
- BROWN Fred B 1910
- BROWN Fred B 1910
- CLARK Samuel S 1909
- WATTS George W 1919

Section 28
- LOVE William D 1905
- ISAACS Emerson M 1905
- ISAACS Emerson M 1905
- LAFFOON Lycurgus W 1905
- LOVE William D 1905
- LOVE William D 1905

Section 31
- TURNER Bailey 1924
- BAUGH David E 1911
- WALDRIP James M 1903
- STILES Phillip L 1912
- WALDRIP Aggie M J 1912
- WALDRIP Aggie M J 1912
- WALDRIP James M 1903
- STILES Phillip L 1912
- WALDRIP James M 1903
- MCGUIRE [75]
- WALDRIP James M 1903
- WALDRIP Levi 1905
- GROVE William F 1914
- GROVE William F 1914
- HENRY Anthony A 1906

Section 32
- MCGUIRE James T 1910
- CRAMPTON Irven 1914
- HENRY Anthony A 1906
- HENRY Anthony A 1906
- NEWLAND Otto R 1918
- GORDON George 1909
- GORDON George 1909
- BINTLIFF Will C 1904
- BINTLIFF Will C 1904

Section 33
- MCGEE George M 1901
- MCGEE George M 1901
- MCGEE George M 1901
- WEST Leander N 1904
- WEST Leander N 1904
- WEST Leander N 1904
- MEEK William P 1904
- MEEK William P 1904
- ISAACS Tillmon J 1894
- ISAACS Tillmon J 1894
- ISAACS Jefferson N 1909
- MEEK William P 1904
- MEEK William P 1904
- ISAACS Tillmon J 1894
- ISAACS Jefferson N 1909
- SIMS [66] Houston H 1917
- SIMS [66] Houston H 1917
- MCCOLLOM Ida 1906
- MCCOLLOM Ida 1906
- MCCOLLOM Ida 1906

Copyright 2006 Boyd IT, Inc. All Rights Reserved

Township 13-N Range 14-W (5th PM) - Map Group 2

Helpful Hints

1. This Map's INDEX can be found on the preceding pages.

2. Refer to Map "C" to see where this Township lies within Van Buren County, Arkansas.

3. Numbers within square brackets [ ] denote a multi-patentee land parcel (multi-owner). Refer to Appendix "C" for a full list of members in this group.

4. Areas that look to be crowded with Patentees usually indicate multiple sales of the same parcel (Re-issues) or Overlapping parcels. See this Township's Index for an explanation of these and other circumstances that might explain "odd" groupings of Patentees on this map.

Legend

——— Patent Boundary

▬▬▬ Section Boundary

No Patents Found (or Outside County)

1., 2., 3., ... Lot Numbers (when beside a name)

[ ] Group Number (see Appendix "C")

Scale: Section = 1 mile X 1 mile (generally, with some exceptions)

Copyright 2006 Boyd IT, Inc. All Rights Reserved

Section 3
(No patents found)

Section 2
(No patents found)

Section 1
(No patents found)

Section 10
- BOYD, Charles E 1911
- OTTE, William 1918
- WILLCOX, Andrew J 1911
- WILSON, Bennie 1919
- WILLCOX, Andrew J 1911
- SMITH, Abner H 1860
- GARDNER, James A 1920
- GARDNER, James A 1920

Section 11
- WILSON, Bennie 1919
- FRANKS, James E 1909
- COOPER, John N 1910
- COOPER, John N 1910
- COOPER, John N 1910

Section 12
- ROLEN, Sumpter 1923
- CURTIS, William A 1914
- CLARK, James A 1901
- CLARK, James A 1901
- USSERY, Jacob P 1909
- GUFFEY, Eli E 1911
- GUFFEY, Eli E 1911
- GUFFEY, Eli E 1911
- PHARRIS, Hugh A 1920
- USSERY, Jacob P 1909

Section 15
- DOWDY, Isaac 1876
- ORMOND, John Vivian 1916
- ORMOND, John Vivian 1916
- ORMOND, John Vivian 1916
- HONEYCUTT, William E 1906
- HONEYCUTT, William E 1906
- HONEYCUTT, John R 1911
- HONEYCUTT, William E 1906
- HONEYCUTT, William E 1906
- ARMSTRONG, John V 1919
- COKER, Thomas J 1904

Section 14
- STIRLIN, John R 1909
- STIRLIN, John R 1909
- GREEN, Mary E 1894
- GREEN, Mary E 1894
- ISAACS, Jefferson N 1917
- GARDNER, James A 1911
- GREEN, Mary E 1894
- STERLIN, William T 1907
- STERLIN, William T 1907
- LAWRANCE, John B 1911
- COKER, Thomas J 1904
- HONEYCUTT, James A 1913

Section 13
- LOVE, Robert 1902
- LAWRANCE, John B 1911
- BRIGGS, Simeon J 1911
- LAWRANCE, John B 1911
- LOVE, Robert 1902
- BRIGGS, Simeon J 1911
- HONEYCUTT, Phillip I 1909
- HONEYCUTT, Phillip I 1909
- BARNETT, Robert N 1906

Section 22
- CONNETT, Curtis G 1915
- CONNETT, Curtis G 1915
- BRATTON, Ambrose 1907
- BRATTON, Ambrose 1907
- CONNETT, Curtis G 1915
- LAFFOON, Lycurgus W 1905

Section 23
- COKER, Thomas J 1904
- STERLIN, William T 1907
- TRUETT, Benjamin E 1912
- BRATTON, Ambrose 1907
- MORGAN, Robert C 1901
- EOFF, Paul C 1906
- EOFF, Paul C 1906
- MORGAN, Robert C 1901
- MORGAN, Robert C 1901
- HONEYCUTT, John R 1914
- CHANDLER, George C 1912

Section 24
- HONEYCUTT, Phillip I 1909
- MCKINNEY, Cass 1906
- MCKINNEY, Cass 1906
- TRUETT, Benjamin E 1912
- BAKER, Grant 1910
- BAKER, Grant 1910
- TUELL, Charles M 1904
- GARDNER, Thomas M 1911
- TUELL, Charles M 1904
- TUELL, Charles M 1904
- SICKLER, John J 1911
- BARNETT, Robert N 1906

Section 27
- LAFFOON, Lycurgus W 1905
- ISAACS, William Y 1901
- ISAACS, William Y 1901
- MCDANIEL, Charles I 1915
- BAKER [3], Hezekiah 1904
- ISAACS, William Y 1901
- FERGUSON, Alexander 1905
- FERGUSON, Alexander 1905
- FERGUSON, Alexander 1905
- CLARK, James D 1910
- CLARK, James D 1910
- CLARK, Elisha N 1912

Section 26
- STEWART [70], John V 1905
- STEWART [70], John V 1905
- CLARK, Elisha N 1906
- CLARK, Elisha N 1906
- ALLRED, Samuel N 1889
- ALLRED, Samuel N 1889
- EOFF, Paul C 1906
- REEVES [61], Emma C 1906
- CLARK, James A 1907
- HENSLEY, Albert A 1901
- HENSLEY, Albert A 1901
- THOMAS, George W 1908

Section 25
- REEVES [61], Emma C 1906
- REEVES, John D 1904
- REEVES, John D 1904
- REEVES, John D 1904
- SICKLER, John J 1911
- SICKLER, John J 1911
- PERKINS, John W 1904
- THOMAS, John R 1904
- REEVES, John D 1904
- BRANSCUM, James M 1905
- BRANSCUM, James M 1905

Section 34
- PERKINS, Silas T 1900
- GEARY, Joseph H 1905
- GEARY, Joseph H 1905
- PERKINS, Silas T 1900
- GEARY, Joseph H 1905
- ENGLAND, Charles C 1915
- PERKINS, Silas T 1900
- RUSSELL, John W 1891
- RUSSELL, John W 1891

Section 35
- ALLRED, Samuel N 1889
- HENSLEY, Albert A 1901
- ENGLAND, William F 1903
- RUSSELL, John W 1891
- ENGLAND, William F 1903
- REEVES, Thomas R 1905

Section 36
- THOMAS, John R 1904
- PERKINS, John W 1904
- THOMAS, John R 1904
- PERKINS, John W 1904
- EOFF, Shields 1911
- BRANCH, Samuel 1903
- BOYLE, Amanda M 1900
- BOYLE, Amanda M 1900
- EOFF, Shields 1911
- BRANCH, Samuel 1903
- BRANCH, Samuel 1903
- REEVES, Thomas R 1905
- REEVES, Joshua 1906
- GOODMAN, Chesley M 1904

77

Family Maps of Van Buren County, Arkansas

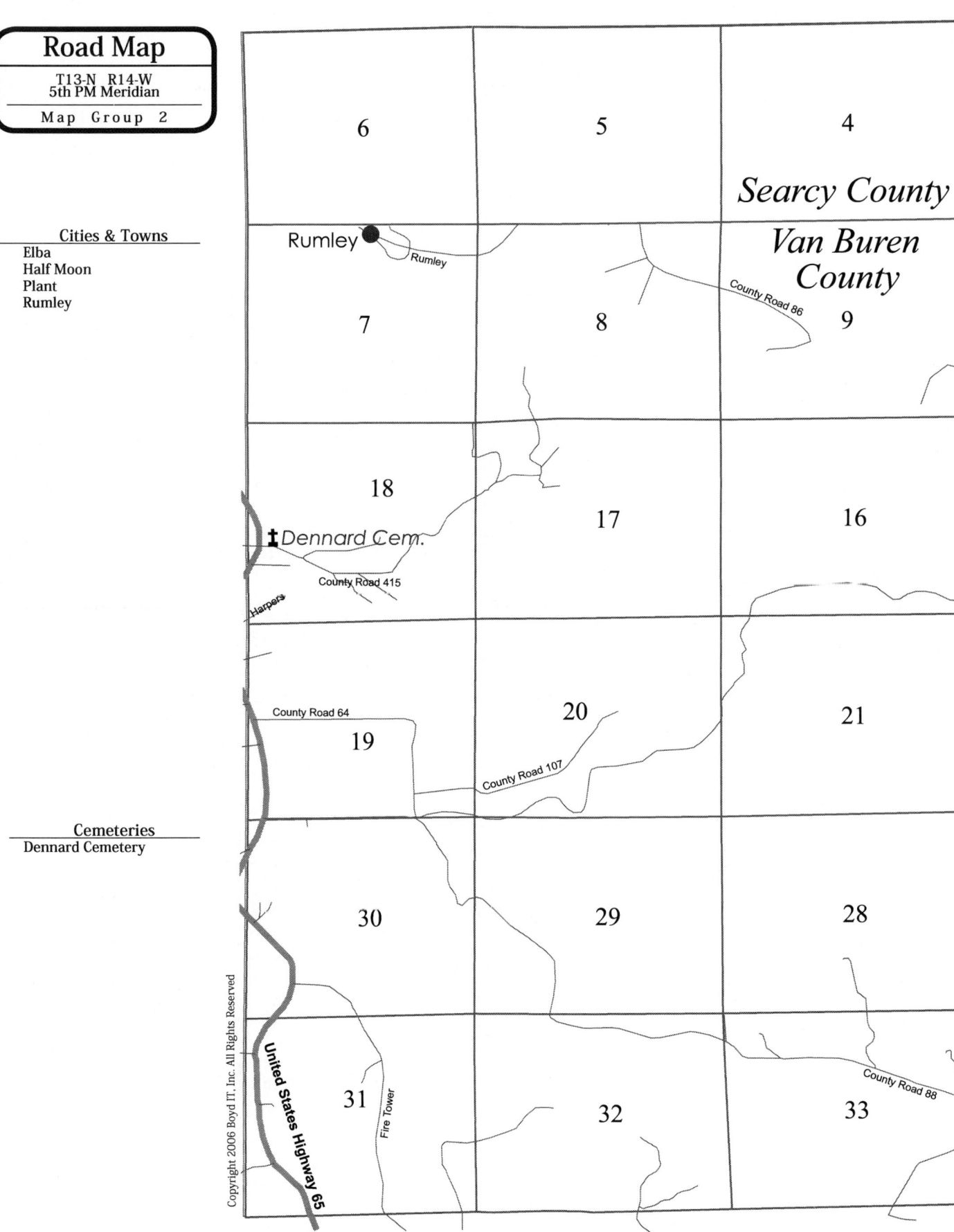

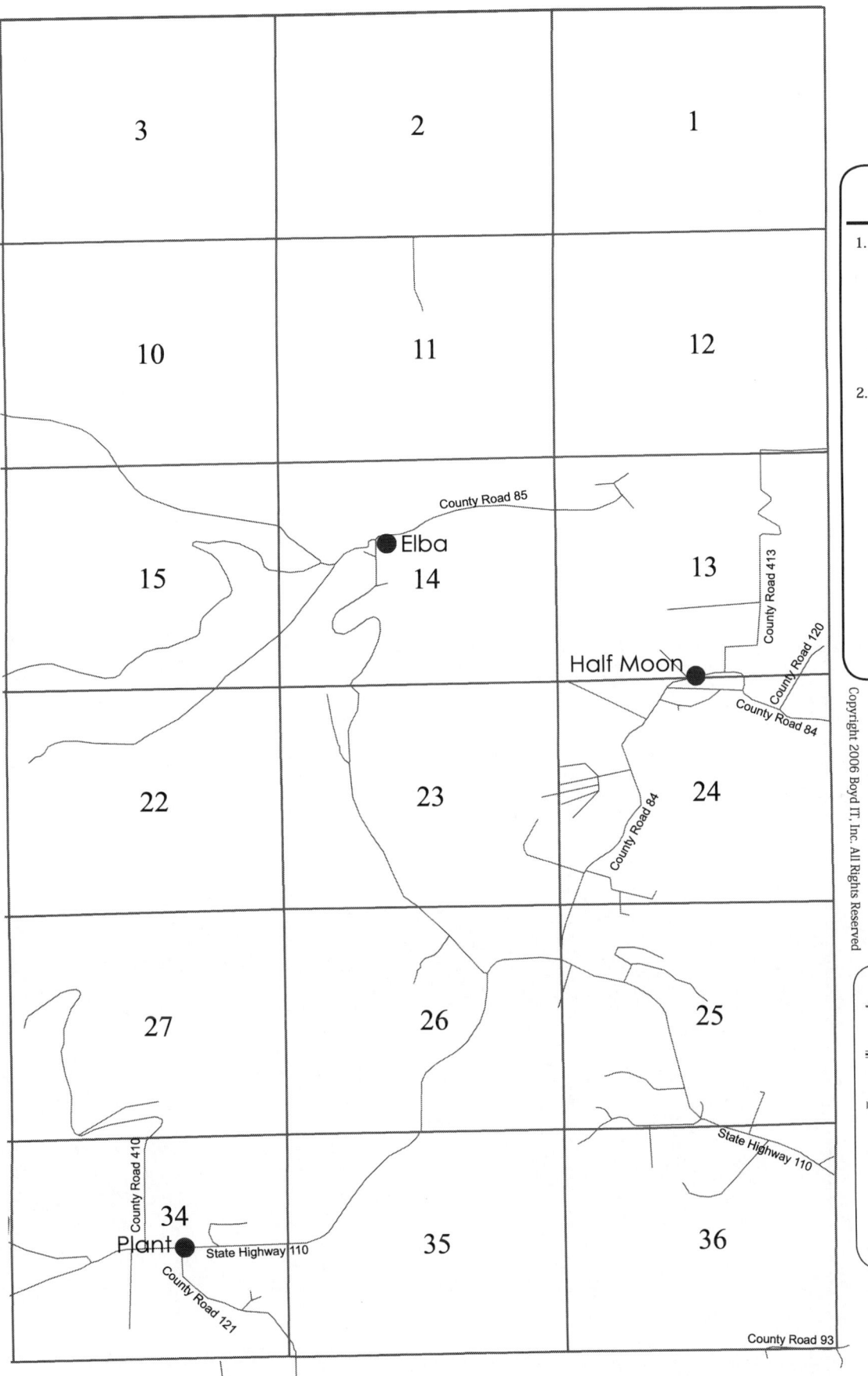

Family Maps of Van Buren County, Arkansas

Historical Map
T13-N R14-W
5th PM Meridian
Map Group 2

Cities & Towns
Elba
Half Moon
Plant
Rumley

Cemeteries
Dennard Cemetery

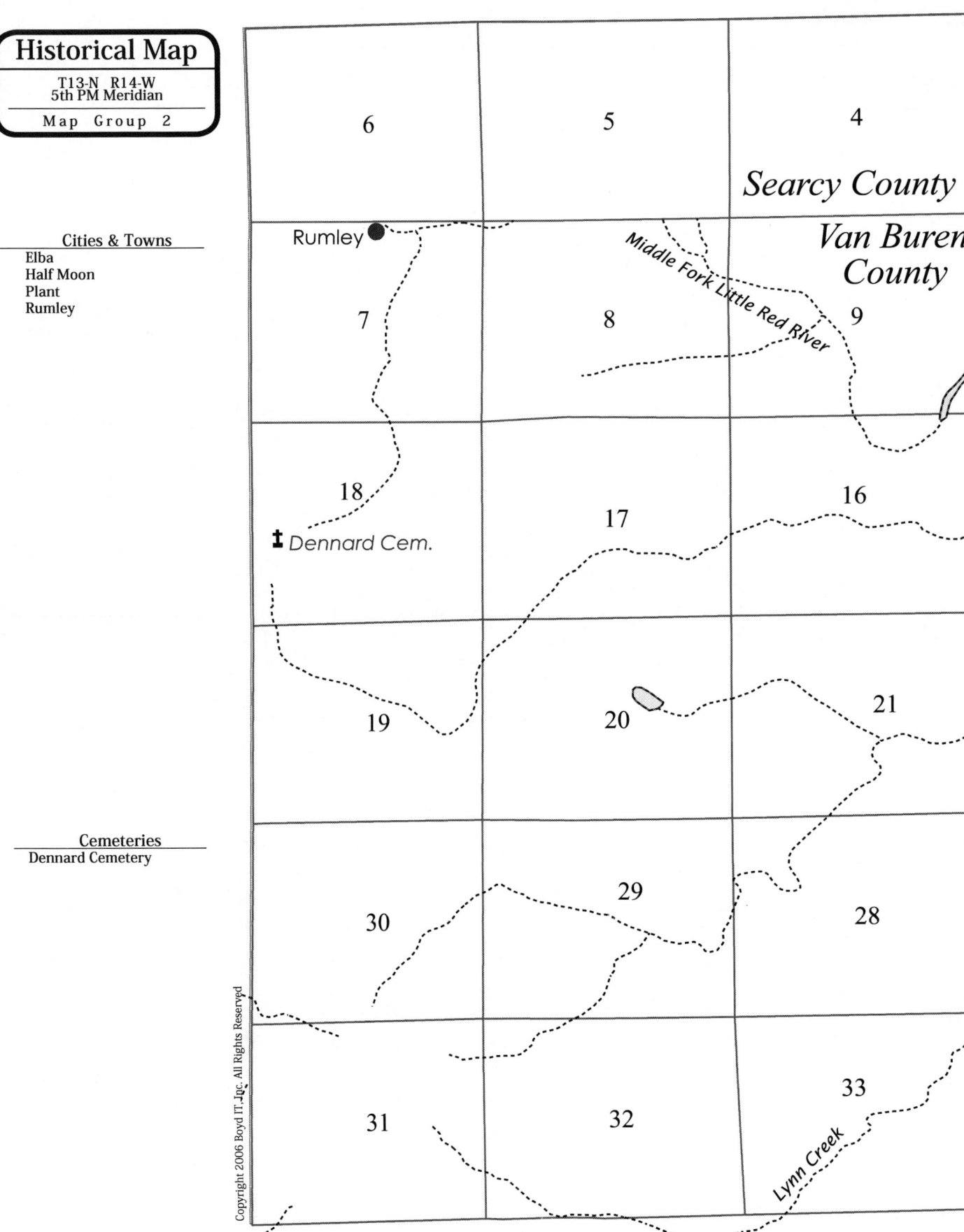

Township 13-N Range 14-W (5th PM) - Map Group 2

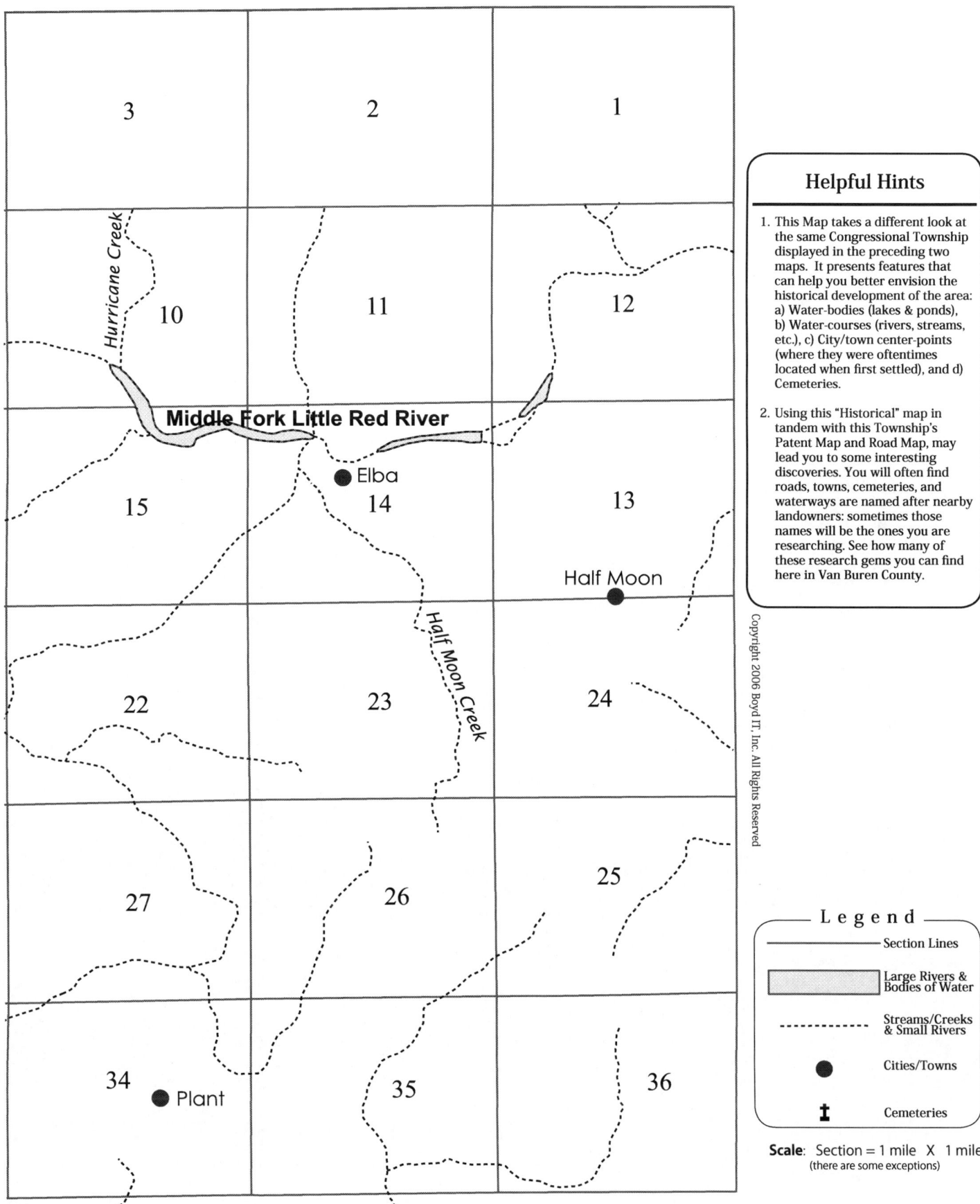

Map Group 3: Index to Land Patents
Township 12-North Range 17-West (5th PM)

After you locate an individual in this Index, take note of the Section and Section Part then proceed to the Land Patent map on the pages immediately following. You should have no difficulty locating the corresponding parcel of land.

The "For More Info" Column will lead you to more information about the underlying Patents. See the *Legend* at right, and the "How to Use this Book" chapter, for more information.

LEGEND
"For More Info . . . " column

- **A** = Authority (Legislative Act, See Appendix "A")
- **B** = Block or Lot (location in Section unknown)
- **C** = Cancelled Patent
- **F** = Fractional Section
- **G** = Group (Multi-Patentee Patent, see Appendix "C")
- **V** = Overlaps another Parcel
- **R** = Re-Issued (Parcel patented more than once)

(A & G items require you to look in the Appendixes referred to above. All other Letter-designations followed by a number require you to locate line-items in this index that possess the ID number found after the letter).

ID	Individual in Patent	Sec.	Sec. Part	Date Issued	Other Counties	For More Info . . .
673	ALLISON, Jefferson D	3	W½NW	1906-06-04		A2
759	ALLISON, Theron C	3	E½NE	1916-01-31		A2
586	ASBURY, Charles H	34	SE	1899-08-30		A2
593	BELL, Clark A	10	W½SW	1916-06-10		A2
732	BEVERAGE, Martha C	23	N½NW	1901-01-23		A2
733	" "	23	NWNE	1901-01-23		A2
734	" "	23	SWNW	1901-01-23		A2
599	BLAINEY, Ed	34	S½SW	1919-12-03		A2
784	BLANEY, William O	34	N½SW	1898-08-27		A2
785	" "	34	S½NW	1898-08-27		A2
589	BOYD, Charles S	15	N½NWSE	1919-07-29		A2
590	" "	15	N½SW	1919-07-29		A2
591	" "	15	NESWSW	1919-07-29		A2
592	" "	15	SWNWSE	1919-07-29		A2
701	BRIDGES, John M	22	SWSW	1890-10-18		A2
702	" "	27	E½NW	1890-10-18		A2
703	" "	27	NWNW	1890-10-18		A2
735	BRIDGES, Martin C	28	NE	1901-08-24		A2
678	BROCK, John C	25	SWSW	1920-01-19		A2
679	" "	25	W½W½NWSW	1920-01-19		A2
680	" "	26	E½NESE	1920-01-19		A2
681	" "	26	E½SESWE	1920-01-19		A2
682	" "	26	E½SWNESE	1920-01-19		A2
683	" "	26	E½SWSESE	1920-01-19		A2
684	" "	26	N½NWSESE	1920-01-19		A2
685	" "	26	NWNESESE	1920-01-19		A2
686	" "	26	SENESWSE	1920-01-19		A2
687	" "	26	SENWSESE	1920-01-19		A2
688	" "	26	SESESENE	1920-01-19		A2
689	" "	26	SWNWSESE	1920-01-19		A2
690	" "	26	W½SWSESE	1920-01-19		A2
691	" "	36	NWNW	1920-01-19		A2
704	BROWN, John R	26	S½NW	1899-08-30		A2
705	" "	27	NESE	1899-08-30		A2
706	" "	27	SENE	1899-08-30		A2
712	BROWN, Joseph	24	NENW	1861-01-01		A1
600	BRUCE, Edmond	21	SWSW	1906-09-14		A2
601	" "	28	NWNW	1906-09-14		A2
750	BRUCE, Sarah A	28	W½SW	1898-03-08		A2
751	" "	33	N½NW	1898-03-08		A2
662	BURNETT, James C	33	SE	1898-08-27		A2
740	CASTOE, Robert	4	E½NW	1906-09-14		A2
741	" "	4	NWSE	1906-09-14		A2
742	" "	4	SWNE	1906-09-14		A2
603	CLUTTS, Emily C	12	E½SW	1903-06-24		A2 G9
604	" "	12	N½SE	1903-06-24		A2 G9

Township 12-N Range 17-W (5th PM) - Map Group 3

ID	Individual in Patent	Sec.	Sec. Part	Date Issued	Other Counties	For More Info...
692	CLUTTS, John D	1	S½SW	1907-02-25		A2
693	" "	1	SWSE	1907-02-25		A2
694	" "	12	NWNW	1907-02-25		A2
603	CLUTTS, Paul	12	E½SW	1903-06-24		A2 G9
604	" "	12	N½SE	1903-06-24		A2 G9
631	COLEMAN, Jacob	10	NW	1909-11-08		A2
674	COLEMAN, Jesse	3	E½NW	1905-06-16		A2
675	" "	3	W½NE	1905-06-16		A2
743	CRAINE, Robert L	35	NE	1914-01-10		A2
713	CRANE, Joseph C	26	SW	1910-07-01		A2
744	DAVIS, Sam B	23	E½NWSW	1920-07-16		A2
745	" "	23	E½SWNWSW	1920-07-16		A2
746	" "	23	NESW	1920-07-16		A2
747	" "	23	NWSE	1920-07-16		A2
748	" "	23	SWSW	1920-07-16		A2
749	" "	23	SWSWNWSW	1920-07-16		A2
695	DUDLEY, John D	11	N½NE	1916-01-26		A2
696	" "	2	E½SE	1916-01-26		A2
714	EMERSON, Joseph M	36	NESE	1913-01-10		A2
724	FORRESTER, Letha M	33	SWNW	1909-05-27		A2
774	FORSTER, William C	35	SWSE	1910-07-01		A2
710	FREEMAN, Joseph A	1	NWNW	1911-04-05		A2
711	" "	2	NENE	1911-04-05		A2
585	GARNER, Benjamin F	13	NWSW	1923-04-10		A2
736	GARNER, Martin S	13	SENE	1916-07-22		A2 G26
736	GARNER, Mary A	13	SENE	1916-07-22		A2 G26
616	GODFREY, George W	9	E½NW	1904-03-01		A2
617	" "	9	W½NE	1904-03-01		A2
670	GUILLIAM, James T	2	NENW	1912-06-20		A2
671	" "	2	NWSW	1912-06-20		A2
672	" "	2	W½NW	1912-06-20		A2
677	HAM, Joel G	33	SW	1909-10-11		A2
666	HARDESTER, James L	2	E½SW	1909-12-06		A2
667	" "	2	W½SE	1909-12-06		A2
632	HEFNER, Jacob	24	N½NE	1922-02-16		A1
581	HORN, Andrew J	15	W½NW	1899-08-14		A2
707	HORN, John S	3	SWSW	1921-03-14		A2
708	" "	4	SESE	1921-03-14		A2
709	" "	9	E½NE	1921-03-14		A2
719	HORN, Kilgore	9	SE	1901-06-25		A2
621	JONES, Harrison	23	S½SE	1901-05-08		A2
622	" "	23	SESW	1901-05-08		A2
623	" "	24	SWSW	1901-05-08		A2
720	JONES, Lawrence	24	SESW	1922-02-20		A1
721	" "	24	SWSE	1922-02-20		A1
725	JONES, Levie B	25	E½NE	1911-04-27		A2
726	" "	25	SWNE	1911-04-27		A2
765	JONES, Thomas	13	S½SE	1876-06-20		A2
766	" "	13	SESW	1876-06-20		A2
771	LONGCRIER, Walter O	34	N½NW	1912-03-01		A2
772	" "	34	W½NE	1912-03-01		A2
698	MATHIS, John L	10	SESE	1911-04-05		A2
699	" "	14	W½NW	1911-04-05		A2
700	" "	15	NENE	1911-04-05		A2
737	MATHIS, Oliver	15	E½NW	1904-11-26		A2
738	" "	15	W½NE	1904-11-26		A2
758	MCCARLEY, Stewart S	36	SESE	1895-02-15		A2
739	MCENTIRE, Rex	12	SWSW	1922-09-11		A2
760	MCENTIRE, Thomas C	1	NENW	1917-06-28		A2
761	" "	1	NWNE	1917-06-28		A2
629	MILLSAPS, Isaac	35	NWSW	1894-09-07		A2
630	" "	35	S½SW	1894-09-07		A2
676	MILLSAPS, Jessee	10	W½NE	1876-12-30		A2
767	MILLSAPS, Thomas	24	S½NE	1879-11-25		A2
768	" "	24	SENW	1879-11-25		A2
769	" "	3	SWSE	1889-06-10		A1
762	MILLSAPS, Thomas D	10	NESE	1892-04-16		A2
763	" "	11	SWNW	1892-04-16		A2
764	" "	11	W½SW	1892-04-16		A2
778	MILLSAPS, William H	23	E½NE	1896-01-03		A2
779	" "	24	SWNW	1896-01-03		A2
668	MIZE, James R	21	E½SE	1914-07-28		A2
669	" "	22	SESW	1914-07-28		A2

Family Maps of Van Buren County, Arkansas

ID	Individual in Patent	Sec.	Sec. Part	Date Issued	Other Counties	For More Info . . .
752	MIZE, Sarah V	22	SWSE	1920-03-19		A2
753	" "	27	W½NWNE	1920-03-19		A2
633	MONCRIEF, James A	28	N½SE	1913-10-30		A2
634	" "	28	NESW	1913-10-30		A2
635	" "	28	SESW	1913-10-30		A2
611	MORRIS, George F	14	N½SW	1902-03-07		A2
612	" "	14	NWSE	1902-03-07		A2
613	" "	14	SENW	1902-03-07		A2
697	MORRIS, John H	2	SWSW	1915-05-10		A2
780	MORRIS, William H	1	NWSW	1919-05-01		A2
594	NISSERT, Cornelius B	21	S½NE	1912-03-28		A2
595	" "	21	SENW	1912-03-28		A2
596	" "	22	SWNW	1912-03-28		A2
754	ONEAL, Savannah E	24	E½SE	1921-12-10		A1
729	PACK, Luther L	28	SWSE	1914-03-07		A2
730	" "	33	N½NE	1914-03-07		A2
731	" "	33	SENE	1914-03-07		A2
786	PACK, William	10	E½SW	1890-06-06		A2
787	" "	10	W½SE	1890-06-06		A2
605	PHILLIPS, Esto H	13	SENW	1908-10-15		A2
606	" "	13	SWNE	1908-10-15		A2
607	" "	13	W½NW	1908-10-15		A2
636	RAMBO, James A	22	E½SWNESE	1914-10-15		A2
637	" "	22	N½NENWSE	1914-10-15		A2
638	" "	22	N½SENESE	1914-10-15		A2
639	" "	22	N½SESENW	1914-10-15		A2
640	" "	22	N½SWSENW	1914-10-15		A2
641	" "	22	NENWNWSE	1914-10-15		A2
642	" "	22	NESENWSE	1914-10-15		A2
645	" "	22	NWSESWNE	1914-10-15		A2
646	" "	22	NWSWNESE	1914-10-15		A2
647	" "	22	S½NWSENW	1914-10-15		A2
649	" "	22	S½SESWNE	1914-10-15		A2
650	" "	22	SENENESE	1914-10-15		A2
651	" "	22	SENENWSE	1914-10-15		A2
653	" "	22	SESESENW	1914-10-15		A2
656	" "	22	SWSWNE	1914-10-15		A2
657	" "	22	W½NWNESE	1914-10-15		A2
659	" "	23	NWNWSW	1914-10-15		A2
660	" "	23	NWSWNWSW	1914-10-15		A2
643	" "	22	NESW	1917-11-26		A2
644	" "	22	NWSENWSE	1917-11-26		A2
648	" "	22	S½SENWSE	1917-11-26		A2
652	" "	22	SENWNWSE	1917-11-26		A2
654	" "	22	SWNENWSE	1917-11-26		A2
655	" "	22	SWNWSE	1917-11-26		A2
658	" "	22	W½NWNWSE	1917-11-26		A2
755	READ, Schuyler C	11	S½NE	1902-09-26		A2
756	" "	12	NWSW	1902-09-26		A2
757	" "	12	SWNW	1902-09-26		A2
715	REED, Joseph P	13	SWSW	1920-02-16		A2
716	REVES, Joseph S	12	E½NE	1902-10-11		A2
717	" "	12	NENW	1902-10-11		A2
718	" "	12	NWNE	1902-10-11		A2
587	RUSSELL, Charles R	25	SESE	1920-12-10		A2
588	" "	36	E½NE	1920-12-10		A2
722	SCOTT, Leander A	1	E½NE	1911-06-26		A2
723	" "	1	E½SE	1911-06-26		A2
608	SMITH, George A	23	NESE	1920-07-28		A2 C
609	" "	24	N½SW	1920-07-28		A2 C
610	" "	24	NWSE	1920-07-28		A2 C
624	SMITH, Henderson W	11	E½SE	1912-06-20		A2
625	" "	11	SESW	1912-06-20		A2
626	" "	11	SWSE	1912-06-20		A2
627	SMITH, Hubbard G	12	SENW	1915-05-07		A2
628	" "	12	SWNE	1915-05-07		A2
775	SMITH, William E	14	E½E½	1922-12-12		A2
582	THOMAS, Andrew J	11	E½NW	1890-10-18		A2
583	" "	11	NESW	1890-10-18		A2
584	" "	11	NWSE	1890-10-18		A2
773	TIPTON, Wiley C	21	W½NW	1909-10-11		A2
578	TUCKER, Albert	2	NWNE	1901-06-25		A2
579	" "	2	S½NE	1901-06-25		A2

Township 12-N Range 17-W (5th PM) - Map Group 3

ID	Individual in Patent	Sec.	Sec. Part	Date Issued	Other Counties	For More Info . . .
580	TUCKER, Albert (Cont'd)	2	SENW	1901-06-25		A2
781	TUCKER, William N	10	E½NE	1901-06-25		A2
782	" "	11	NWNW	1901-06-25		A2
783	" "	3	SESE	1901-06-25		A2
727	WATSON, Lucious M	3	E½SW	1905-06-16		A2
728	" "	3	N½SE	1905-06-16		A2
614	WEST, George T	36	N½SW	1907-04-10		A2
615	" "	36	W½SE	1907-04-10		A2
618	WEST, George W	35	N½SE	1904-12-31		A2
619	" "	35	SESE	1904-12-31		A2
620	" "	36	SWSW	1904-12-31		A2
770	WEST, Wade	4	NWNW	1902-03-07		A2
602	WILSON, Edward E	35	NW	1908-10-15		A2
661	WILSON, James Aulden	14	NENW	1912-09-21		A2
776	WILSON, William F	14	S½SW	1921-09-09		A2
777	" "	14	SWSE	1921-09-09		A2
597	WIMPEE, David H	13	N½SE	1904-05-05		A2
598	" "	13	NESW	1904-05-05		A2
663	WIMPEE, James H	12	S½SE	1904-05-05		A2
664	" "	13	NENW	1904-05-05		A2
665	" "	13	NWNE	1904-05-05		A2

Family Maps of Van Buren County, Arkansas

Patent Map

T12-N R17-W
5th PM Meridian

Map Group 3

Township Statistics

Parcels Mapped	:	210
Number of Patents	:	90
Number of Individuals	:	90
Patentees Identified	:	88
Number of Surnames	:	57
Multi-Patentee Parcels	:	3
Oldest Patent Date	:	1/1/1861
Most Recent Patent	:	4/10/1923
Block/Lot Parcels	:	0
Parcels Re - Issued	:	0
Parcels that Overlap	:	0
Cities and Towns	:	1
Cemeteries	:	1

Pope County

Van Buren County

Section 4:
- WEST Wade 1902
- CASTOE Robert 1906
- CASTOE Robert 1906
- CASTOE Robert 1906

Section 9:
- HORN John S 1921
- GODFREY George W 1904
- GODFREY George W 1904
- HORN John S 1921
- HORN Kilgore 1901

Section 21:
- TIPTON Wiley C 1909
- NISSERT Cornelius B 1912
- NISSERT Cornelius B 1912
- BRUCE Edmond 1906
- MIZE James R 1914

Section 28:
- BRUCE Edmond 1906
- BRIDGES Martin C 1901
- BRUCE Sarah A 1898
- MONCRIEF James A 1913
- MONCRIEF James A 1913
- MONCRIEF James A 1913
- PACK Luther L 1914

Section 33:
- BRUCE Sarah A 1898
- PACK Luther L 1914
- FORRESTER Letha M 1909
- PACK Luther L 1914
- HAM Joel G 1909
- BURNETT James C 1898

Copyright 2006 Boyd IT, Inc. All Rights Reserved

86

Township 12-N Range 17-W (5th PM) - Map Group 3

Section 1
- ALLISON, Jefferson D — 1906
- COLEMAN, Jesse — 1905
- COLEMAN, Jesse — 1905
- ALLISON, Theron C — 1916
- GUILLIAM, James T — 1912
- GUILLIAM, James T — 1912
- TUCKER, Albert — 1901
- TUCKER, Albert — 1901
- TUCKER, Albert — 1901
- FREEMAN, Joseph A — 1911
- FREEMAN, Joseph A — 1911
- MCENTIRE, Thomas C — 1917
- MCENTIRE, Thomas C — 1917
- SCOTT, Leander A — 1911
- MORRIS, William H — 1919
- SCOTT, Leander A — 1911

Section 2
- WATSON, Lucious M — 1905
- GUILLIAM, James T — 1912
- HARDESTER, James L — 1909
- HORN, John S — 1921
- WATSON, Lucious M — 1905
- MILLSAPS, Thomas — 1889
- TUCKER, William N — 1901
- MORRIS, John H — 1915
- HARDESTER, James L — 1909
- DUDLEY, John D — 1916
- CLUTTS, John D — 1907
- CLUTTS, John D — 1907

Section 10
- COLEMAN, Jacob — 1909
- MILLSAPS, Jessee — 1876
- TUCKER, William N — 1901
- BELL, Clark A — 1916
- PACK, William — 1890
- MILLSAPS, Thomas D — 1892
- PACK, William — 1890
- MATHIS, John L — 1911

Section 11
- TUCKER, William N — 1901
- DUDLEY, John D — 1916
- MILLSAPS, Thomas D — 1892
- THOMAS, Andrew J — 1890
- READ, Schuyler C — 1902
- MILLSAPS, Thomas D — 1892
- THOMAS, Andrew J — 1890
- THOMAS, Andrew J — 1890
- SMITH, Henderson W — 1912
- SMITH, Henderson W — 1912

Section 12
- CLUTTS, John D — 1907
- REVES, Joseph S — 1902
- REVES, Joseph S — 1902
- READ, Schuyler C — 1902
- SMITH, Hubbard G — 1915
- SMITH, Hubbard G — 1915
- REVES, Joseph S — 1902
- READ, Schuyler C — 1902
- CLUTTS [9], Emily C — 1903
- MCENTIRE, Rex — 1922
- CLUTTS [9], Emily C — 1903
- WIMPEE, James H — 1904

Section 15
- HORN, Andrew J — 1899
- MATHIS, Oliver — 1904
- MATHIS, John L — 1911
- MATHIS, Oliver — 1904
- BOYD, Charles S — 1919
- BOYD, Charles S — 1919
- BOYD, Charles S — 1919
- BOYD, Charles S — 1919

Section 14
- MATHIS, John L — 1911
- WILSON, James Aulden — 1912
- MORRIS, George F — 1902
- SMITH, William E — 1922
- MORRIS, George F — 1902
- MORRIS, George F — 1902
- WILSON, William F — 1921
- WILSON, William F — 1921

Section 13
- PHILLIPS, Esto H — 1908
- WIMPEE, James H — 1904
- WIMPEE, James H — 1904
- PHILLIPS, Esto H — 1908
- PHILLIPS, Esto H — 1908
- GARNER [26], Martin S — 1916
- GARNER, Benjamin F — 1923
- WIMPEE, David H — 1904
- WIMPEE, David H — 1904
- REED, Joseph P — 1920
- JONES, Thomas — 1876
- JONES, Thomas — 1876

Section 22
All non-labeled parcels in this section are those of: RAMBO, James A — 1914 or 1917
- NISSERT, Cornelius B — 1912
- RAMBO, James A — 1917
- MIZE, James — 1914
- RAMBO, James A — 1917
- BRIDGES, John M — 1890
- BRIDGES, John M — 1890
- MIZE, Sarah V — 1920

Section 23
- BEVERAGE, Martha C — 1901
- BEVERAGE, Martha C — 1901
- RAMBO, James A — 1914
- DAVIS, Sam B — 1920
- RAMBO, James A — 1914
- DAVIS, Sam B — 1920
- MILLSAPS, William H — 1896
- DAVIS, Sam B — 1920
- DAVIS, Sam B — 1920
- SMITH, George A — 1920
- DAVIS, Sam B — 1920
- JONES, Harrison — 1901
- JONES, Harrison — 1901

Section 24
- BROWN, Joseph — 1861
- HEFNER, Jacob — 1922
- MILLSAPS, William H — 1896
- MILLSAPS, Thomas — 1879
- MILLSAPS, Thomas — 1879
- SMITH, George A — 1920
- SMITH, George A — 1920
- ONEAL, Savannah E — 1921
- JONES, Harrison — 1901
- JONES, Lawrence — 1922
- JONES, Lawrence — 1922

Section 27
- BRIDGES, John M — 1890
- MIZE, Sarah V — 1920
- BROWN, John R — 1899
- BROWN, John R — 1899

Section 26
All non-labeled parcels in this section are those of BROCK, John C — 1920
- BROWN, John R — 1899
- CRANE, Joseph C — 1910

Section 25
- BROCK, John C — 1920
- JONES, Levie B — 1911
- JONES, Levie B — 1911
- BROCK, John C — 1920
- RUSSELL, Charles R — 1920

Section 34
- LONGCRIER, Walter O — 1912
- LONGCRIER, Walter O — 1912
- BLANEY, William O — 1898
- BLANEY, William O — 1898
- ASBURY, Charles H — 1899
- BLAINEY, Ed — 1919

Section 35
- WILSON, Edward E — 1908
- CRAINE, Robert L — 1914
- MILLSAPS, Isaac — 1894
- WEST, George W — 1904
- MILLSAPS, Isaac — 1894
- FORSTER, William C — 1910
- WEST, George W — 1904

Section 36
- BROCK, John C — 1920
- RUSSELL, Charles R — 1920
- WEST, George T — 1907
- WEST, George T — 1907
- EMERSON, Joseph M — 1913
- WEST, George W — 1904
- MCCARLEY, Stewart S — 1895

Helpful Hints

1. This Map's INDEX can be found on the preceding pages.
2. Refer to Map "C" to see where this Township lies within Van Buren County, Arkansas.
3. Numbers within square brackets [ ] denote a multi-patentee land parcel (multi-owner). Refer to Appendix "C" for a full list of members in this group.
4. Areas that look to be crowded with Patentees usually indicate multiple sales of the same parcel (Re-issues) or Overlapping parcels. See this Township's Index for an explanation of these and other circumstances that might explain "odd" groupings of Patentees on this map.

Copyright 2006 Boyd IT, Inc. All Rights Reserved

Legend

- ——— Patent Boundary
- ━━━ Section Boundary
- No Patents Found (or Outside County)
- 1., 2., 3., ... Lot Numbers (when beside a name)
- [ ] Group Number (see Appendix "C")

Scale: Section = 1 mile × 1 mile (generally, with some exceptions)

Family Maps of Van Buren County, Arkansas

Road Map
T12-N R17-W
5th PM Meridian
Map Group 3

Cities & Towns
Zion Hill

Cemeteries
Union Hill Cemetery

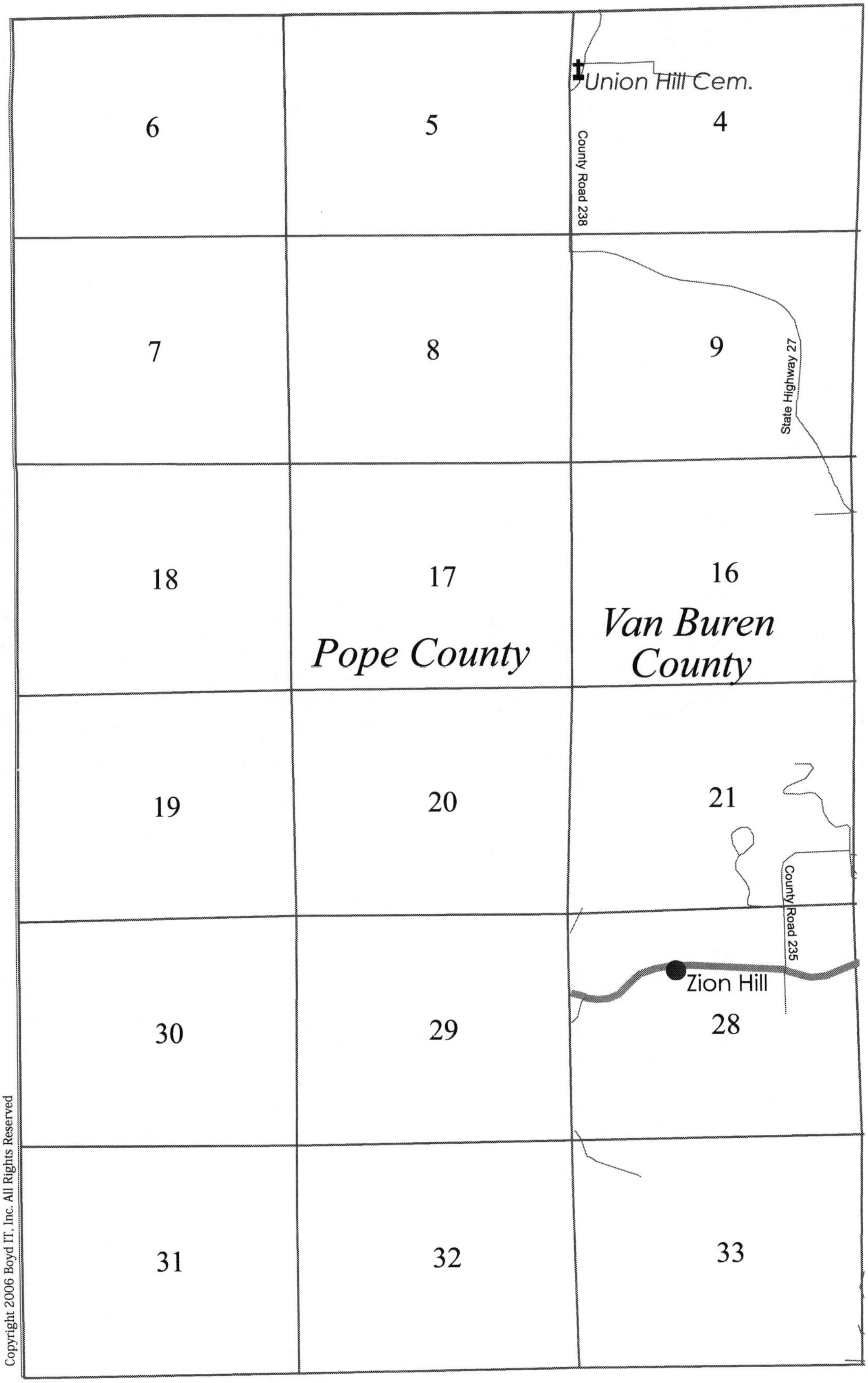

6	5	4 (Union Hill Cem.)
7	8	9
18	17 *Pope County*	16 *Van Buren County*
19	20	21
30	29	28 (Zion Hill)
31	32	33

County Road 238
State Highway 27
County Road 235

Township 12-N Range 17-W (5th PM) - Map Group 3

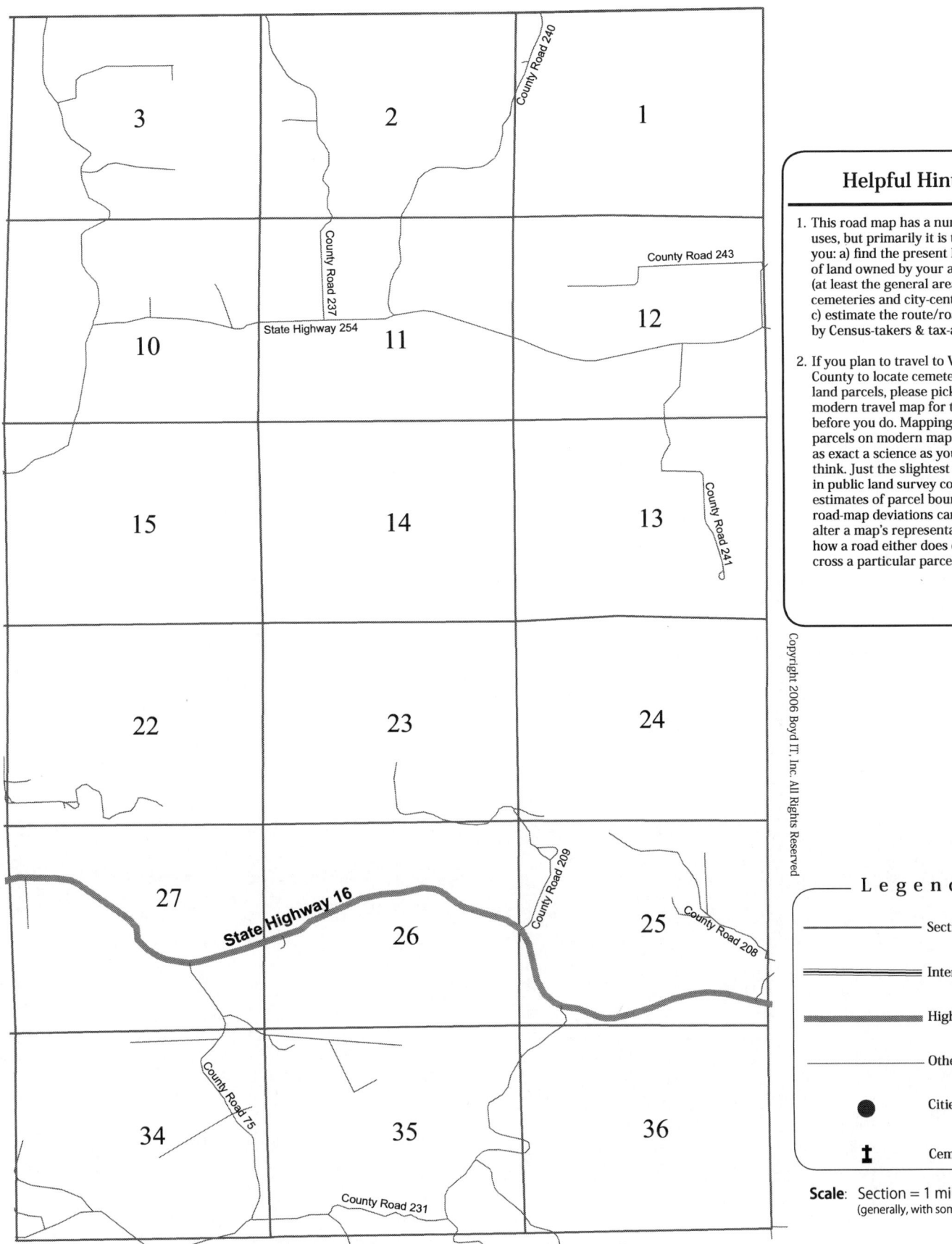

Helpful Hints

1. This road map has a number of uses, but primarily it is to help you: a) find the present location of land owned by your ancestors (at least the general area), b) find cemeteries and city-centers, and c) estimate the route/roads used by Census-takers & tax-assessors.

2. If you plan to travel to Van Buren County to locate cemeteries or land parcels, please pick up a modern travel map for the area before you do. Mapping old land parcels on modern maps is not as exact a science as you might think. Just the slightest variations in public land survey coordinates, estimates of parcel boundaries, or road-map deviations can greatly alter a map's representation of how a road either does or doesn't cross a particular parcel of land.

Legend

— Section Lines
═ Interstates
▬ Highways
— Other Roads
● Cities/Towns
† Cemeteries

Scale: Section = 1 mile X 1 mile
(generally, with some exceptions)

Historical Map

T12-N R17-W
5th PM Meridian

Map Group 3

Cities & Towns
Zion Hill

Cemeteries
Union Hill Cemetery

6	5	4 (Union Hill Cem.)
7	8	9
18	17 (Pope County)	16 (Van Buren County)
19	20	21
30	29	28 (Zion Hill)
31	32	33

Bear Creek

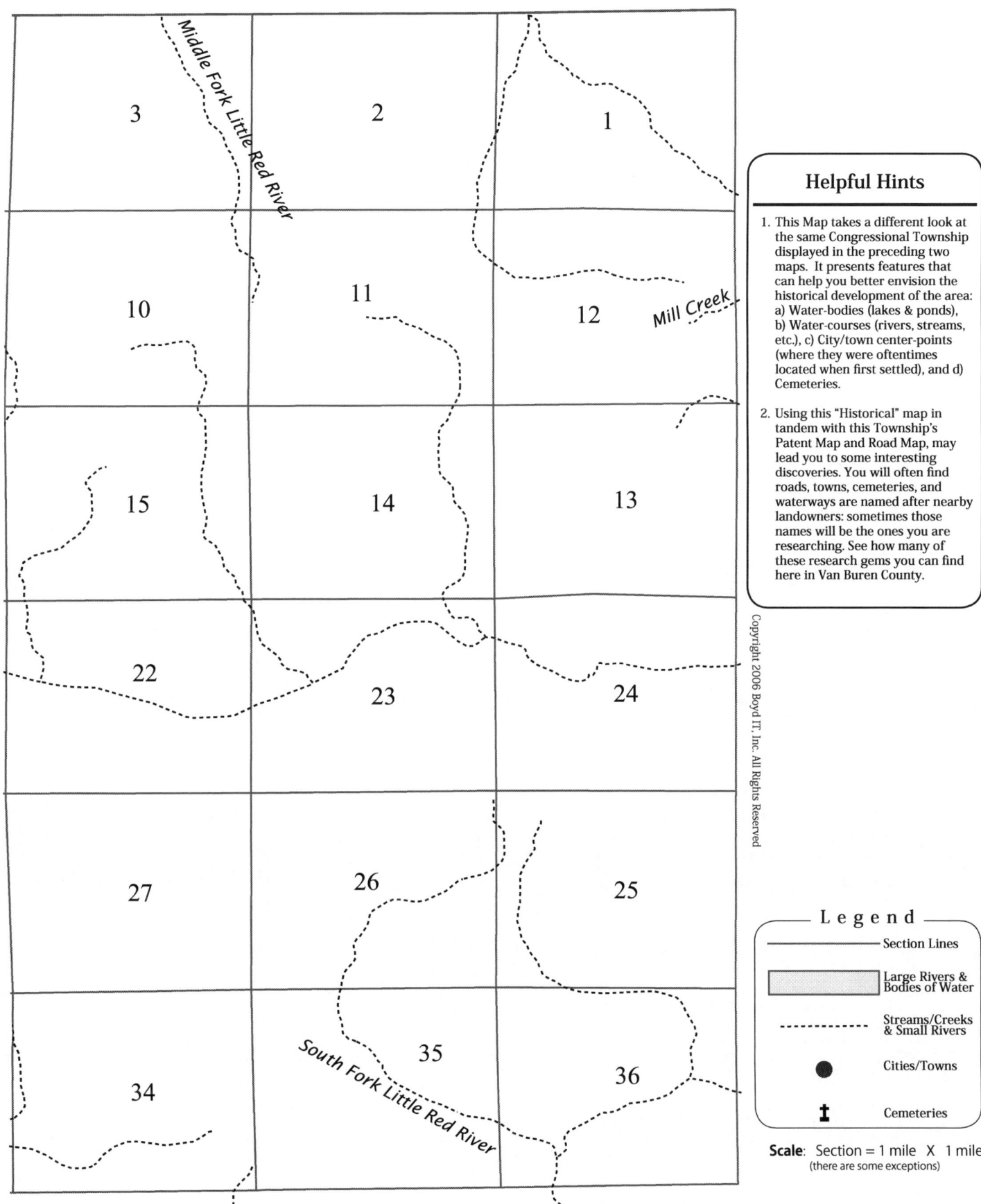

Map Group 4: Index to Land Patents
Township 12-North Range 16-West (5th PM)

After you locate an individual in this Index, take note of the Section and Section Part then proceed to the Land Patent map on the pages immediately following. You should have no difficulty locating the corresponding parcel of land.

The "For More Info" Column will lead you to more information about the underlying Patents. See the *Legend* at right, and the "How to Use this Book" chapter, for more information.

```
                    LEGEND
            "For More Info . . . " column
A = Authority (Legislative Act, See Appendix "A")
B = Block or Lot (location in Section unknown)
C = Cancelled Patent
F = Fractional Section
G = Group  (Multi-Patentee Patent, see Appendix "C")
V = Overlaps another Parcel
R = Re-Issued (Parcel patented more than once)

(A & G items require you to look in the Appendixes referred
to above. All other Letter-designations followed by a number
require you to locate line-items in this index that possess
the ID number found after the letter).
```

ID	Individual in Patent	Sec.	Sec. Part	Date Issued	Other Counties	For More Info . . .
839	ALLEN, David F M	35	W½NE	1914-03-07		A2
833	ALLISON, Clyde M	17	SESW	1920-04-21		A2
919	ARNHART, Jacob	14	NENW	1860-10-01		A1
1041	ARNHART, Nancy H	14	SENW	1889-09-17		A2
1042	" "	14	W½NE	1889-09-17		A2
864	BARNES, Elizabeth	1	SESW	1876-12-30		A2
865	" "	1	SWSE	1876-12-30		A2
1046	BARNES, Ordie E	14	N½SWSW	1919-12-13		A2
1047	" "	14	SESESW	1919-12-13		A2
1048	" "	14	SESWSW	1919-12-13		A2
1049	" "	14	W½SESW	1919-12-13		A2
1136	BARNES, William R	14	N½SWNESW	1919-06-16		A2
1137	" "	14	NWNESW	1919-06-16		A2
1097	BECKHAM, Walter H	10	NENENE	1919-06-17		A2
1098	" "	11	NWNWNW	1919-06-17		A2
1099	" "	11	W½NENWNW	1919-06-17		A2
1100	" "	2	N½SESW	1919-06-17		A2
1101	" "	2	N½SESW	1919-06-17		A2
1102	" "	2	NWSWSE	1919-06-17		A2
1103	" "	2	SESESW	1919-06-17		A2
1104	" "	2	SWSESW	1919-06-17		A2
1105	" "	2	SWSW	1919-06-17		A2
1106	" "	3	S½SESESE	1919-06-17		A2
851	BEVERAGE, Dorcas J	32	SESE	1910-09-22		A2
852	" "	33	W½SW	1910-09-22		A2
822	BIXLER, Charles	27	S½SW	1913-01-10		A2
823	" "	34	N½NW	1913-01-10		A2
923	BIXLER, James E	18	W½SE	1908-09-03		A2
924	" "	19	N½NE	1908-09-03		A2
1092	BIXLER, Virgil	29	NWNE	1923-12-28		A2
1093	" "	29	NWSE	1923-12-28		A2
1094	" "	29	S½NE	1923-12-28		A2
824	BLOUNT, Charles F	19	SESE	1922-12-26		A2
825	" "	19	W½SE	1922-12-26		A2
826	" "	30	NENE	1922-12-26		A2
941	BRADBERRY, James T	1	1	1918-01-04		A2
942	" "	1	2	1918-01-04		A2
1119	BRANSON, William H	5	W½SW	1901-04-22		A2
1120	" "	6	E½SE	1901-04-22		A2
886	BRATTON, Francis M	3	N½NW	1898-03-08		A2
889	BRITTAIN, Frederick H	30	E½NW	1923-01-09		A2 G7
890	" "	30	E½SW	1923-01-09		A2 G7
889	BRITTAIN, Sarah F	30	E½NW	1923-01-09		A2 G7
890	" "	30	E½SW	1923-01-09		A2 G7
789	BRUCE, Abraham B	26	SENE	1920-09-24		A2
1146	BRUCE, Willis C	25	N½SW	1902-03-07		A2

Township 12-N Range 16-W (5th PM) - Map Group 4

ID	Individual in Patent	Sec.	Sec. Part	Date Issued	Other Counties	For More Info . . .
1147	BRUCE, Willis C (Cont'd)	25	SWNW	1902-03-07		A2
1148	" "	26	NESE	1902-03-07		A2
1149	" "	35	S½SESW	1919-09-08		A2
1150	" "	35	S½SESW	1919-09-08		A2
1151	" "	35	S½SWSE	1919-09-08		A2
1152	" "	35	S½SWSE	1919-09-08		A2
1153	BRUCE, Yearb C	25	E½NW	1922-02-13		A2
1154	" "	25	NWSE	1922-02-13		A2
1155	" "	25	SWNE	1922-02-13		A2
862	BYERS, Elisha L	23	E½SW	1902-03-07		A2
863	" "	23	W½SE	1902-03-07		A2
900	COLEMAN, Henry A	9	E½SW	1905-09-21		A2
901	" "	9	W½SE	1905-09-21		A2
932	COLEMAN, James M	7	E½SE	1903-07-21		A2
933	" "	8	NWSW	1903-07-21		A2
934	" "	8	SWNW	1903-07-21		A2
859	COLVIN, Eli B	34	NESE	1898-03-08		A2
860	" "	34	SESW	1898-03-08		A2
861	" "	34	W½SE	1898-03-08		A2
965	CONLEY, John	36	NESW	1909-10-11		A2
966	" "	36	NWSE	1909-10-11		A2
967	" "	36	SENW	1909-10-11		A2
968	" "	36	SWNE	1909-10-11		A2
963	COOPER, John A	22	E½SE	1922-02-16		A1
964	" "	23	W½SW	1922-02-16		A1
1030	COOPER, Martha E	19	SWNE	1922-02-16		A1
1054	COOPER, Permelia A	26	W½SW	1896-05-25		A2 G11
1055	" "	27	SESE	1896-05-25		A2 G11
1056	" "	34	NENE	1896-05-25		A2 G11
1062	COOPER, Robert C	31	E½SE	1919-09-08		A2
1063	" "	31	SENE	1919-09-08		A2
820	COPELAND, Burgess M	12	E½NW	1873-06-10		A2
952	COPELAND, Joab	1	SESE	1882-06-30		A2
1050	COTTON, Patrick L	4	NWNW	1896-08-28		A2
1051	" "	5	NENE	1896-08-28		A2
836	CRAVENS, Curtis C	35	NWNW	1920-07-22		A2
1086	CRAVENS, Thompson F	27	SWSE	1920-05-27		A2
1087	" "	34	NWNE	1920-05-27		A2
1088	" "	34	S½NE	1920-05-27		A2
857	CROSS, Eli A	32	N½SE	1908-08-17		A2
858	" "	32	S½NE	1908-08-17		A2
1045	CYPERT, Olson A	5	SWNW	1919-05-01		A2
991	DAVIS, John T	8	S½NE	1906-03-12		A2
992	" "	8	W½SE	1906-03-12		A2
1082	DAVIS, Thomas A	36	NENE	1921-07-18		A1
977	ELLIS, John L C	29	SW	1919-02-19		A2
1000	EMERSON, Joseph M	31	N½SW	1913-01-10		A2
1064	EMERSON, Robert M	14	SWNW	1882-04-10		A2
1065	" "	15	SENE	1882-04-10		A2
1066	" "	15	W½NE	1882-04-10		A2
799	ENNES, Amos A	5	S½SE	1901-01-23		A2
800	" "	8	N½NE	1901-01-23		A2
1083	ENNIS, Thomas A	21	SW	1904-01-27		A2
1109	ENNIS, Will	9	W½NE	1920-01-16		A2
1037	FENDER, Mathew H	6	NWNE	1921-07-28		A2
939	FINCH, James S	29	SWSE	1920-12-10		A2
940	" "	32	N½NE	1920-12-10		A2
797	FLESHER, Allen	30	NWNW	1921-12-02		A2
887	FORRESTER, Fred B	32	NESW	1925-05-28		A2
888	" "	32	SENW	1925-05-28		A2
997	FORRESTER, Johnathan A	28	NE	1908-08-17		A2
1057	FORRESTER, Rachel	28	S½SW	1909-06-03		A2 G23
1058	" "	33	N½NW	1909-06-03		A2 G23
1060	FORRESTER, Richard L	22	N½SW	1912-03-28		A2
1061	" "	22	W½SE	1912-03-28		A2
921	GARDNER, James B	25	SWSE	1920-01-19		A2
922	" "	36	NWNE	1920-01-19		A2
998	GARDNER, Joseph	13	E½SE	1895-08-08		A2
999	" "	24	NENE	1895-08-08		A2
1138	GARDNER, William S	23	E½SE	1906-11-12		A2
1139	" "	24	NWSW	1906-11-12		A2
1140	" "	24	SWNW	1906-11-12		A2
1043	GARLAND, Oliver P	28	S½SE	1908-07-27		A2

Family Maps of Van Buren County, Arkansas

ID	Individual in Patent	Sec.	Sec. Part	Date Issued	Other Counties	For More Info . . .
1044	GARLAND, Oliver P (Cont'd)	33	N½NE	1908-07-27		A2
1089	GARLAND, Thompson	35	NENW	1903-04-08		A2
1090	" "	35	NWSW	1903-04-08		A2
1091	" "	35	S½NW	1903-04-08		A2
1031	GARNER, Martin S	18	W½NW	1916-07-22		A2 G26
1032	" "	7	SWSW	1916-07-22		A2 G26
1031	GARNER, Mary A	18	W½NW	1916-07-22		A2 G26
1032	" "	7	SWSW	1916-07-22		A2 G26
837	GOATS, David C	12	NESE	1909-06-21		A2
838	" "	12	S½NE	1909-06-21		A2
842	GOATS, David M	12	S½SE	1909-06-21		A2
843	" "	13	N½NE	1909-06-21		A2
1134	GOATS, William M	12	E½SWNWSE	1917-05-07		A2
1135	" "	12	SENWSE	1917-05-07		A2
855	GOODIN, Edgar L	24	SENE	1911-06-01		A2
854	" "	24	E½SE	1917-03-10		A2
856	" "	25	NENE	1917-03-10		A2
1121	GRIFFIN, William H	32	SESW	1901-05-08		A2
1122	" "	32	SWSE	1901-05-08		A2
928	HALE, James L	22	E½NW	1908-09-03		A2
929	" "	22	W½NE	1908-09-03		A2
925	HALL, James E	15	S½S½SW	1919-02-07		A2 C
926	" "	15	SWSE	1919-02-07		A2 C
927	" "	22	NWNW	1919-02-07		A2 C
813	HARPER, Ashburton	10	NENW	1921-03-14		A2
814	" "	10	NWNE	1921-03-14		A2
815	" "	10	NWNENE	1921-03-14		A2
816	" "	10	S½NENE	1921-03-14		A2
817	" "	3	SESW	1921-03-14		A2
883	HEATER, Evans J	13	SWSW	1910-08-25		A2
884	" "	14	S½SE	1910-08-25		A2
885	" "	24	NWNW	1910-08-25		A2
874	HEFFLEY, Ephram P	18	E½NWNE	1920-09-24		A2
875	" "	18	E½NWNWNE	1920-09-24		A2
876	" "	18	NENENW	1920-09-24		A2
877	" "	18	NWNENW	1920-09-24		A2
878	" "	18	S½NENW	1920-09-24		A2
879	" "	18	SWNNE	1920-09-24		A2
880	" "	18	W½NWNWNE	1920-09-24		A2
881	" "	7	SESW	1920-09-24		A2
882	" "	7	SWSE	1920-09-24		A2
905	HEFFLEY, Ida B	20	SESENE	1922-02-16		A1
906	" "	21	E½SENW	1922-02-16		A1
907	" "	21	S½NWSENW	1922-02-16		A1
908	" "	21	S½SWNW	1922-02-16		A1
909	" "	21	SWSENW	1922-02-16		A1
920	HEFNER, Jacob	19	NWNW	1922-02-16		A1
1113	HEFNER, William F	5	SESW	1901-04-22		A2
1114	" "	8	E½NW	1901-04-22		A2
1115	" "	8	NESW	1901-04-22		A2
1052	HENDERSON, Paul M	27	S½NW	1920-10-06		A2
1053	" "	27	W½NE	1920-10-06		A2
841	HENLEY, David	31	SWSE	1895-01-11		A2
840	" "	31	NWSE	1921-07-08		A1
853	HODGES, Eber P	12	N½NE	1920-01-20		A2
1123	HOLBROOK, William H	34	N½SW	1905-06-16		A2
1124	" "	34	S½NW	1905-06-16		A2
792	INGRAM, Addison D	4	NESW	1893-11-04		A2
793	" "	4	W½SE	1893-11-04		A2
791	" "	4	NESE	1904-08-26		A2
1018	INGRAM, Lemuel A	10	NWNW	1921-03-14		A2
1019	" "	4	SESE	1921-03-14		A2
1020	" "	9	NENE	1921-03-14		A2
1111	INGRAM, William B	10	SWNW	1922-02-13		A2
1112	" "	9	SENE	1922-02-13		A2
1141	INGRAM, William T	4	E½NW	1890-05-31		A2
1142	" "	4	W½NE	1890-05-31		A2
872	JOHNSON, Enoch A	36	NESE	1923-02-27		A2
873	" "	36	SENE	1923-02-27		A2
798	JONES, Allison L	31	W½NW	1921-01-17		A2 F
804	JONES, Andrew A	13	E½E½W½SE	1920-01-19		A2
805	" "	13	E½NWNWSE	1920-01-19		A2
806	" "	13	SESW	1920-01-19		A2

Township 12-N Range 16-W (5th PM)   -   Map Group 4

ID	Individual in Patent	Sec.	Sec. Part	Date Issued	Other Counties	For More Info . . .
807	JONES, Andrew A (Cont'd)	13	W½E½SWSE	1920-01-19		A2
808	" "	13	W½NENWSE	1920-01-19		A2
809	" "	13	W½SWSE	1920-01-19		A2
1022	JONES, Levie B	30	SWNW	1911-04-27		A2
1033	JONES, Mary A	26	E½NW	1903-07-31		A2
1034	" "	26	W½NE	1903-07-31		A2
1143	KELLER, William T	3	NWSE	1890-05-31		A2
1144	" "	3	SENW	1890-05-31		A2
1145	" "	3	W½NE	1890-05-31		A2 F
1110	KILPATRICK, Willard L	3	NENE	1922-02-13		A2
891	LAMSDIN, George F	2	NWSE	1911-04-05		A2
892	" "	2	SENE	1911-04-05		A2
893	" "	2	W½NE	1911-04-05		A2
870	LATHAN, Emma J	2	SENW	1913-05-14		A2
871	" "	2	W½NW	1913-05-14		A2
911	LEONARD, Isaac	32	SWNW	1898-10-13		A2
912	" "	32	W½SW	1898-10-13		A2
1084	LINDNER, Thomas F	17	S½SE	1920-04-21		A2
790	LOTT, Ace C	23	S½NW	1922-03-13		A2
903	LOTT, Henry T	11	W½SW	1922-02-13		A2
904	" "	14	NWNW	1922-02-13		A2
930	LOTT, James	15	NENW	1889-05-25		A2
931	" "	15	S½NW	1889-05-25		A2
969	LOTT, John D	14	NWSW	1911-06-26		A2
970	" "	15	NESE	1911-06-26		A2
1107	MATHIS, Walter M	19	E½NW	1921-09-09		A2
1108	" "	19	N½SW	1921-09-09		A2
1081	MCCARLEY, Stewart S	31	SWSW	1895-02-15		A2
1023	MCENTIRE, Madison B	6	S½NE	1901-01-23		A2
1024	" "	6	W½SE	1901-01-23		A2
1038	MCGEE, Minnie A	1	SWSW	1922-10-25		A2
1039	" "	11	NENE	1922-10-25		A2
1040	" "	12	W½NW	1922-10-25		A2
834	MILLSAPS, Columbus A	27	N½SE	1913-04-02		A2
835	" "	27	N½SW	1913-04-02		A2
947	MILLSAPS, Jesse L	25	S½SW	1904-07-27		A2
948	" "	26	SESE	1904-07-27		A2
949	" "	35	NENE	1904-07-27		A2
1085	MILLSAPS, Thomas	19	SWNW	1879-11-25		A2
1001	MOBBS, Lando	20	E½E½SWNE	1918-04-12		A2
1002	" "	20	N½SENE	1918-04-12		A2
1003	" "	20	NENWSE	1918-04-12		A2
1004	" "	20	S½S½NENE	1918-04-12		A2
1005	" "	20	SESENWNE	1918-04-12		A2
1006	" "	20	SESWSWNE	1918-04-12		A2
1007	" "	20	SWSENE	1918-04-12		A2
1008	" "	20	SWSESWNE	1918-04-12		A2
1009	" "	21	E½SWNENW	1918-04-12		A2
1010	" "	21	N½N½SWNW	1918-04-12		A2
1011	" "	21	N½NWSENW	1918-04-12		A2
1012	" "	21	S½S½NWNW	1918-04-12		A2
1013	" "	21	SENENW	1918-04-12		A2
1014	" "	21	SWSWNENW	1918-04-12		A2
915	MORGAN, Jabez	10	NESW	1921-08-19		A2
916	" "	10	NWSE	1921-08-19		A2
917	" "	10	SENW	1921-08-19		A2
918	" "	10	SWNE	1921-08-19		A2
788	NEWMAN, Aaron H	1	NESE	1922-02-13		A2
821	NORRIS, Charles A	30	SWSE	1921-03-14		A2
1073	NUNN, Samuel	2	N½SW	1895-01-11		A2
1074	" "	3	NESE	1895-01-11		A2
1075	" "	3	SENE	1895-01-11		A2
828	ONEAL, Claudie B	21	N½NENW	1921-07-29		A1
829	" "	21	N½NWNW	1921-07-29		A1
830	" "	21	N½S½NWNW	1921-07-29		A1
831	" "	21	NWNE	1921-07-29		A1
832	" "	21	NWSWNENW	1921-07-29		A1
950	ONEAL, Jesse N	29	S½NW	1921-02-01		A1
951	" "	30	SENE	1921-02-01		A1
971	ONEAL, John H	17	N½SE	1904-08-26		A2
972	" "	17	NESW	1904-08-26		A2
973	" "	17	SWNE	1904-08-26		A2
974	" "	21	NENE	1921-06-09		A1

Family Maps of Van Buren County, Arkansas

ID	Individual in Patent	Sec.	Sec. Part	Date Issued	Other Counties	For More Info . . .
975	ONEAL, John H (Cont'd)	21	S½NE	1921-06-09		A1
976	" "	22	SWNW	1921-06-09		A1
1067	ONEAL, Robert M	17	NWNW	1906-03-12		A2
1068	" "	18	E½NE	1906-03-12		A2
1069	" "	18	NESE	1906-03-12		A2
1070	ONEAL, Robert N	20	S½NESW	1921-07-08		A1
1071	" "	20	S½NWSE	1921-07-08		A1
1072	" "	20	SWSE	1921-07-08		A1
1080	ONEAL, Savannah E	19	SWSW	1921-12-10		A1
801	PACK, Anderson	24	S½SW	1905-09-11		A2
802	" "	25	NWNW	1905-09-11		A2
803	" "	26	NENE	1905-09-11		A2
945	PACK, Jerome	26	E½SW	1909-11-08		A2
946	" "	26	W½SE	1909-11-08		A2
1025	PACK, Marcus C	5	NWNE	1918-07-12		A2
1026	PACK, Marion C	7	N½NW	1898-08-27		A2
1027	" "	7	NWSW	1898-08-27		A2
1028	" "	7	SWNW	1898-08-27		A2
1125	PACK, William H	20	N½NESW	1915-04-23		A2
1126	" "	20	N½SWSWNE	1915-04-23		A2
1127	" "	20	NWNWSE	1915-04-23		A2
1128	" "	20	NWSESWNE	1915-04-23		A2
1129	" "	20	NWSWNE	1915-04-23		A2
1130	" "	20	S½SWNWNE	1915-04-23		A2
1131	" "	20	SWSENWNE	1915-04-23		A2
1132	" "	20	SWSWSWNE	1915-04-23		A2
1133	" "	20	W½NESWNE	1915-04-23		A2
866	PARKER, Emily L	7	NESW	1890-10-18		A2
867	" "	7	NWSE	1890-10-18		A2
868	" "	7	SENW	1890-10-18		A2
869	" "	7	SWNE	1890-10-18		A2
1059	PHILLIPS, Rachel M	6	SW	1901-11-16		A2
1054	POSTELL, Permelia A	26	W½SW	1896-05-25		A2 G11
1055	" "	27	SESE	1896-05-25		A2 G11
1056	" "	34	NENE	1896-05-25		A2 G11
910	PRATT, Ira Z	15	NWNW	1923-08-02		A2
953	PRATT, Joel M	15	N½NWNESW	1918-03-22		A2
954	" "	15	N½NWSW	1918-03-22		A2
955	" "	15	N½SESW	1918-03-22		A2
956	" "	15	N½SESW	1918-03-22		A2
957	" "	15	N½SWSW	1918-03-22		A2
958	" "	15	NENESW	1918-03-22		A2
959	" "	15	NWSE	1918-03-22		A2
960	" "	15	S½NESW	1918-03-22		A2
961	" "	15	S½NWNESW	1918-03-22		A2
962	" "	15	S½NWSW	1918-03-22		A2
818	PRESNELL, Benjamin W	13	W½NW	1912-06-27		A2
819	" "	14	E½NE	1912-06-27		A2
935	PRESNELL, James M	12	SW	1912-09-21		A2
794	REVES, Ader L	7	N½NE	1905-09-21		A2
795	" "	7	SENE	1905-09-21		A2
796	" "	8	NWNW	1905-09-21		A2
1029	REVES, Marshall C	6	NW	1902-03-07		A2
1079	REVES, Sarah M	6	NENE	1902-12-30		A2
827	RUSSELL, Charles R	30	SWSW	1920-12-10		A2
913	SCARBERRY, Isaac N	22	S½SW	1909-05-27		A2
914	" "	27	N½NW	1909-05-27		A2
1076	SCHWARTZ, Samuel	20	E½NW	1922-10-25		A2
1077	" "	20	N½N½NE	1922-10-25		A2
1078	" "	20	N½S½N½NE	1922-10-25		A2
810	SHOFFIT, Andrew J	17	NENW	1910-05-09		A2
811	" "	17	NWSW	1910-05-09		A2
812	" "	17	S½NW	1910-05-09		A2
943	SHOFFIT, James W	17	SWSW	1920-02-16		A2
944	" "	18	SESE	1920-02-16		A2
993	SMITH, John W	19	NESE	1922-03-13		A2
994	" "	19	SENE	1922-03-13		A2
995	" "	20	NWSW	1922-03-13		A2
996	" "	20	SWNW	1922-03-13		A2
1021	STANDRIDGE, Lemuel	26	W½NW	1922-07-31		A2
844	WADDLE, David	33	E½E½SESE	1914-07-08		A2
845	" "	33	E½SESW	1914-07-08		A2
846	" "	33	SWSE	1914-07-08		A2

Township 12-N Range 16-W (5th PM) - Map Group 4

ID	Individual in Patent	Sec.	Sec. Part	Date Issued	Other Counties	For More Info . . .
847	WADDLE, David (Cont'd)	33	SWSESE	1914-07-08		A2
848	" "	33	SWSESW	1914-07-08		A2
849	" "	33	W½SESESE	1914-07-08		A2
850	" "	34	SWSW	1914-07-08		A2
898	WATSON, Hazel E	28	E½NESW	1918-05-03		A2
899	" "	28	N½SE	1918-05-03		A2
1116	WATSON, William F	30	SESE	1900-07-12		A2
1117	" "	31	NENE	1900-07-12		A2
1118	" "	32	N½NW	1900-07-12		A2
936	WEST, James N	10	NWSW	1908-10-15		A2
937	" "	10	S½SW	1908-10-15		A2
938	" "	9	NESE	1908-10-15		A2
978	WEST, John M	8	E½SWSESW	1912-02-26		A2
979	" "	8	N½N½SWSW	1912-02-26		A2
980	" "	8	N½SESW	1912-02-26		A2
981	" "	8	N½SESW	1912-02-26		A2
982	" "	8	N½SWSWSW	1912-02-26		A2
983	" "	8	NESESESW	1912-02-26		A2
984	" "	8	NESESWSW	1912-02-26		A2
985	" "	8	NWSESWSW	1912-02-26		A2
986	" "	8	S½N½SWSW	1912-02-26		A2
987	" "	8	S½S½SWSW	1912-02-26		A2
988	" "	8	SESESESW	1912-02-26		A2
989	" "	8	W½SESESW	1912-02-26		A2
990	" "	8	W½SWSESW	1912-02-26		A2
1015	WEST, Leander	5	N½NW	1901-01-23		A2
1016	" "	5	SENW	1901-01-23		A2
1017	" "	5	SWNE	1901-01-23		A2
1035	WEST, Mary	8	E½SE	1900-08-21		A2
1036	" "	9	W½SW	1900-08-21		A2
894	WHISENANT, George W	20	S½SW	1920-02-16		A2
895	" "	29	N½NW	1920-02-16		A2
1057	WILLIAMS, Rachel	28	S½SW	1909-06-03		A2 G23
1058	" "	33	N½NW	1909-06-03		A2 G23
896	WOOD, Guy D	11	E½SW	1922-07-06		A2
897	" "	11	S½SE	1922-07-06		A2
1095	WOOD, Virgil P	11	N½SE	1919-07-21		A2
1096	" "	11	S½NE	1919-07-21		A2
902	WOODS, Henry F	4	NENE	1898-08-27		A2

Family Maps of Van Buren County, Arkansas

Patent Map

T12-N R16-W
5th PM Meridian

Map Group 4

Township Statistics

Parcels Mapped	:	368
Number of Patents	:	149
Number of Individuals	:	147
Patentees Identified	:	143
Number of Surnames	:	89
Multi-Patentee Parcels	:	9
Oldest Patent Date	:	10/1/1860
Most Recent Patent	:	5/28/1925
Block/Lot Parcels	:	2
Parcels Re-Issued	:	0
Parcels that Overlap	:	0
Cities and Towns	:	5
Cemeteries	:	1

Section 6
- REVES Marshall C 1902
- FENDER Mathew H 1921
- REVES Sarah M 1902
- MCENTIRE Madison B 1901
- PHILLIPS Rachel M 1901
- MCENTIRE Madison B 1901
- BRANSON William H 1901

Section 5
- WEST Leander 1901
- PACK Marcus C 1918
- CYPERT Olson A 1919
- WEST Leander 1901
- WEST Leander 1901
- BRANSON William H 1901
- HEFNER William F 1901
- ENNES Amos A 1901

Section 4
- COTTON Patrick L 1896
- COTTON Patrick L 1896
- INGRAM William T 1890
- WOODS Henry F 1898
- INGRAM William T 1890
- INGRAM Addison D 1893
- INGRAM Addison D 1893
- INGRAM Addison D 1904
- INGRAM Lemuel A 1921

Section 8
- PACK Marion C 1898
- REVES Ader L 1905
- REVES Ader L 1905
- HEFNER William F 1901
- ENNES Amos A 1901
- PACK Marion C 1898
- PARKER Emily L 1890
- REVES Ader L 1905
- COLEMAN James M 1903
- DAVIS John T 1906
- PACK Marion C 1898
- PARKER Emily L 1890
- PARKER Emily L 1890
- COLEMAN James M 1903
- HEFNER William F 1901
- DAVIS John T 1906
- WEST Mary 1900
- GARNER [26] Martin S 1916
- HEFFLEY Ephram P 1920
- HEFFLEY Ephram P 1920
- COLEMAN James M 1903
- WEST John M 1912
- WEST John M 1912

Section 9
- ENNIS Will 1920
- INGRAM Lemuel A 1921
- INGRAM William B 1922
- WEST Mary 1900
- COLEMAN Henry A 1905
- WEST James N 1908
- COLEMAN Henry A 1905

John M. West has numerous small tracts in this area. (see index). All are dated in 1912.

Section 18
- HEFFLEY Ephram P 1920
- HEFFLEY Ephram P 1920
- HEFFLEY Ephram P 1920
- ONEAL Robert M 1906
- SHOFFIT Andrew J 1910
- GARNER [26] Martin S 1916
- BIXLER James E 1908
- ONEAL Robert M 1906
- SHOFFIT Andrew J 1910
- ONEAL John H 1904
- SHOFFIT James W 1920
- SHOFFIT Andrew J 1910
- ONEAL John H 1904
- ONEAL John H 1904
- ALLISON Clyde M 1920
- LINDNER Thomas F 1920

Section 17 / 16

Section 19
- HEFNER Jacob 1922
- BIXLER James E 1908
- SCHWARTZ Samuel 1922
- SMITH John W 1922
- SCHWARTZ, Samuel 1922
- MOBBS, Lando 1918
- ONEAL Claudie B 1921
- ONEAL Claudie B 1921
- ONEAL Claudie B 1921
- ONEAL John H 1921
- MILLSAPS Thomas 1879
- MATHIS Walter M 1921
- COOPER Martha E 1922
- SMITH John W 1922
- PACK William H 1915
- MOBBS Lando 1918
- ONEAL Claudie B 1921
- HEFFLEY Ida B 1922
- HEFFLEY Ida B 1922
- HEFF Ida B 1922
- MOBBS Lando 1918
- ONEAL John H 1921
- MATHIS Walter M 1921
- BLOUNT Charles F 1922
- SMITH John W 1922
- PACK William H 1915
- MOBBS Lando 1918
- MOBBS Lando 1918
- HEFFLEY 1922
- ONEAL Savannah E 1921
- PACK, William H 1915
- WHISENANT George W 1920
- MOBBS Lando 1918
- ONEAL Robert N 1921
- MOBBS Lando 1918

There are other small parcels purchased in this Section by PACK and MOBBS, too small to map at this scale.

- ENNIS Thomas A 1904
- HEFFLEY, Ida B 1922

Section 30 / 29 / 28
- FLESHER Allen 1921
- BLOUNT Charles F 1922
- WHISENANT George W 1920
- BIXLER Virgil 1923
- JONES Levie B 1911
- BRITTAIN [7] Frederick H 1923
- ONEAL Jesse N 1921
- ONEAL Jesse N 1921
- BIXLER Virgil 1923
- FORRESTER Johnathan A 1908
- BIXLER Virgil 1923
- ELLIS John L C 1919
- WATSON Hazel E 1918
- WATSON Hazel E 1918
- RUSSELL Charles R 1920
- BRITTAIN [7] Frederick H 1923
- NORRIS Charles A 1921
- WATSON William F 1900
- FINCH James S 1920
- FORRESTER [23] Rachel 1909
- GARLAND Oliver P 1908

Section 31 / 32 / 33
- JONES Allison L 1921
- WATSON William F 1900
- WATSON William F 1900
- FINCH James S 1920
- FORRESTER [23] Rachel 1909
- GARLAND Oliver P 1908
- COOPER Robert C 1919
- LEONARD Isaac 1898
- FORRESTER Fred B 1925
- CROSS Eli A 1908
- BEVERAGE Dorcas J 1910
- WADDLE David 1914
- EMERSON Joseph M 1913
- HENLEY David 1921
- LEONARD Isaac 1898
- FORRESTER Fred B 1925
- CROSS Eli A 1908
- WADDLE David 1914
- WADDLE David 1914
- WADDLE David 1914
- MCCARLEY Stewart S 1895
- HENLEY David 1895
- COOPER Robert C 1919
- GRIFFIN William H 1901
- GRIFFIN William H 1901
- BEVERAGE Dorcas J 1910
- WADDLE David 1914
- WADDLE David 1914

Copyright 2006 Boyd IT, Inc. All Rights Reserved

Township 12-N Range 16-W (5th PM) - Map Group 4

Section 1 - Lots
Lot	Patentee	Year
1	BRADBERRY, James T	1918
2	BRADBERRY, James T	1918

Section 3
- BRATTON, Francis M, 1898
- KELLER, William T, 1890
- KELLER, William T, 1890
- KELLER, William T, 1890
- HARPER, Ashburton, 1921

Section 2
- KILPATRICK, Willard L, 1922
- NUNN, Samuel, 1895
- NUNN, Samuel, 1895
- LATHAN, Emma J, 1913
- LATHAN, Emma J, 1913
- NUNN, Samuel, 1895
- BECKHAM, Walter H, 1919
- BECKHAM, Walter H, 1919
- BECKHAM, Walter H, 1919
- BECKHAM, Walter H, 1919
- BECKHAM, Walter H, 1919
- LAMSDIN, George F, 1911
- LAMSDIN, George F, 1911
- LAMSDIN, George F, 1911

Section 1
- NEWMAN, Aaron H, 1922
- MCGEE, Minnie A, 1922
- BARNES, Elizabeth, 1876
- BARNES, Elizabeth, 1876
- COPELAND, Joab, 1882

Section 10
- INGRAM, Lemuel A, 1921
- HARPER, Ashburton, 1921
- HARPER, Ashburton, 1921
- HARPER, Ashburton, 1921
- BECKHAM, Walter H, 1919
- BECKHAM, Walter H, 1919
- INGRAM, William B, 1922
- MORGAN, Jabez, 1921
- MORGAN, Jabez, 1921
- WEST, James N, 1908
- MORGAN, Jabez, 1921
- WEST, James N, 1908

Section 11
- BECKHAM, Walter H, 1919
- WOOD, Virgil P, 1919
- LOTT, Henry T, 1922
- WOOD, Virgil P, 1919
- WOOD, Guy D, 1922
- WOOD, Guy D, 1922

Section 12
- MCGEE, Minnie A, 1922
- COPELAND, Burgess M, 1873
- GOATS, William M, 1917
- PRESNELL, James M, 1912
- HODGES, Eber P, 1920
- GOATS, David C, 1909
- GOATS, David C, 1909
- GOATS, William M, 1917
- GOATS, David M, 1909

Section 15
- PRATT, Ira Z, 1923
- LOTT, James, 1889
- EMERSON, Robert M, 1882
- LOTT, James, 1889
- EMERSON, Robert M, 1882
- PRATT, Joel M, 1918
- PRATT, Joel M, 1918
- PRATT, Joel M, 1918
- PRATT, Joel M, 1918
- PRATT, Joel M, 1918
- PRATT, Joel M, 1918
- PRATT, Joel M, 1918

Section 14
- ARNHART, Jacob, 1860
- ARNHART, Nancy H, 1889
- ARNHART, Nancy H, 1889
- LOTT, John D, 1911
- BARNES, William R, 1919
- BARNES, William R, 1919
- BARNES, Ordie E, 1919
- BARNES, Ordie E, 1919
- BARNES, Ordie E, 1919

Section 13
- PRESNELL, Benjamin W, 1912
- PRESNELL, Benjamin W, 1912
- JONES, Andrew A, 1920
- JONES, Andrew A, 1920
- JONES, Andrew A, 1920
- JONES, Andrew A, 1920
- JONES, Andrew A, 1920
- HEATER, Evans J, 1910
- GOATS, David M, 1909
- GARDNER, Joseph, 1895

Section 22
- HALL, James E, 1919
- HALE, James L, 1908
- ONEAL, John H, 1921
- HALE, James L, 1908
- FORRESTER, Richard L, 1912
- FORRESTER, Richard L, 1912
- SCARBERRY, Isaac N, 1909

Section 23
- LOTT, Ace C, 1922
- COOPER, John A, 1922
- BYERS, Elisha L, 1902
- COOPER, John A, 1922
- BYERS, Elisha L, 1902

Section 24
- HEATER, Evans J, 1910
- GARDNER, William S, 1906
- GARDNER, William S, 1906
- GARDNER, William S, 1906
- PACK, Anderson, 1905
- GARDNER, Joseph, 1895
- GOODIN, Edgar L, 1911
- GOODIN, Edgar L, 1917

Section 27
- SCARBERRY, Isaac N, 1909
- HENDERSON, Paul M, 1920
- HENDERSON, Paul M, 1920
- MILLSAPS, Columbus A, 1913
- MILLSAPS, Columbus A, 1913
- BIXLER, Charles, 1913
- CRAVENS, Thompson F, 1920
- BIXLER, Charles, 1913
- CRAVENS, Thompson F, 1920
- HOLBROOK, William H, 1905
- CRAVENS, Thompson F, 1920
- HOLBROOK, William H, 1905
- WADDLE, David, 1914
- COLVIN, Eli B, 1898

Section 26
- STANDRIDGE, Lemuel, 1922
- JONES, Mary A, 1903
- JONES, Mary A, 1903
- COOPER [11], Permelia A, 1896
- PACK, Jerome, 1909
- COOPER [11], Permelia A, 1896
- PACK, Jerome, 1909
- CRAVENS, Curtis C, 1920
- GARLAND, Thompson, 1903
- GARLAND, Thompson, 1903
- GARLAND, Thompson, 1903

Section 25
- PACK, Anderson, 1905
- BRUCE, Yearb C, 1922
- BRUCE, Willis C, 1902
- BRUCE, Yearb C, 1922
- BRUCE, Abraham B, 1920
- BRUCE, Willis C, 1902
- BRUCE, Willis C, 1902
- BRUCE, Yearb C, 1922
- MILLSAPS, Jesse L, 1904
- MILLSAPS, Jesse L, 1904
- GARDNER, James B, 1920
- GOODIN, Edgar L, 1917
- GARDNER, James B, 1920
- DAVIS, Thomas A, 1921

Section 35
- ALLEN, David F M, 1914
- BRUCE, Willis C, 1919
- BRUCE, Willis C, 1919

Section 34
- COLVIN, Eli B, 1898

Section 36
- CONLEY, John, 1909
- CONLEY, John, 1909
- CONLEY, John, 1909
- JOHNSON, Enoch A, 1923
- JOHNSON, Enoch A, 1923

Helpful Hints

1. This Map's INDEX can be found on the preceding pages.
2. Refer to Map "C" to see where this Township lies within Van Buren County, Arkansas.
3. Numbers within square brackets [ ] denote a multi-patentee land parcel (multi-owner). Refer to Appendix "C" for a full list of members in this group.
4. Areas that look to be crowded with Patentees usually indicate multiple sales of the same parcel (Re-issues) or Overlapping parcels. See this Township's Index for an explanation of these and other circumstances that might explain "odd" groupings of Patentees on this map.

Copyright 2006 Boyd IT, Inc. All Rights Reserved

Legend

- Patent Boundary
- Section Boundary
- No Patents Found (or Outside County)
- 1., 2., 3., ... Lot Numbers (when beside a name)
- [ ] Group Number (see Appendix "C")

Scale: Section = 1 mile X 1 mile (generally, with some exceptions)

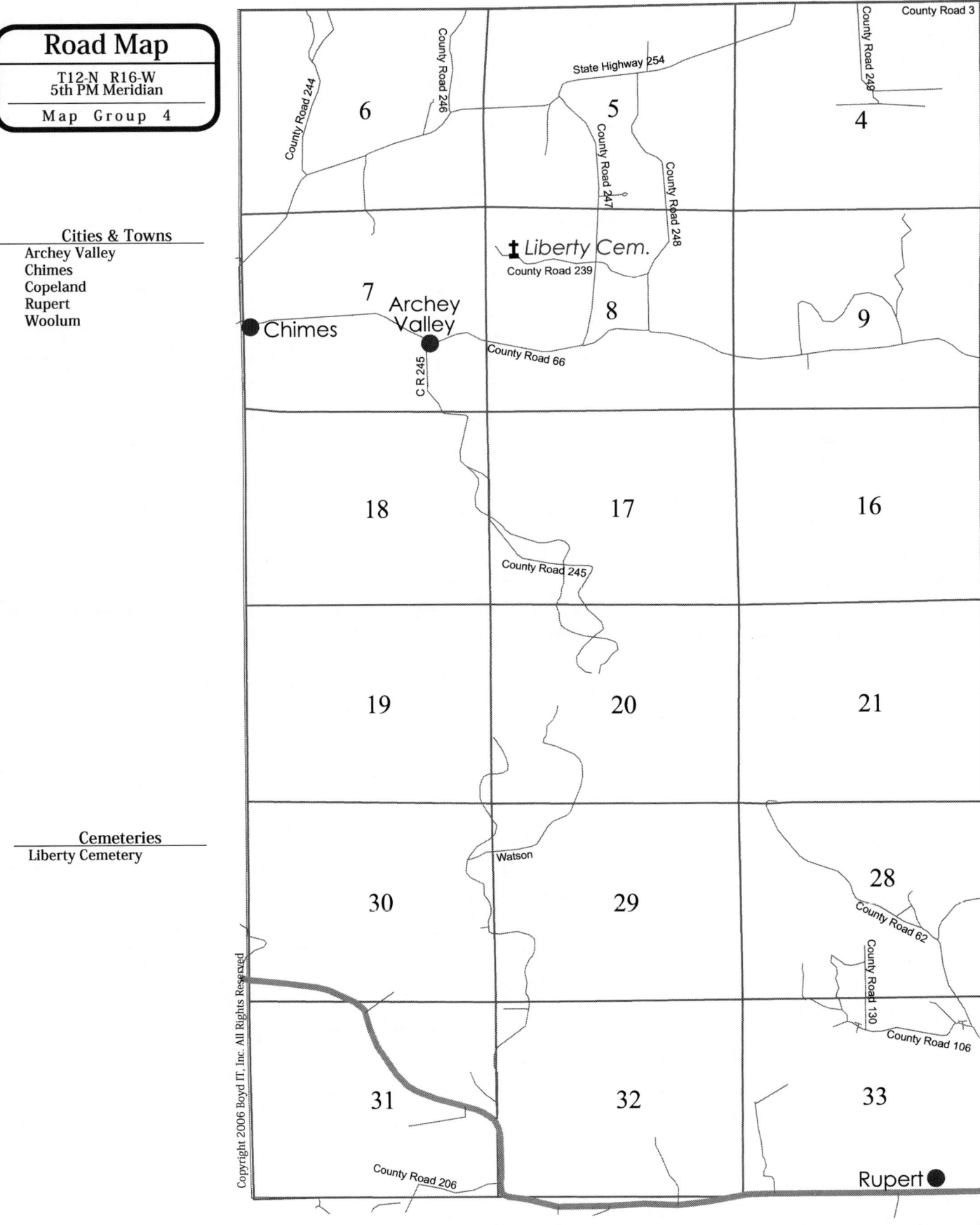

Township 12-N Range 16-W (5th PM) - Map Group 4

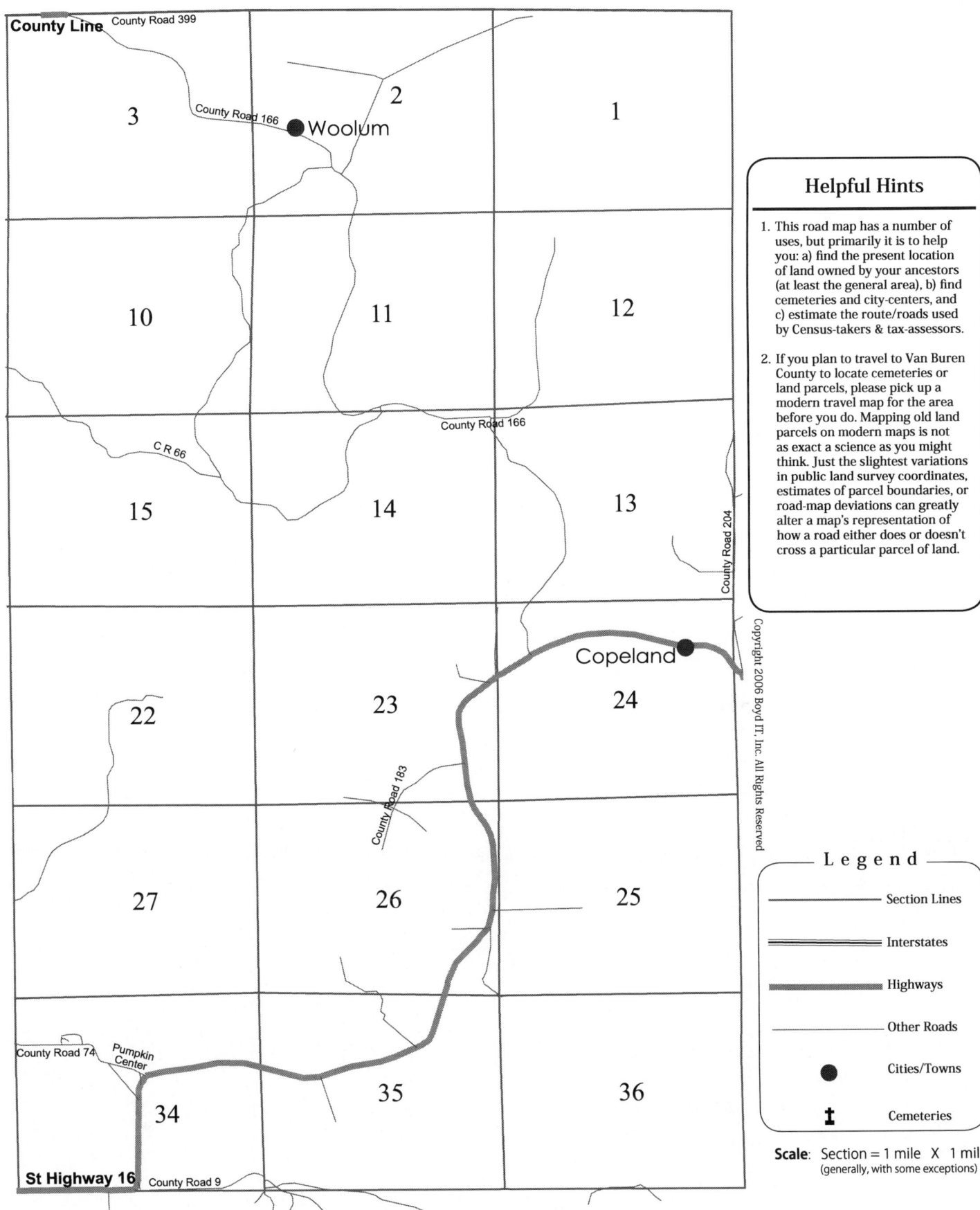

Family Maps of Van Buren County, Arkansas

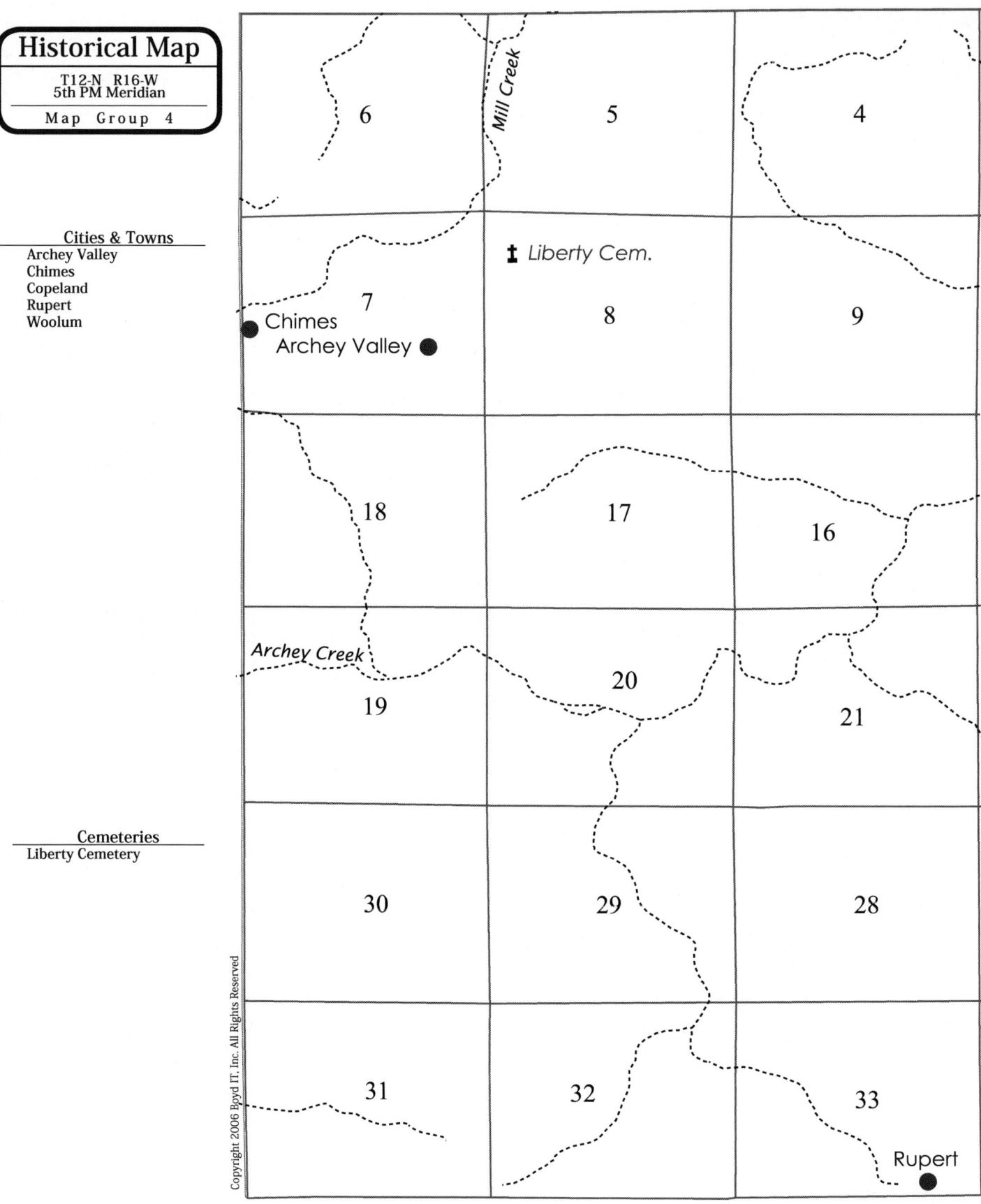

Historical Map
T12-N R16-W
5th PM Meridian
Map Group 4

Cities & Towns
Archey Valley
Chimes
Copeland
Rupert
Woolum

Cemeteries
Liberty Cemetery

Township 12-N Range 16-W (5th PM) - Map Group 4

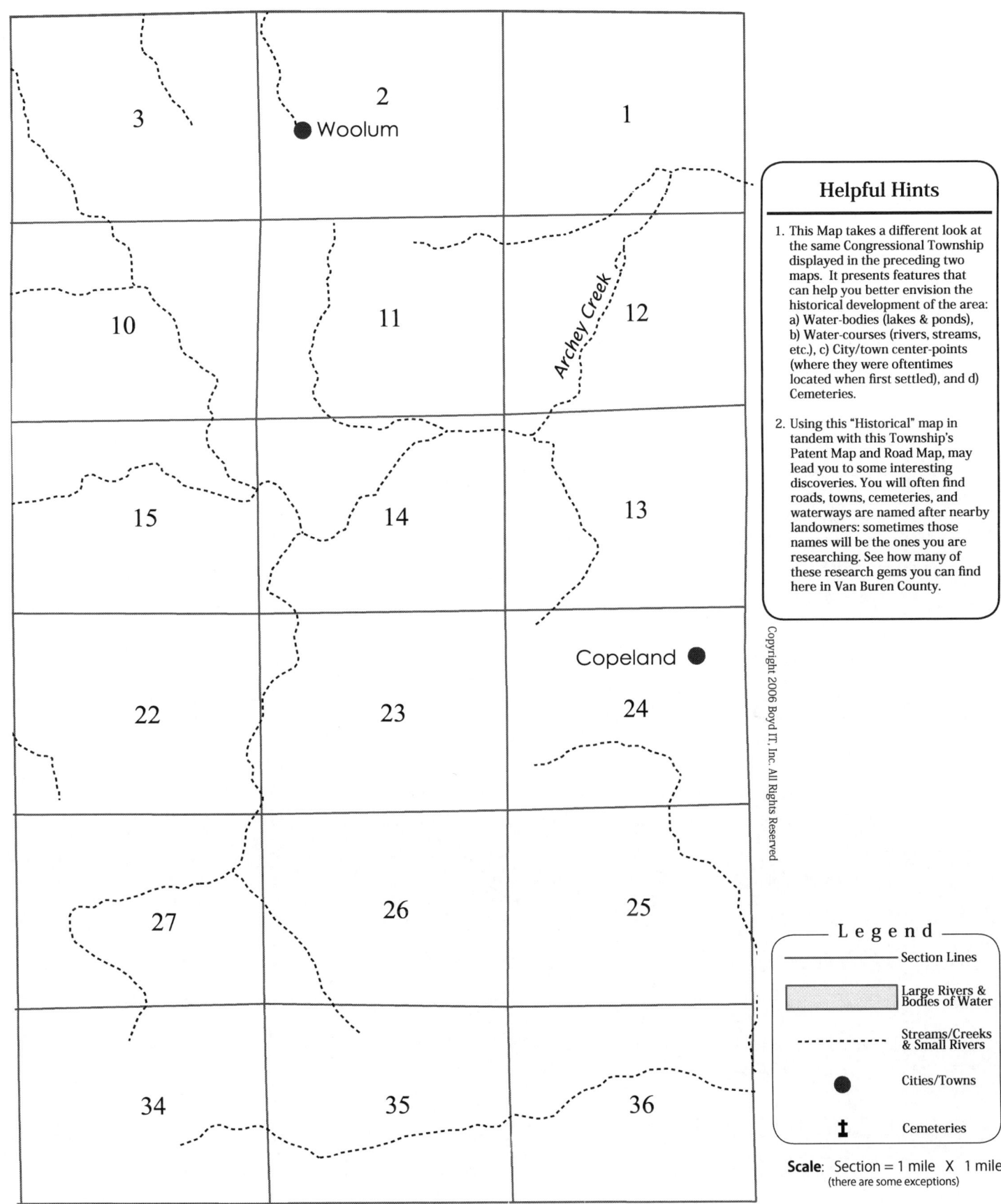

Map Group 5: Index to Land Patents
Township 12-North Range 15-West (5th PM)

After you locate an individual in this Index, take note of the Section and Section Part then proceed to the Land Patent map on the pages immediately following. You should have no difficulty locating the corresponding parcel of land.

The "For More Info" Column will lead you to more information about the underlying Patents. See the *Legend* at right, and the "How to Use this Book" chapter, for more information.

```
LEGEND
       "For More Info . . . " column
A = Authority (Legislative Act, See Appendix "A")
B = Block or Lot (location in Section unknown)
C = Cancelled Patent
F = Fractional Section
G = Group  (Multi-Patentee Patent, see Appendix "C")
V = Overlaps another Parcel
R = Re-Issued (Parcel patented more than once)

(A & G items require you to look in the Appendixes referred
to above. All other Letter-designations followed by a number
require you to locate line-items in this index that possess
the ID number found after the letter).
```

ID	Individual in Patent	Sec.	Sec. Part	Date Issued	Other Counties	For More Info . . .
1329	ADAY, John W	18	SWSW	1891-11-23		A1 F
1207	ARNHART, Earl V	8	E½SW	1923-10-22		A2
1208	" "	8	W½SE	1923-10-22		A2
1367	ARNHART, Peter A	17	NWSW	1909-05-27		A2
1368	" "	17	SENW	1909-05-27		A2
1369	" "	17	W½NW	1909-05-27		A2
1390	ARNHART, Sam M	17	NESE	1920-06-03		A2
1391	" "	17	NESW	1920-06-03		A2
1418	ARNHART, William E	17	NENW	1920-05-14		A2
1419	" "	18	E½NENE	1920-05-14		A2
1420	" "	7	E½SESE	1920-05-14		A2
1426	ARNHART, William H	31	E½SE	1900-08-21		A2
1350	AUTRY, Lonzo E	29	SESE	1904-05-05		A2
1351	" "	29	SWNE	1904-05-05		A2
1352	" "	29	W½SE	1904-05-05		A2
1365	AUTRY, Ollie D	29	N½SW	1911-06-22		A2
1366	" "	29	S½NW	1911-06-22		A2
1412	AVEY, William A	14	S½SE	1924-05-29		A2
1353	BARTOLD, Louis G	28	N½SW	1923-12-28		A2
1354	" "	28	S½NW	1923-12-28		A2
1403	BEGLY, Thomas	5	NWSW	1882-10-10		A2
1404	" "	5	S½NW	1882-10-10		A2
1408	BENTLEY, Thomas J	12	NENE	1904-12-21		A2
1278	BERRY, James E	31	NWNE	1920-09-10		A2
1279	" "	31	SENW	1920-09-10		A2
1280	" "	31	SWNE	1920-09-10		A2
1413	BOYCE, William A	23	SENW	1855-03-01		A1
1414	" "	23	SWNE	1855-03-01		A1
1166	CALLEN, Anson W	26	SESE	1911-06-01		A1
1167	" "	26	SWNE	1911-06-01		A1
1168	" "	26	W½SE	1911-06-01		A1
1216	CANADAY, Elihu	27	E½NW	1922-02-13		A2
1217	" "	27	NESW	1922-02-13		A2
1218	" "	27	NWSE	1922-02-13		A2
1349	CARTER, Lewis L	36	SW	1908-07-16		A1
1288	CASH, James M	15	SWSW	1922-12-26		A2
1289	" "	21	NENE	1922-12-26		A2
1290	" "	22	W½NW	1922-12-26		A2
1285	CHRISTIAN, James H	10	W½SE	1912-09-09		A2
1273	COOK, James C	23	N½SE	1881-07-20		A2
1364	COOK, Nancy M F	23	NENE	1922-05-29		A2
1421	COOK, William F	19	N½NW	1911-06-01		A1
1422	" "	19	SENW	1911-06-01		A1
1423	" "	19	SWNE	1911-06-01		A1
1400	COOPER, Tennessee B	10	NWNW	1906-09-14		A2
1401	" "	3	SWSW	1906-09-14		A2

Township 12-N Range 15-W (5th PM) - Map Group 5

ID	Individual in Patent	Sec.	Sec. Part	Date Issued	Other Counties	For More Info . . .
1402	COOPER, Tennessee B (Cont'd)	9	NENE	1906-09-14		A2
1180	COPELAND, Burgess M	5	SESW	1889-01-31		A1
1301	COPELAND, Joab	6	SWSW	1882-06-30		A2
1303	" "	7	NWNW	1882-06-30		A2
1302	" "	7	NENE	1888-05-08		A1
1328	COPELAND, John R	8	W½NE	1873-06-10		A2
1157	COUCH, Albert B	3	NWNW	1902-03-07		A2
1300	COUCH, James W	5	SWNE	1921-12-02		A2
1308	COUCH, Joel M	11	E½SW	1892-05-26		A2
1309	" "	11	W½SE	1892-05-26		A2
1357	COUCH, Margaret L	9	NWNW	1923-05-11		A1
1377	COUCH, Rebecca L	9	SENW	1905-12-30		A2
1405	COUCH, Thomas E	5	E½SE	1896-06-01		A2
1271	CRABTREE, James A	33	N½SW	1908-11-05		A2
1272	" "	33	SESW	1908-11-05		A2
1178	CURTIS, Benton T	10	E½NW	1922-01-07		A2
1179	" "	10	E½SW	1922-01-07		A2
1158	DANLEY, Alexander	33	NE	1896-01-03		A2
1274	DENNEY, James	27	SWSW	1905-10-19		A2
1275	" "	28	SESE	1905-10-19		A2 R1437
1276	" "	34	W½NW	1905-10-19		A2
1297	DENNEY, James T	35	NWSW	1920-05-27		A2
1298	" "	35	SWNW	1920-05-27		A2
1277	DENNY, James	24	SWNW	1891-09-18		A1
1156	DENTON, Absalom	25	SESE	1855-03-01		A1
1362	DENTON, Nancy J	15	NWNW	1919-07-29		A2
1363	" "	15	SENW	1919-07-29		A2
1262	EATON, Isaac N	11	NESE	1906-06-04		A2
1263	" "	11	S½NE	1906-06-04		A2
1264	" "	12	SWNW	1906-06-04		A2
1222	ESKRIDGE, Elzy E	19	N½SW	1922-09-25		A2
1223	" "	19	NWSE	1922-09-25		A2
1224	" "	19	SWNW	1922-09-25		A2
1444	ESKRIDGE, Willis E	17	S½SW	1910-03-10		A2
1445	" "	17	W½SE	1910-03-10		A2
1295	EVANS, James S	2	E½SW	1901-08-12		A2
1296	" "	2	W½SE	1901-08-12		A2
1399	EVANS, Susie	2	S½NW	1908-12-03		A2
1181	FARR, Charles A	20	SWSE	1922-12-26		A2
1182	" "	29	N½NW	1922-12-26		A2
1183	" "	29	NWNE	1922-12-26		A2
1344	FIELDER, Lee Roy	6	N½SE	1922-07-13		A2
1345	" "	6	S½NE	1922-07-13		A2
1199	FILES, David A	27	NE	1909-01-14		A1
1205	FIRESTONE, David J	6	N½SW	1911-09-07		A2
1206	" "	6	S½NW	1911-09-07		A2
1341	GARDNER, Joseph	18	NWSW	1895-08-08		A2
1424	GILES, William F	15	NESW	1884-02-15		A1
1425	" "	15	NWSE	1884-02-15		A1
1427	GILES, William H	15	S½SE	1875-08-20		A2
1281	GIST, James	32	N½SE	1894-09-07		A2
1282	" "	32	S½NE	1894-09-07		A2
1169	GOATS, Asa E	18	N½NW	1910-03-28		A2
1170	" "	7	E½SW	1910-03-28		A2
1200	GOATS, David C	7	NWSW	1909-06-21		A2
1438	GOATS, William M	7	SWSW	1917-05-07		A2
1283	GREER, James	3	NWSW	1919-09-08		A2
1284	" "	4	NESE	1919-09-08		A2
1338	GREER, Joseph G	3	SENE	1918-07-09		A2 F
1339	" "	3	SENW	1918-07-09		A2 F
1340	" "	3	SWNE	1918-07-09		A2
1316	GRISSETTE, John B	32	NESW	1921-06-24		A2
1317	" "	32	SENW	1921-06-24		A2
1163	HARMON, Andrew J	11	N½NE	1910-05-09		A2
1164	" "	2	E½SE	1910-05-09		A2
1256	HARMON, Harvey E	2	NENW	1920-06-03		A2
1257	" "	2	NWNE	1920-06-03		A2
1250	HATCHETT, George W	22	N½SE	1911-06-12		A2
1251	" "	22	SWSE	1911-06-12		A2
1252	" "	23	NWSW	1911-06-12		A2
1286	HATCHETT, James K	13	S½SW	1897-06-14		A2
1287	" "	24	N½NW	1897-06-14		A2
1343	HATCHETT, King	23	NESW	1859-07-01		A1

Family Maps of Van Buren County, Arkansas

ID	Individual in Patent	Sec.	Sec. Part	Date Issued	Other Counties	For More Info...
1359	HATCHETT, Moses S	21	N½SE	1900-11-12		A2
1360	" "	21	SENE	1900-11-12		A2
1361	" "	22	NWSW	1900-11-12		A2
1411	HATCHETT, Willabey H	23	SWNW	1888-05-08		A1
1194	HAYES, Columbus M	14	NWNW	1920-04-02		A2
1195	" "	15	NENE	1920-04-02		A2
1332	HAYES, Joseph A	13	NWSW	1905-06-16		A2
1333	" "	13	SWNW	1905-06-16		A2
1334	" "	14	N½SE	1905-06-16		A2
1374	HAYES, Ransom M	14	S½NW	1892-05-26		A2
1375	" "	14	SWNE	1892-05-26		A2
1376	" "	15	SENE	1892-05-26		A2
1387	HAYES, Rufus L	14	N½NE	1911-07-01		A2
1388	" "	14	NENW	1911-07-01		A2
1389	" "	14	SENE	1911-07-01		A2
1409	HAYES, Thomas W	11	SESE	1920-02-16		A2
1410	" "	12	SWSW	1920-02-16		A2
1176	HOLMES, Benjamin	9	SWNW	1855-03-01		A1
1175	" "	8	E½NE	1856-09-01		A1
1268	HOLMES, Jacob L	5	NESW	1855-03-01		A1
1269	" "	5	SWSW	1855-03-01		A1
1270	" "	6	SESE	1855-03-01		A1
1428	HOWARD, William J	12	NWSE	1922-01-07		A2
1429	" "	12	S½SE	1922-01-07		A2
1177	INGRAM, Benjamin R	5	W½SE	1888-07-23		A2
1415	ISAACS, William C	4	NENW	1905-10-19		A2
1416	" "	4	S½NW	1905-10-19		A2
1417	" "	5	SENE	1905-10-19		A2
1192	JENKINS, Claude	2	SENE	1920-07-28		A2
1193	" "	2	SWNE	1920-07-28		A2
1225	JOHNSON, Enoch A	31	W½NW	1923-02-27		A2
1378	KEELING, Riley B	13	N½NW	1924-10-10		A2
1379	" "	13	NESW	1924-10-10		A2
1380	" "	13	SENW	1924-10-10		A2
1159	KELLEY, Alice E	1	SE	1922-06-23		A2 G48
1189	KENIMER, Claud P	24	NESW	1911-12-11		A2
1190	" "	24	SENW	1911-12-11		A2
1191	" "	24	W½NE	1911-12-11		A2
1319	LOOPER, John	22	NESW	1923-05-08		A2
1320	" "	22	S½NE	1923-05-08		A2
1321	" "	22	SENW	1923-05-08		A2
1198	LOUDERMILK, Daniel G	11	NW	1898-08-27		A2
1304	LOUDERMILK, Joel B	24	N½SWSW	1919-11-26		A2
1372	LOW, Phillip N	12	E½NW	1890-04-16		A2
1373	" "	12	E½SW	1890-04-16		A2
1265	LOWE, Isabel B	12	NESE	1902-10-11		A2
1266	" "	12	SENE	1902-10-11		A2
1267	" "	12	W½NE	1902-10-11		A2
1370	LUNG, Philip M	13	W½NE	1914-01-17		A2
1371	" "	13	W½SE	1914-01-17		A2
1253	MAIN, George W	1	N½NE	1912-11-01		A2
1254	" "	1	SENW	1912-11-01		A2
1255	" "	1	SWNE	1912-11-01		A2
1446	MATHIES, Young H	6	N½NE	1912-06-01		A2
1447	" "	6	N½NW	1912-06-01		A2
1310	MCDONALD, John A	19	SESE	1909-02-01		A2
1311	" "	20	NESW	1909-02-01		A2
1312	" "	20	S½SW	1909-02-01		A2
1209	MCSHERRY, Edward B	23	N½S½SW	1920-09-29		A2
1210	" "	23	S½SWSW	1920-09-29		A2
1211	" "	23	SESESW	1920-09-29		A2
1212	" "	23	SWSESW	1920-09-29		A2
1213	" "	26	E½NENW	1920-09-29		A2
1214	" "	26	W½NENW	1920-09-29		A2
1381	MILLER, Roah	12	N½SWNWSW	1916-10-18		A2
1382	" "	12	NWNWNWSW	1916-10-18		A2
1383	" "	12	S½NWNWSW	1916-10-18		A2
1355	MOODY, Margaret A	18	NESE	1922-07-31		A2
1356	" "	18	S½NESE	1922-07-31		A2
1439	MOODY, William M	18	NWSE	1901-05-08		A2
1440	" "	18	S½SE	1901-05-08		A2
1441	" "	18	SESW	1901-05-08		A2
1171	MURPHY, Asa L	5	NENW	1917-09-06		A2

Township 12-N Range 15-W (5th PM) - Map Group 5

ID	Individual in Patent	Sec.	Sec. Part	Date Issued	Other Counties	For More Info . . .
1172	MURPHY, Asa L (Cont'd)	5	NWNE	1917-09-06		A2
1330	NELDON, Jonnathan F	28	S½SW	1905-12-30		A2
1331	" "	33	E½NW	1905-12-30		A2
1322	NUNLEY, John M	3	NENW	1905-09-21		A2
1323	" "	3	NWNE	1905-09-21		A2
1226	OTT, Everett T	31	E½E½SWSE	1921-06-24		A2
1227	" "	31	E½SENESW	1921-06-24		A2
1228	" "	31	NENESW	1921-06-24		A2
1229	" "	31	NENWSW	1921-06-24		A2
1230	" "	31	S½SENWSE	1921-06-24		A2
1231	" "	31	SWNWSE	1921-06-24		A2
1232	" "	31	W½NESW	1921-06-24		A2
1233	" "	31	W½SENESW	1921-06-24		A2
1260	OWEN, Hopwood D	25	W½NW	1919-11-07		A2
1261	" "	26	E½NE	1919-11-07		A2
1234	PAGE, Floyd H	34	E½NESE	1920-09-17		A2
1235	" "	34	E½NWSE	1920-09-17		A2
1236	" "	34	N½SENE	1920-09-17		A2
1237	" "	34	NENESW	1920-09-17		A2
1238	" "	34	NWNWSE	1920-09-17		A2
1239	" "	34	S½SENE	1920-09-17		A2
1240	" "	34	SENW	1920-09-17		A2
1241	" "	34	W½NESE	1920-09-17		A2
1245	PAGE, Gardner S	32	NENW	1912-03-28		A2
1246	" "	32	NWNE	1912-03-28		A2
1393	PAGE, Seburn	32	NENE	1900-07-12		A2
1394	" "	33	W½NW	1900-07-12		A2
1291	PATTON, James P	24	E½NE	1900-08-21		A2
1392	PATTON, Samuel E	25	E½SW	1913-09-09		A2
1406	PATTON, Thomas H	7	NESE	1912-09-09		A2
1407	" "	8	W½SW	1912-09-09		A2
1346	ROGERS, Lee W	30	NESE	1923-06-21		A2
1347	" "	30	SWNE	1923-06-21		A2
1348	" "	30	W½SE	1923-06-21		A2
1160	RORIE, Anderson H	4	NWSE	1905-09-21		A2
1161	" "	4	SENE	1905-09-21		A2
1162	" "	4	W½NE	1905-09-21		A2
1299	RORIE, James T	5	NENE	1919-09-08		A2
1342	ROSAMAND, Joseph J	33	SE	1897-02-10		A2
1187	ROTEN, Charlie E	10	SESE	1920-04-05		A2
1188	" "	11	SWSW	1920-04-05		A2
1196	ROTEN, Coy C	10	NESE	1920-04-02		A2
1197	" "	11	NWSW	1920-04-02		A2
1318	RUTHERFORD, John B	21	W½NE	1923-05-25		A2
1324	RUTHERFORD, John M	21	S½SE	1905-12-30		A2
1325	" "	21	SESW	1905-12-30		A2
1326	" "	28	NENE	1905-12-30		A2
1442	SHANKS, William	32	SESE	1924-03-22		A2
1443	" "	33	SWSW	1924-03-22		A2
1173	SMITH, Benjamin G	2	NWNW	1905-03-30		A2
1174	" "	3	NENE	1905-03-30		A2
1258	STARCHER, Henry H	10	SWNW	1920-01-20		A2
1259	" "	10	W½SW	1920-01-20		A2
1215	TESTER, Edwin R	8	NW	1922-02-18		A2
1305	TESTER, Joel H	9	NESE	1911-04-05		A2
1306	" "	9	SESW	1911-04-05		A2
1307	" "	9	W½SE	1911-04-05		A2
1313	TESTER, John A	2	NWSW	1912-05-20		A2
1314	" "	3	N½SE	1912-05-20		A2
1315	" "	3	SWSE	1912-05-20		A2
1335	TESTER, Joseph F	30	E½SW	1912-09-09		A2
1336	" "	30	SENW	1912-09-09		A2
1337	" "	31	NENW	1912-09-09		A2
1358	TESTER, Monroe C	9	SESE	1920-06-14		A2
1159	THOMASON, Alice E	1	SE	1922-06-23		A2 G48
1219	WADDLE, Elmer J	19	SESW	1919-09-08		A2
1220	" "	19	SWSE	1919-09-08		A2
1221	" "	30	NWNE	1919-09-08		A2
1292	WALLACE, James R	26	SWSW	1909-01-14		A1
1293	" "	27	S½SE	1909-01-14		A1
1294	" "	27	SESW	1909-01-14		A1
1395	WARD, Solomon	34	W½NESW	1922-12-07		A2
1396	" "	34	W½SW	1922-12-07		A2

Family Maps of Van Buren County, Arkansas

ID	Individual in Patent	Sec.	Sec. Part	Date Issued	Other Counties	For More Info . . .
1384	WATSON, Rolla	35	N½NW	1921-10-21		A2
1385	" "	35	NESW	1921-10-21		A2
1386	" "	35	SENW	1921-10-21		A2
1247	WILL, George B M	28	NWNW	1924-01-05		A2
1248	" "	29	E½NE	1924-01-05		A2
1249	" "	29	NESE	1924-01-05		A2
1201	WILLIAMS, David C	19	SWSW	1923-10-22		A2
1202	" "	30	NENW	1923-10-22		A2
1203	" "	30	NWNW	1923-10-22		A2
1204	" "	30	SWNW	1923-10-22		A2
1244	WILLIAMS, Fred S	28	W½SE	1912-11-04		A2
1430	WILLIAMS, William J	27	NWSW	1906-09-19		A2 C R1431
1432	" "	27	SWNW	1906-09-19		A2 C R1433
1434	" "	28	NESE	1906-09-19		A2 C R1435
1437	" "	28	SESE	1906-09-19		A2 C R1275
1431	" "	27	NWSW	1910-11-28		A2 R1430
1433	" "	27	SWNW	1910-11-28		A2 R1432
1435	" "	28	NESE	1910-11-28		A2 R1434
1436	" "	28	SENE	1910-11-28		A2
1242	WILLIS, Fred A	32	SESW	1919-09-27		A2
1243	" "	32	SWSE	1919-09-27		A2
1327	WILLOUGHBY, John M	13	E½NE	1919-09-27		A2
1165	YATES, Andrew J	22	S½SW	1922-12-26		A2
1184	YOUNCE, Charles E	4	S½SW	1912-05-20		A2
1185	" "	4	SWSE	1912-05-20		A2
1186	" "	9	NENW	1912-05-20		A2
1397	YOUNCE, Solomon	3	SWNW	1914-01-10		A2
1398	" "	4	NENE	1914-01-10		A2

Family Maps of Van Buren County, Arkansas

Patent Map

T12-N R15-W
5th PM Meridian

Map Group 5

Township Statistics

Parcels Mapped	:	292
Number of Patents	:	140
Number of Individuals	:	135
Patentees Identified	:	134
Number of Surnames	:	87
Multi-Patentee Parcels	:	1
Oldest Patent Date	:	3/1/1855
Most Recent Patent	:	10/10/1924
Block/Lot Parcels	:	0
Parcels Re-Issued	:	4
Parcels that Overlap	:	0
Cities and Towns	:	0
Cemeteries	:	2

Township 12-N Range 15-W (5th PM) - Map Group 5

Section 1
- MAIN George W 1912
- MAIN George W 1912
- MAIN George W 1912
- KELLEY [48] Alice E 1922

Section 2
- SMITH Benjamin G 1905
- HARMON Harvey E 1920
- HARMON Harvey E 1920
- JENKINS Claude 1920
- JENKINS Claude 1920
- EVANS Susie 1908
- EVANS James S 1901
- EVANS James S 1901
- HARMON Andrew J 1910

Section 3
- COUCH Albert B 1902
- NUNLEY John M 1905
- NUNLEY John M 1905
- SMITH Benjamin G 1905
- YOUNCE Solomon 1914
- GREER Joseph G 1918
- GREER Joseph G 1918
- GREER Joseph G 1918
- GREER James 1919
- TESTER John A 1912
- COOPER Tennessee B 1906
- TESTER John A 1912

Section 10
- COOPER Tennessee B 1906
- CURTIS Benton T 1922
- STARCHER Henry H 1920
- STARCHER Henry H 1920
- CHRISTIAN James H 1912
- CURTIS Benton T 1922

Section 11
- LOUDERMILK Daniel G 1898
- HARMON Andrew J 1910
- EATON Isaac N 1906
- ROTEN Coy C 1920
- COUCH Joel M 1892
- EATON Isaac N 1906
- ROTEN Charlie E 1920
- COUCH Joel M 1892

Section 12
- LOW Phillip N 1890
- EATON Isaac N 1906
- LOWE Isabel B 1902
- BENTLEY Thomas J 1904
- LOWE Isabel B 1902
- MILLER Roah 1916
- HOWARD William J 1922
- LOWE Isabel B 1902
- HAYES Thomas W 1920
- LOW Phillip N 1890
- HOWARD William J 1922

Section 13
- KEELING Riley B 1924
- LUNG Phillip M 1914
- HAYES Joseph A 1905
- KEELING Riley B 1924
- WILLOUGHBY John M 1919
- HAYES Joseph A 1905
- KEELING Riley B 1924
- LUNG Phillip M 1914

Section 14
- HAYES Rufus L 1911
- HAYES Rufus L 1911
- HAYES Ransom M 1892
- HAYES Rufus L 1911
- HAYES Joseph A 1905
- AVEY William A 1924
- HATCHETT James K 1897

Section 15
- DENTON Nancy J 1919
- HAYES Columbus M 1920
- HAYES Columbus M 1920
- DENTON Nancy J 1919
- HAYES Ransom M 1892
- HAYES Ransom M 1892
- GILES William F 1884
- GILES William F 1884
- GILES William H 1875

Section 22
- CASH James M 1922
- CASH James M 1922
- LOOPER John 1923
- LOOPER John 1923
- HATCHETT Moses S 1900
- LOOPER John 1923
- HATCHETT George W 1911
- YATES Andrew J 1922
- HATCHETT George W 1911

Section 23
- COOK Nancy M F 1922
- HATCHETT Willabey H 1888
- BOYCE William A 1855
- BOYCE William A 1855
- HATCHETT George W 1911
- HATCHETT King 1859
- MCSHERRY Edward B 1920
- MCSHERRY Edward B 1920
- COOK James C 1881

Section 24
- HATCHETT James K 1897
- KENIMER Claud P 1911
- DENNY James 1891
- KENIMER Claud P 1911
- PATTON James P 1900
- KENIMER Claud P 1911
- LOUDERMILK Joel B 1919

Section 25
- OWEN Hopwood D 1919
- OWEN Hopwood D 1919
- PATTON Samuel E 1913
- DENTON Absalom 1855

Section 26
- MCSHERRY Edward B 1920
- MCSHERRY Edward B 1920
- CALLEN Anson W 1911
- CALLEN Anson W 1911
- WALLACE James R 1909
- CALLEN Anson W 1911

Section 27
- WILLIAMS William J 1906
- WILLIAMS William J 1910
- CANADAY Elihu 1922
- FILES David A 1909
- WILLIAMS William J 1906
- WILLIAMS William J 1910
- CANADAY Elihu 1922
- DENNEY James 1905
- WALLACE James R 1909
- WALLACE James R 1909

Section 34
- DENNEY James 1905
- PAGE Floyd H 1920
- PAGE Floyd H 1920
- PAGE Floyd H 1920
- WARD Solomon 1922
- PAGE Floyd H 1920
- WARD Solomon 1922
- PAGE Floyd H 1920
- PAGE Floyd H 1920

Section 35
- WATSON Rolla 1921
- DENNEY James T 1920
- WATSON Rolla 1921
- DENNEY James T 1920
- WATSON Rolla 1921

Section 36
- CARTER Lewis L 1908

Helpful Hints

1. This Map's INDEX can be found on the preceding pages.
2. Refer to Map "C" to see where this Township lies within Van Buren County, Arkansas.
3. Numbers within square brackets [ ] denote a multi-patentee land parcel (multi-owner). Refer to Appendix "C" for a full list of members in this group.
4. Areas that look to be crowded with Patentees usually indicate multiple sales of the same parcel (Re-issues) or Overlapping parcels. See this Township's Index for an explanation of these and other circumstances that might explain "odd" groupings of Patentees on this map.

Copyright 2006 Boyd IT, Inc. All Rights Reserved

Legend

- ——— Patent Boundary
- ▬▬▬ Section Boundary
- No Patents Found (or Outside County)
- 1., 2., 3., ... Lot Numbers (when beside a name)
- [ ] Group Number (see Appendix "C")

Scale: Section = 1 mile X 1 mile (generally, with some exceptions)

Family Maps of Van Buren County, Arkansas

Road Map
T12-N R15-W
5th PM Meridian
Map Group 5

Cities & Towns
None

Cemeteries
Arnhart Cemetery
Woolum Cemetery

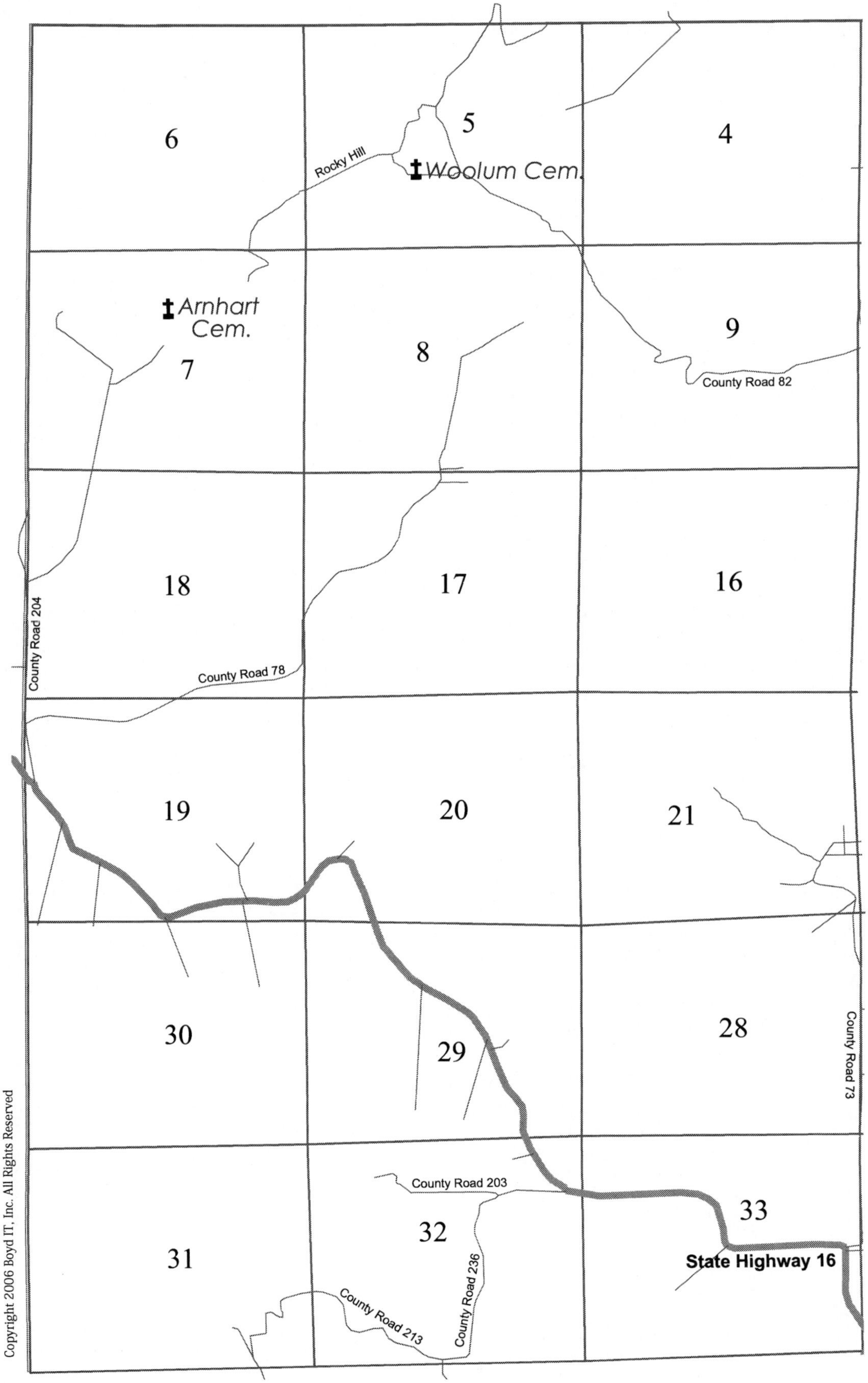

Township 12-N Range 15-W (5th PM) - Map Group 5

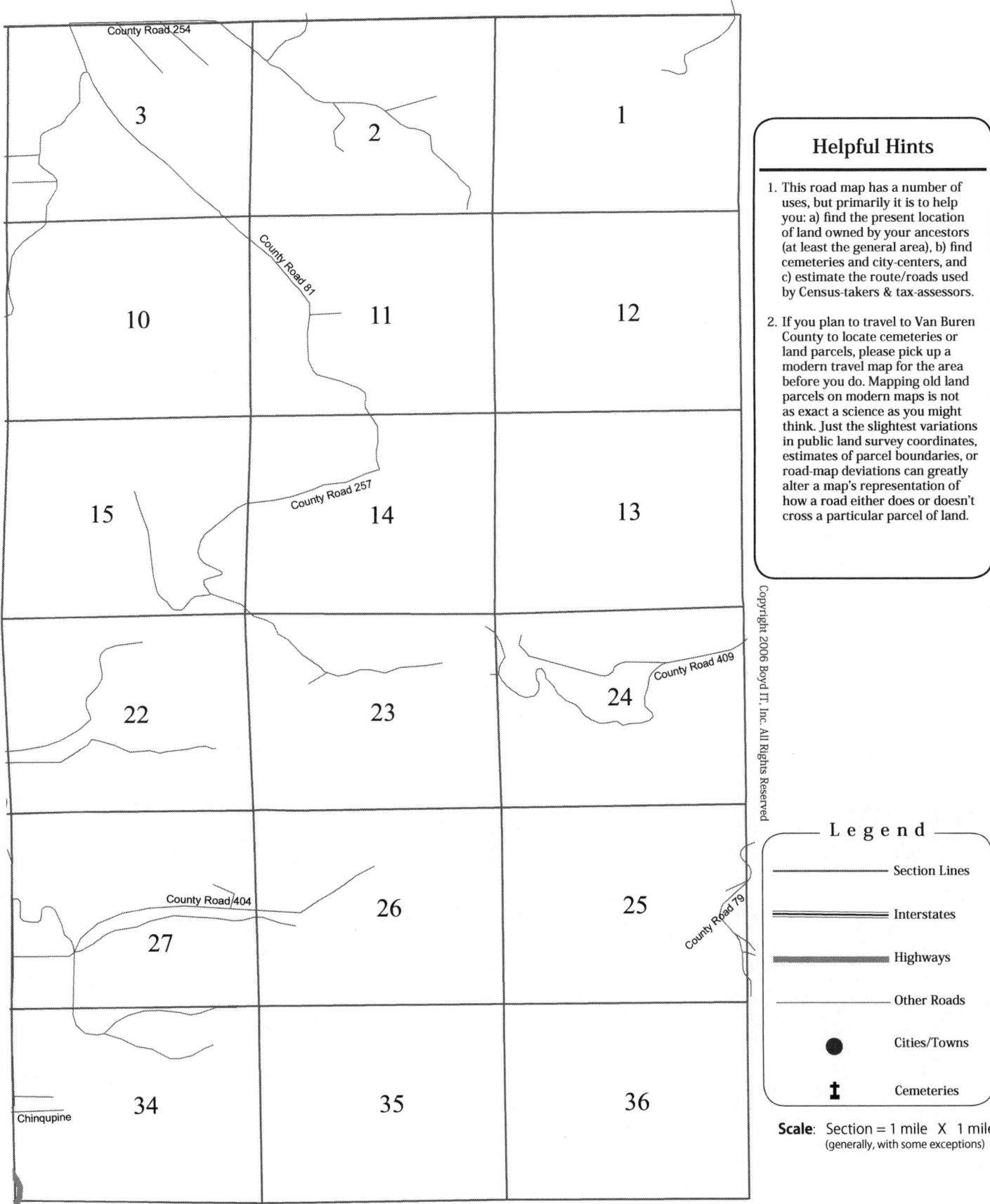

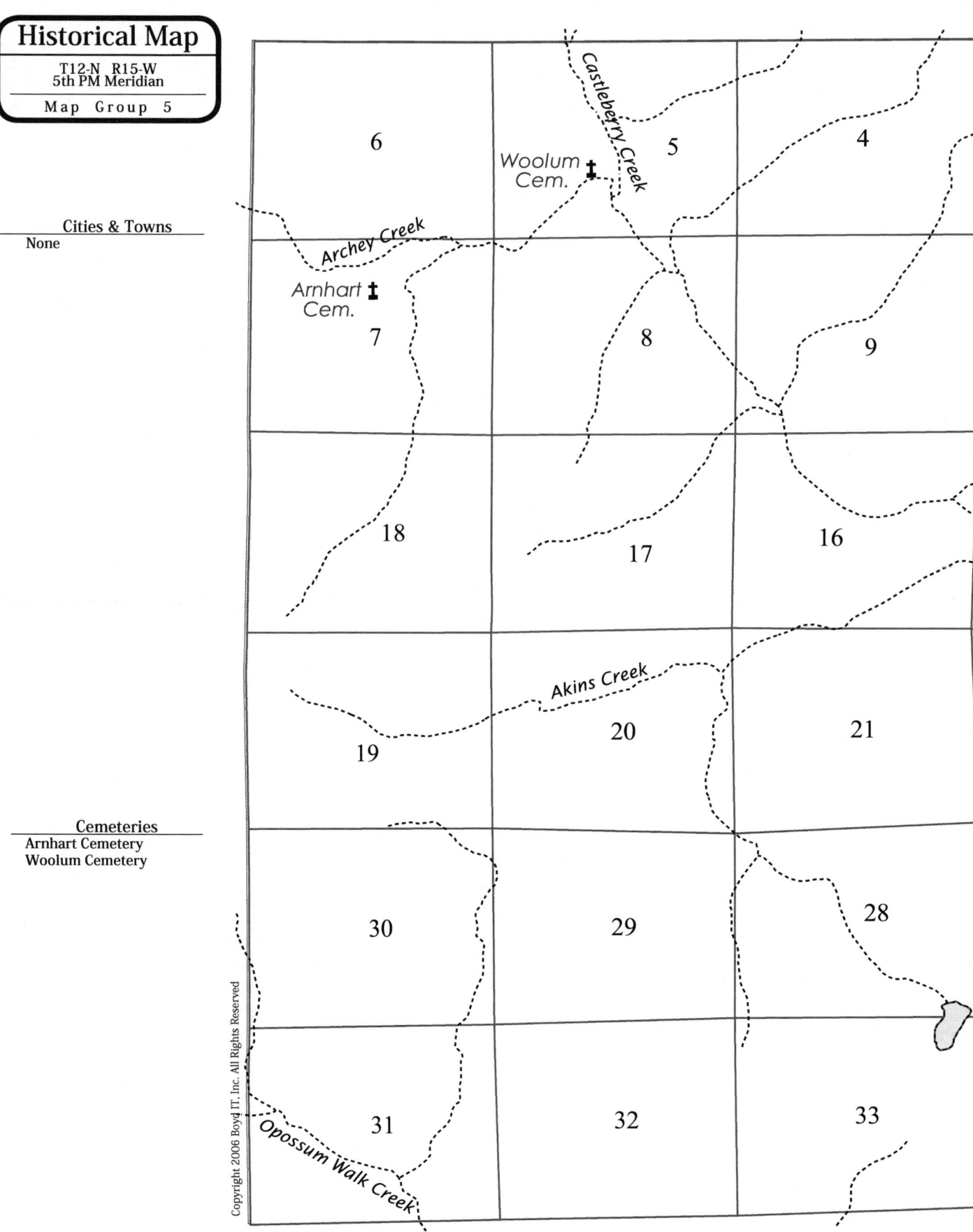

Township 12-N Range 15-W (5th PM) - Map Group 5

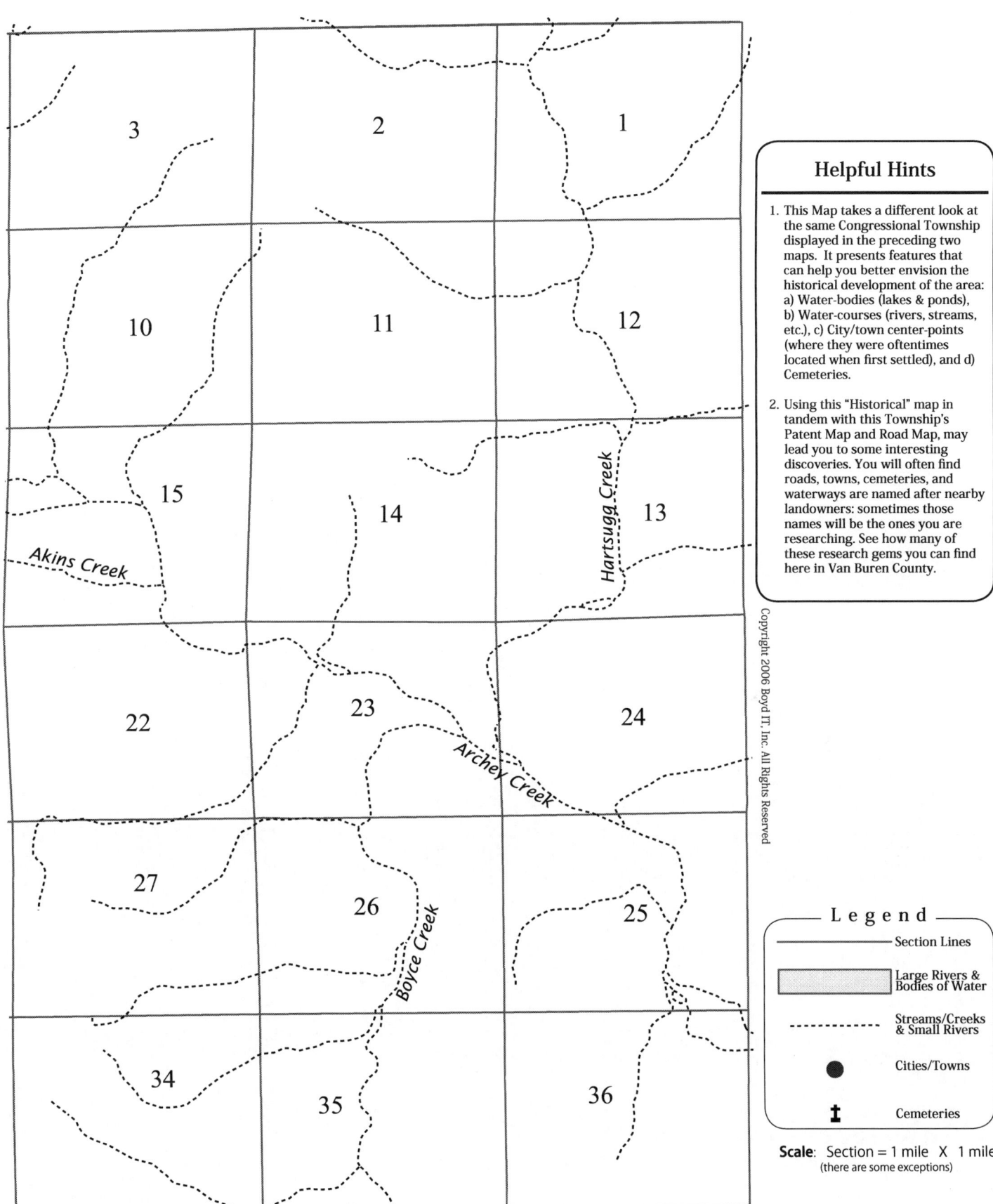

Map Group 6: Index to Land Patents
Township 12-North Range 14-West (5th PM)

After you locate an individual in this Index, take note of the Section and Section Part then proceed to the Land Patent map on the pages immediately following. You should have no difficulty locating the corresponding parcel of land.

The "For More Info" Column will lead you to more information about the underlying Patents. See the *Legend* at right, and the "How to Use this Book" chapter, for more information.

LEGEND
"For More Info . . . " column

- **A** = Authority (Legislative Act, See Appendix "A")
- **B** = Block or Lot (location in Section unknown)
- **C** = Cancelled Patent
- **F** = Fractional Section
- **G** = Group (Multi-Patentee Patent, see Appendix "C")
- **V** = Overlaps another Parcel
- **R** = Re-Issued (Parcel patented more than once)

(A & G items require you to look in the Appendixes referred to above. All other Letter-designations followed by a number require you to locate line-items in this index that possess the ID number found after the letter).

ID	Individual in Patent	Sec.	Sec. Part	Date Issued	Other Counties	For More Info . . .
1709	AXTELL, Richard D	18	S½SW	1922-01-07		A2
1596	BAIRD, James N	1	N½SW	1904-11-15		A2
1597	"	1	S½NW	1904-11-15		A2
1471	BARNETT, Charles R	33	N½NE	1920-05-27		A2
1546	BEAVERS, Henry E	22	SW	1909-05-27		A2
1600	BEAVERS, James W	27	SWNW	1904-08-26		A2
1601	"	28	E½SE	1904-08-26		A2
1602	"	28	SENE	1904-08-26		A2
1612	BEAVERS, Jesse M	27	N½NW	1894-09-07		A2
1613	"	27	W½NE	1894-09-07		A2
1714	BELL, Ruthy	20	N½SW	1905-06-16		A2
1715	"	20	W½NW	1905-06-16		A2
1482	BENTLEY, Cornealious F	7	SENW	1904-11-01		A2 G6
1483	"	7	SWNE	1904-11-01		A2 G6
1484	BENTLEY, Cornelius H	6	NESW	1907-04-10		A2
1485	"	6	NWSE	1907-04-10		A2
1486	"	6	S½SE	1907-04-10		A2
1590	BENTLEY, James H	6	SESE	1920-04-21		A2
1482	BENTLEY, Margaret E	7	SENW	1904-11-01		A2 G6
1483	"	7	SWNE	1904-11-01		A2 G6
1678	BENTLEY, Margarette E	7	E½NE	1914-07-28		A2
1732	BENTLEY, Thomas J	7	NWNW	1904-12-21		A2
1730	"	6	SWSW	1906-09-14		A2
1731	"	7	NENW	1906-09-14		A2
1753	BIGELOW, William H	34	E½SE	1921-12-20		A2
1754	"	34	SENE	1921-12-20		A2
1755	"	35	NWSW	1921-12-20		A2
1737	BINGHAM, Walter N	19	S½NW	1909-01-25		A1
1738	"	19	W½SW	1909-01-25		A1
1514	BINGLE, Eugene	31	N½SW	1908-07-16		A1
1515	"	31	SESW	1908-07-16		A1
1516	"	31	SWSE	1908-07-16		A1
1513	BINTLIFF, Erwin A	5	N½NE	1920-01-20		A2
1464	BLAIR, Antoinette	4	NESW	1905-11-14		A2
1465	"	4	S½NW	1905-11-14		A2
1466	"	5	SENE	1905-11-14		A2
1519	BLAIR, Freddie R	10	SENE	1920-07-28		A2
1617	BLANTON, John B	26	NESW	1904-08-26		A2
1618	"	26	NWSE	1904-08-26		A2
1619	"	26	W½SW	1904-08-26		A2
1459	BONDS, Andrew J	14	E½NW	1876-04-10		A2
1599	BONDS, James R	11	S½SW	1918-08-06		A2
1713	BONDS, Roey J	36	SENE	1920-08-10		A2
1724	BONDS, Stephen S	25	NESW	1921-07-08		A1
1701	BRADFORD, Nick D	2	E½SW	1911-11-09		A1
1702	"	2	NWSE	1911-11-09		A1

Township 12-N Range 14-W (5th PM) - Map Group 6

ID	Individual in Patent	Sec.	Sec. Part	Date Issued	Other Counties	For More Info...
1703	BRADFORD, Nick D (Cont'd)	2	SENW	1911-11-09		A1
1555	BRICKEY, Ira C	8	NESE	1903-08-25		A2
1556	" "	8	SENE	1903-08-25		A2
1557	" "	9	NWSW	1903-08-25		A2
1558	" "	9	SWNW	1903-08-25		A2
1524	BROWN, George	27	SENE	1860-05-01		A1
1523	" "	27	NESE	1861-08-01		A1
1734	CASEY, Walter	17	E½SW	1919-12-13		A2
1735	" "	17	SWSE	1919-12-13		A2
1736	" "	20	NWNE	1919-12-13		A2
1534	COLLINS, George P	17	W½SW	1908-12-03		A2
1535	" "	18	E½SE	1908-12-03		A2
1609	COLLINS, Jesse B	18	NESW	1923-12-28		A2
1610	" "	18	NWSE	1923-12-28		A2
1611	" "	18	SWNE	1923-12-28		A2
1706	COLLINS, Rhoda A	33	SENW	1890-05-31		A2
1707	" "	33	SWNE	1890-05-31		A2
1708	" "	33	W½SE	1890-05-31		A2
1469	CURRENT, Charles	13	S½SE	1900-08-21		A2
1503	DAVIS, Edward A	14	NWSW	1908-07-09		A1
1504	" "	14	W½NW	1908-07-09		A1
1505	" "	15	NESE	1908-07-09		A1
1728	DAVIS, Thomas C	15	NWSW	1908-07-09		A1
1729	" "	15	W½NW	1908-07-09		A1
1776	DAVIS, William T	17	N½N½	1908-10-22		A1
1508	ENGLAND, Emet M	15	E½NW	1915-03-29		A2
1509	" "	15	NWSE	1915-03-29		A2
1510	" "	15	SWNE	1915-03-29		A2
1661	ENGLAND, Joseph A	10	SESW	1921-03-18		A2
1662	" "	10	SWSE	1921-03-18		A2
1648	FERRELL, John W	33	NESW	1910-05-09		A2
1649	" "	33	W½SW	1910-05-09		A2
1644	FRENCH, John T	9	NESW	1906-06-26		A2
1645	" "	9	NWSE	1906-06-26		A2
1646	" "	9	SENW	1906-06-26		A2
1647	" "	9	SWNE	1906-06-26		A2
1533	GALLOWAY, George M	1	E½SE	1905-02-13		A2
1547	GANES, Henry	35	NENW	1901-11-16		A2
1548	" "	35	NWSE	1901-11-16		A2
1549	" "	35	W½NE	1901-11-16		A2
1695	GILDERSLEVE, Mcginnis	10	S½NW	1910-09-29		A2
1696	" "	10	SWNE	1910-09-29		A2
1697	" "	9	SENE	1910-09-29		A2
1752	GROVE, William F	6	E½NW	1920-02-16		A2
1632	HARNESS, John	12	N½SE	1904-05-05		A2 G38
1632	HARNESS, Susan	12	N½SE	1904-05-05		A2 G38
1499	HARRINGTON, Drewry	28	SESW	1860-05-01		A1
1500	" "	31	NESE	1860-10-01		A1
1624	HARRINGTON, John F	31	S½NE	1877-05-15		A2
1625	" "	32	NWSW	1877-05-15		A2
1626	" "	32	SWNW	1877-05-15		A2
1756	HARRINGTON, William	33	SWNW	1860-10-01		A1
1480	HATCHETT, Columbus C	17	S½NE	1908-10-19		A1
1481	" "	17	S½NW	1908-10-19		A1
1686	HATCHETT, Mary	5	S½SW	1910-03-14		A1
1687	" "	8	N½NW	1910-03-14		A1
1633	HENDERSON, John M	13	NWSE	1889-01-26		A2
1634	" "	13	SWNE	1889-01-26		A2
1592	HENRY, James	27	W½SW	1911-09-14		A2
1517	HENSLEY, Francis M	6	NWSW	1911-05-08		A2
1518	" "	6	W½NW	1911-05-08		A2
1682	HOLLEY, Martin B	13	N½NE	1903-10-26		A2
1683	" "	13	NESE	1903-10-26		A2
1684	" "	13	SENE	1903-10-26		A2
1733	HOLLEY, Thomas P	24	SESE	1904-05-05		A2
1739	HOLLEY, William A	12	NENE	1912-09-09		A2
1746	HOLLEY, William B	34	SWSW	1911-04-05		A2
1744	" "	34	NENW	1923-11-10		A2
1745	" "	34	NWNE	1923-11-10		A2
1760	HOLLEY, William M	24	E½NE	1876-12-30		A2
1761	" "	24	N½SE	1876-12-30		A2
1453	HOLLY, Absalom	13	SENW	1861-01-01		A1
1627	HOLLY, John F	34	SENW	1923-09-28		A2

ID	Individual in Patent	Sec.	Sec. Part	Date Issued	Other Counties	For More Info . . .
1628	HOLLY, John F (Cont'd)	34	SWNE	1923-09-28		A2
1722	HORTON, Samuel W	22	NENE	1910-11-01		A1
1723	" "	23	NWNW	1910-11-01		A1
1757	HOWARD, William J	7	SWSW	1922-01-07		A2
1472	HUIE, Charles W	22	SESE	1882-06-30		A2
1473	" "	23	S½SW	1882-06-30		A2
1474	" "	23	SWSE	1882-06-30		A2
1475	" "	24	SWSE	1917-01-18		A2
1476	" "	25	E½NE	1917-01-18		A2
1477	" "	25	NWNE	1917-01-18		A2
1593	HUIE, James	13	E½SW	1908-08-17		A2
1594	" "	13	W½SW	1908-08-17		A2
1620	HUIE, John D	22	SENE	1910-03-10		A2
1621	" "	23	NESW	1910-03-10		A2
1622	" "	23	S½NW	1910-03-10		A2
1663	HUIE, Joseph E	22	NENW	1905-06-16		A2
1664	" "	22	NWNE	1905-06-16		A2
1688	HUIE, Mary L	25	SESW	1904-10-27		A2 G43
1689	" "	25	SWSE	1904-10-27		A2 G43
1487	HUNNICUTT, Cornelius W	5	S½SE	1901-01-23		A2
1488	" "	8	W½NE	1901-01-23		A2
1511	HUNNICUTT, Emily J	8	NENE	1911-06-12		A2
1512	" "	9	NWNW	1911-06-12		A2
1658	HUNTER, Jordan H	17	SESE	1900-08-21		A2
1659	" "	20	E½NE	1900-08-21		A2
1660	" "	21	NWNW	1900-08-21		A2
1478	ISOM, Charles W	34	SESW	1920-05-20		A2
1479	" "	34	W½SE	1920-05-20		A2
1528	ISOM, George D	30	E½NW	1910-11-03		A2
1529	" "	30	NWNW	1910-11-03		A2
1527	" "	17	NWSE	1922-06-23		A2
1530	ISOM, George E	28	NWSW	1906-03-12		A2
1531	" "	28	SWNW	1906-03-12		A2
1532	" "	29	E½NE	1906-03-12		A2
1587	ISOM, James D	33	E½SE	1905-04-18		A2
1588	" "	34	N½SW	1905-04-18		A2
1690	ISOM, Mary L	29	NESW	1908-10-15		A2
1691	" "	29	SENW	1908-10-15		A2
1692	" "	29	W½NE	1908-10-15		A2
1747	ISOM, William B	29	SWNW	1908-07-27		A2
1748	" "	30	SENE	1908-07-27		A2
1749	" "	30	W½NE	1908-07-27		A2
1563	JOHNSON, Jacob A	26	N½NE	1905-04-18		A2
1564	" "	26	SENE	1905-04-18		A2
1560	KEELING, Isaac N	10	N½SW	1923-04-05		A2
1561	" "	10	NWSE	1923-04-05		A2
1562	" "	9	NESE	1923-04-05		A2
1710	KEELING, Robert J	8	E½SW	1924-05-08		A2
1711	" "	8	SENW	1924-05-08		A2
1552	KENNEDY, Homer F	5	N½NW	1921-06-24		A2
1553	" "	6	1	1921-06-24		A2
1490	KIRKENDALL, Daniel W	32	N½NE	1903-07-01		A2
1491	" "	32	NWSE	1903-07-01		A2
1492	" "	32	SWNE	1903-07-01		A2
1671	KIRKINDALL, Karry M	32	E½SW	1910-06-23		A1
1672	" "	32	SENW	1910-06-23		A1
1539	KNARD, Harry L	15	E½SW	1910-09-19		A1
1540	" "	15	SWSE	1910-09-19		A1
1541	" "	15	SWSW	1910-09-19		A1
1572	LEDBETTER, James B	20	E½SWSE	1917-03-02		A2
1573	" "	20	E½SWSESE	1917-03-02		A2
1574	" "	20	E½SWSWSE	1917-03-02		A2
1575	" "	20	N½NWSE	1917-03-02		A2
1576	" "	20	N½S½NWSE	1917-03-02		A2
1577	" "	20	N½SWNESE	1917-03-02		A2
1578	" "	20	NWNESE	1917-03-02		A2
1579	" "	20	NWSESE	1917-03-02		A2
1580	" "	20	NWSWSE	1917-03-02		A2
1581	" "	20	S½SENWSE	1917-03-02		A2
1582	" "	20	S½SWNESE	1917-03-02		A2
1583	" "	20	S½SWNWSE	1917-03-02		A2
1584	" "	20	W½SWSESE	1917-03-02		A2
1585	" "	20	W½SWSWSE	1917-03-02		A2

Township 12-N Range 14-W (5th PM) - Map Group 6

ID	Individual in Patent	Sec.	Sec. Part	Date Issued	Other Counties	For More Info . . .
1685	LEDBETTER, Martin L	20	NENW	1924-02-28		A2
1693	LEONARD, Mattie	21	N½SE	1908-09-21		A1
1694	" "	21	S½NE	1908-09-21		A1
1750	LEONARD, William C	26	N½NW	1908-07-09		A1
1751	" "	27	NENE	1908-07-09		A1
1595	LINDSEY, James	25	W½SW	1904-01-27		A2
1520	LOHSE, George A	36	E½SWSE	1924-05-08		A2
1521	" "	36	SWNESE	1924-05-08		A2
1522	" "	36	SWSWSE	1924-05-08		A2
1494	LOVELL, David L	14	S½SW	1904-07-15		A2
1495	" "	15	SESE	1904-07-15		A2
1496	" "	23	NENW	1904-07-15		A2
1643	LOVELL, John S	33	N½NW	1924-10-03		A2
1673	LOVELL, Lafayette	36	E½SW	1882-06-30		A2
1674	" "	36	SENW	1882-06-30		A2
1766	LOVELL, William R	36	N½NESE	1923-04-09		A2
1767	" "	36	NWSE	1923-04-09		A2
1768	" "	36	NWSWSE	1923-04-09		A2
1769	" "	36	SENESE	1923-04-09		A2
1770	" "	36	SWNE	1923-04-09		A2
1506	MCCALOUM, Elizabeth	20	SENW	1911-04-20		A2 G51
1507	" "	20	SWNE	1911-04-20		A2 G51
1506	MCCALOUM, Fad	20	SENW	1911-04-20		A2 G51
1507	" "	20	SWNE	1911-04-20		A2 G51
1764	MCCOLLOM, William	4	N½NE	1906-03-12		A2
1765	" "	4	N½NW	1906-03-12		A2
1675	MCDONALD, Leah I	22	NWSE	1908-07-09		A1
1676	" "	22	S½NW	1908-07-09		A1
1677	" "	22	SWNE	1908-07-09		A1
1777	MCKENZIE, William T	36	SESE	1920-07-28		A2
1489	MCNEELEY, Cornelius W	21	S½SW	1912-06-20		A2
1501	MCNEELY, Earl	35	E½SE	1906-02-28		A2
1502	" "	35	SWSE	1906-02-28		A2
1543	MOORE, Henry B	2	NESE	1913-02-08		A2
1544	" "	2	S½SE	1913-02-08		A2
1545	" "	2	SENE	1913-02-08		A2
1638	MURPHY, John	2	NENW	1904-07-15		A2
1639	" "	2	W½NE	1904-07-15		A2
1554	NICHOLS, Horace	33	SESW	1920-04-02		A2
1470	NORMAN, Charles G	25	SWNE	1919-09-26		A2
1606	NORMAN, Jasper	4	S½SW	1910-02-01		A2
1607	" "	4	SWSE	1910-02-01		A2
1608	" "	9	NENW	1910-02-01		A2
1467	PATTON, Charles A	29	W½SW	1920-07-22		A2
1468	" "	32	N½NW	1920-07-22		A2
1525	PATTON, George C	30	NESW	1913-05-08		A2
1526	" "	30	NWSE	1913-05-08		A2
1598	PATTON, James P	19	NWNW	1900-08-21		A2
1629	PATTON, John H	30	SESW	1885-05-04		A2
1630	" "	30	SWSE	1885-05-04		A2
1631	" "	31	NWNE	1885-05-04		A2
1679	PATTON, Marshall E	18	SWSE	1908-12-03		A2
1680	" "	19	N½NE	1908-12-03		A2
1681	" "	19	NENW	1908-12-03		A2
1716	PATTON, Samuel C	30	SWSW	1882-06-30		A2 F
1717	" "	31	NWNW	1882-06-30		A2 F
1718	PATTON, Samuel K	19	E½SW	1909-01-14		A1
1719	" "	19	W½SE	1909-01-14		A1
1725	PATTON, Susan C E	31	NENW	1917-03-26		A2
1741	PATTON, William A	31	NWSE	1920-04-12		A1
1740	" "	31	NENE	1920-06-14		A2
1742	" "	31	S½NW	1920-06-14		A2
1726	PAXSON, Sylvanus F	7	N½SE	1923-02-27		A2
1727	" "	8	W½SW	1923-02-27		A2
1762	PEEL, William M	31	SESE	1908-07-16		A1
1763	" "	32	SWSW	1908-07-16		A1
1457	PERKINS, Alice	21	N½SW	1903-07-01		A2 G58
1458	" "	21	S½NW	1903-07-01		A2 G58
1457	PERKINS, Green	21	N½SW	1903-07-01		A2 G58
1458	" "	21	S½NW	1903-07-01		A2 G58
1454	PIERCE, Albert L	1	SWSE	1906-04-14		A2
1455	" "	12	SENE	1906-04-14		A2
1456	" "	12	W½NE	1906-04-14		A2

Family Maps of Van Buren County, Arkansas

ID	Individual in Patent	Sec.	Sec. Part	Date Issued	Other Counties	For More Info . . .
1559	PIERCE, Isaac J	11	NENE	1914-12-17		A2
1615	PIERCE, John A	11	S½SE	1909-02-01		A2
1616	" "	14	NENE	1909-02-01		A2
1614	" "	11	NWSE	1915-09-09		A2
1743	PIERCE, William A	11	S½NE	1909-02-01		A2
1771	PIERCE, William R	1	S½SW	1901-01-23		A2
1772	" "	12	W½NW	1901-01-23		A2
1704	PRIOR, Orange	21	S½SE	1903-07-21		A2
1705	" "	28	N½NE	1903-07-21		A2
1589	RAINBOLT, James F	3	SW	1910-04-11		A2
1542	REEVES, Henry A	11	NWNE	1923-11-10		A2
1669	REEVES, Joshua	1	N½NW	1903-07-01		A2
1670	" "	1	NWNE	1903-07-01		A2
1550	REID, Henry T	36	NWSW	1860-05-01		A1
1551	" "	36	SWNW	1860-05-01		A1
1536	RENEAU, George W	10	SWSW	1913-04-15		A2
1537	" "	9	S½SE	1913-04-15		A2
1538	" "	9	SESW	1913-04-15		A2
1641	RIDINGS, John R	4	NWSW	1898-05-23		A2
1642	" "	5	NESE	1898-05-23		A2
1640	" "	3	N½NE	1906-06-26		A2
1778	ROBERTS, William T	18	N½NENW	1920-01-16		A2
1781	" "	7	E½SW	1920-01-16		A2
1779	" "	18	S½NENW	1921-01-26		A2
1780	" "	18	SENW	1921-01-26		A2
1775	ROW, William R	2	W½W½	1901-11-16		A2
1773	" "	11	N½SW	1908-07-09		A1
1774	" "	11	W½NW	1908-07-09		A1
1650	RUMLEY, John W	36	NWNW	1899-08-14		A2
1688	RUMLEY, Mary L	25	SESW	1904-10-27		A2 G43
1689	" "	25	SWSE	1904-10-27		A2 G43
1651	SHELTON, John W	1	E½NE	1890-03-13		A2
1652	" "	1	NWSE	1890-03-13		A2
1653	" "	1	SWNE	1890-03-13		A2
1654	SIMMONS, John W	23	SESE	1923-07-12		A2
1448	STARNES, Aaron P	30	NWSW	1896-06-26		A2
1460	TARKINGTON, Andrew J	25	E½SE	1896-06-01		A2
1461	" "	25	NWSE	1896-06-01		A2
1462	TIPTON, Andrew J	4	N½SE	1903-07-01		A2
1463	" "	4	S½NE	1903-07-01		A2
1667	TIPTON, Joseph L	7	NWSW	1910-03-28		A2
1668	" "	7	SWNW	1910-03-28		A2
1665	" "	5	NWSW	1919-09-27		A2
1666	" "	6	NESE	1919-09-27		A2
1712	TIPTON, Robert L	3	N½NW	1910-11-21		A1
1758	TIPTON, William J	4	SESE	1922-01-07		A2
1759	" "	9	N½NE	1922-01-07		A2
1635	TREECE, John M	12	E½NW	1901-01-23		A2
1636	" "	12	N½SW	1901-01-23		A2
1720	TUMBLESTON, Samuel L	26	SESW	1882-11-10		A2
1721	" "	26	SWSE	1882-11-10		A2
1497	WALKER, Divised W	20	S½SW	1903-04-08		A2
1498	" "	29	N½NW	1903-04-08		A2
1449	WASHINGTON, Aaron W	27	SESE	1903-04-08		A2
1450	" "	27	W½SE	1903-04-08		A2
1451	" "	34	NENE	1903-04-08		A2
1591	WEST, James H	2	NENE	1915-07-13		A1
1565	WHILLOCK, Jake S	5	NESW	1909-06-21		A2
1566	" "	5	NWSE	1909-06-21		A2
1567	" "	5	SENW	1909-06-21		A2
1568	" "	5	SWNE	1909-06-21		A2
1569	WHILLOCK, James A	3	NWSE	1908-12-21		A2
1570	" "	3	S½NW	1908-12-21		A2
1571	" "	3	SWNE	1908-12-21		A2
1655	WHILLOCK, John W	3	NESE	1910-09-22		A2
1656	" "	3	S½SE	1910-09-22		A2
1657	" "	3	SENE	1910-09-22		A2
1586	WHITE, James B	12	S½S½	1901-11-16		A2
1452	WILLIAMS, Aaron	18	SENE	1908-12-03		A2
1493	WILLIAMS, Daniel	24	W½SW	1896-05-25		A2
1698	WILLIAMS, Montford E	21	N½NE	1908-09-21		A1
1699	" "	21	NENW	1908-09-21		A1
1700	" "	22	NWNW	1908-09-21		A1

Township 12-N Range 14-W (5th PM) - Map Group 6

ID	Individual in Patent	Sec.	Sec. Part	Date Issued	Other Counties	For More Info . . .
1623	WILLIS, John E	26	S½NW	1918-12-24		A1
1603	WILLOUGHBY, Jared H	32	E½SE	1885-05-04		A2
1604	" "	32	SENE	1885-05-04		A2
1605	" "	32	SWSE	1885-05-04		A2
1637	WILLOUGHBY, John M	18	W½NW	1919-09-27		A2 F

Family Maps of Van Buren County, Arkansas

Patent Map

T12-N R14-W
5th PM Meridian

Map Group 6

Township Statistics

Parcels Mapped	:	334
Number of Patents	:	166
Number of Individuals	:	157
Patentees Identified	:	152
Number of Surnames	:	91
Multi-Patentee Parcels	:	9
Oldest Patent Date	:	5/1/1860
Most Recent Patent	:	10/3/1924
Block/Lot Parcels	:	9
Parcels Re-Issued	:	0
Parcels that Overlap	:	0
Cities and Towns	:	3
Cemeteries	:	3

Township 12-N Range 14-W (5th PM) - Map Group 6

Section 3
- TIPTON Robert L 1910
- RIDINGS John R 1906
- WHILLOCK James A 1908
- WHILLOCK James A 1908
- WHILLOCK John W 1910
- WHILLOCK James A 1908
- WHILLOCK John W 1910
- RAINBOLT James F 1910
- WHILLOCK John W 1910

Section 2
- ROW William R 1901
- MURPHY John 1904
- MURPHY John 1904
- BRADFORD Nick D 1911
- MOORE Henry B 1913
- BRADFORD Nick D 1911
- MOORE Henry B 1913
- BRADFORD Nick D 1911
- MOORE Henry B 1913

Section 1
- WEST James H 1915
- REEVES Joshua 1903
- REEVES Joshua 1903
- BAIRD James N 1904
- SHELTON John W 1890
- SHELTON John W 1890
- BAIRD James N 1904
- SHELTON John W 1890
- GALLOWAY George M 1905
- PIERCE William R 1901
- PIERCE Albert L 1906

Section 10
- GILDERSLEVE Mcginnis 1910
- GILDERSLEVE Mcginnis 1910
- BLAIR Freddie R 1920
- KEELING Isaac N 1923
- KEELING Isaac N 1923
- RENEAU George W 1913
- ENGLAND Joseph A 1921
- ENGLAND Joseph A 1921

Section 11
- ROW William R 1908
- REEVES Henry A 1923
- PIERCE Isaac J 1914
- PIERCE William A 1909
- ROW William R 1908
- PIERCE John A 1915
- BONDS James R 1918
- PIERCE John A 1909

Section 12
- PIERCE William R 1901
- PIERCE Albert L 1906
- HOLLEY William A 1912
- TREECE John M 1901
- PIERCE Albert L 1906
- TREECE John M 1901
- HARNESS [38] John 1904
- WHITE James B 1901

Section 15
- DAVIS Thomas C 1908
- ENGLAND Emet M 1915
- ENGLAND Emet M 1915
- DAVIS Thomas C 1908
- ENGLAND Emet M 1915

Section 14
- DAVIS Edward A 1908
- BONDS Andrew J 1876
- DAVIS Edward A 1908
- LOVELL David L 1904
- LOVELL David L 1904

Section 13
- PIERCE John A 1909
- HOLLEY Martin B 1903
- HOLLY Absalom 1861
- HENDERSON John M 1889
- HOLLEY Martin B 1903
- HENDERSON John M 1889
- HOLLEY Martin B 1903
- HUIE James 1908
- HUIE James 1908
- CURRENT Charles 1900

Section 22
- KNARD Harry L 1910
- KNARD Harry L 1910
- KNARD Harry L 1910
- WILLIAMS Montford E 1908
- HUIE Joseph E 1905
- HUIE Joseph E 1905
- HORTON Samuel W 1910
- MCDONALD Leah I 1908
- MCDONALD Leah I 1908
- HUIE John D 1910
- MCDONALD Leah I 1908
- BEAVERS Henry E 1909

Section 23
- HORTON Samuel W 1910
- LOVELL David L 1904
- HUIE John D 1910
- HUIE John D 1910
- HUIE Charles W 1882
- HUIE Charles W 1882

Section 24
- HOLLEY William M 1876
- WILLIAMS Daniel 1896
- HOLLEY William M 1876
- HUIE Charles W 1917
- HOLLEY Thomas P 1904

Section 27
- BEAVERS Jesse M 1894
- BEAVERS Jesse M 1894
- LEONARD William C 1908
- BEAVERS James W 1904
- BROWN George 1860
- HENRY James 1911
- BROWN George 1861
- WASHINGTON Aaron W 1903

Section 26
- LEONARD William C 1908
- JOHNSON Jacob A 1905
- WILLIS John E 1918
- BLANTON John B 1904
- BLANTON John B 1904
- JOHNSON Jacob A 1905
- TUMBLESTON Samuel L 1882
- TUMBLESTON Samuel L 1882

Section 25
- HUIE Charles W 1917
- HUIE Charles W 1917
- NORMAN Charles G 1919
- HUIE Charles W 1917
- LINDSEY James 1904
- BONDS Stephen S 1921
- TARKINGTON Andrew J 1896
- TARKINGTON Andrew J 1896
- HUIE [43] Mary L 1904
- HUIE [43] Mary L 1904

Section 34
- HOLLEY William B 1923
- HOLLEY William B 1923
- WASHINGTON Aaron W 1903
- HOLLY John F 1923
- HOLLY John F 1923
- BIGELOW William H 1921
- ISOM James D 1905
- HOLLEY William B 1911
- ISOM Charles W 1920
- ISOM Charles W 1920
- BIGELOW William H 1921

Section 35
- GANES Henry 1901
- GANES Henry 1901
- BIGELOW William H 1921
- GANES Henry 1901
- MCNEELY Earl 1906
- MCNEELY Earl 1906

Section 36
- RUMLEY John W 1899
- REID Henry T 1860
- LOVELL Lafayette 1882
- LOVELL William R 1923
- BONDS Roey J 1920
- REID Henry T 1860
- LOVELL William R 1923
- LOVELL Lafayette 1882
- LOVELL William R 1923
- LOHSE George A 1924
- LOVELL William R 1923
- LOHSE George A 1924
- MCKENZIE William T 1920

Helpful Hints

1. This Map's INDEX can be found on the preceding pages.
2. Refer to Map "C" to see where this Township lies within Van Buren County, Arkansas.
3. Numbers within square brackets [ ] denote a multi-patentee land parcel (multi-owner). Refer to Appendix "C" for a full list of members in this group.
4. Areas that look to be crowded with Patentees usually indicate multiple sales of the same parcel (Re-issues) or Overlapping parcels. See this Township's Index for an explanation of these and other circumstances that might explain "odd" groupings of Patentees on this map.

Copyright 2006 Boyd IT, Inc. All Rights Reserved

Legend

——— Patent Boundary

▬▬▬ Section Boundary

No Patents Found (or Outside County)

1., 2., 3., ... Lot Numbers (when beside a name)

[ ] Group Number (see Appendix "C")

Scale: Section = 1 mile X 1 mile (generally, with some exceptions)

Family Maps of Van Buren County, Arkansas

Road Map
T12-N R14-W
5th PM Meridian
Map Group 6

Cities & Towns
Archey (historical)
Botkinburg
Old Botkinburg

Cemeteries
Bluffton Cemetery
Holly Mountain Cemetery
Mountain View Cemetery

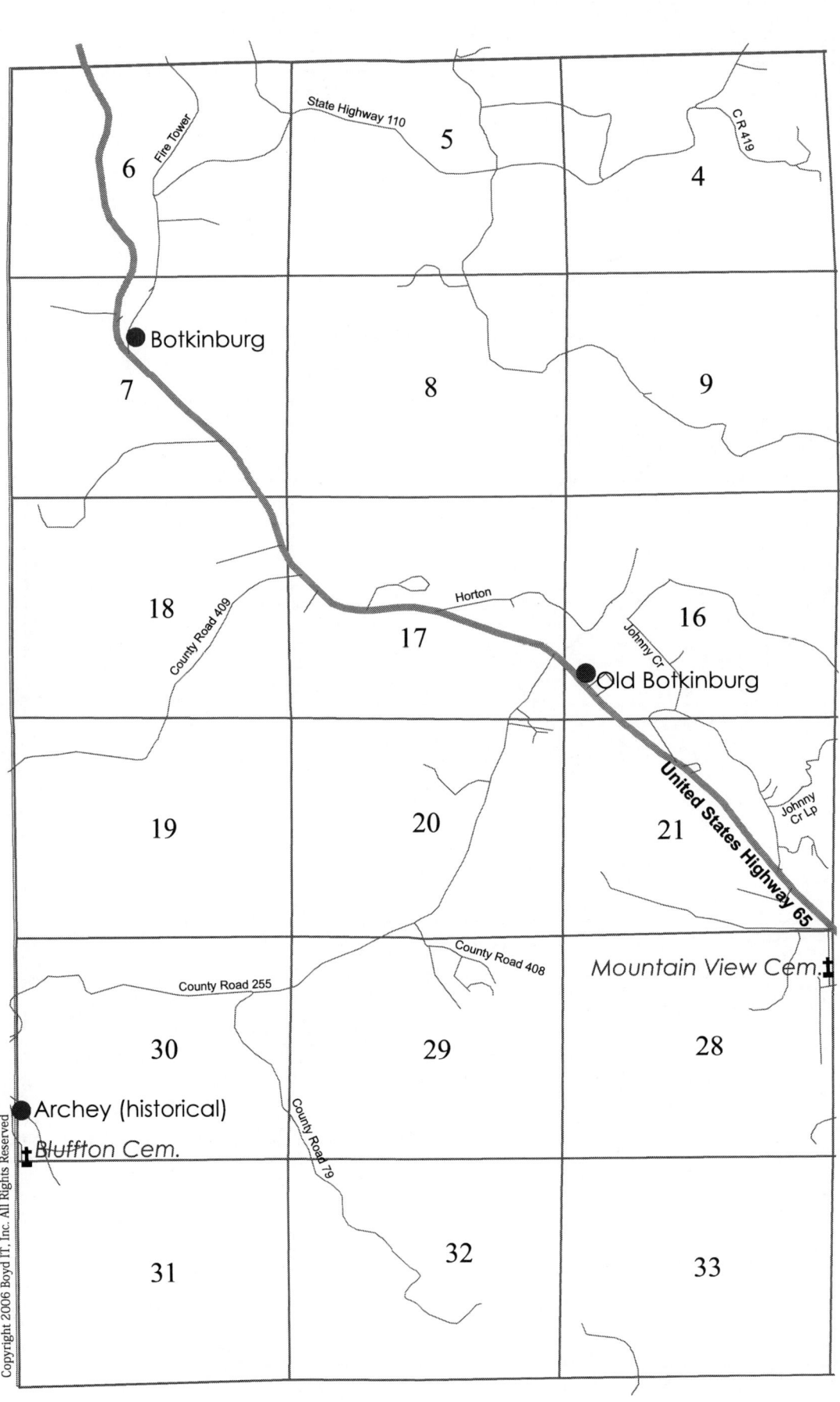

Township 12-N Range 14-W (5th PM) - Map Group 6

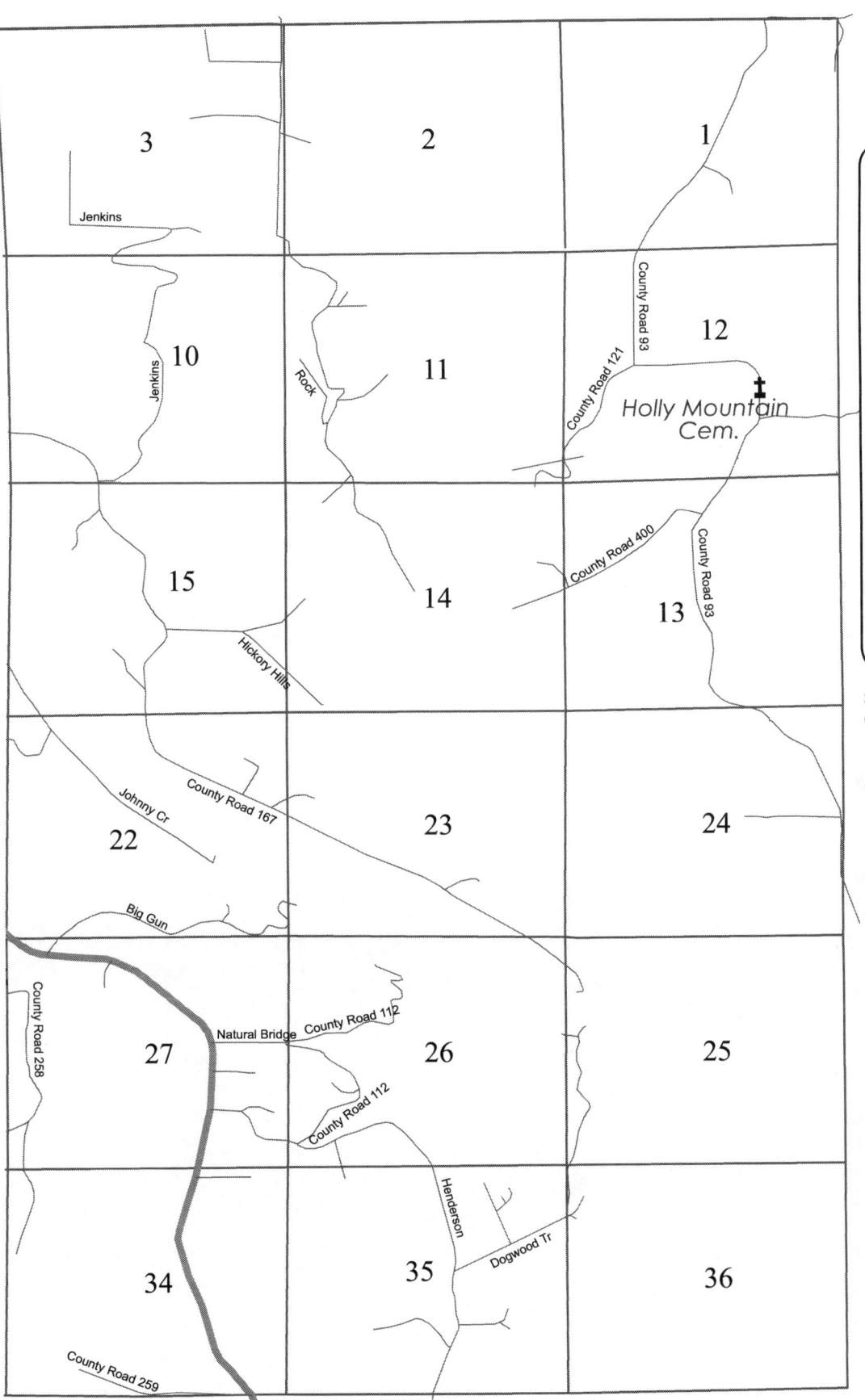

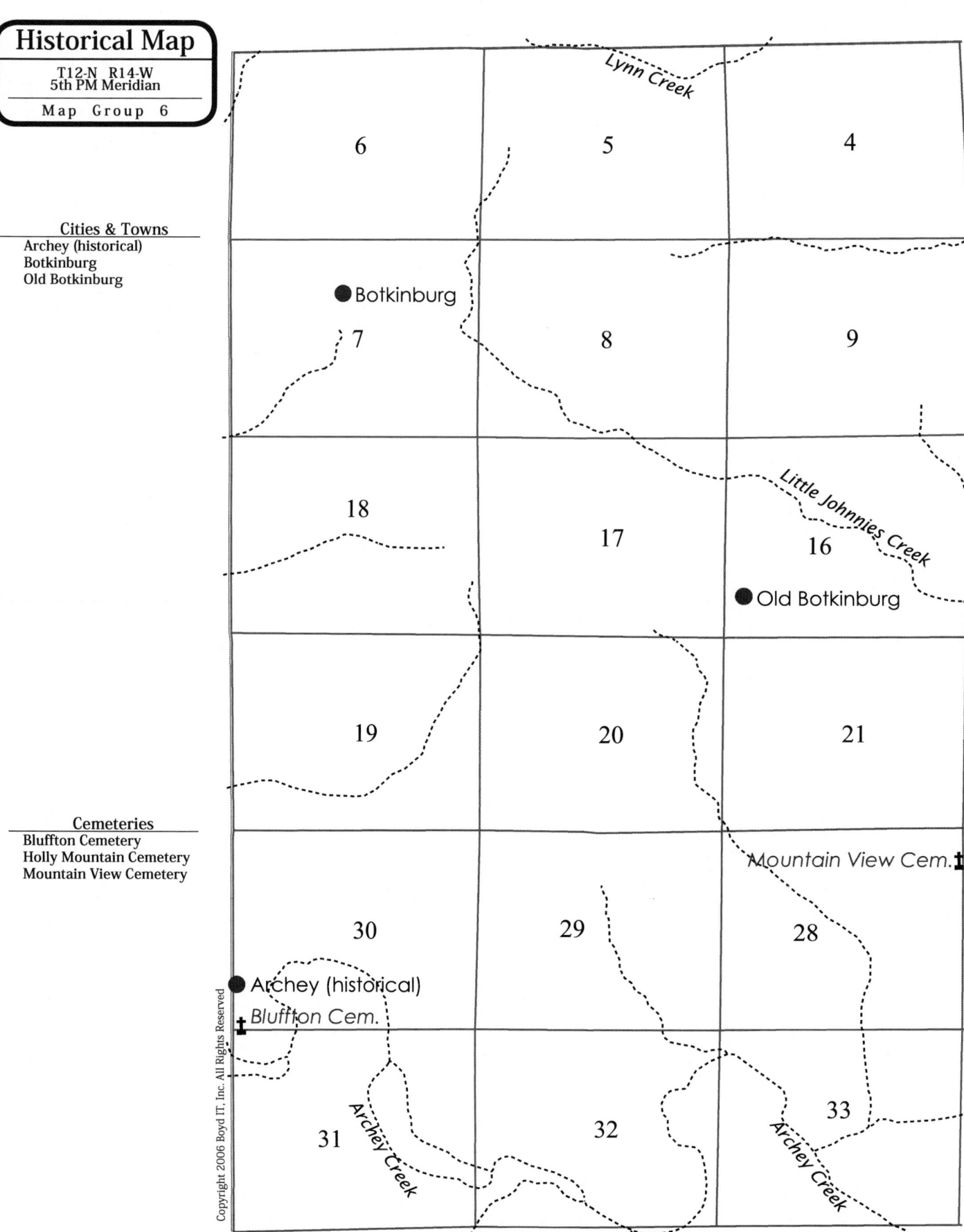

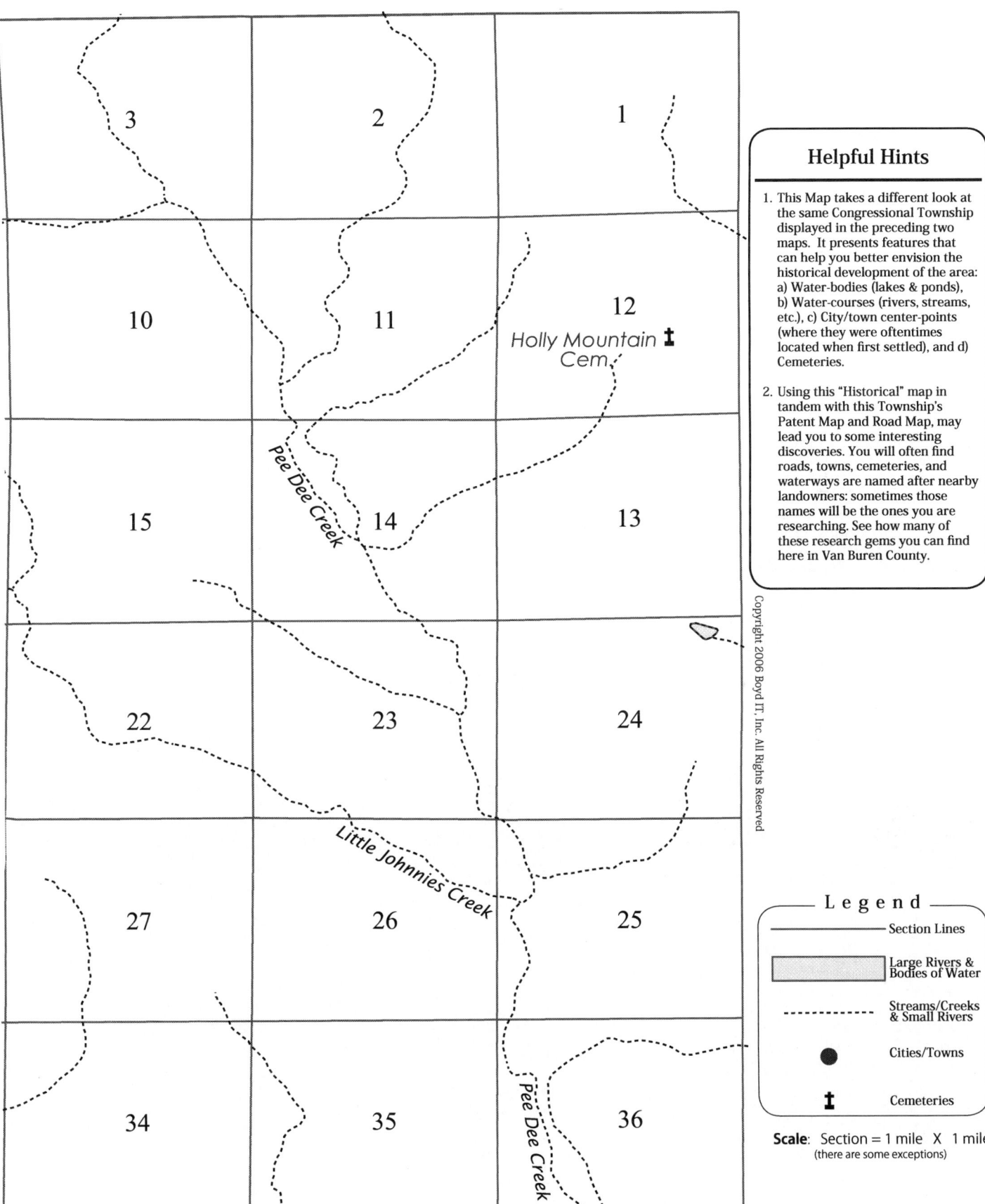

Map Group 7: Index to Land Patents
Township 12-North Range 13-West (5th PM)

After you locate an individual in this Index, take note of the Section and Section Part then proceed to the Land Patent map on the pages immediately following. You should have no difficulty locating the corresponding parcel of land.

The "For More Info" Column will lead you to more information about the underlying Patents. See the *Legend* at right, and the "How to Use this Book" chapter, for more information.

LEGEND
"For More Info . . . " column

- **A** = Authority (Legislative Act, See Appendix "A")
- **B** = Block or Lot (location in Section unknown)
- **C** = Cancelled Patent
- **F** = Fractional Section
- **G** = Group (Multi-Patentee Patent, see Appendix "C")
- **V** = Overlaps another Parcel
- **R** = Re-Issued (Parcel patented more than once)

(A & G items require you to look in the Appendixes referred to above. All other Letter-designations followed by a number require you to locate line-items in this index that possess the ID number found after the letter).

ID	Individual in Patent	Sec.	Sec. Part	Date Issued	Other Counties	For More Info . . .
1818	ALLEN, Claud O	1	NENE	1921-09-27		A2
2012	ALSTON, Marcus D	12	E½SE	1904-08-26		A2
2033	ARNOLD, Nezer L	14	NWSE	1912-05-01		A1
2034	" "	14	S½SE	1912-05-01		A1
2035	" "	14	SWNE	1912-05-01		A1
1849	BACON, Elizabeth	4	SE	1905-02-13		A2 G2
2100	BERRY, William	20	E½NW	1901-04-22		A2
2101	" "	20	W½NE	1901-04-22		A2
1797	BLEVINS, Bashaba	10	NWSW	1905-06-16		A2
1798	" "	9	E½SE	1905-06-16		A2
1851	BLEVINS, Fountain B	10	SWSW	1901-11-16		A2
1852	" "	15	NWNW	1901-11-16		A2
2060	BONDS, Roey J	31	SWNW	1920-08-10		A2
2073	BONDS, Stephen S	30	N½SW	1913-06-21		A2
2074	" "	30	SENW	1913-06-21		A2
1822	BRADFORD, Daniel	36	N½SE	1889-09-17		A2
1823	" "	36	SENE	1889-09-17		A2
1966	BRADFORD, John M	24	SESW	1905-06-26		A1
1967	" "	25	E½NW	1905-06-26		A1
1968	" "	25	NESW	1905-06-26		A1
2027	BRADFORD, Nancy E	31	SWSE	1918-09-03		A2
2102	BRADFORD, William C	35	E½NE	1861-05-01		A1
1905	BROCK, James D	8	NWSW	1901-11-16		A2
1906	" "	8	S½NW	1901-11-16		A2
1907	" "	8	SWNE	1901-11-16		A2
1940	BROCK, John C	6	SWSE	1906-06-04		A2
1941	" "	7	N½NE	1906-06-04		A2
1942	" "	7	SENE	1906-06-04		A2
1939	BROWN, John B	21	S½SE	1904-01-27		A2
2013	BROWN, Margaret E	28	NENE	1915-05-07		A2
2053	BROWN, Richard L	23	S½NW	1910-01-11		A2
2093	BROWN, William A	25	SWNE	1888-05-12		A1
1992	BROYLES, Joshua J	3	NWSW	1906-08-16		A2
1993	" "	3	S½SW	1906-08-16		A2
1994	" "	3	SWSE	1906-08-16		A2
1819	BURKE, Cornelius Z	19	NWSW	1916-02-18		A2
1820	" "	19	SWNW	1916-02-18		A2
1876	CALDWELL, George W	36	NESW	1899-08-14		A2
1877	" "	36	W½SW	1899-08-14		A2
2052	CALDWELL, Richard E	26	S½SE	1882-04-10		A2
1894	CARROLL, Isaac	33	SWSE	1897-02-10		A2
1952	CARTER, John H	18	SESE	1905-02-13		A2
1953	" "	19	NENE	1905-02-13		A2
1954	" "	20	W½NW	1905-02-13		A2
2007	CATES, Lillie	23	NENE	1909-01-04		A1
2008	" "	24	NWNW	1909-01-04		A1

Township 12-N Range 13-W (5th PM) - Map Group 7

ID	Individual in Patent	Sec.	Sec. Part	Date Issued	Other Counties	For More Info . . .
2090	CHADWICK, Walter L	22	E½SE	1922-12-07		A2
1932	CHILDERS, Jesse	28	W½NW	1902-01-17		A2
1911	CLARK, James E	12	W½NW	1911-01-12		A1
1912	" "	12	W½SW	1911-01-12		A1
1836	COLEY, Dock A	8	NESE	1904-01-27		A2
1837	" "	9	N½SW	1904-01-27		A2
1838	" "	9	SENW	1904-01-27		A2
1943	COLWELL, John	36	S½NW	1876-04-10		A2
1988	COOK, Joseph P	33	SESE	1905-02-13		A2
1989	" "	34	S½SW	1905-02-13		A2
1884	COTTRELL, Gilbert	36	W½NE	1889-09-17		A2
1830	CROLL, Daniel W	6	SESW	1899-12-21		A2
1831	" "	6	SWNW	1899-12-21		A2
1832	" "	6	W½SW	1899-12-21		A2
2057	CROLL, Robert H	18	NENE	1904-07-15		A2
2058	" "	7	E½SE	1904-07-15		A2
2059	" "	7	SWSE	1904-07-15		A2
2046	CUMMANS, Porter	6	N½NE	1904-05-05		A2
2047	" "	6	SWNE	1904-05-05		A2
2080	DALY, Thomas J	26	NWNW	1923-10-12		A2
2105	DOOLEY, William	4	W½NW	1898-03-08		A2
2106	" "	4	W½SW	1898-03-08		A2
1983	DUSCHEL, Joseph	19	E½SW	1906-04-14		A2
1984	" "	19	W½SE	1906-04-14		A2
1982	DUSCHELL, Joie F	28	W½E½	1910-09-08		A1 V1982
1805	EATON, Benjamin R	36	SWSE	1890-04-30		A1
1803	" "	36	SESE	1901-08-12		A2
1804	" "	36	SESW	1901-08-12		A2
1969	FARRIS, John R	10	N½NE	1912-05-09		A2
1970	" "	11	NWNW	1912-05-09		A2
1971	" "	2	SWSW	1912-05-09		A2
1873	FILES, George T	17	E½SE	1904-05-05		A2
1874	" "	17	SWSE	1904-05-05		A2
1875	" "	20	NENE	1904-05-05		A2
2048	FILES, Rebecca	28	W½SW	1911-02-13		A1 G22
2049	" "	29	S½SE	1911-02-13		A1 G22
2022	GADDY, Mary A	24	SESE	1904-05-05		A2
1926	GANNON, James P	13	NWSW	1906-09-14		A2
1927	" "	14	E½NE	1906-09-14		A2
1928	" "	14	NESE	1906-09-14		A2
1793	GIDDENS, Archa R	10	NESE	1901-11-16		A2
1794	" "	10	SENE	1901-11-16		A2
1795	" "	11	NWSW	1901-11-16		A2
1796	" "	11	SWNW	1901-11-16		A2
1840	GILBERT, Ed	13	W½NW	1918-05-24		A2
1950	GOODNIGHT, John	26	E½NE	1889-09-17		A2
1951	" "	23	W½SW	1904-01-27		A2 G34
1951	GOODNIGHT, Nancy	23	W½SW	1904-01-27		A2 G34
2041	GOODRIGHT, Phillip	22	SWSW	1882-05-10		A2
2042	" "	27	NWNW	1882-05-10		A2
1866	GRIGSBY, George P	28	E½NW	1905-09-21		A2
1867	" "	28	E½SW	1905-09-21		A2
1987	GUFFEY, Joseph L	5	NE	1901-06-25		A2
1863	HALLEY, George M	21	SESW	1913-04-15		A2
2140	HAMM, William S	25	NWNE	1855-03-01		A1
1899	HAMMOND, James A	1	SESE	1915-05-01		A1
1900	" "	12	N½NE	1915-05-01		A1
1901	" "	12	NENW	1915-05-01		A1
1791	HARNESS, Andrew W	31	E½NW	1904-08-30		A2
1792	" "	31	NWNE	1904-08-30		A2
1960	HARNESS, John	7	N½SW	1904-05-05		A2 G38
2014	HARNESS, Marion H	30	SESE	1915-06-15		A2
2026	HARNESS, Monroe B	29	NWSW	1916-03-15		A2
2054	HARNESS, Richard M	17	E½NE	1904-01-27		A2
2055	" "	8	SESE	1904-01-27		A2
2056	" "	9	SWSW	1904-01-27		A2
1960	HARNESS, Susan	7	N½SW	1904-05-05		A2 G38
2086	HARNESS, Thomas W	4	NENW	1907-04-10		A2
2087	" "	4	NWNE	1907-04-10		A2
1824	HARPER, Daniel	1	NWSE	1901-11-16		A2
1825	" "	1	S½NE	1901-11-16		A2
1826	" "	1	SENW	1901-11-16		A2
1961	HARPER, John	1	NWNW	1909-01-18		A2

Family Maps of Van Buren County, Arkansas

ID	Individual in Patent	Sec.	Sec. Part	Date Issued	Other Counties	For More Info . . .
1887	HARRIS, Henry E	20	NWSW	1915-03-12		A2
1833	HENSLEY, David A	5	N½SW	1903-01-31		A2
1834	" "	6	NESE	1903-01-31		A2
1835	" "	6	SENE	1903-01-31		A2
1841	HENSLEY, Eday A	29	N½NE	1899-03-17		A2
1842	" "	29	NESE	1899-03-17		A2
1843	" "	29	SENE	1899-03-17		A2
1868	HENSLEY, George S	23	SESE	1898-08-27		A2
1869	" "	23	W½SE	1898-08-27		A2
1870	" "	26	NWNE	1898-08-27		A2
1879	HENSLEY, George W	25	W½NW	1910-01-13		A2
1878	" "	23	NESE	1920-03-12		A2
1908	HENSLEY, James D	27	E½SW	1904-01-27		A2 G40
1909	" "	27	NWSE	1904-01-27		A2 G40
1910	" "	34	NENW	1904-01-27		A2 G40
1917	HENSLEY, James J	15	W½NE	1901-01-23		A2
1975	HENSLEY, John W	17	S½SW	1909-01-21		A2
1976	" "	24	SWSW	1913-02-20		A2
1908	HENSLEY, Mary A	27	E½SW	1904-01-27		A2 G40
1909	" "	27	NWSE	1904-01-27		A2 G40
1910	" "	34	NENW	1904-01-27		A2 G40
2048	HENSLEY, Rebecca	28	W½SW	1911-02-13		A1 G22
2049	" "	29	S½SE	1911-02-13		A1 G22
2065	HENSLEY, Sampson	10	E½SW	1882-04-10		A2
2066	" "	10	W½SE	1882-04-10		A2
2094	HENSLEY, William A	17	NESW	1904-07-27		A2
2095	" "	17	NWSE	1904-07-27		A2
2096	" "	17	SENW	1904-07-27		A2
2097	" "	17	SWNE	1904-07-27		A2
2115	HENSLEY, William J	20	NESE	1905-03-30		A2
2116	" "	20	SENE	1905-03-30		A2
2117	" "	29	NWSE	1910-04-11		A2
2118	" "	29	SWNE	1910-04-11		A2
2121	HENSLEY, William O	33	E½NW	1901-11-16		A2
2122	" "	33	NESW	1901-11-16		A2
2123	" "	33	NWNE	1901-11-16		A2
2130	HENSLEY, William R	23	E½SW	1912-05-09		A2
2131	" "	26	NENW	1912-05-09		A2
1944	HENSLY, John D	20	NWSE	1918-08-22		A2
1786	HENTHORN, Alexander	31	W½SW	1918-09-03		A2
2078	HILL, Thomas A	19	N½NW	1916-04-08		A2
2079	" "	19	SENW	1916-04-08		A2
1914	HINES, James	3	N½NE	1906-10-09		A1
1915	" "	3	SENW	1906-10-09		A1
1916	" "	3	SWNE	1906-10-09		A1
2020	HODGSON, Martin	32	S½SE	1918-07-12		A2
2021	" "	33	S½SW	1918-07-12		A2
1813	HOLLAND, Charley W	20	NESW	1910-06-09		A1
1814	" "	20	S½SW	1910-06-09		A1
1815	" "	20	SWSE	1910-06-09		A1
1799	HOLLEY, Ben H	17	NWNW	1913-12-02		A2
1864	HOLLEY, George M	20	SESE	1901-08-12		A2
1865	" "	21	W½SW	1901-08-12		A2
2081	HOLLEY, Thomas P	19	SWSW	1904-05-05		A2
2082	" "	30	W½NW	1904-05-05		A2
2098	HOLLEY, William A	7	N½NW	1912-09-09		A2
2099	" "	7	SWNW	1912-09-09		A2
1977	HOOTEN, John W	22	N½SW	1914-07-08		A2
1978	" "	22	W½SE	1914-07-08		A2
2068	HOWARD, Stephen B	2	N½SE	1904-07-15		A2
2069	" "	2	SESW	1904-07-15		A2
2070	" "	2	SWSE	1904-07-15		A2
1903	HUGGINS, James C	35	S½SE	1890-05-31		A2
1902	" "	35	NWSE	1899-08-14		A2
1904	" "	35	SESW	1899-08-14		A2
1962	HUGGINS, John	35	N½SW	1897-04-14		A2
1963	" "	35	W½NW	1897-04-14		A2
1986	HUGGINS, Joseph	34	SESE	1860-05-01		A1
1985	" "	34	N½SE	1861-05-01		A1
1990	HUGGINS, Joshua	32	NENE	1882-04-10		A2
1991	" "	33	NWNW	1882-04-10		A2
2028	HUGGINS, Nancy	35	SENW	1882-04-10		A2
2043	HUGGINS, Phillip	29	E½SW	1903-07-01		A2

Township 12-N Range 13-W (5th PM) - Map Group 7

ID	Individual in Patent	Sec.	Sec. Part	Date Issued	Other Counties	For More Info . . .
2044	HUGGINS, Phillip (Cont'd)	32	NENW	1903-07-01		A2
2045	" "	32	NWNE	1903-07-01		A2
2029	INGLES, Nancy	11	NENW	1907-04-10		A2 G45
2030	" "	11	NWNE	1907-04-10		A2 G45
2029	INGLES, William M	11	NENW	1907-04-10		A2 G45
2030	" "	11	NWNE	1907-04-10		A2 G45
2067	ISAACS, Spencer	33	NENE	1919-06-25		A2
2088	JACOBS, Walter B	18	W½NW	1914-06-11		A2
2089	" "	7	S½SW	1914-06-11		A2
1957	JOHNSON, John H	5	E½SE	1904-11-26		A2
1955	" "	10	SESE	1914-09-03		A2
1956	" "	11	SWSW	1914-09-03		A2
1839	KELLER, Earnest W	13	NESE	1923-11-22		A2
1958	LANGDON, John H	22	NENW	1917-10-20		A2
1959	" "	22	NWNW	1917-10-20		A2
1782	LITTLETON, Albert C	11	NESW	1910-03-10		A2
1783	" "	11	NWSE	1910-03-10		A2
1784	" "	11	SENW	1910-03-10		A2
1785	" "	11	SWNE	1910-03-10		A2
2091	LONG, Wesley A	18	W½SE	1904-07-15		A2 R1921
2092	" "	19	W½NE	1904-07-15		A2
1854	LOWELL, Frederick M	24	NESW	1856-06-16		A1
1856	LOWELL, Fredrick M	24	SWNE	1856-03-01		A1
1922	LOWELL, James L	24	NENE	1860-05-01		A1
1857	LUTE, George H	2	N½NE	1904-05-05		A2
1858	" "	2	NENW	1904-05-05		A2
1859	" "	2	SENE	1904-05-05		A2
2039	LUTE, Peter A	2	SENW	1912-05-13		A1
2040	" "	2	SWNE	1912-05-13		A1
2061	LUTE, Rudolph L	1	N½SW	1907-04-10		A2
2062	" "	1	SESW	1907-04-10		A2
2063	" "	1	SWSE	1907-04-10		A2
1918	LYNCH, James K	1	NENW	1915-09-15		A2
1919	" "	1	NWNE	1915-09-15		A2
1860	MAHANEY, George H	17	NENW	1907-02-25		A2
1861	" "	17	NWNE	1907-02-25		A2
1862	" "	8	W½SE	1907-02-25		A2
1920	MARSHALL, James K	18	E½NW	1897-02-10		A2
1921	" "	18	W½SE	1897-02-10		A2 R2091
1929	MAXEY, James R	13	NE	1899-12-21		A2
2120	MERIDITH, William	12	SENW	1917-09-22		A1
1787	MESSAMORE, Andrew J	31	E½SW	1919-12-15		A2
1937	MOODY, Joe	3	SWNW	1910-05-09		A2
1938	" "	4	S½NE	1910-05-09		A2
1931	MURE, Jasper	36	N½NW	1882-06-30		A2
1885	NALLY, Hector B	3	NWNW	1909-09-20		A2
1886	" "	4	NENE	1909-09-20		A2
2119	NEWMAN, William L	34	W½NW	1916-01-31		A2
1948	NIXON, John G	24	SWSE	1859-07-01		A1
1949	" "	25	NENE	1860-05-01		A1
2107	NIXON, William H	25	NWSW	1901-08-29		A2
2108	" "	26	NESE	1901-08-29		A2
1913	ORRICK, James H	1	NESE	1861-05-01		A1
1801	PALMER, Benjamin	6	SESE	1855-03-01		A1
1800	" "	5	SWSW	1860-05-01		A1
1802	" "	8	N½NW	1860-05-01		A1
2109	PHILLIPS, William H	32	S½SW	1919-04-16		A2
2064	PIERCE, Rufus H	18	SW	1910-03-10		A2
1871	POINTER, George S	3	NESW	1911-04-10		A1
1872	" "	3	NWSE	1911-04-10		A1
1923	POINTER, James L	9	SESW	1910-06-09		A1
1924	" "	9	SWNE	1910-06-09		A1
1925	" "	9	W½SE	1910-06-09		A1
2127	PRUIT, William	25	NESE	1848-07-10		A1
2128	" "	25	SENE	1848-07-10		A1
2129	" "	25	SESE	1860-05-01		A1
1849	REEVES, Elizabeth	4	SE	1905-02-13		A2 G2
1891	REEVES, Hiram	4	E½SW	1904-11-01		A2
1892	" "	4	SENW	1904-11-01		A2
1893	" "	9	NENW	1904-11-01		A2
2075	REEVES, Syntha	10	SWNW	1901-11-16		A2
2076	" "	9	N½NE	1901-11-16		A2
2077	" "	9	SENE	1901-11-16		A2

Family Maps of Van Buren County, Arkansas

ID	Individual in Patent	Sec.	Sec. Part	Date Issued	Other Counties	For More Info . . .
2141	REEVES, Willis P	10	N½NW	1907-05-07		A1
2142	" "	10	SENW	1907-05-07		A1
2143	" "	10	SWNE	1907-05-07		A1
1809	REID, Charles M	27	W½SW	1913-04-15		A2
2110	ROBERTSON, William H	21	NESE	1904-05-05		A2
2111	" "	21	SENE	1904-05-05		A2
2112	" "	22	SWNW	1904-05-05		A2
1964	RODEN, John L	14	NWSW	1897-04-02		A2
1965	" "	15	NESE	1897-04-02		A2
1788	SHELTON, Andrew J	8	E½NE	1898-05-23		A2
1789	" "	9	W½NW	1898-05-23		A2
1821	SHELTON, Cyntha A	15	E½NW	1905-08-05		A2
1930	SHELTON, James	8	S½SW	1877-10-30		A2
1896	SHEPHERD, Isaac M	21	NWSE	1905-06-16		A2
1897	" "	21	SENW	1905-06-16		A2
1898	" "	21	SWNE	1905-06-16		A2
1895	" "	21	NESW	1906-09-14		A2
2050	SHEPHERD, Rebecca L	21	N½NE	1901-06-25		A2
2051	" "	21	N½NW	1906-09-14		A2
1934	SHIPP, Jesse R	19	NESE	1860-05-01		A1
1935	" "	19	SENE	1860-05-01		A1
2084	SIMPKINS, Thomas R	12	SWNE	1889-01-21		A2
2085	" "	12	W½SE	1889-01-21		A2
2083	" "	12	NESW	1896-08-28		A2
1844	SMITH, Elias D	12	SENE	1860-05-01		A1
1945	SMITH, John F	32	N½SE	1908-12-03		A2
1946	" "	32	NESW	1908-12-03		A2
1947	" "	33	NWSW	1908-12-03		A2
2023	SMITH, Matilda E	32	S½NE	1908-12-03		A2
2024	" "	32	SENW	1908-12-03		A2
2025	" "	33	SWNW	1908-12-03		A2
2031	SMITH, Nancy	33	NWSE	1908-12-03		A2
2032	" "	33	SWNE	1908-12-03		A2
1850	SOWALL, Elizabeth	36	NENE	1860-05-01		A1
1846	SOWELL, Elijah M	24	NWSE	1859-07-01		A1
1847	SOWELL, Elikin L	34	SENW	1909-11-08		A2
1848	" "	34	SWNE	1909-11-08		A2
1855	SOWELL, Frederick M	24	SENE	1850-07-01		A1
1880	SOWELL, George W	27	SWSE	1907-04-10		A2
1881	" "	34	E½NE	1907-04-10		A2
1882	" "	34	NWNE	1907-04-10		A2
2015	SOWELL, Mark	26	N½SW	1913-05-08		A2
2016	" "	26	SWNW	1913-05-08		A2
2017	" "	27	NESE	1913-05-08		A2
2009	STEWART, Mansel N	5	SESW	1901-04-22		A2
2010	" "	5	W½SE	1901-04-22		A2
2011	" "	8	NWNE	1901-04-22		A2
2018	STURDEVANT, Martha A	26	SWSW	1918-12-19		A2
2019	" "	27	SESE	1918-12-19		A2
1883	SWANEY, George W	6	NWSE	1910-11-03		A2
1936	TANKERSLEY, Jesse W	11	S½SE	1916-03-15		A2
1790	TARKINGTON, Andrew J	30	SWSW	1896-06-01		A2
1974	TREECE, John	31	SWNE	1920-05-28		A2
2132	TREECE, William R	2	NWSW	1904-09-16		A2
2133	" "	2	SWNW	1904-09-16		A2
2134	" "	3	E½SE	1904-09-16		A2
2113	VEST, William H	26	SESW	1905-10-19		A2
2114	" "	35	NENW	1905-10-19		A2
1888	WATKINS, Henry F	5	NW	1900-07-12		A2
1998	WEAVER, Joshua	35	NWNE	1860-05-01		A1
1999	" "	35	SWSW	1861-05-01		A1
1995	" "	24	NESE	1882-04-10		A1
1996	" "	25	S½SW	1890-08-19		A2
1997	" "	25	W½SE	1890-08-19		A2
2038	WEAVER, Noah	34	N½SW	1882-10-20		A2
2036	" "	33	NESE	1896-12-08		A2
2037	" "	33	SENE	1896-12-08		A2
1810	WILLARD, Charles	13	E½NW	1903-08-25		A2
1811	" "	13	NESW	1903-08-25		A2
1812	" "	13	NWSE	1903-08-25		A2
1806	WILLIAMS, Calvin L	31	N½SE	1903-07-01		A2
1807	" "	31	SESE	1903-07-01		A2
1808	" "	32	NWSW	1903-07-01		A2

Township 12-N Range 13-W (5th PM) - Map Group 7

ID	Individual in Patent	Sec.	Sec. Part	Date Issued	Other Counties	For More Info . . .
1827	WILLIAMS, Daniel S	30	NESE	1876-12-30		A2
1828	" "	30	SESW	1876-12-30		A2
1829	" "	30	W½SE	1876-12-30		A2
1889	WILLIAMS, Hiram C	35	NESE	1899-02-13		A2
1890	" "	35	SWNE	1899-02-13		A2
1972	WILLIAMS, John R	14	W½NW	1907-04-10		A2
1973	" "	15	E½NE	1907-04-10		A2
1979	WILLIAMS, John W	29	SWSW	1909-10-07		A1
1980	" "	31	SENE	1909-10-07		A1
1981	" "	32	W½NW	1909-10-07		A1
2000	WILLIAMS, Lee	15	SWNW	1916-03-15		A2
2001	" "	15	W½SW	1916-03-15		A2
2002	WILLIAMS, Leroy	15	SESW	1904-07-15		A2
2003	" "	15	SWSE	1904-07-15		A2
2004	WILLIAMS, Levi F	23	SENE	1910-02-03		A1
2005	" "	23	W½NE	1910-02-03		A1
2006	" "	24	SWNW	1910-02-03		A1
2124	WILLIAMS, William P	22	SESW	1904-01-27		A2
2125	" "	27	E½NW	1904-01-27		A2
2126	" "	27	SWNE	1904-01-27		A2
2135	WILLIAMS, William R	6	N½NW	1910-04-01		A2
2136	" "	6	NESW	1910-04-01		A2
2137	" "	6	SENW	1910-04-01		A2
1816	WILSON, Charley	14	S½SW	1911-03-09		A1
1817	" "	23	N½NW	1911-03-09		A1
1845	WILSON, Elijah L	34	SWSE	1917-03-10		A2
2138	WILSON, William R	24	E½NW	1898-05-23		A2
2139	" "	24	NWNE	1898-05-23		A2
2103	WITHEY, William D	13	S½SE	1913-02-20		A2
2104	" "	13	S½SW	1913-02-20		A2
1933	WOOD, Jesse D	22	W½NE	1910-06-27		A1
2071	WOOD, Stephen N	15	NESW	1909-09-16		A1
2072	" "	15	NWSE	1909-09-16		A1
1853	YOUNGMAN, Francis M	8	NESW	1909-02-01		A1

Patent Map

T12-N R13-W
5th PM Meridian

Map Group 7

Township Statistics

Parcels Mapped	:	362
Number of Patents	:	200
Number of Individuals	:	185
Patentees Identified	:	180
Number of Surnames	:	110
Multi-Patentee Parcels	:	10
Oldest Patent Date	:	7/10/1848
Most Recent Patent	:	11/22/1923
Block/Lot Parcels	:	0
Parcels Re-Issued	:	1
Parcels that Overlap	:	1
Cities and Towns	:	2
Cemeteries	:	1

Family Maps of Van Buren County, Arkansas

134

Township 12-N Range 13-W (5th PM) - Map Group 7

Section 3
- NALLY Hector B 1909
- HINES James 1906
- MOODY Joe 1910
- HINES James 1906
- HINES James 1906
- BROYLES Joshua J 1906
- POINTER George S 1911
- POINTER George S 1911
- BROYLES Joshua J 1906
- BROYLES Joshua J 1906
- TREECE William R 1904

Section 2
- LUTE George H 1904
- LUTE George H 1904
- TREECE William R 1904
- LUTE Peter A 1912
- LUTE Peter A 1912
- LUTE George H 1904
- TREECE William R 1904
- HOWARD Stephen B 1904
- FARRIS John R 1912
- HOWARD Stephen B 1904
- HOWARD Stephen B 1904

Section 1
- HARPER John 1909
- LYNCH James K 1915
- LYNCH James K 1915
- ALLEN Claud O 1921
- HARPER Daniel 1901
- HARPER Daniel 1901
- HARPER Daniel 1901
- ORRICK James H 1861
- LUTE Rudolph L 1907
- LUTE Rudolph L 1907
- HAMMOND James A 1915

Section 10
- REEVES Willis P 1907
- FARRIS John R 1912
- REEVES Syntha 1901
- REEVES Willis P 1907
- GIDDENS Archa R 1901
- BLEVINS Bashaba 1905
- HENSLEY Sampson 1882
- GIDDENS Archa R 1901
- BLEVINS Fountain B 1901
- HENSLEY Sampson 1882
- JOHNSON John H 1914

Section 11
- FARRIS John R 1912
- INGLES [45] Nancy 1907
- INGLES [45] Nancy 1907
- LITTLETON Albert C 1910
- LITTLETON Albert C 1910
- GIDDENS Archa R 1901
- LITTLETON Albert C 1910
- LITTLETON Albert C 1910
- JOHNSON John H 1914
- TANKERSLEY Jesse W 1916

Section 12
- CLARK James E 1911
- HAMMOND James A 1915
- HAMMOND James A 1915
- MERIDITH William 1917
- SIMPKINS Thomas R 1889
- SMITH Elias D 1860
- CLARK James E 1911
- SIMPKINS Thomas R 1896
- SIMPKINS Thomas R 1889
- ALSTON Marcus D 1904

Section 15
- BLEVINS Fountain B 1901
- HENSLEY James J 1901
- WILLIAMS Lee 1916
- SHELTON Cyntha A 1905
- WILLIAMS John R 1907
- WILLIAMS Lee 1916
- WOOD Stephen N 1909
- WOOD Stephen N 1909
- RODEN John L 1897
- WILLIAMS Leroy 1904

Section 14
- WILLIAMS John R 1907
- ARNOLD Nezer L 1912
- GANNON James P 1906
- RODEN John L 1897
- ARNOLD Nezer L 1912
- GANNON James P 1906
- WILLIAMS Leroy 1904
- WILSON Charley 1911
- ARNOLD Nezer L 1912

Section 13
- GILBERT Ed 1918
- MAXEY James R 1899
- WILLARD Charles 1903
- GANNON James P 1906
- WILLARD Charles 1903
- WILLARD Charles 1903
- KELLER Earnest W 1923
- WITHEY William D 1913
- WITHEY William D 1913

Section 22
- LANGDON John H 1917
- LANGDON John H 1917
- WOOD Jesse D 1910
- ROBERTSON William H 1904

Section 23
- WILSON Charley 1911
- WILLIAMS Levi F 1910
- CATES Lillie 1909
- BROWN Richard L 1910
- WILLIAMS Levi F 1910

Section 24
- CATES Lillie 1909
- WILSON William R 1898
- WILSON William R 1898
- LOWELL James L 1860
- LOWELL Fredrick M 1856
- SOWELL Frederick M 1850

Section 22 (cont.)
- HOOTEN John W 1914
- HOOTEN John W 1914
- CHADWICK Walter L 1922
- GOODRIGHT Phillip 1882
- WILLIAMS William P 1904
- GOODRIGHT Phillip 1882

Section 23 (cont.)
- GOODNIGHT [34] John 1904
- HENSLEY George S 1898
- HENSLEY William R 1912
- DALY Thomas J 1923
- HENSLEY William R 1912
- HENSLEY George S 1898
- SOWELL Mark 1913
- GOODNIGHT John 1889

Section 24 (cont.)
- HENSLEY George W 1920
- LOWELL Frederick M 1856
- SOWELL Elijah M 1859
- WEAVER Joshua 1882
- HENSLEY John W 1913
- BRADFORD John M 1905
- NIXON John G 1859
- GADDY Mary A 1904

Section 26
- HENSLEY George S 1898
- SOWELL Mark 1913

Section 25
- HENSLEY George W 1910
- BRADFORD John M 1905
- HAMM William S 1855
- NIXON John G 1860
- BROWN William A 1888
- PRUIT William 1848

Section 27
- REID Charles M 1913
- HENSLEY [40] James D 1904
- HENSLEY [40] James D 1904
- SOWELL Mark 1913
- STURDEVANT Martha A 1918
- STURDEVANT Martha A 1918

Section 26 (cont.)
- SOWELL Mark 1913
- NIXON William H 1901
- VEST William H 1905
- CALDWELL Richard E 1882

Section 25 (cont.)
- NIXON William H 1901
- BRADFORD John M 1905
- WEAVER Joshua 1890
- WEAVER Joshua 1890
- PRUIT William 1848
- PRUIT William 1860

Section 34
- NEWMAN William L 1916
- HENSLEY [40] James D 1904
- SOWELL George W 1907
- SOWELL Elikin L 1909
- SOWELL Elikin L 1909
- WEAVER Noah 1882

Section 35
- HUGGINS John 1897
- SOWELL George W 1907
- HUGGINS Joseph 1861
- HUGGINS Joseph 1861

Section 35 (cont.)
- VEST William H 1905
- HUGGINS Nancy 1882
- HUGGINS John 1897
- WEAVER Joshua 1861

Section 35 (cont.)
- WEAVER Joshua 1860
- WILLIAMS Hiram C 1899
- HUGGINS James C 1899
- HUGGINS James C 1890

Section 36
- MURE Jasper 1882
- BRADFORD William C 1861
- COLWELL John 1876
- CALDWELL George W 1899
- CALDWELL George W 1899
- COTTRELL Gilbert 1889
- SOWALL Elizabeth 1860
- BRADFORD Daniel 1889
- BRADFORD Daniel 1889
- WILLIAMS Hiram C 1899
- EATON Benjamin R 1901
- EATON Benjamin R 1890
- EATON Benjamin R 1901

Section 34 (cont.)
- COOK Joseph P 1905
- WILSON Elijah L 1917
- HUGGINS Joseph 1860

Helpful Hints
1. This Map's INDEX can be found on the preceding pages.
2. Refer to Map "C" to see where this Township lies within Van Buren County, Arkansas.
3. Numbers within square brackets [ ] denote a multi-patentee land parcel (multi-owner). Refer to Appendix "C" for a full list of members in this group.
4. Areas that look to be crowded with Patentees usually indicate multiple sales of the same parcel (Re-issues) or Overlapping parcels. See this Township's Index for an explanation of these and other circumstances that might explain "odd" groupings of Patentees on this map.

Copyright 2006 Boyd IT, Inc. All Rights Reserved

Legend
— Patent Boundary
— Section Boundary
No Patents Found (or Outside County)
1., 2., 3., ... Lot Numbers (when beside a name)
[ ] Group Number (see Appendix "C")

Scale: Section = 1 mile X 1 mile (generally, with some exceptions)

Family Maps of Van Buren County, Arkansas

Road Map
T12-N R13-W
5th PM Meridian
Map Group 7

Cities & Towns
Settlement (historical)
Shirley

Cemeteries
Lute Cemetery

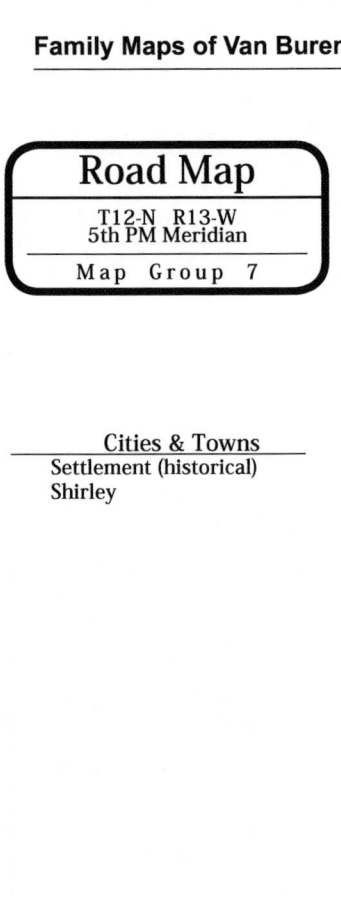

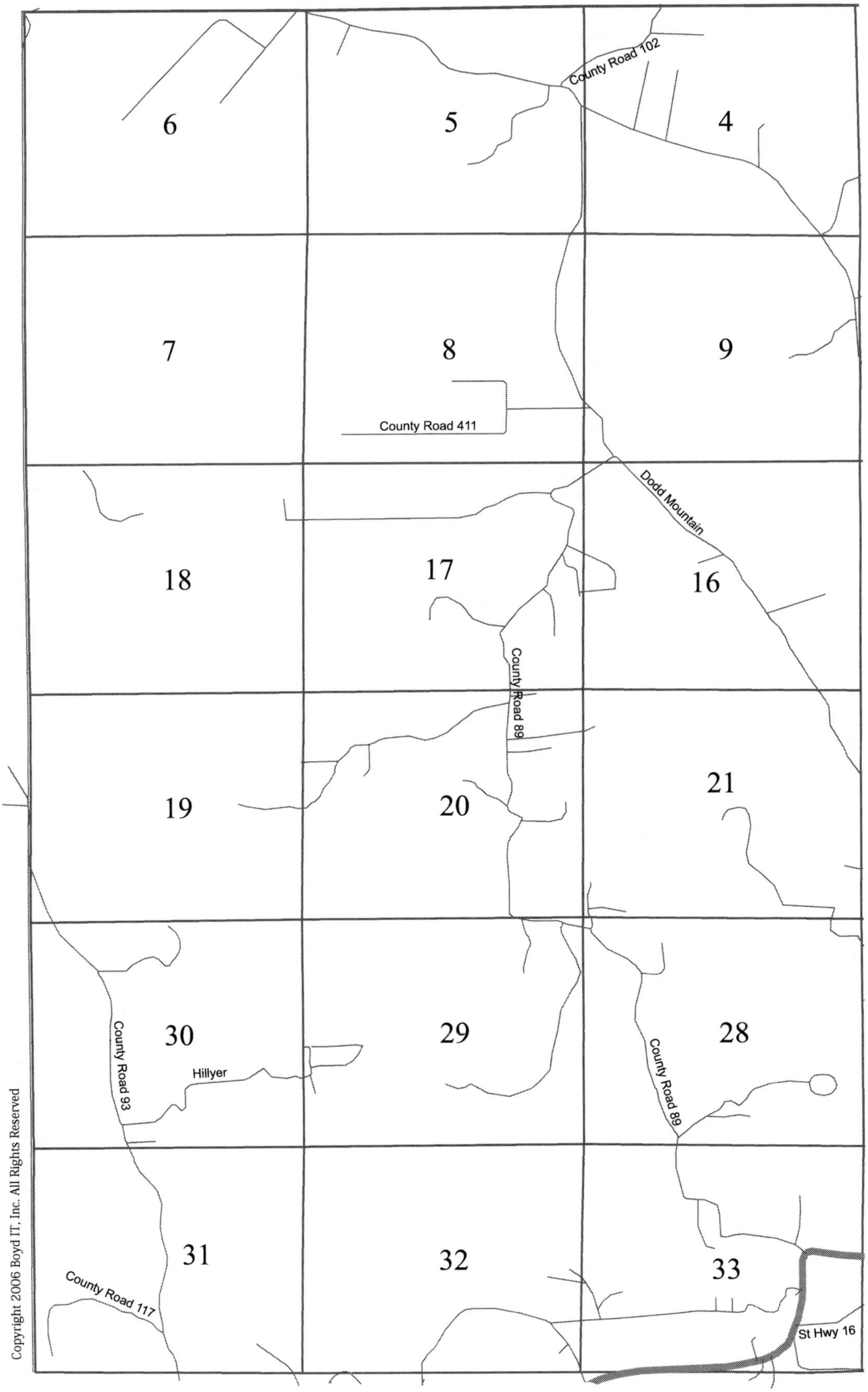

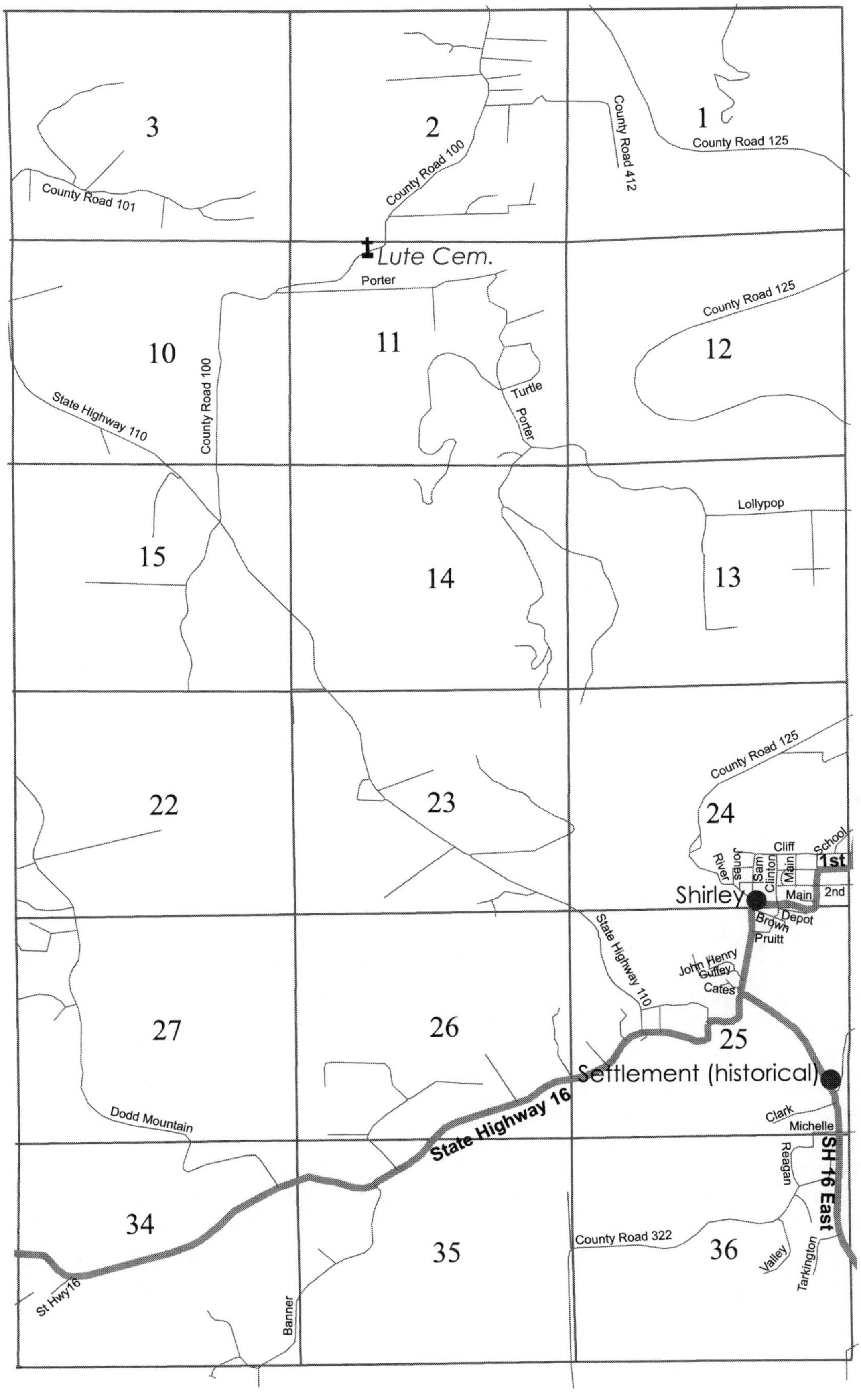

Township 12-N Range 13-W (5th PM) - Map Group 7

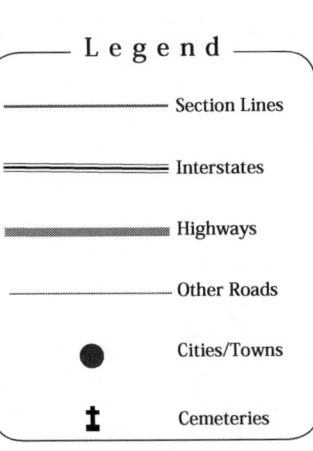

Helpful Hints

1. This road map has a number of uses, but primarily it is to help you: a) find the present location of land owned by your ancestors (at least the general area), b) find cemeteries and city-centers, and c) estimate the route/roads used by Census-takers & tax-assessors.

2. If you plan to travel to Van Buren County to locate cemeteries or land parcels, please pick up a modern travel map for the area before you do. Mapping old land parcels on modern maps is not as exact a science as you might think. Just the slightest variations in public land survey coordinates, estimates of parcel boundaries, or road-map deviations can greatly alter a map's representation of how a road either does or doesn't cross a particular parcel of land.

Copyright 2006 Boyd IT, Inc. All Rights Reserved

Legend

— Section Lines
═ Interstates
▬ Highways
— Other Roads
● Cities/Towns
† Cemeteries

Scale: Section = 1 mile X 1 mile (generally, with some exceptions)

137

Family Maps of Van Buren County, Arkansas

Historical Map
T12-N R13-W
5th PM Meridian
Map Group 7

Cities & Towns
Settlement (historical)
Shirley

Cemeteries
Lute Cemetery

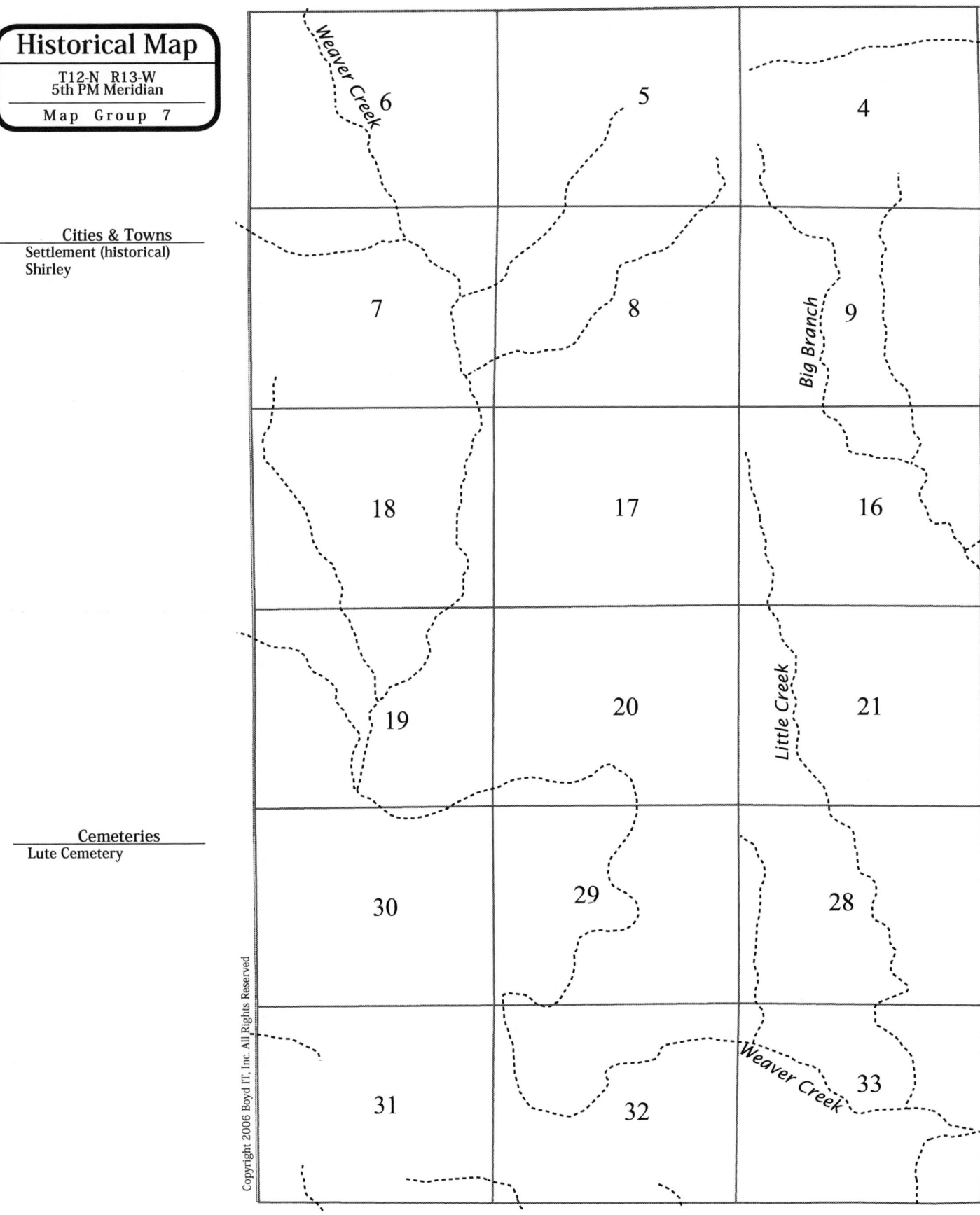

Township 12-N Range 13-W (5th PM) - Map Group 7

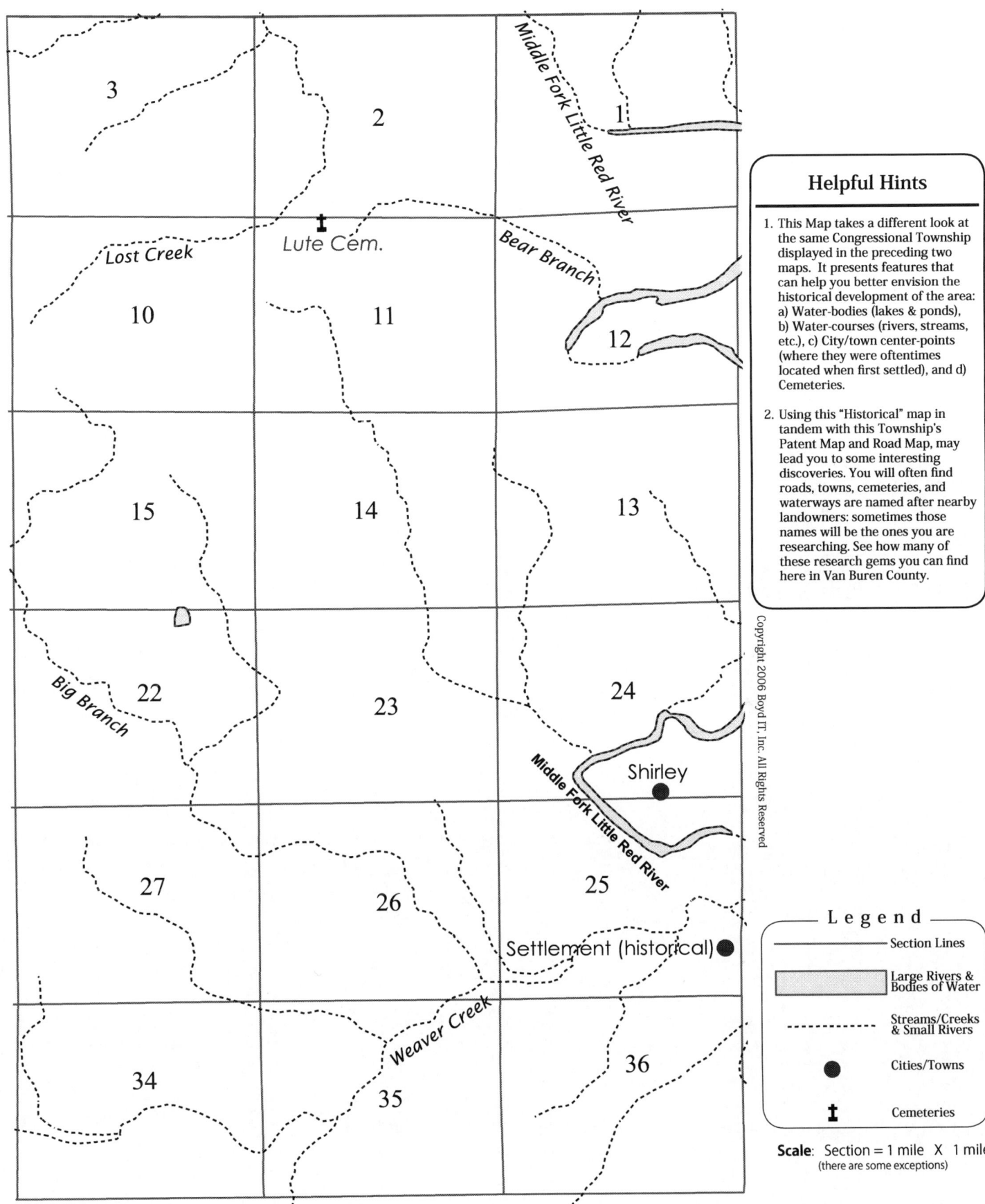

Map Group 8: Index to Land Patents
Township 12-North Range 12-West (5th PM)

After you locate an individual in this Index, take note of the Section and Section Part then proceed to the Land Patent map on the pages immediately following. You should have no difficulty locating the corresponding parcel of land.

The "For More Info" Column will lead you to more information about the underlying Patents. See the *Legend* at right, and the "How to Use this Book" chapter, for more information.

LEGEND
"For More Info . . ." column

- **A** = Authority (Legislative Act, See Appendix "A")
- **B** = Block or Lot (location in Section unknown)
- **C** = Cancelled Patent
- **F** = Fractional Section
- **G** = Group (Multi-Patentee Patent, see Appendix "C")
- **V** = Overlaps another Parcel
- **R** = Re-Issued (Parcel patented more than once)

(A & G items require you to look in the Appendixes referred to above. All other Letter-designations followed by a number require you to locate line-items in this index that possess the ID number found after the letter).

ID	Individual in Patent	Sec.	Sec. Part	Date Issued	Other Counties	For More Info . . .
2232	ALSTON, James	7	N½SW	1909-10-11		A2
2233	" "	7	S½NW	1909-10-11		A2
2266	ALSTON, Marcus D	7	SWSW	1904-08-26		A2
2322	ALSTON, Tom	7	N½SE	1912-05-09		A2
2323	" "	7	SENE	1912-05-09		A2
2324	" "	7	SESE	1912-05-09		A2
2234	ANDERSON, James	33	N½SE	1910-02-01		A2
2281	ANDERSON, Nancy A	33	NW	1904-07-27		A2
2338	ANDERSON, William H	32	SENW	1912-09-16		A2
2277	ARMSTRONG, Mathew K	3	N½SW	1906-09-14		A2
2278	" "	3	SESW	1906-09-14		A2
2279	" "	3	SWSE	1906-09-14		A2
2283	ARNOLD, Nezer L	22	NWSE	1914-03-07		A1
2284	" "	22	S½SE	1914-03-07		A1
2285	" "	22	SWNE	1914-03-07		A1
2315	BAKER, Thomas	20	SESW	1855-03-01		A1
2316	" "	20	SWSE	1856-03-01		A1
2314	" "	20	SESE	1856-06-16		A1
2313	" "	20	NWSE	1859-07-01		A1
2317	BERRY, Thomas H	5	SESE	1898-05-23		A2
2318	" "	8	E½NE	1898-05-23		A2
2319	" "	8	SWNE	1898-05-23		A2
2239	BLOODWORTH, Jesse W	17	SWSW	1890-10-18		A2
2240	" "	18	SESE	1890-10-18		A2
2241	" "	19	NENE	1890-10-18		A2
2242	" "	20	NWNW	1890-10-18		A2
2296	BRADBURY, Robert M	27	SESE	1911-09-21		A2
2297	" "	34	E½NE	1911-09-21		A2
2298	" "	34	SWNE	1911-09-21		A2
2171	BRADFORD, Daniel	31	NWSW	1889-09-17		A2
2243	BRADFORD, John	31	S½SE	1882-05-10		A2
2263	BRADFORD, Lewis	32	SESW	1882-06-30		A2
2363	BRADFORD, William Z	33	SWSW	1912-11-15		A2
2186	BROWN, Elijah W	29	SESW	1882-06-30		A2
2187	" "	29	SWNE	1882-06-30		A2
2188	" "	29	W½SE	1882-06-30		A2
2332	BROWN, William A	29	SWSW	1888-07-23		A2
2333	" "	32	N½NW	1888-07-23		A2
2334	" "	32	NWNE	1888-07-23		A2
2335	" "	32	SWNW	1889-06-11		A1
2182	BUNCH, Elige	3	SWNW	1912-05-09		A2
2183	" "	4	E½SE	1912-05-09		A2
2184	" "	4	SENE	1912-05-09		A2
2197	BURGESS, George B	3	E½SE	1913-02-20		A2
2198	" "	3	NWSE	1913-02-20		A2
2199	" "	3	SWNE	1913-02-20		A2

Township 12-N Range 12-W (5th PM) - Map Group 8

ID	Individual in Patent	Sec.	Sec. Part	Date Issued	Other Counties	For More Info . . .
2325	BURGESS, Warren	30	SWSE	1856-03-01		A1
2235	CALDWELL, James H	31	SWSW	1895-08-30		A2
2229	CALLENDER, James A	4	NESW	1920-06-14		A2
2230	" "	4	NWNW	1920-06-14		A2
2231	" "	4	S½NW	1920-06-14		A2
2185	CAMPBELL, Elijah C	32	SE	1904-01-27		A2
2339	CAMPBELL, William H	32	S½NE	1897-02-10		A2
2247	COLLINS, John H	29	NENW	1918-08-22		A2
2357	COLLINS, William W	27	SENW	1883-01-15		A2
2358	" "	27	SWNE	1883-01-15		A2
2359	" "	27	W½NW	1883-01-15		A2
2217	COTTRELL, Gilbert	30	E½NE	1849-10-01		A1
2214	" "	19	SESE	1855-03-01		A1
2215	" "	20	SWSW	1856-03-01		A1
2216	" "	29	NWNW	1856-03-01		A1
2218	" "	30	NWNE	1859-07-01		A1
2248	COTTRELL, John H	31	NENW	1860-05-01		A1 F
2205	CROUCH, George W	18	E½NW	1895-05-03		A2
2206	" "	18	E½SW	1895-05-03		A2
2301	CROUCH, Sarah L	18	SWSE	1898-05-10		A2
2302	" "	19	NENW	1898-05-10		A2
2303	" "	19	NWNE	1898-05-10		A2
2262	DAVIS, Levi C	33	S½SE	1905-02-13		A2
2280	DAVIS, Mattie V	4	W½NE	1915-01-05		A2 G15
2340	DAVIS, William L	33	N½SW	1912-06-20		A2
2264	DICKERSON, Lewis	7	SESW	1861-08-01		A1
2341	DOUGLASS, William L	5	NENW	1915-05-10		A2
2342	" "	5	NWNE	1915-05-10		A2
2170	DOWDY, Charlie	33	SESW	1911-01-19		A2
2192	ELLIOTT, Frank J	27	NWSW	1915-02-18		A2
2193	" "	28	NESE	1915-02-18		A2
2202	ELLIOTT, George M	21	SWSW	1903-07-01		A2
2203	" "	28	N½NW	1903-07-01		A2
2204	" "	28	NWNE	1903-07-01		A2
2267	EOFF, Marion C	29	N½SW	1896-03-09		A2
2268	" "	29	SENW	1896-03-09		A2
2236	FIFE, James H	27	NESE	1908-08-17		A2
2337	GADBERRY, William	21	SESE	1860-10-01		A1
2260	GADDY, Lee E	31	E½SW	1897-06-14		A2
2261	" "	31	SENW	1897-06-14		A2
2274	GADDY, Mary A	19	S½SW	1904-05-05		A2
2275	" "	19	SWSE	1904-05-05		A2
2163	GEER, Burrel	22	E½NW	1877-10-30		A2
2164	" "	22	NWSW	1877-10-30		A2
2304	GEER, Seward	20	SENE	1876-03-20		A2
2178	GIBBONS, Edmon E	20	NENE	1902-02-12		A2 G29
2179	" "	21	N½NW	1902-02-12		A2 G29
2180	" "	21	NWNE	1902-02-12		A2 G29
2178	GIBBONS, Mary E	20	NENE	1902-02-12		A2 G29
2179	" "	21	N½NW	1902-02-12		A2 G29
2180	" "	21	NWNE	1902-02-12		A2 G29
2355	GIBBONS, William T	28	N½SW	1889-09-20		A2
2356	" "	28	S½NW	1889-09-20		A2
2207	HACKETT, George W	28	NENE	1914-03-07		A2
2208	" "	28	NWSE	1914-03-07		A2
2209	" "	28	S½NE	1914-03-07		A2
2252	HAM, John M	30	SESE	1860-10-01		A1
2253	HAMM, John M	30	SENW	1856-03-01		A1 F
2238	HANSON, Jesse M	20	W½NE	1913-12-11		A2
2254	HANSON, John R	17	S½SE	1906-10-15		A2
2222	HARMON, Henry	34	N½SW	1904-05-05		A2
2223	" "	34	NWSE	1904-05-05		A2
2224	" "	34	SENW	1904-05-05		A2
2237	HAYNES, Jane	10	W½SE	1911-04-05		A2
2308	HAYNES, Stephen C	34	S½SW	1908-07-09		A1
2364	HAYNES, Zack	17	SESW	1908-12-03		A2
2365	" "	20	E½NW	1908-12-03		A2
2366	" "	20	SWNW	1908-12-03		A2
2255	HENRY, John W	17	N½NW	1909-12-09		A2
2256	" "	8	W½SW	1909-12-09		A2
2190	HENSLEY, Feilding	7	SWSE	1861-05-01		A1
2191	HENSLEY, Fielding	6	N½SW	1860-05-01		A1 F
2181	HINESLEY, Elbert	3	SWSW	1923-04-05		A2

Family Maps of Van Buren County, Arkansas

ID	Individual in Patent	Sec.	Sec. Part	Date Issued	Other Counties	For More Info...
2221	HINESLEY, Hallie	4	W½SE	1914-03-07		A1
2219	HINESLEY, Hallie B	15	S½NW	1912-05-20		A2
2220	" "	15	W½NE	1912-05-20		A2
2286	HINESLEY, Pernina E	10	SWSW	1910-02-07		A2
2287	" "	15	N½NW	1910-02-07		A2
2288	" "	9	SESE	1910-02-07		A2
2174	HINKLE, Daniel W	5	SWSE	1909-05-27		A2
2175	" "	8	NWNE	1909-05-27		A2
2172	" "	5	NWSE	1915-08-31		A2
2173	" "	5	SESW	1915-08-31		A2
2226	HINKLE, Isaac H	6	SESE	1904-11-26		A2
2227	" "	7	NENE	1904-11-26		A2
2228	" "	7	W½NE	1904-11-26		A2
2257	HINKLE, John W	5	E½NE	1895-01-11		A2
2258	" "	5	SENW	1895-01-11		A2
2259	" "	5	SWNE	1895-01-11		A2
2305	HINKLE, Simeon E	4	NWSW	1904-05-05		A2
2306	" "	4	S½SW	1904-05-05		A2
2307	" "	5	NESE	1904-05-05		A2
2347	HINKLE, William N	19	N½SW	1908-12-03		A2
2348	" "	19	SENW	1908-12-03		A2
2349	" "	19	SWNE	1908-12-03		A2
2295	HOLLAND, Riley P	9	N½NW	1913-04-15		A2
2320	HOLLAND, Thomas L	9	N½SE	1908-12-03		A2
2321	" "	9	S½NE	1908-12-03		A2
2200	HOOTEN, George	10	N½SW	1910-11-21		A1
2201	" "	10	S½NW	1910-11-21		A1
2273	HOOTEN, Martin	30	N½NW	1905-03-30		A2
2210	JONES, George W	21	SENW	1855-03-01		A1
2177	KELLER, Earnest W	18	W½SW	1923-11-22		A2
2360	KENNER, William W	6	NESE	1889-06-05		A2
2361	" "	6	SENE	1889-06-05		A2
2362	" "	6	W½SE	1889-06-05		A2
2165	KETCHAM, Charles A	27	E½SW	1910-04-01		A2
2166	" "	27	SWSW	1910-04-01		A2
2167	" "	34	NENW	1910-04-01		A2
2149	LANDERS, Alfred M	15	E½SW	1911-06-12		A2
2150	" "	15	W½SE	1911-06-12		A2
2249	LANDIS, John	17	SWNW	1911-06-01		A2
2250	" "	18	E½NE	1911-06-01		A2
2251	" "	18	NESE	1911-06-01		A2
2151	LAWRENCE, Alpheus M	6	S½SW	1890-10-18		A2
2152	" "	7	N½NW	1890-10-18		A2
2294	LEWIS, Richard W	19	SENE	1922-01-07		A2
2311	LEWIS, Thomas B	8	E½SW	1909-11-08		A2
2312	" "	8	NWSE	1909-11-08		A2
2270	LINN, Marion	3	N½NW	1897-02-10		A2
2271	" "	3	SENW	1897-02-10		A2
2269	" "	10	SWNE	1904-09-16		A2
2330	LINN, Washington G	21	NENE	1896-01-03		A2
2331	" "	22	NWNW	1896-01-03		A2
2329	" "	10	N½NE	1904-08-26		A2
2225	LITTLE, Hiram T	21	SENE	1860-05-01		A1
2352	LONG, William S	8	SWSE	1918-07-12		A2
2154	MALDON, Andrew J	31	NESE	1904-11-01		A2
2155	" "	32	N½SW	1904-11-01		A2
2156	" "	32	SWSW	1904-11-01		A2
2196	MAXEY, George A	18	W½NW	1901-06-25		A2
2346	MAXEY, William	8	NW	1901-08-12		A2
2144	MAXWELL, Abner W	29	SESE	1889-09-20		A2
2145	" "	32	NENE	1889-09-20		A2
2282	MAXWELL, Nancy	34	SESE	1896-10-26		A2
2336	MCNEIL, William C	4	NENE	1910-03-10		A2
2153	MOSS, Alvin G	27	NENW	1856-03-01		A1
2299	MYRICK, Robert O	15	E½SE	1910-12-15		A1
2189	NELMS, Exag	10	SENE	1920-09-10		A2
2310	NELMS, Steve L	3	SENE	1922-02-13		A2
2280	NICKLES, Mattie V	4	W½NE	1915-01-05		A2 G15
2245	NIXON, John G	30	SW	1859-07-01		A1 F
2246	" "	31	NWNW	1860-09-01		A1 F
2350	PAYNE, William	5	N½SW	1913-12-11		A2
2351	" "	5	W½NW	1913-12-11		A2
2276	POE, Mary C	27	SENE	1888-05-08		A1

Township 12-N Range 12-W (5th PM) - Map Group 8

ID	Individual in Patent	Sec.	Sec. Part	Date Issued	Other Counties	For More Info...
2292	POE, Richard R	21	NESW	1905-02-13		A2
2293	" "	21	W½SE	1905-02-13		A2
2159	PRIVITT, Benjamin F	29	NESE	1909-01-18		A2
2160	" "	29	SENE	1909-01-18		A2
2244	PRUIT, John D	30	E½SW	1856-03-01		A1
2157	REED, Beecher J	10	N½NW	1909-01-25		A1
2158	" "	9	N½NE	1909-01-25		A1
2168	ROBERTS, Charles L	19	N½SE	1899-12-21		A2
2169	" "	20	N½SW	1899-12-21		A2
2211	ROBESON, George W	17	E½NE	1908-10-26		A2
2212	" "	17	SWNE	1908-10-26		A2
2213	" "	8	SESE	1908-10-26		A2
2146	SHADOW, Albert F	6	N½NE	1920-02-26		A2
2147	" "	6	SENW	1920-02-26		A2
2148	" "	6	SWNE	1920-02-26		A2
2300	SHANK, Samuel W	4	NENW	1911-10-02		A2
2178	SHELTON, Mary E	20	NENE	1902-02-12		A2 G29
2179	" "	21	N½NW	1902-02-12		A2 G29
2180	" "	21	NWNE	1902-02-12		A2 G29
2289	SHIPP, Rhoda M	8	NESE	1898-05-23		A2
2290	" "	9	NWSW	1898-05-23		A2
2291	" "	9	S½NW	1898-05-23		A2
2327	SILLIVAN, Washington B	30	SWNW	1848-09-01		A1
2326	" "	30	N½SE	1850-07-01		A1
2309	SIMPKINS, Stephen M	31	SWNW	1903-07-01		A2
2195	SOWELL, Frederick M	19	SWNW	1856-03-01		A1 F
2194	" "	19	NWNW	1859-07-01		A1 F
2272	SOWELL, Martin D	29	SWNW	1856-03-01		A1
2354	SOWELL, William	18	W½NE	1860-05-01		A1
2353	" "	18	NWSE	1861-05-01		A1
2328	SULLIVAN, Washington B	30	NWSW	1848-07-10		A1
2176	TAYLOR, David M	5	SWSW	1918-12-20		A2
2343	THURMAN, William M	28	SESE	1903-07-01		A2
2344	" "	33	NENE	1903-07-01		A2
2345	" "	34	W½NW	1903-07-01		A2
2265	TREATE, Luther O	3	N½NE	1911-05-25		A2
2161	WILLIAMS, Benjamin R	31	NWSE	1904-11-01		A2
2162	" "	31	SWNE	1904-11-01		A2

Family Maps of Van Buren County, Arkansas

Patent Map

T12-N R12-W
5th PM Meridian

Map Group 8

Township Statistics

Parcels Mapped	:	223
Number of Patents	:	133
Number of Individuals	:	121
Patentees Identified	:	118
Number of Surnames	:	80
Multi-Patentee Parcels	:	4
Oldest Patent Date	:	7/10/1848
Most Recent Patent	:	11/22/1923
Block/Lot Parcels	:	0
Parcels Re-Issued	:	0
Parcels that Overlap	:	0
Cities and Towns	:	2
Cemeteries	:	3

Van Buren County

Township 12-N Range 12-W (5th PM) - Map Group 8

Section 3
- LINN, Marion 1897
- TREATE, Luther O 1911
- BUNCH, Elige 1912
- LINN, Marion 1897
- BURGESS, George B 1913
- NELMS, Steve L 1922
- ARMSTRONG, Mathew K 1906
- BURGESS, George B 1913
- BURGESS, George B 1913
- HINESLEY, Elbert 1923
- ARMSTRONG, Mathew K 1906
- ARMSTRONG, Mathew K 1906

Section 2

Section 1

Section 10
- REED, Beecher J 1909
- LINN, Washington G 1904
- HOOTEN, George 1910
- LINN, Marion 1904
- NELMS, Exag 1920
- HOOTEN, George 1910
- HAYNES, Jane 1911
- HINESLEY, Pernina E 1910

Section 11

Section 12

Cleburne County

Section 15
- HINESLEY, Pernina E 1910
- HINESLEY, Hallie B 1912
- HINESLEY, Hallie B 1912
- LANDERS, Alfred M 1911
- LANDERS, Alfred M 1911
- MYRICK, Robert O 1910

Section 14

Section 13

Section 22
- LINN, Washington G 1896
- GEER, Burrel 1877
- ARNOLD, Nezer L 1914
- GEER, Burrel 1877
- ARNOLD, Nezer L 1914
- ARNOLD, Nezer L 1914

Section 23

Section 24

Section 27
- COLLINS, William W 1883
- MOSS, Alvin G 1856
- COLLINS, William W 1883
- COLLINS, William W 1883
- POE, Mary C 1888
- ELLIOTT, Frank J 1915
- FIFE, James H 1908
- KETCHAM, Charles A 1910
- KETCHAM, Charles A 1910
- BRADBURY, Robert M 1911

Section 26

Section 25

Section 34
- THURMAN, William M 1903
- KETCHAM, Charles A 1910
- BRADBURY, Robert M 1911
- BRADBURY, Robert M 1911
- HARMON, Henry 1904
- HARMON, Henry 1904
- HARMON, Henry 1904
- HAYNES, Stephen C 1908
- MAXWELL, Nancy 1896

Section 35

Section 36

Helpful Hints

1. This Map's INDEX can be found on the preceding pages.
2. Refer to Map "C" to see where this Township lies within Van Buren County, Arkansas.
3. Numbers within square brackets [ ] denote a multi-patentee land parcel (multi-owner). Refer to Appendix "C" for a full list of members in this group.
4. Areas that look to be crowded with Patentees usually indicate multiple sales of the same parcel (Re-issues) or Overlapping parcels. See this Township's Index for an explanation of these and other circumstances that might explain "odd" groupings of Patentees on this map.

Copyright 2006 Boyd IT, Inc. All Rights Reserved

Legend

- ——— Patent Boundary
- ▬▬▬ Section Boundary
- No Patents Found (or Outside County)
- 1., 2., 3., ... Lot Numbers (when beside a name)
- [ ] Group Number (see Appendix "C")

Scale: Section = 1 mile X 1 mile (generally, with some exceptions)

Family Maps of Van Buren County, Arkansas

Road Map
T12-N R12-W
5th PM Meridian
Map Group 8

Cities & Towns
Kinderhook (historical)
Poe (historical)

Cemeteries
Collins Cemetery
Davis Cemetery
Settlement Cemetery

Township 12-N Range 12-W (5th PM)   -   Map Group 8

3	2	1
10	11	12
15	14	13
22	23	24
27	26	25
34	35	36

Van Buren County

Cleburne County

County Road 85

Rushing Trail

Kinderhook (historical)

Leaning Oaks, Blackjack, Briar Grove, Broad Oaks, East Post Oak, Oak Cliff, Wayside, Wood Way, Still Meadow, Oak Ridge, Lazy Oaks, Davis Cem, Old Quarry, Diamond, Rock Hill, Blue Ridge, Fair Oaks

Helpful Hints

1. This road map has a number of uses, but primarily it is to help you: a) find the present location of land owned by your ancestors (at least the general area), b) find cemeteries and city-centers, and c) estimate the route/roads used by Census-takers & tax-assessors.

2. If you plan to travel to Van Buren County to locate cemeteries or land parcels, please pick up a modern travel map for the area before you do. Mapping old land parcels on modern maps is not as exact a science as you might think. Just the slightest variations in public land survey coordinates, estimates of parcel boundaries, or road-map deviations can greatly alter a map's representation of how a road either does or doesn't cross a particular parcel of land.

Copyright 2006 Boyd IT, Inc. All Rights Reserved

Legend

— Section Lines
═ Interstates
▬ Highways
— Other Roads
● Cities/Towns
† Cemeteries

Scale: Section = 1 mile X 1 mile
(generally, with some exceptions)

147

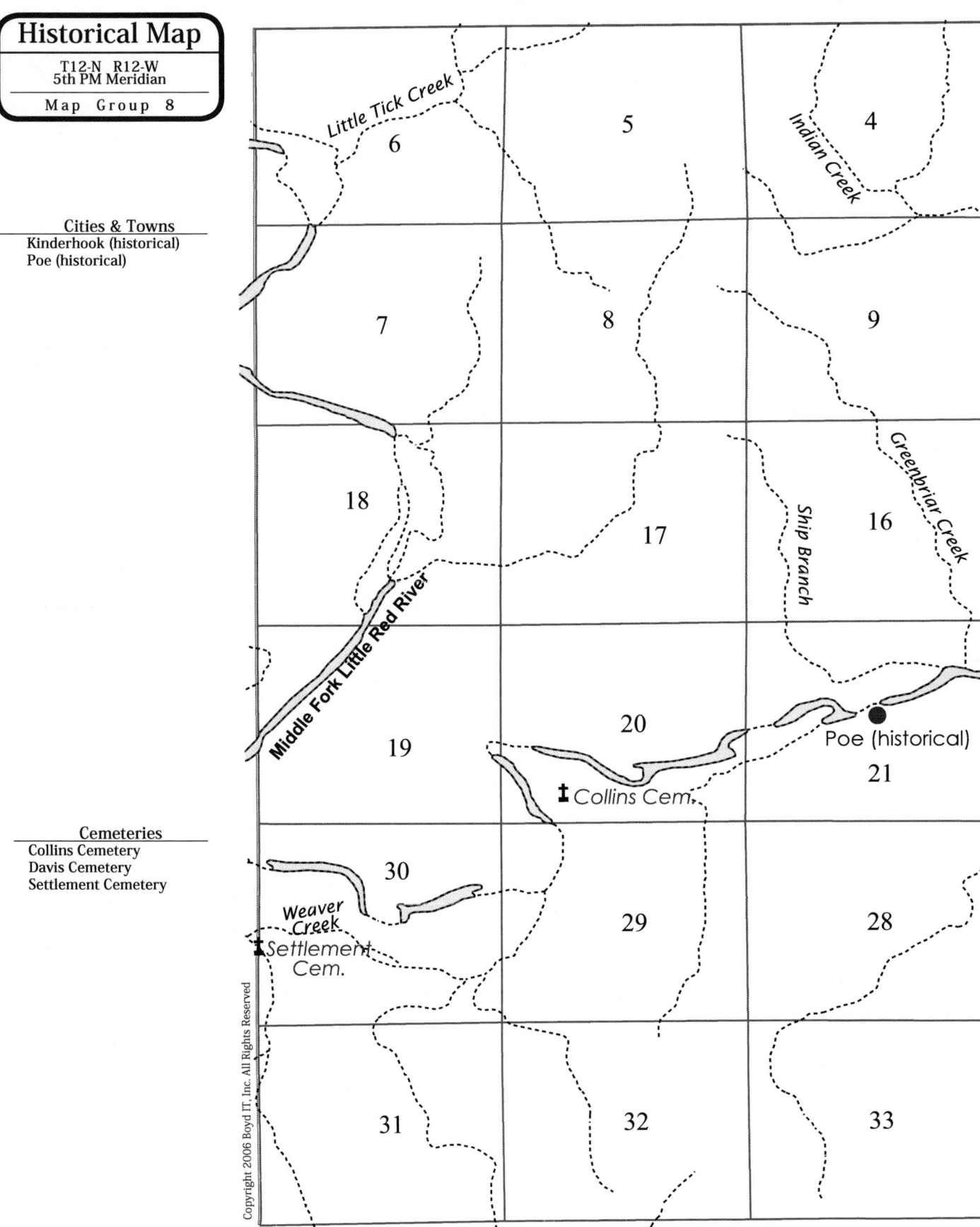

Township 12-N Range 12-W (5th PM) - Map Group 8

Helpful Hints

1. This Map takes a different look at the same Congressional Township displayed in the preceding two maps. It presents features that can help you better envision the historical development of the area: a) Water-bodies (lakes & ponds), b) Water-courses (rivers, streams, etc.), c) City/town center-points (where they were oftentimes located when first settled), and d) Cemeteries.

2. Using this "Historical" map in tandem with this Township's Patent Map and Road Map, may lead you to some interesting discoveries. You will often find roads, towns, cemeteries, and waterways are named after nearby landowners: sometimes those names will be the ones you are researching. See how many of these research gems you can find here in Van Buren County.

Little Wild Goose Creek

3	2	1
10	11	12
15	14	13

Kinderhook (historical)

Van Buren County   Cleburne County

Indian Creek

22	23	24
27	26	25
34	35	36

Davis Cem.

Lynn Creek

Copyright 2006 Boyd IT, Inc. All Rights Reserved

Legend
— Section Lines
▬ Large Rivers & Bodies of Water
- - - - Streams/Creeks & Small Rivers
● Cities/Towns
† Cemeteries

Scale: Section = 1 mile X 1 mile
(there are some exceptions)

149

Map Group 9: Index to Land Patents
Township 11-North Range 17-West (5th PM)

After you locate an individual in this Index, take note of the Section and Section Part then proceed to the Land Patent map on the pages immediately following. You should have no difficulty locating the corresponding parcel of land.

The "For More Info" Column will lead you to more information about the underlying Patents. See the *Legend* at right, and the "How to Use this Book" chapter, for more information.

```
                    LEGEND
            "For More Info . . . " column
A = Authority (Legislative Act, See Appendix "A")
B = Block or Lot (location in Section unknown)
C = Cancelled Patent
F = Fractional Section
G = Group (Multi-Patentee Patent, see Appendix "C")
V = Overlaps another Parcel
R = Re-Issued (Parcel patented more than once)

(A & G items require you to look in the Appendixes referred
to above. All other Letter-designations followed by a number
require you to locate line-items in this index that possess
the ID number found after the letter).
```

ID	Individual in Patent	Sec.	Sec. Part	Date Issued	Other Counties	For More Info . . .
2380	ARMISTEAD, Coles W	28	N½SESE	1920-03-19		A2
2381	" "	28	NWSE	1920-03-19		A2
2382	" "	28	SWSE	1920-03-19		A2
2383	" "	28	SWSESE	1920-03-19		A2
2384	" "	33	N½NWNE	1920-03-19		A2
2385	" "	33	NWNENE	1920-03-19		A2
2367	BEVERAGE, Adam A	11	NE	1906-04-14		A2
2375	BEVERAGE, Benjamin D	23	E½SE	1901-11-16		A2
2376	" "	24	W½SW	1901-11-16		A2
2463	BEVERAGE, John W	13	NESW	1898-08-27		A2
2464	" "	13	SENW	1898-08-27		A2
2465	BEVERAGE, Leander H	2	NWNW	1920-06-14		A2
2422	BLANEY, James E	9	E½NE	1905-10-19		A2
2423	" "	9	N½SE	1905-10-19		A2
2449	BLANEY, John	9	SWNE	1889-06-10		A1
2475	BLANEY, Mary A	9	E½NW	1901-05-08		A2
2476	" "	9	NESW	1901-05-08		A2
2477	" "	9	NWNE	1901-05-08		A2
2528	BOST, William D	26	N½NENW	1919-11-28		A2
2529	" "	26	N½S½NENW	1919-11-28		A2
2530	" "	26	N½SWSWNE	1919-11-28		A2
2531	" "	26	NENWSENW	1919-11-28		A2
2532	" "	26	NESENW	1919-11-28		A2
2533	" "	26	NESESENW	1919-11-28		A2
2534	" "	26	NWNWSENW	1919-11-28		A2
2535	" "	26	S½NWSENW	1919-11-28		A2
2536	" "	26	S½NWSWNE	1919-11-28		A2
2537	" "	26	S½SENE	1919-11-28		A2
2538	" "	26	SESENENW	1919-11-28		A2
2539	" "	26	SESWNE	1919-11-28		A2
2540	" "	26	SESWNENW	1919-11-28		A2
2541	" "	26	SWSENENW	1919-11-28		A2
2542	" "	26	SWSWNENW	1919-11-28		A2
2546	BRUCE, William H	10	W½SW	1894-01-18		A2
2547	" "	15	N½NW	1894-01-18		A2
2437	CLARK, James I	12	SESW	1921-02-01		A1
2438	" "	12	SWSE	1922-02-18		A2
2439	" "	13	NENW	1922-02-18		A2
2440	" "	13	W½NE	1922-02-18		A2
2404	COSSEY, George A	24	NENE	1921-07-28		A2
2418	DAVIS, Isaac	21	NE	1901-05-08		A2
2509	DAVIS, Thomas N	4	NENE	1919-10-30		A2
2548	DAVIS, William M	28	NE	1901-01-23		A2
2386	DAY, Cornelius H	2	N½SW	1904-07-15		A2
2387	" "	2	S½NW	1904-07-15		A2
2391	DEAN, Dewey H	11	SWSE	1920-07-29		A1

Township 11-N Range 17-W (5th PM) - Map Group 9

ID	Individual in Patent	Sec.	Sec. Part	Date Issued	Other Counties	For More Info...
2392	DEAN, Dewey H (Cont'd)	14	N½NE	1920-07-29		A1
2447	DEAN, Joel T	12	SESE	1920-04-08		A1
2448	" "	13	NENE	1920-04-08		A1
2466	EDWARDS, Lelia F	12	N½SE	1913-03-18		A2
2549	EDWARDS, William W	1	SESE	1900-07-12		A2
2550	" "	12	E½NE	1900-07-12		A2
2494	EMERSON, Pleasant P	1	N½SE	1910-05-09		A2
2495	" "	1	NESW	1910-05-09		A2
2496	" "	1	SENE	1910-05-09		A2
2510	ESTES, W M Roy	22	S½SE	1922-02-18		A2
2511	" "	27	N½NE	1922-02-18		A2
2522	FORSTER, William C	2	N½NE	1910-07-01		A2
2523	" "	2	SENE	1910-07-01		A2
2459	FRANKLIN, John T	14	E½NESW	1919-09-08		A2
2460	" "	14	NWSE	1919-09-08		A2
2461	" "	14	SESW	1919-09-08		A2
2462	" "	14	SWNE	1919-09-08		A2
2506	FRANKLIN, Thomas J	23	N½NW	1908-07-14		A2
2507	" "	23	NESW	1908-07-14		A2
2508	" "	23	SENW	1908-07-14		A2
2405	FROST, George S	3	NW	1906-09-14		A2
2430	GILMAN, James	13	S½SE	1922-03-13		A2
2431	" "	24	NWNE	1922-03-13		A2
2388	HAMILTON, Curtis C	2	SWSE	1919-09-26		A2
2543	HAMILTON, William F	10	NENW	1909-05-27		A2
2544	" "	10	W½NW	1909-05-27		A2
2545	" "	3	SWSW	1909-05-27		A2
2393	HANKS, Elimus T	21	N½NW	1900-08-21		A2
2481	HANKS, Matthew E	21	NWSW	1894-05-15		A2
2482	" "	21	S½NW	1894-05-15		A2
2368	HATLEY, Adam W	27	SWNE	1898-03-08		A2
2369	" "	27	W½SE	1898-03-08		A2
2370	" "	34	NWNE	1898-03-08		A2
2395	HATLEY, Elizabeth	35	N½NE	1898-03-08		A2 G39
2396	" "	36	W½NW	1898-03-08		A2 G39
2395	HATLEY, John	35	N½NE	1898-03-08		A2 G39
2396	" "	36	W½NW	1898-03-08		A2 G39
2499	HENLEY, Samuel	23	SENE	1908-08-03		A1
2500	" "	24	SWNW	1908-08-03		A1
2483	HORN, Nancy	35	E½SE	1908-07-14		A2
2484	" "	35	NESW	1908-07-14		A2
2485	" "	35	NWSE	1908-07-14		A2
2486	HORNE, Nancy	34	S½SE	1898-03-08		A2
2487	" "	35	W½SW	1898-03-08		A2
2424	JONES, James E	13	NENESWSW	1915-08-12		A2
2425	" "	13	NWNESESW	1915-08-12		A2
2426	" "	13	NWSESW	1915-08-12		A2
2427	" "	13	S½N½SWSW	1915-08-12		A2
2428	" "	14	S½NESESE	1915-08-12		A2
2429	" "	14	SENWSESE	1915-08-12		A2
2470	JONES, Luther D	21	N½SE	1921-08-19		A2
2471	" "	22	NWSW	1921-08-19		A2
2512	JONES, Warren D	36	E½SW	1920-07-28		A2
2513	" "	36	NWSW	1920-07-28		A2
2514	" "	36	SENW	1920-07-28		A2
2478	KILPATRICK, Mary M	27	SESE	1900-08-21		A2
2479	" "	34	NENE	1900-08-21		A2
2480	" "	35	N½NW	1900-08-21		A2
2389	KOONE, Daniel W	24	E½SW	1909-06-03		A2
2390	" "	24	W½SE	1909-06-03		A2
2408	LAWLESS, Henry C	33	NESE	1898-08-27		A2
2409	" "	34	NWSW	1898-08-27		A2
2450	LEWIS, John Q	15	S½NW	1919-12-09		A2
2451	" "	15	W½SW	1919-12-09		A2
2524	LONGCRIER, William C	1	S½SW	1900-07-12		A2
2525	" "	2	SESE	1900-07-12		A2
2515	LOVIN, Wesley	10	NESW	1903-07-31		A2
2516	" "	10	NWSE	1903-07-31		A2
2517	" "	10	SENW	1903-07-31		A2
2518	" "	10	SWNE	1903-07-31		A2
2406	MASON, Green C	24	E½SE	1906-02-28		A2
2407	" "	24	S½NE	1906-02-28		A2
2502	MAY, Shelby A	22	N½NW	1900-11-12		A2

Family Maps of Van Buren County, Arkansas

ID	Individual in Patent	Sec.	Sec. Part	Date Issued	Other Counties	For More Info...
2503	MAY, Shelby A (Cont'd)	22	NWNE	1900-11-12		A2
2504	" "	22	SWNW	1900-11-12		A2
2505	MCCARLEY, Stewart S	1	N½NE	1895-02-15		A2
2432	MCENTIRE, James H	25	E½SW	1908-10-15		A2
2433	" "	25	NWSW	1908-10-15		A2
2434	" "	25	SWSE	1908-10-15		A2
2497	MCMAHEL, Robert S	28	N½SW	1901-05-08		A2
2498	" "	28	W½NW	1901-05-08		A2
2526	METCALF, William C	12	N½SW	1894-09-07		A2
2527	" "	12	S½NW	1894-09-07		A2
2419	MILLSAPS, Isaac	2	NENW	1894-09-07		A2
2444	MILLSAPS, Jesse B	4	NWSE	1901-08-29		A2
2445	" "	4	SENE	1901-08-29		A2
2446	" "	4	W½NE	1901-08-29		A2
2377	PACK, Charley T	3	NWSW	1906-09-14		A2
2378	" "	4	E½SE	1906-09-14		A2
2379	" "	4	SWSE	1906-09-14		A2
2415	PACK, Horace M	1	NWSW	1923-11-16		A2
2416	" "	1	W½NW	1923-11-16		A2 F
2417	" "	2	NESE	1923-11-16		A2
2420	PACK, James A	2	S½SW	1911-04-05		A2
2421	" "	3	E½SE	1911-04-05		A2
2472	PACK, Mansil	9	NWSW	1905-10-19		A2
2473	" "	9	S½SW	1905-10-19		A2
2474	" "	9	SWNW	1905-10-19		A2
2394	PICKELSIMER, Eliza F	9	NWNW	1920-04-12		A2
2397	PRUITT, Elmer	11	NWNESW	1920-03-01		A2
2398	" "	11	S½NESW	1920-03-01		A2
2399	" "	11	SESW	1920-03-01		A2
2400	" "	14	E½NWNENW	1920-03-01		A2
2401	" "	14	N½SENENW	1920-03-01		A2
2402	" "	14	NENENW	1920-03-01		A2
2403	PRUITT, Fount	4	SW	1905-10-19		A2
2412	PRUITT, Herbert B	10	SESW	1923-08-02		A2
2413	" "	10	SWSE	1923-08-02		A2
2414	" "	15	N½NE	1923-08-02		A2
2441	PRUITT, James	10	NESE	1910-04-01		A2
2442	" "	10	SENE	1910-04-01		A2
2443	" "	11	W½SW	1910-04-01		A2
2493	RUSSELL, Perry J	36	W½NENESW	1913-05-22		A2
2452	SKIDMORE, John R	15	E½SW	1908-07-14		A2
2453	" "	15	W½SE	1908-07-14		A2
2488	SKIDMORE, Nancy	15	E½SE	1905-12-30		A2 G66
2489	" "	15	S½NE	1905-12-30		A2 G66
2488	SKIDMORE, Turner L	15	E½SE	1905-12-30		A2 G66
2489	" "	15	S½NE	1905-12-30		A2 G66
2454	SKINNER, John	22	N½SENE	1919-09-27		A2
2455	" "	22	NESE	1919-09-27		A2
2456	" "	22	NWSE	1919-09-27		A2
2457	" "	22	SWNE	1919-09-27		A2
2458	" "	23	N½SWNW	1919-09-27		A2
2492	TATE, Patrick H	12	NWNE	1888-05-08		A1
2491	" "	12	NENW	1889-06-11		A1
2490	" "	1	SWSE	1890-01-22		A1
2467	VAUGHAN, Lenora	13	NWSW	1923-11-22		A2
2468	" "	13	W½NW	1923-11-22		A2
2469	" "	14	SENE	1923-11-22		A2
2371	WHORTON, Alvin A	26	NESW	1922-03-13		A2
2372	" "	26	S½SW	1922-03-13		A2
2373	" "	26	SWSE	1922-03-13		A2
2374	WHORTON, Andy C	35	SWSE	1923-03-07		A2
2519	WHORTON, Wilburn	25	N½NE	1921-08-19		A2
2520	" "	25	NENW	1921-08-19		A2
2521	" "	25	SENE	1921-08-19		A2
2435	WILLIAMS, James H	23	N½NE	1920-07-29		A1
2436	" "	24	N½NW	1920-07-29		A1
2410	WILSON, Henry M	4	N½NW	1920-03-19		A2
2411	" "	4	S½NW	1920-03-19		A2
2501	WILSON, Samuel P	3	NE	1903-07-01		A2

Township 11-N Range 17-W (5th PM) - Map Group 9

Family Maps of Van Buren County, Arkansas

Patent Map

T11-N R17-W
5th PM Meridian

Map Group 9

Township Statistics

Parcels Mapped	:	184
Number of Patents	:	77
Number of Individuals	:	76
Patentees Identified	:	74
Number of Surnames	:	48
Multi-Patentee Parcels	:	4
Oldest Patent Date	:	5/8/1888
Most Recent Patent	:	11/22/1923
Block/Lot Parcels	:	0
Parcels Re-Issued	:	0
Parcels that Overlap	:	0
Cities and Towns	:	2
Cemeteries	:	0

Section 4
- WILSON, Henry M — 1920
- MILLSAPS, Jesse B — 1901
- DAVIS, Thomas N — 1919
- WILSON, Henry M — 1920
- MILLSAPS, Jesse B — 1901
- PRUITT, Fount — 1905
- MILLSAPS, Jesse B — 1901
- PACK, Charley T — 1906
- PACK, Charley T — 1906

Section 9
- PICKELSIMER, Eliza F — 1920
- BLANEY, Mary A — 1901
- PACK, Mansil — 1905
- BLANEY, Mary A — 1901
- BLANEY, John — 1889
- BLANEY, James E — 1905
- PACK, Mansil — 1905
- BLANEY, Mary A — 1901
- BLANEY, James E — 1905
- PACK, Mansil — 1905

Pope County (Sections 17, 18, 19, 20, 29, 30, 31, 32)

Van Buren County

Section 16

Section 21
- HANKS, Elimus T — 1900
- DAVIS, Isaac — 1901
- HANKS, Matthew E — 1894
- HANKS, Matthew E — 1894
- JONES, Luther D — 1921

Section 28
- MCMAHEL, Robert S — 1901
- DAVIS, William M — 1901
- MCMAHEL, Robert S — 1901
- ARMISTEAD, Coles W — 1920
- ARMISTEAD, Coles W — 1920
- ARMISTEAD, Coles W — 1920

Section 33
- ARMISTEAD, Coles W — 1920
- ARMISTEAD, Coles W — 1920
- LAWLESS, Henry C — 1898

Township 11-N Range 17-W (5th PM) - Map Group 9

Helpful Hints

1. This Map's INDEX can be found on the preceding pages.

2. Refer to Map "C" to see where this Township lies within Van Buren County, Arkansas.

3. Numbers within square brackets [ ] denote a multi-patentee land parcel (multi-owner). Refer to Appendix "C" for a full list of members in this group.

4. Areas that look to be crowded with Patentees usually indicate multiple sales of the same parcel (Re-issues) or Overlapping parcels. See this Township's Index for an explanation of these and other circumstances that might explain "odd" groupings of Patentees on this map.

Copyright 2006 Boyd IT, Inc. All Rights Reserved

Legend

——— Patent Boundary

▬▬▬ Section Boundary

No Patents Found (or Outside County)

1., 2., 3., ... Lot Numbers (when beside a name)

[ ] Group Number (see Appendix "C")

Scale: Section = 1 mile X 1 mile (generally, with some exceptions)

155

Family Maps of Van Buren County, Arkansas

Road Map
T11-N R17-W
5th PM Meridian
Map Group 9

Cities & Towns
Dabney
Koones Gulf (historical)

Cemeteries
None

6	5	4
7	8	9
18	17	16
19	20	21
30	29	28
31	32	33

Pope County

Van Buren County

County Road 75

Township 11-N Range 17-W (5th PM) - Map Group 9

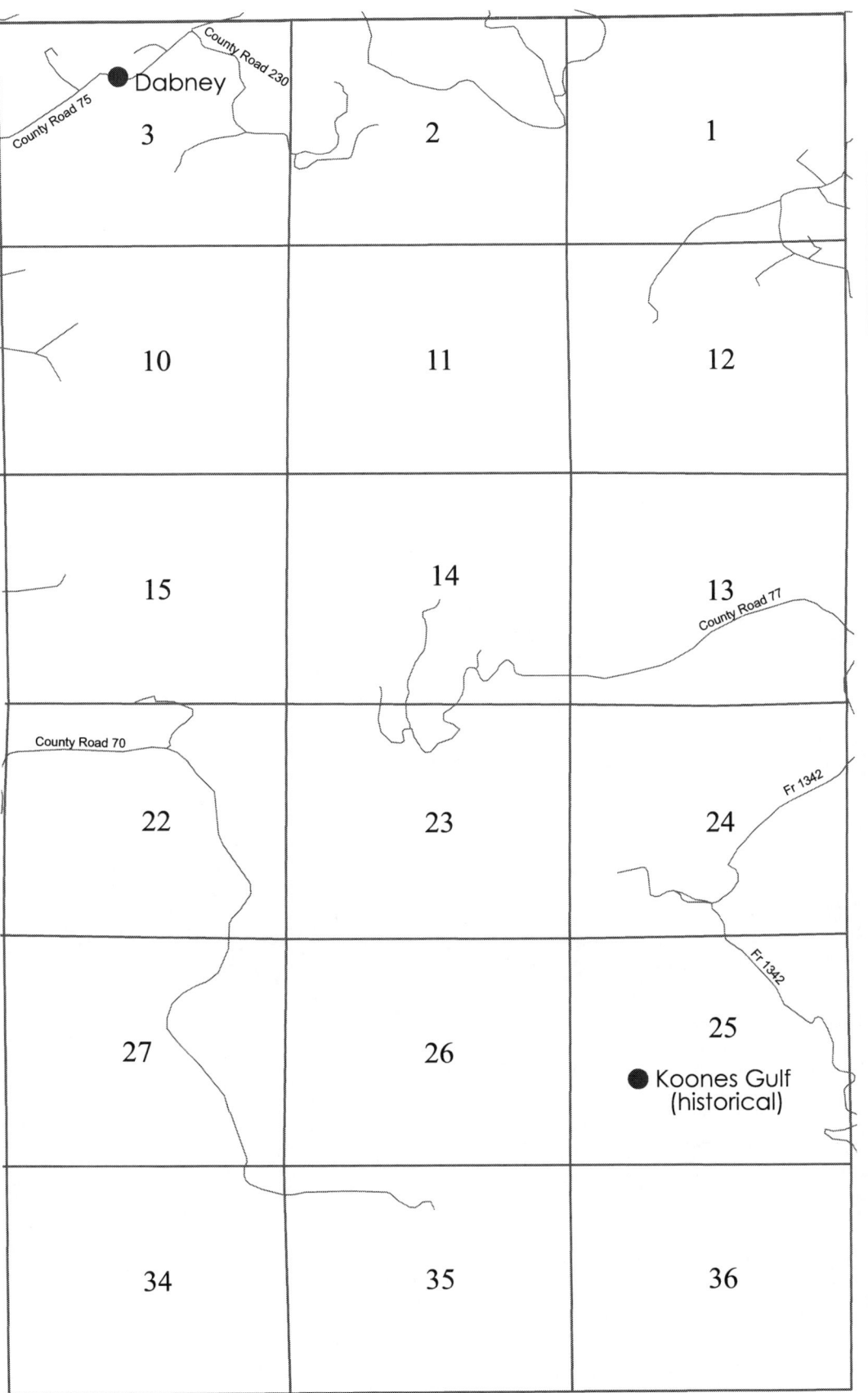

Family Maps of Van Buren County, Arkansas

Historical Map
T11-N R17-W
5th PM Meridian
Map Group 9

Cities & Towns
Dabney
Koones Gulf (historical)

Cemeteries
None

6	5	4
7	8	9
18	17	16
19	20	21
30	29	28
31	32	33

Pope County

Van Buren County

North Prong Brushy Fork

West Prong Brushy Fork

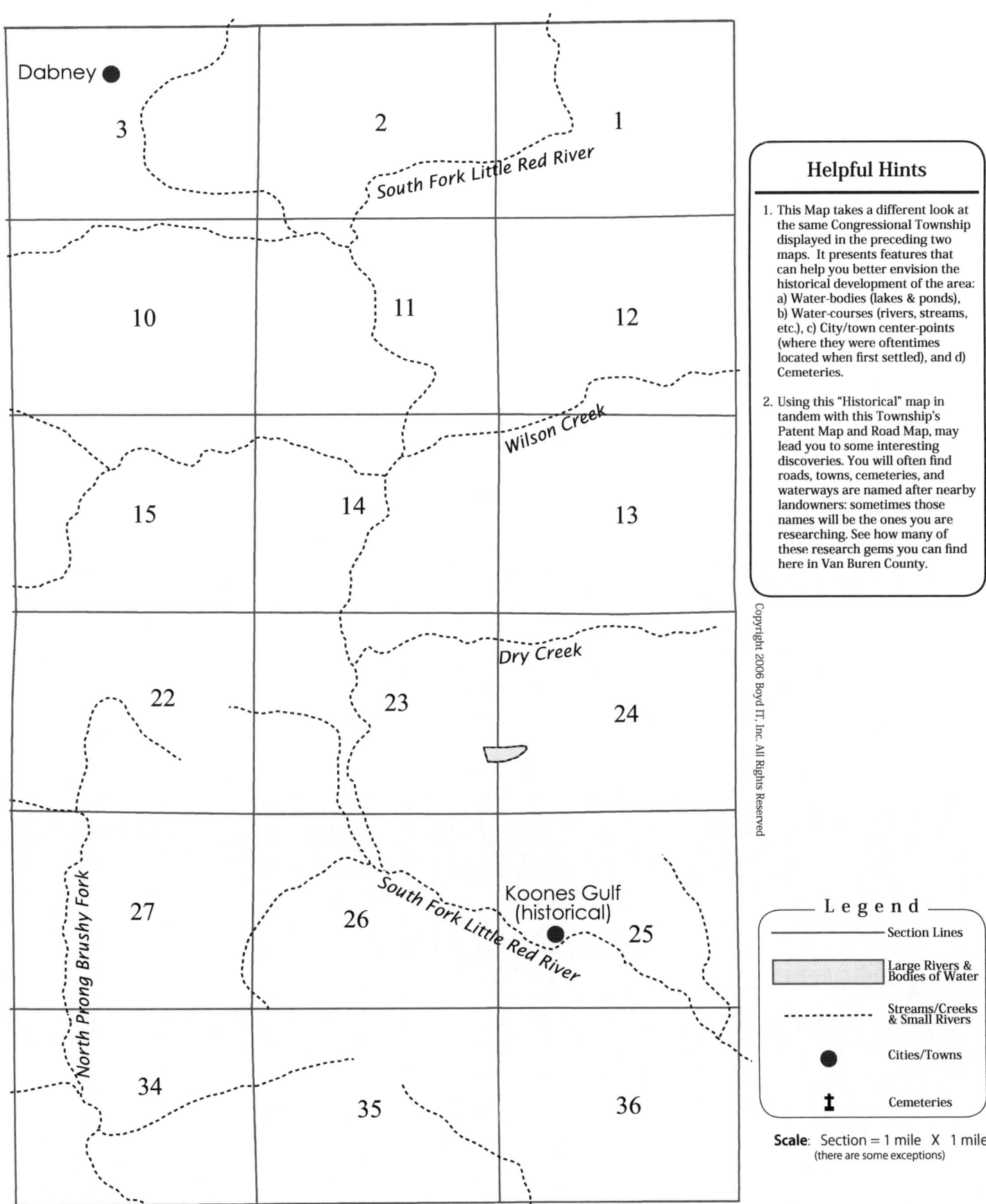

Map Group 10: Index to Land Patents
Township 11-North Range 16-West (5th PM)

After you locate an individual in this Index, take note of the Section and Section Part then proceed to the Land Patent map on the pages immediately following. You should have no difficulty locating the corresponding parcel of land.

The "For More Info" Column will lead you to more information about the underlying Patents. See the *Legend* at right, and the "How to Use this Book" chapter, for more information.

LEGEND
"For More Info . . . " column

- **A** = Authority (Legislative Act, See Appendix "A")
- **B** = Block or Lot (location in Section unknown)
- **C** = Cancelled Patent
- **F** = Fractional Section
- **G** = Group (Multi-Patentee Patent, see Appendix "C")
- **V** = Overlaps another Parcel
- **R** = Re-Issued (Parcel patented more than once)

(A & G items require you to look in the Appendixes referred to above. All other Letter-designations followed by a number require you to locate line-items in this index that possess the ID number found after the letter).

ID	Individual in Patent	Sec.	Sec. Part	Date Issued	Other Counties	For More Info . . .
2628	ACTON, Curtis C	28	SWSWSWSW	1915-04-23		A2
2629	" "	29	S½SESESE	1915-04-23		A2
2630	" "	29	SESWSESE	1915-04-23		A2
2631	" "	32	E½NENWNE	1915-04-23		A2
2632	" "	32	E½SWNWNE	1915-04-23		A2
2633	" "	32	N½N½NENE	1915-04-23		A2
2634	" "	32	N½SWNENE	1915-04-23		A2
2635	" "	32	S½NWNENE	1915-04-23		A2
2636	" "	32	SENWNE	1915-04-23		A2
2639	ALMAND, David B	33	W½NWSW	1912-11-11		A2
2794	ATWELL, Perry H	32	E½SW	1921-08-19		A2
2795	" "	32	SENW	1921-08-19		A2
2796	" "	32	SWSE	1921-08-19		A2
2860	BENSBERG, William J	20	E½SW	1908-07-16		A1
2861	" "	20	S½SE	1908-07-16		A1
2742	BEVERAGE, John T	4	NESESW	1918-07-22		A2
2743	" "	4	SESESW	1918-07-22		A2
2744	" "	4	W½SESW	1918-07-22		A2
2745	" "	9	E½NENW	1918-07-22		A2
2746	" "	9	E½SENW	1918-07-22		A2
2747	" "	9	NENESW	1918-07-22		A2
2748	" "	9	SENESW	1918-07-22		A2
2749	" "	9	W½E½NW	1918-07-22		A2
2750	" "	9	W½NESW	1918-07-22		A2
2753	BOST, John W	7	E½NESESW	1915-08-12		A2
2754	" "	7	E½SESESW	1915-08-12		A2
2755	" "	7	N½N½SWSE	1915-08-12		A2
2756	" "	7	S½NESWSE	1915-08-12		A2
2757	" "	7	S½NWSE	1915-08-12		A2
2758	" "	7	S½NWSWSE	1915-08-12		A2
2759	" "	7	S½SWSE	1915-08-12		A2
2760	" "	7	S½SWSE	1915-08-12		A2
2761	" "	7	SESENESW	1915-08-12		A2
2762	" "	7	W½E½SESW	1915-08-12		A2
2763	" "	7	W½SESW	1915-08-12		A2
2769	BRANNON, Joseph H	22	E½SW	1922-07-13		A2
2770	" "	22	NWSE	1922-07-13		A2
2602	BRUCE, Charley	12	E½SE	1909-07-12		A2
2603	" "	12	SWSE	1909-07-12		A2
2875	BRUCE, Yarb C	14	E½NW	1909-06-21		A2
2876	" "	14	W½NE	1909-06-21		A2
2558	BURK, Amos H	31	NENE	1912-03-28		A2
2559	" "	32	NWSW	1912-03-28		A2
2560	" "	32	W½NW	1912-03-28		A2
2606	BURK, Cleveland R	33	E½SWNWNE	1916-10-18		A2
2608	" "	33	N½NESWNE	1916-10-18		A2

Township 11-N Range 16-W (5th PM) - Map Group 10

ID	Individual in Patent	Sec.	Sec. Part	Date Issued	Other Counties	For More Info...
2609	BURK, Cleveland R (Cont'd)	33	N½SWNENW	1916-10-18		A2
2611	"	"	33	NENENW	1916-10-18	A2
2613	"	"	33	NESE	1916-10-18	A2
2614	"	"	33	NESWNW	1916-10-18	A2
2615	"	"	33	NWNWNE	1916-10-18	A2
2620	"	"	33	SENWNW	1916-10-18	A2
2607	"	"	33	N½N½SENW	1916-12-07	A2
2610	"	"	33	N½SWSWNE	1916-12-07	A2
2612	"	"	33	NENENWSE	1916-12-07	A2
2616	"	"	33	S½NESWNE	1916-12-07	A2
2617	"	"	33	S½SWNENW	1916-12-07	A2
2618	"	"	33	SENENW	1916-12-07	A2
2619	"	"	33	SENESENW	1916-12-07	A2
2621	"	"	33	SESWNE	1916-12-07	A2
2622	"	"	33	W½SWNWNE	1916-12-07	A2
2869	BURK, William W	33	SENE	1903-10-01		A2
2870	"	"	34	N½SW	1903-10-01	A2
2871	"	"	34	SWNW	1903-10-01	A2
2731	BURNETT, John A	4	NESW	1895-05-03		A2
2732	"	"	4	W½SW	1895-05-03	A2
2733	"	"	5	NESE	1895-05-03	A2
2638	BURT, Daniel H	2	NE	1902-03-07		A2
2734	BURT, John C	2	NW	1903-07-01		A2
2813	CALLAHAN, Peter J	7	N½NESW	1920-09-28		A2
2814	"	"	7	N½NWSE	1920-09-28	A2
2815	"	"	7	N½SENESW	1920-09-28	A2
2816	"	"	7	NESE	1920-09-28	A2
2817	"	"	7	SENW	1920-09-28	A2
2818	"	"	7	SWNESW	1920-09-28	A2
2819	"	"	7	SWSENESW	1920-09-28	A2
2588	CAMPBELL, Arthur W	34	E½SE	1908-10-19		A1
2589	"	"	35	W½SW	1908-10-19	A1
2663	CAMPBELL, Gordon H	19	NESE	1908-07-16		A1
2664	"	"	19	SENE	1908-07-16	A1
2665	"	"	20	W½NW	1908-07-16	A1
2826	CAMPBELL, Robert B	28	NWNW	1908-07-16		A1
2827	"	"	29	N½NE	1908-07-16	A1
2828	"	"	29	NENW	1908-07-16	A1
2666	CARON, Guy W	30	NE	1908-07-16		A1
2862	CHANDLER, William J	24	SESE	1904-01-27		A2
2863	"	"	25	NENE	1904-01-27	A2
2703	CHILDRES, James R	6	NWSW	1903-10-22		A2
2704	"	"	6	SENW	1903-10-22	A2
2705	"	"	6	W½NW	1903-10-22	A2
2832	COOPER, Robert C	6	NENE	1919-09-08		A2
2659	COSSEY, George A	19	NWNW	1921-07-28		A2
2866	CRAVENS, William R	23	SESE	1920-03-12		A2
2867	"	"	24	S½SW	1920-03-12	A2
2868	"	"	26	NENE	1920-03-12	A2
2576	DAULEY, Arkie P	26	S½SW	1921-02-01		A1 G13
2577	"	"	35	W½NW	1921-02-01	A1 G13
2582	DAULEY, Arthur E	26	NWSW	1922-01-13		A1
2583	"	"	27	N½SESW	1922-01-13	A1
2584	"	"	27	N½SESW	1922-01-13	A1
2585	"	"	27	S½N½N½SW	1922-01-13	A1
2586	"	"	27	S½N½SW	1922-01-13	A1
2587	"	"	27	S½S½N½SE	1922-01-13	A1
2764	DAVIDSON, John W	25	SW	1909-09-09		A2
2565	DEAN, Anderson L	8	NWSE	1909-06-21		A1
2561	"	"	27	N½N½N½SW	1919-05-15	A2
2562	"	"	27	N½N½SE	1919-05-15	A2
2563	"	"	27	N½S½N½SE	1919-05-15	A2
2564	"	"	27	S½S½NW	1919-05-15	A2
2576	DEAN, Arkie P	26	S½SW	1921-02-01		A1 G13
2577	"	"	35	W½NW	1921-02-01	A1 G13
2656	DEAN, Elisha A	17	NWSW	1900-08-21		A2
2657	"	"	18	E½SE	1900-08-21	A2
2658	"	"	18	SENE	1900-08-21	A2
2729	DEAN, Joel T	17	E½NE	1904-07-15		A2
2730	"	"	8	SESE	1904-07-15	A2
2821	DEAN, Rebecca J	20	NESE	1903-08-25		A2 G16
2822	"	"	20	SENE	1903-08-25	A2 G16
2823	"	"	21	NWSW	1903-08-25	A2 G16

Family Maps of Van Buren County, Arkansas

ID	Individual in Patent	Sec.	Sec. Part	Date Issued	Other Counties	For More Info...
2824	DEAN, Rebecca J (Cont'd)	21	SWNW	1903-08-25		A2 G16
2821	DEAN, Thomas J	20	NESE	1903-08-25		A2 G16
2822	" "	20	SENE	1903-08-25		A2 G16
2823	" "	21	NWSW	1903-08-25		A2 G16
2824	" "	21	SWNW	1903-08-25		A2 G16
2699	DEASON, James M	25	SENE	1920-04-28		A1
2780	EDWARDS, Lelia F	7	NWSW	1913-03-18		A2
2781	" "	7	SWNW	1913-03-18		A2
2872	EDWARDS, William W	7	NWNW	1900-07-12		A2
2676	EMERSON, Henry C	31	E½SE	1896-03-30		A2
2677	" "	31	NWSE	1896-03-30		A2
2678	" "	31	SWNE	1896-03-30		A2
2694	EMERSON, James C	29	NESW	1921-09-27		A2
2695	" "	29	S½NW	1921-09-27		A2
2696	" "	29	SWNE	1921-09-27		A2
2773	EMERSON, Julia	36	E½SWNWSE	1916-06-21		A2
2774	" "	36	NWSENWSE	1916-06-21		A2
2775	" "	36	S½SENWSE	1916-06-21		A2
2833	EMERSON, Robert M	19	SESE	1903-07-01		A2
2834	" "	20	W½SW	1903-07-01		A2
2835	" "	29	NWNW	1903-07-01		A2
2873	EMERSON, Willis	36	S½SE	1905-02-13		A2
2874	" "	36	SESW	1905-02-13		A2
2844	ESKRIDGE, Simpson E	13	NENE	1910-12-08		A2
2820	FORRESTER, Ralph	5	SESE	1922-10-25		A2
2647	FRANCIS, David R	33	SESE	1922-06-08		A2
2648	" "	34	S½SW	1922-06-08		A2
2566	FRANKLIN, Andrew J	18	E½SWNE	1921-09-09		A2
2567	" "	18	NESW	1921-09-09		A2
2568	" "	18	S½NW	1921-09-09		A2
2569	" "	18	W½SWNE	1921-09-09		A2
2660	GARDNER, George A	13	SESW	1914-05-28		A2
2661	" "	13	SWSE	1914-05-28		A2
2662	" "	13	W½SW	1914-05-28		A2
2788	GARDNER, Math M	12	SW	1909-05-27		A2
2681	GEE, Henry V	15	NESE	1904-12-31		A2
2682	" "	15	SENE	1904-12-31		A2
2683	" "	15	W½SE	1904-12-31		A2
2706	GIBBY, James T	13	NENW	1919-09-27		A2 G30
2707	" "	13	NWNE	1919-09-27		A2 G30
2708	" "	13	S½NE	1919-09-27		A2 G30
2706	GIBBY, Nancy	13	NENW	1919-09-27		A2 G30
2707	" "	13	NWNE	1919-09-27		A2 G30
2708	" "	13	S½NE	1919-09-27		A2 G30
2697	GILMAN, James	18	SWSW	1922-03-13		A2
2599	GRIFFIN, Bradley V	5	W½SW	1904-07-15		A2
2600	" "	6	NESE	1904-07-15		A2
2601	" "	8	NWNW	1904-07-15		A2
2857	GRIFFIN, William H	5	NENW	1901-05-08		A2
2858	" "	5	NWNE	1901-05-08		A2
2627	GROSS, Cora	30	E½NW	1921-07-18		A1
2654	GROSS, Ealon W	8	N½SW	1906-04-14		A2
2655	" "	8	S½NW	1906-04-14		A2
2735	GROSS, John H	21	S½SW	1921-02-01		A1
2736	" "	28	E½NW	1921-02-01		A1
2689	HEFNER, Jacob	6	NWSE	1920-01-20		A2
2690	" "	6	S½SE	1920-01-20		A2
2691	" "	7	NENE	1920-01-20		A2
2643	HENLEY, David	6	NENW	1895-01-11		A2
2644	" "	6	W½NE	1895-01-11		A2
2640	HENLEY, David F	28	N½SE	1903-07-14		A2
2641	" "	28	NESW	1903-07-14		A2
2642	" "	28	SWNE	1903-07-14		A2
2700	HENLEY, James M	10	SWSW	1913-10-22		A2
2701	" "	9	NESE	1913-10-22		A2
2702	" "	9	S½SE	1913-10-22		A2
2716	HENLEY, Joe A	33	SESW	1914-09-17		A2
2793	HENLEY, Oscar D	31	SWSW	1921-07-18		A1
2840	HENLEY, Samuel	31	SESW	1905-06-16		A2
2841	" "	31	SWSE	1905-06-16		A2
2829	HUGHS, Robert B	6	NESW	1903-10-22		A2
2830	" "	6	S½SW	1903-10-22		A2
2831	" "	7	NENW	1903-10-22		A2

Township 11-N Range 16-W (5th PM) - Map Group 10

ID	Individual in Patent	Sec.	Sec. Part	Date Issued	Other Counties	For More Info...
2864	JACKSON, William M	5	S½NW	1900-06-25		A2
2865	" "	6	SENE	1900-06-25		A2
2578	JONES, Arrastus A	5	NWSE	1913-03-03		A2
2580	" "	5	SWNE	1913-03-03		A2
2579	" "	5	SESW	1917-05-17		A2
2581	" "	5	SWSE	1917-05-17		A2
2604	JONES, Cicero	25	SENW	1919-10-07		A2
2605	" "	25	SWNE	1919-10-07		A2
2649	JONES, Deamer A	20	NENE	1921-02-01		A1
2650	" "	21	N½NW	1921-02-01		A1
2667	JONES, Harrison J	8	N½NE	1909-06-21		A2
2668	" "	8	NENW	1909-06-21		A2
2669	" "	8	SWNE	1909-06-21		A2
2737	JONES, John R	19	W½SW	1921-02-01		A1
2738	" "	30	W½NW	1921-02-01		A1
2845	JONES, Thomas J	18	N½NW	1913-01-10		A2
2846	" "	18	NWNE	1913-01-10		A2
2847	" "	7	SWSW	1913-01-10		A2
2842	KILPATRICK, Samuel W	32	N½SE	1890-03-13		A2
2843	" "	32	S½NE	1890-03-13		A2
2556	KINGSLEY, Allen E	4	E½NW	1903-07-01		A2
2557	" "	4	N½NE	1903-07-01		A2
2836	KINGSLEY, Ross A	4	N½SWNE	1917-11-26		A2
2853	KINGSLEY, Walter W	4	W½NW	1909-05-27		A2
2854	" "	5	E½NE	1909-05-27		A2
2782	KOON, Marion	30	S½SW	1889-09-17		A2 F
2783	" "	31	NENW	1889-09-17		A2
2570	KOONE, Andy	31	N½NESW	1919-09-08		A2 F
2571	" "	31	N½SWNW	1919-09-08		A2
2637	KOONE, Daniel D	31	NWNW	1854-05-01		A1 F
2784	KOONE, Marion	31	SENW	1905-04-18		A2
2692	LAURENCE, Jacob N	7	SENE	1903-07-01		A2
2693	" "	7	W½NE	1903-07-01		A2
2687	LEONARD, Isaac	5	NWNW	1898-10-13		A2
2651	LONG, Drusilla L	10	NWSW	1921-07-18		A1
2652	" "	10	SWNW	1921-07-18		A1
2653	" "	9	SENE	1921-07-18		A1
2724	MARCHBANKS, Joe	36	E½NENW	1915-04-23		A2
2725	" "	36	E½NENWNW	1915-04-23		A2
2726	" "	36	NESWNENW	1915-04-23		A2
2727	" "	36	NWNENW	1915-04-23		A2
2728	" "	36	W½W½NWNE	1915-04-23		A2
2717	" "	25	SESWNW	1919-11-26		A2
2718	" "	25	SWSWNW	1919-11-26		A2
2719	" "	26	E½E½NESE	1919-11-26		A2
2720	" "	26	E½SESENE	1919-11-26		A2
2721	" "	26	SESE	1919-11-26		A2
2722	" "	26	W½E½NESE	1919-11-26		A2
2723	" "	26	W½NESE	1919-11-26		A2
2709	MCDONALD, James W	35	SESE	1905-02-13		A2
2710	" "	36	SWSW	1905-02-13		A2
2848	MCDONALD, Thomas M	21	NESW	1920-02-11		A2
2849	" "	21	W½SE	1920-02-11		A2
2551	MILLSAPS, Alexander B	3	N½SW	1897-04-14		A2
2552	" "	3	SENW	1897-04-14		A2
2553	" "	3	SWNE	1897-04-14		A2
2711	MILLSAPS, James W	3	N½NE	1902-03-07		A2
2712	" "	3	N½NW	1902-03-07		A2
2785	NELSON, Martha F	27	S½SE	1921-02-01		A1
2786	" "	34	E½NE	1921-02-01		A1
2837	NELSON, Samuel B	17	N½SE	1910-04-01		A2
2838	" "	17	NESW	1910-04-01		A2
2839	" "	17	SENW	1910-04-01		A2
2765	OSBORN, John W	21	SESE	1920-01-20		A2
2766	" "	22	SWSW	1920-01-20		A2
2767	" "	27	NWNW	1920-01-20		A2
2768	" "	28	NENE	1920-01-20		A2
2713	PICKELSIMER, Jesse	17	W½NW	1912-03-28		A2
2714	" "	18	NENE	1912-03-28		A2
2715	" "	7	SESE	1912-03-28		A2
2776	PRESNELL, Lee M	5	NESW	1920-03-01		A2
2590	PRICE, Benjamin F	27	S½SESW	1918-06-20		A2
2591	" "	27	S½SESW	1918-06-20		A2

ID	Individual in Patent	Sec.	Sec. Part	Date Issued	Other Counties	For More Info . . .
2592	PRICE, Benjamin F (Cont'd)	34	E½SENW	1918-06-20		A2
2593	" "	34	N½NENW	1918-06-20		A2
2594	" "	34	SENENW	1918-06-20		A2
2595	" "	34	SWNWNE	1918-06-20		A2
2596	" "	34	SWSENW	1918-06-20		A2
2597	" "	34	W½NWSE	1918-06-20		A2
2598	" "	34	W½SWNE	1918-06-20		A2
2645	PRUITT, David M	17	S½SW	1921-02-01		A2
2646	" "	20	NENW	1921-02-01		A2
2771	PRUITT, Joshua	1	N½NW	1905-12-30		A2
2772	" "	1	W½NE	1905-12-30		A2
2850	RACKLEY, Thomas W	17	S½SE	1923-08-02		A2
2670	REXROAD, Harvey H	10	SESE	1923-07-30		A2
2671	" "	10	SWSE	1923-07-30		A2
2672	" "	15	W½NE	1923-07-30		A2
2777	ROBERTS, Lee M	24	NENW	1921-10-21		A2
2778	" "	24	NWSW	1921-10-21		A2
2779	" "	24	S½NW	1921-10-21		A2
2673	RUSSELL, Harvey W	35	NESW	1904-05-05		A2
2674	" "	35	SENW	1904-05-05		A2
2675	" "	35	W½SE	1904-05-05		A2
2797	RUSSELL, Perry J	35	N½NWNESE	1913-05-22		A2
2798	" "	35	NWSWNESE	1913-05-22		A2
2799	" "	35	S½S½NESE	1913-05-22		A2
2800	" "	35	SWNWNESE	1913-05-22		A2
2801	" "	36	E½NENWSW	1913-05-22		A2
2802	" "	36	N½SWNESW	1913-05-22		A2
2803	" "	36	NENESENW	1913-05-22		A2
2804	" "	36	NESENWSW	1913-05-22		A2
2805	" "	36	NWNESW	1913-05-22		A2
2806	" "	36	NWSENESW	1913-05-22		A2
2807	" "	36	S½SWNWSW	1913-05-22		A2
2808	" "	36	S½SWSENW	1913-05-22		A2
2809	" "	36	SESWNW	1913-05-22		A2
2810	" "	36	W½NESENW	1913-05-22		A2
2811	" "	36	W½SENWSW	1913-05-22		A2
2812	" "	36	W½SESENW	1913-05-22		A2
2859	RUSSELL, William H	35	SESW	1913-12-11		A2
2751	SANDERS, John T	3	SWSW	1911-06-26		A2
2752	" "	4	E½SE	1911-06-26		A2
2855	SANDERS, Wiley	2	NESE	1904-07-15		A2
2856	" "	2	W½SE	1904-07-15		A2
2554	SCARBERRY, Alexander	23	NESW	1905-12-30		A2
2555	" "	23	NWSE	1905-12-30		A2
2739	SCARBERRY, John	23	N½NE	1909-05-27		A2
2740	" "	23	NENW	1909-05-27		A2
2741	" "	24	NWNW	1909-05-27		A2
2679	STUBBLEFIELD, Henry E	8	NESE	1903-07-01		A2
2680	" "	8	SENE	1903-07-01		A2
2572	STUBLEFIELD, Angeline	9	W½NW	1896-05-25		A2
2573	" "	9	W½SW	1896-05-25		A2
2787	TESTER, Maston L	22	NE	1923-11-22		A2
2825	VAN WINKLE, RICHARD E	2	SESE	1921-08-15		A2
2624	VAUGHAN, Columbus R	18	SESW	1920-01-20		A2
2625	" "	18	SWSE	1920-01-20		A2
2626	" "	19	N½NE	1920-01-20		A2
2623	" "	18	NWSE	1921-02-01		A1
2574	WILLIAMS, Annie B	19	SWNE	1921-07-18		A1
2575	" "	19	W½SE	1921-07-18		A1
2684	WILLIAMS, Henry	22	SESE	1904-11-15		A2
2685	" "	23	S½SW	1904-11-15		A2
2686	" "	26	NENW	1904-11-15		A2
2688	WILLIAMS, Jackson G	27	NE	1894-01-25		A2
2698	WILLIAMS, James H	9	SESW	1923-02-27		A2
2789	WILLIAMS, Nathan	26	NESW	1902-03-25		A2
2790	" "	26	NWSE	1902-03-25		A2
2791	" "	26	SENW	1902-03-25		A2
2792	" "	26	SWNE	1902-03-25		A2
2851	WILLIAMS, Vina	21	NESE	1921-02-01		A1
2852	" "	22	NWSW	1921-02-01		A1

Township 11-N Range 16-W (5th PM) - Map Group 10

Family Maps of Van Buren County, Arkansas

Patent Map

T11-N R16-W
5th PM Meridian

Map Group 10

Township Statistics

Parcels Mapped	:	326
Number of Patents	:	119
Number of Individuals	:	117
Patentees Identified	:	114
Number of Surnames	:	68
Multi-Patentee Parcels	:	9
Oldest Patent Date	:	5/1/1854
Most Recent Patent	:	11/22/1923
Block/Lot Parcels	:	0
Parcels Re-Issued	:	0
Parcels that Overlap	:	0
Cities and Towns	:	5
Cemeteries	:	2

Copyright 2006 Boyd IT, Inc. All Rights Reserved

166

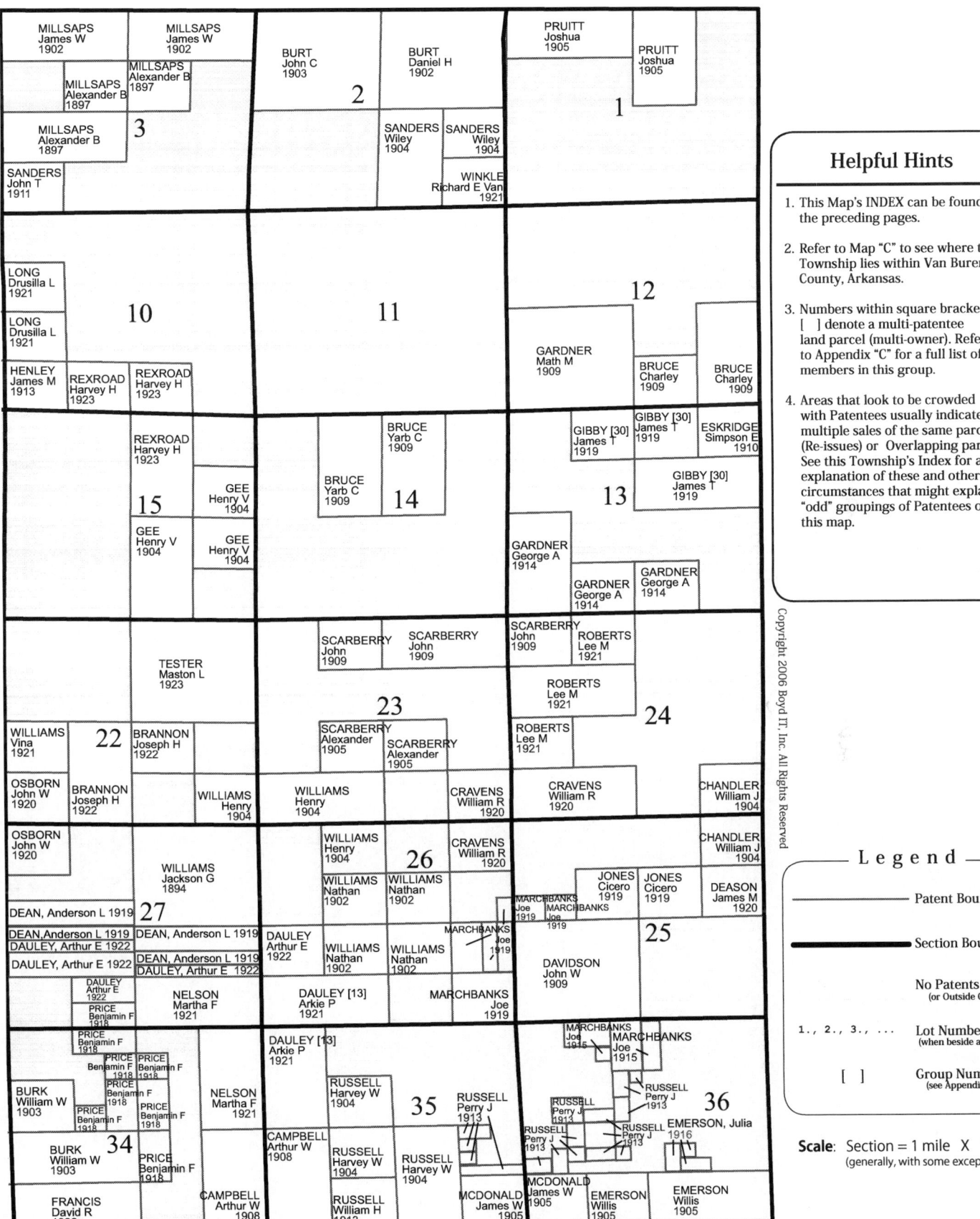

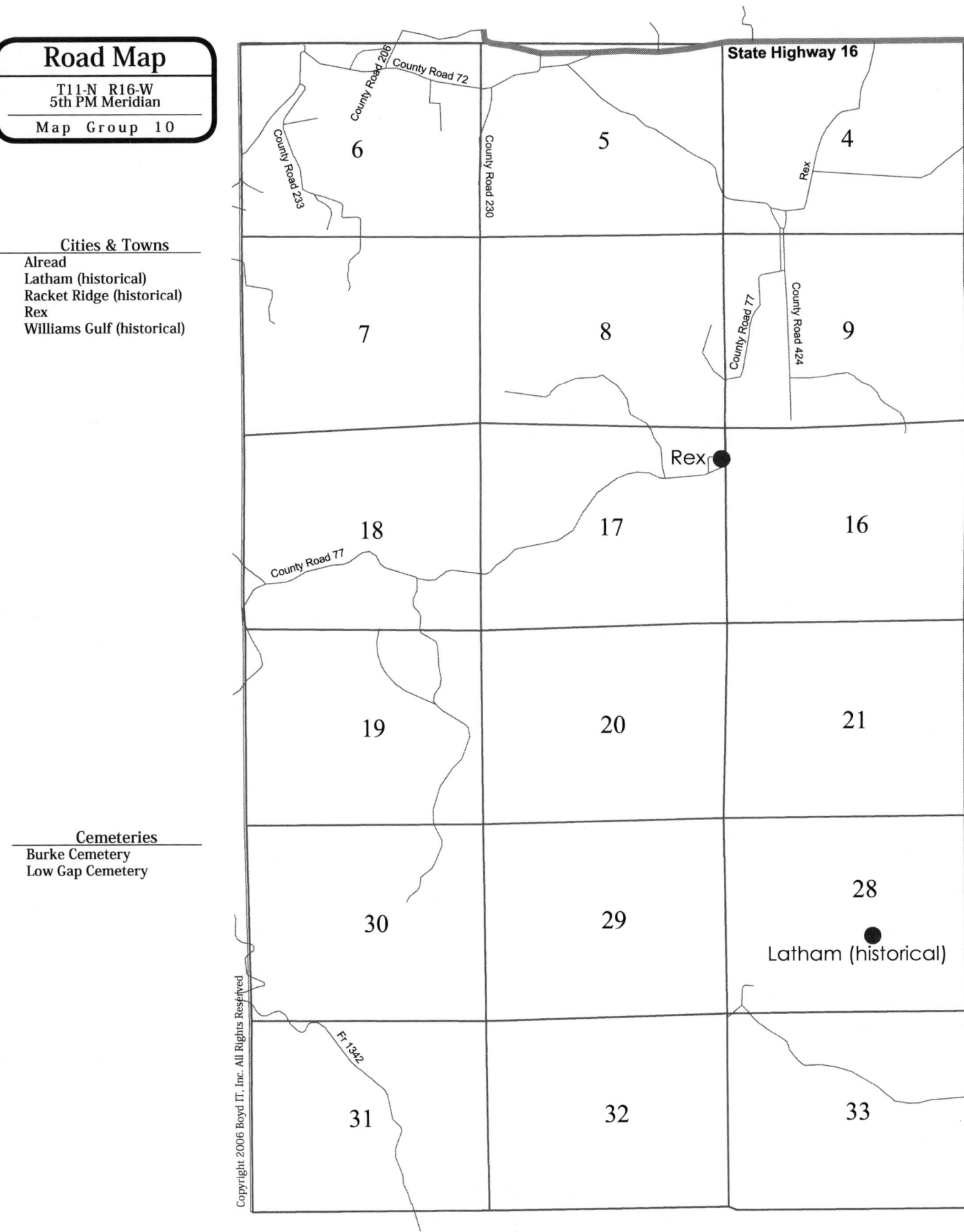

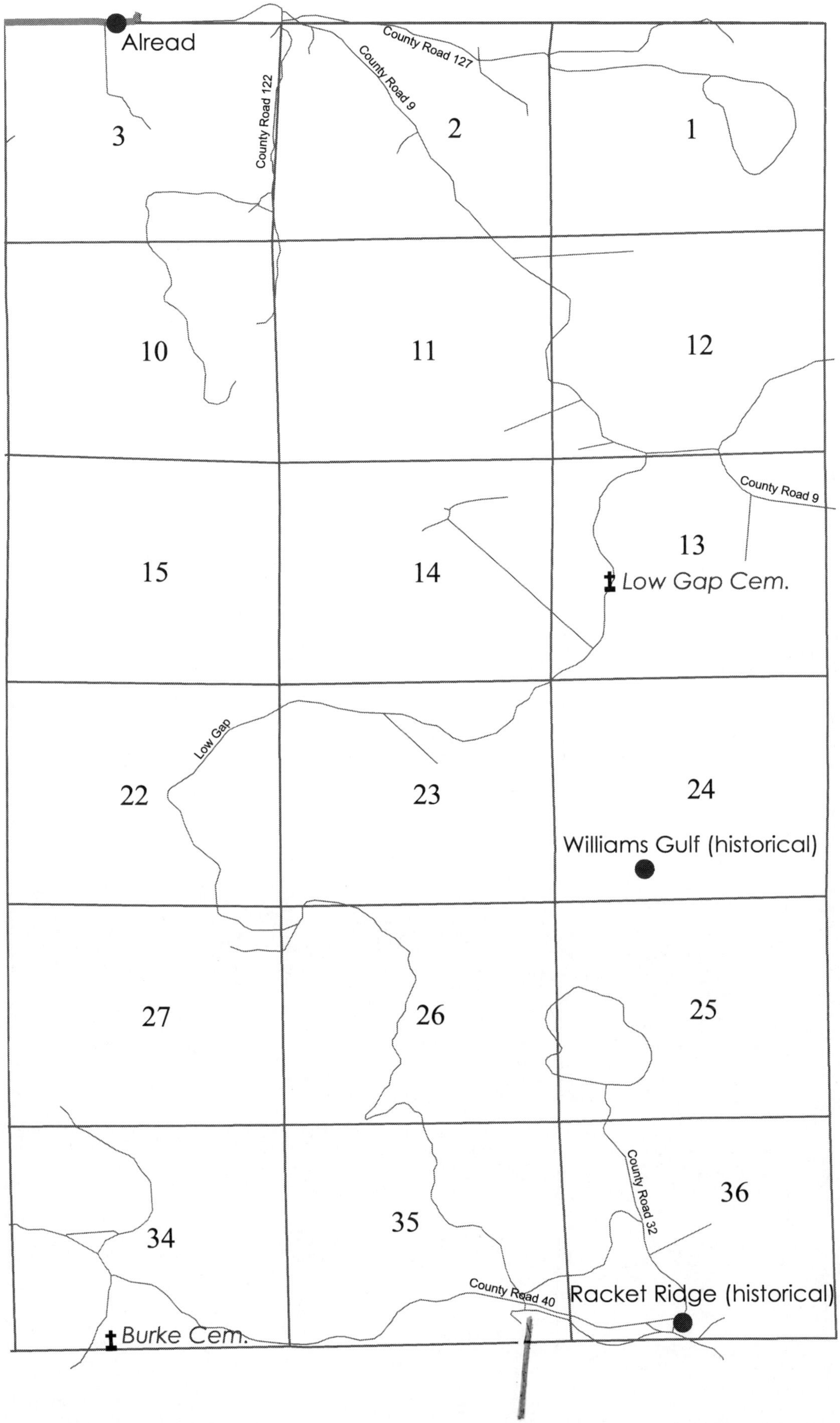

Township 11-N Range 16-W (5th PM) - Map Group 10

Family Maps of Van Buren County, Arkansas

Historical Map
T11-N R16-W
5th PM Meridian
Map Group 10

Cities & Towns
Alread
Latham (historical)
Racket Ridge (historical)
Rex
Williams Gulf (historical)

Cemeteries
Burke Cemetery
Low Gap Cemetery

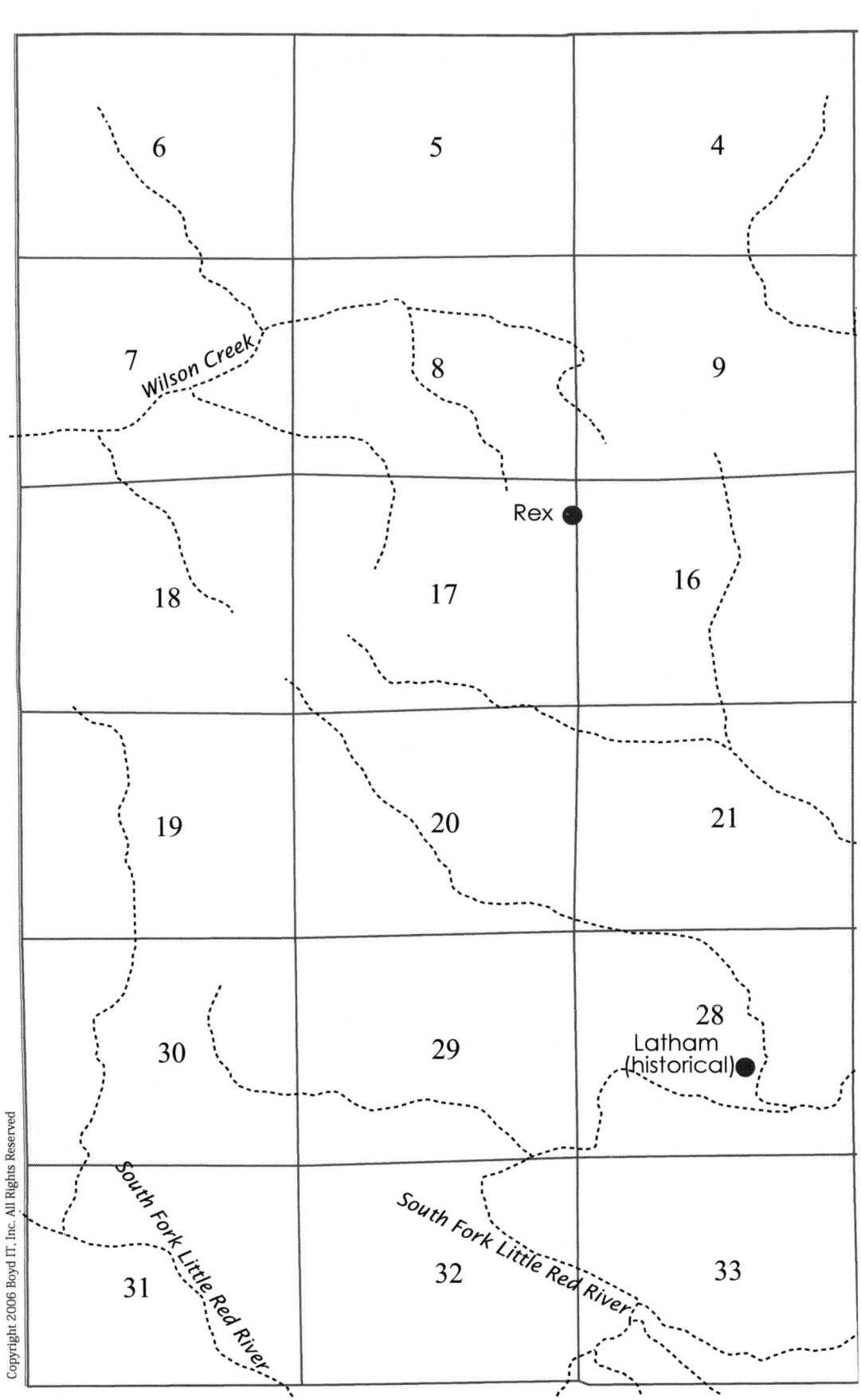

Township 11-N Range 16-W (5th PM) - Map Group 10

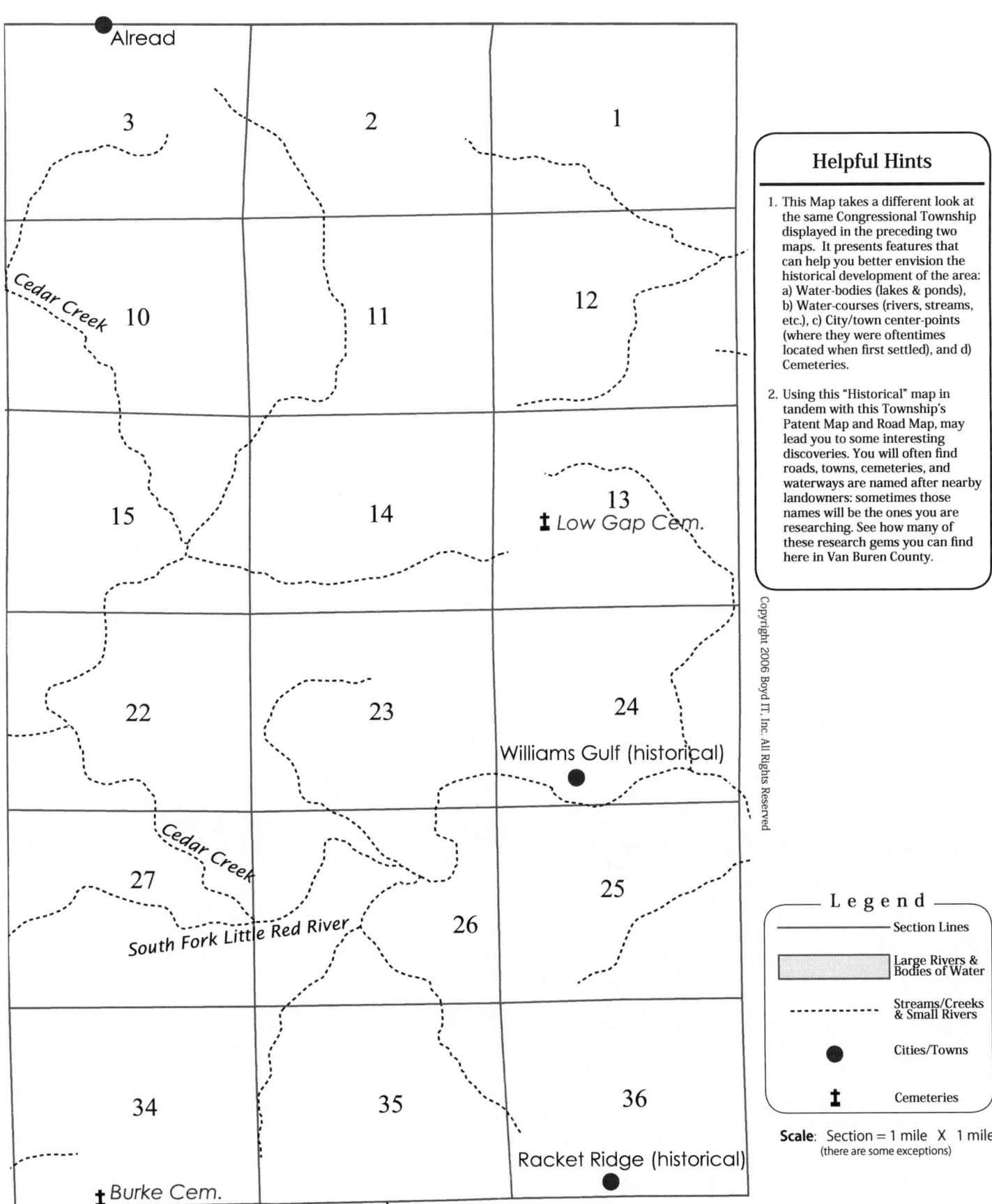

Family Maps of Van Buren County, Arkansas

Map Group 11: Index to Land Patents
Township 11-North Range 15-West (5th PM)

After you locate an individual in this Index, take note of the Section and Section Part then proceed to the Land Patent map on the pages immediately following. You should have no difficulty locating the corresponding parcel of land.

The "For More Info" Column will lead you to more information about the underlying Patents. See the *Legend* at right, and the "How to Use this Book" chapter, for more information.

```
                      LEGEND
             "For More Info . . . " column
A = Authority (Legislative Act, See Appendix "A")
B = Block or Lot (location in Section unknown)
C = Cancelled Patent
F = Fractional Section
G = Group  (Multi-Patentee Patent, see Appendix "C")
V = Overlaps another Parcel
R = Re-Issued (Parcel patented more than once)

(A & G items require you to look in the Appendixes referred
to above. All other Letter-designations followed by a number
require you to locate line-items in this index that possess
the ID number found after the letter).
```

ID	Individual in Patent	Sec.	Sec. Part	Date Issued	Other Counties	For More Info . . .
3008	AIKIN, John M	34	NWNE	1849-11-01		A1
2964	AKINS, James J	33	NESE	1856-03-01		A1
2965	" "	33	SWSE	1856-03-01		A1
3012	ANDREWS, John W	24	W½NW	1913-03-03		A2
3013	" "	24	W½SW	1913-03-03		A2
3143	ARNHART, William H	6	E½NE	1900-08-21		A2
2970	BERRY, James R	18	W½SW	1923-05-25		A2
2971	" "	19	NWNW	1923-05-25		A2
3107	BERRY, Scott T	19	SW	1923-06-21		A2
3124	BERRY, Uvard	18	SESW	1911-01-09		A2
3125	" "	19	E½NW	1911-01-09		A2
3126	" "	19	SWNW	1911-01-09		A2
2976	BEVERAGE, Jesse M	7	E½SW	1920-04-21		A2
2977	" "	7	NWSE	1920-04-21		A2
2978	" "	7	SENW	1920-04-21		A2
2950	BINGHAM, Herbert J	17	SESW	1908-07-16		A1
2951	" "	17	W½SW	1908-07-16		A1
2952	" "	18	SESE	1908-07-16		A1
3043	BINGHAM, Martha A	32	N½SW	1908-09-14		A1
3044	" "	32	SENW	1908-09-14		A1
3045	" "	32	SWSW	1908-09-14		A1
3028	BIZZELL, Joseph W	12	SESW	1911-08-28		A1
3029	" "	12	SWSE	1911-08-28		A1
3030	" "	13	NENW	1911-08-28		A1
3031	" "	13	NWNE	1911-08-28		A1
3023	BOWLING, Joseph G	25	NWNW	1909-06-21		A2
3024	" "	26	N½NE	1909-06-21		A2
3025	" "	26	SENE	1909-06-21		A2
3112	BRADLEY, Smith H	31	NE	1909-01-14		A1
2902	BRUCE, Charley	7	NWSW	1909-07-12		A2
3093	BUCHANAN, Samuel C	15	N½SESW	1920-09-24		A2
3094	" "	15	N½SESW	1920-09-24		A2
3095	" "	15	N½SWSE	1920-09-24		A2
3096	" "	15	N½SWSE	1920-09-24		A2
3097	" "	15	NESW	1920-09-24		A2
3032	BURGESS, Joshua D	28	NENW	1909-02-01		A2
3033	" "	28	NWNE	1909-02-01		A2
2988	CARTER, John	17	SENW	1919-12-03		A2
2989	" "	17	W½NE	1919-12-03		A2
2990	" "	8	SWSE	1919-12-03		A2
3169	CASTLEBERRY, William T	29	NESW	1890-03-13		A2
3170	" "	29	SENW	1890-03-13		A2
2916	CHANDLER, Eda R	15	E½NE	1909-10-11		A2
2917	" "	15	N½SE	1909-10-11		A2
2981	CHANDLER, Joe C	21	SESE	1904-01-27		A2
2982	" "	22	SWSW	1904-01-27		A2

Township 11-N Range 15-W (5th PM) - Map Group 11

ID	Individual in Patent	Sec.	Sec. Part	Date Issued	Other Counties	For More Info...
2983	CHANDLER, Joe C (Cont'd)	28	E½NE	1904-01-27		A2
3134	CHANDLER, William C	22	N½SWSE	1919-09-08		A2
3135	" "	22	N½SWSE	1919-09-08		A2
3136	" "	22	NWSE	1919-09-08		A2
3137	" "	22	SESE	1919-09-08		A2
3166	COLEMAN, William S	9	NESE	1908-12-21		A2
3167	" "	9	SENE	1908-12-21		A2
2900	COMPTON, Cancil	22	E½NE	1909-01-14		A1
2901	" "	23	W½NW	1909-01-14		A1
3068	COPELAND, Perry R	32	N½SE	1913-11-29		A2
3069	" "	32	SENE	1913-11-29		A2
3070	" "	32	SWSE	1913-11-29		A2
2940	COUNTS, George	36	SENE	1856-03-01		A1
2953	CRABTREE, Homer B	4	NENE	1923-10-05		A2
3159	CRENSHAW, William J	4	NWNE	1904-01-27		A2
3160	" "	4	S½NE	1904-01-27		A2
3161	" "	4	SENW	1904-01-27		A2
3067	CROOK, Oscar S	21	N½NE	1924-12-20		A2
3084	CROOK, Robert T	10	SWSW	1913-06-07		A2
3085	" "	9	NWSE	1913-06-07		A2
3086	" "	9	S½SE	1913-06-07		A2
2884	CROWELL, Allen C	15	W½SW	1890-04-05		A2
2885	" "	22	N½NW	1890-04-05		A2
2960	DAVIDSON, James	33	E½NE	1899-12-21		A2
2973	DAVIDSON, Janey	30	SWNE	1906-09-19		A2
3103	DAVIDSON, Samuel L	21	E½NW	1905-08-05		A2
3104	" "	21	SWNE	1905-08-05		A2
2958	DEASON, James C	33	NWSE	1918-07-12		A2
2959	" "	33	W½NE	1918-07-12		A2
2966	DEASON, James M	10	W½SE	1897-02-10		A2
2967	" "	15	W½NE	1897-02-10		A2
2968	" "	30	NWNW	1920-09-10		A1
2941	DEMPSEY, George W	24	E½SW	1912-03-28		A2
2942	" "	25	E½NW	1912-03-28		A2
2998	DENNEY, John H	2	E½NW	1909-06-01		A1
2999	" "	2	NESW	1909-06-01		A1
3000	" "	2	SWNE	1909-06-01		A1
3081	EADES, Robert J	22	N½SW	1904-06-16		A2
3082	" "	22	SENW	1904-06-16		A2
3083	" "	22	SWNE	1904-06-16		A2
3131	EDWARDS, William A	10	E½SW	1925-07-30		A2
2948	EMERSON, Henry I	17	E½NE	1914-05-28		A2
2949	EMERSON, Henry T	19	W½NE	1906-09-14		A2
3014	EMERSON, John W	20	N½NW	1912-05-01		A2
3015	" "	20	NENWSWNW	1912-07-25		A2
3016	" "	20	NESWNW	1912-07-25		A2
3065	ENYART, Orange P	12	E½NW	1899-08-30		A2
3066	" "	12	W½NE	1899-08-30		A2
3105	ENYART, Samuel R	12	E½NE	1899-08-30		A2
3141	ENYART, William D	12	E½SE	1901-06-25		A2
3108	ESKRIDGE, Simpson E	18	NWNW	1910-12-08		A2
2892	FAIN, Anna	8	S½SW	1922-07-13		A2
2895	FILLERS, Bruce	4	E½SWSW	1919-09-08		A2
2896	" "	4	NWSW	1919-09-08		A2
2897	" "	4	W½SWSW	1919-09-08		A2
2898	" "	9	N½S½NW	1919-09-08		A2
2899	" "	9	NWNW	1919-09-08		A2
2996	FLORY, John G	11	NESW	1899-08-30		A2
2997	" "	11	NWSE	1899-08-30		A2
3009	FOSTER, John P	35	SW	1882-06-30		A2
2930	GARDNER, Felix G	19	S½SE	1889-09-20		A2
2943	GARDNER, George W	18	NESE	1905-06-16		A2
2944	" "	18	SENE	1905-06-16		A2
2945	" "	18	W½SE	1905-06-16		A2
3046	GARDNER, Martha M	18	NESW	1911-11-01		A2 G25
3047	" "	18	S½NW	1911-11-01		A2 G25
3048	" "	18	SWNE	1911-11-01		A2 G25
3162	GARNER, William J	13	S½NW	1924-07-17		A2
2972	GIVENS, James R	34	S½SW	1889-09-17		A2
2912	GRIFFIN, Deland E	12	NESW	1907-04-10		A2
2913	" "	12	NWSE	1907-04-10		A2
2914	" "	12	W½SW	1907-04-10		A2
2915	GRIGGS, Duke H	26	N½SW	1882-05-10		A2

Family Maps of Van Buren County, Arkansas

ID	Individual in Patent	Sec.	Sec. Part	Date Issued	Other Counties	For More Info . . .
2946	GRIGGS, Harvey W	27	N½SE	1912-11-04		A2
2947	" "	27	W½NE	1912-11-04		A2
3098	GRIGGS, Samuel	26	SESW	1849-11-01		A1
3101	" "	34	SWNW	1849-11-01		A1
3102	" "	35	N½NW	1849-11-01		A1
3099	" "	26	SWSE	1856-03-01		A1
3100	" "	27	SESE	1856-03-01		A1
3138	GRIGGS, William C	25	NESW	1890-05-31		A2
3139	" "	25	SWNW	1890-05-31		A2
3140	" "	25	W½SW	1890-05-31		A2
3142	GRIGGS, William F	34	NWNW	1905-10-19		A2
2987	GRISWOLD, John C	11	S½SW	1896-03-09		A2
2923	HALL, Elijah	27	SESW	1890-04-30		A1
3006	HALL, John	27	SWNE	1879-09-23		A1 C
3007	" "	27	SWSE	1888-08-06		A1
3001	HALL, John H	29	SWNW	1921-10-26		A1
3080	HALL, Robert	34	SWNE	1882-04-10		A1
3123	HALL, Tollie S	29	NENW	1919-10-06		A1
2934	HANKWITZ, Fred	28	W½SW	1922-06-16		A2
2935	" "	29	NESE	1922-06-16		A2
2936	" "	33	NWNW	1922-06-16		A2
2974	HARDIN, Jasper N	25	NWSE	1890-10-18		A2
2975	" "	25	SWNE	1890-10-18		A2
3115	HARDY, Thomas J	14	NWSE	1908-10-15		A2
3116	" "	14	S½SE	1908-10-15		A2
3117	" "	23	NENE	1908-10-15		A2
3153	HARDY, William	25	SESW	1889-01-26		A2
3154	" "	36	NENW	1889-01-26		A2
3155	" "	36	W½NE	1889-01-26		A2
3132	HARE, William A	28	NESE	1914-07-16		A2
3133	" "	28	S½SE	1914-07-16		A2
3156	HARRINGTON, William	22	NESE	1904-12-21		A2
3157	" "	23	SESW	1904-12-21		A2 V2893
3158	" "	23	W½SW	1904-12-21		A2
3057	HARRIS, Naupha J	21	SESW	1920-06-01		A1
3144	HARRISON, William H	2	SWNW	1888-07-23		A2
3145	" "	2	W½SW	1888-07-23		A2
3146	" "	3	NESE	1888-07-23		A2 R3058
3058	HERNANDES, Nicholas W	3	NESE	1923-03-19		A2 R3146
3059	" "	3	SENE	1923-03-19		A2
2893	HILGER, Arthur N	23	E½SW	1909-01-14		A1 V3157, 2894
2894	" "	23	NESW	1909-01-14		A1 V2893
3129	HOIL, Walter T	8	NENW	1903-04-08		A2
3130	" "	8	NWNE	1903-04-08		A2
3128	" "	5	W½NE	1909-06-30		A2
3060	HOLLINGSWORTH, Obie H	29	SWSW	1919-10-04		A2
3061	" "	30	SESE	1919-10-04		A2
3062	" "	32	W½NW	1919-10-04		A2
3090	HUTCHINSON, Samuel B	28	E½SW	1904-01-27		A2
3091	" "	28	SENW	1904-01-27		A2
3092	" "	33	NENW	1904-01-27		A2
2911	JACKSON, David	36	NWNW	1856-03-01		A1
2963	JACOBS, James F	27	N½SW	1906-04-14		A2 V2908
3037	JACOBS, Lonnie J	25	SWSE	1917-01-26		A2
3147	JACOBS, William H	20	SESE	1921-10-15		A2
3035	JAMES, Joshua	34	E½NE	1849-11-01		A1
3034	" "	26	SWSW	1856-03-01		A1
3017	JENNINGS, John W	14	NESW	1910-09-22		A2
3018	" "	14	S½SW	1910-09-22		A2
3019	" "	15	SESE	1910-09-22		A2
3036	JOSLIN, Lemuel B	35	SWNW	1850-10-01		A1
3087	KEMP, Sampson S	23	E½NW	1909-01-14		A1
3088	" "	23	S½NE	1909-01-14		A1
3163	LANGSTON, William J	11	NESE	1901-06-25		A2
3164	" "	11	S½SE	1901-06-25		A2
3165	" "	14	NWNE	1901-06-25		A2
2920	LEMINGS, Elijah E	7	NENE	1910-10-06		A2
2921	" "	7	NESE	1910-10-06		A2
2922	" "	7	S½NE	1910-10-06		A2
3109	LEMINGS, Siras L	17	N½NW	1905-09-21		A2
3110	" "	18	NENE	1905-09-21		A2
3111	" "	7	SESE	1905-09-21		A2
3002	LITICKER, John H	31	E½SESW	1919-09-08		A2

Township 11-N Range 15-W (5th PM) - Map Group 11

ID	Individual in Patent	Sec.	Sec. Part	Date Issued	Other Counties	For More Info...
3003	LITICKER, John H (Cont'd)	31	S½SWSW	1919-09-08		A2 F
3004	" "	31	SWSE	1919-09-08		A2
3005	" "	31	SWSESW	1919-09-08		A2
2955	LYTLE, James B	3	N½NE	1909-01-14		A1
2956	" "	3	NENW	1909-01-14		A1
2957	" "	3	SWNE	1909-01-14		A1
2908	MCALISTER, David J	27	NESW	1908-12-03		A2 V2963
2909	" "	27	SENW	1908-12-03		A2
2910	" "	27	W½NW	1908-12-03		A2
2992	MCALISTER, John F	35	E½SE	1849-11-01		A1
2993	" "	36	N½SW	1849-11-01		A1
2995	" "	36	SWNW	1849-11-01		A1
2994	" "	36	S½SW	1860-10-01		A1
3026	MCALISTER, Joseph	36	NENE	1861-01-01		A1
3027	" "	36	S½SE	1871-05-24		A1
3052	MCALISTER, Michael	26	N½SE	1875-02-01		A1
3053	" "	35	SWSE	1875-02-01		A1
2954	MCCOY, Irvin L	2	SE	1917-11-26		A2 G52
2954	MCCOY, Rival E	2	SE	1917-11-26		A2 G52
2991	MCKEE, John D	15	NW	1901-11-16		A2
2877	MCKINEY, Acca L	21	N½SE	1904-01-27		A2
2878	" "	21	SENE	1904-01-27		A2
2879	" "	21	SWSE	1904-01-27		A2
3046	MCKINNEY, Martha M	18	NESW	1911-11-01		A2 G25
3047	" "	18	S½NW	1911-11-01		A2 G25
3048	" "	18	SWNE	1911-11-01		A2 G25
3106	MCKINNEY, Sanford C	26	SWNE	1910-12-08		A2
3118	MIDDLETON, Thomas J	3	N½SW	1910-04-01		A2
3119	" "	3	S½NW	1910-04-01		A2
2904	MILLER, Daniel A	14	N½NW	1904-11-01		A2
3148	MILLER, William H	10	NENW	1905-04-18		A2
3149	" "	10	W½NE	1905-04-18		A2
3150	" "	3	SWSE	1905-04-18		A2
2937	MILLS, George B	13	N½SW	1921-04-01		A2
2938	" "	13	SWSW	1921-04-01		A2
2939	" "	14	NESE	1921-04-01		A2
3020	MOREDOCK, John W	8	N½SE	1922-12-26		A2
3021	" "	8	NESW	1922-12-26		A2
3022	" "	8	SESE	1922-12-26		A2
2931	MORELAND, Francis H	11	NENW	1923-12-21		A2
2932	" "	11	W½NW	1923-12-21		A2
2933	" "	2	SESW	1923-12-21		A2
2979	MORROW, Jesse T	13	SESE	1912-07-18		A2
2980	" "	24	NENE	1912-07-18		A2
2882	MUSICK, Alfred	35	NENE	1849-11-01		A1
2883	" "	35	NWNE	1855-03-01		A1
2961	NELDON, James F F	20	S½NE	1920-07-16		A2
2962	" "	21	SWNW	1920-07-16		A2
3127	NELDON, W Ayers	22	SWNW	1921-11-16		A2
3063	NIXON, Oliver P	13	NESE	1893-02-01		A2
3064	" "	13	SENE	1893-02-01		A2
2928	OTT, Everett T	6	NENW	1921-06-24		A2
2929	" "	6	NWNE	1921-06-24		A2
3010	POWELL, John T	26	N½NW	1918-12-19		A2
3011	" "	27	E½NE	1918-12-19		A2
2891	PRICE, Andrew A	30	SENW	1889-06-10		A1
2889	" "	30	NENW	1889-09-17		A2
2890	" "	30	NWNE	1889-09-17		A2
2984	PRUITT, Joel E	4	SWNW	1912-02-08		A2
2985	" "	5	N½SE	1912-02-08		A2
2986	" "	5	SENE	1912-02-08		A2
2905	REYNOLDS, Daniel R	17	E½SE	1914-03-16		A2
2906	" "	20	NENE	1914-03-16		A2
2907	" "	21	NWNW	1914-03-16		A2
3151	RUSSELL, William H	17	SWSE	1921-08-15		A2
3152	" "	20	NWNE	1921-08-15		A2
2926	SCHOCK, Eugene C	13	NWNW	1924-02-28		A2
2927	" "	14	NENE	1924-02-28		A2
3168	SHANKS, William	4	NWNW	1924-03-22		A2
3054	SHERRELL, Mollie C	10	E½SE	1920-06-02		A2
3055	" "	10	SENE	1920-06-02		A2
3056	" "	11	NWSW	1920-06-02		A2
2880	SHERRILL, Albert M	14	S½NE	1920-05-20		A2

Family Maps of Van Buren County, Arkansas

ID	Individual in Patent	Sec.	Sec. Part	Date Issued	Other Counties	For More Info...
2881	SHERRILL, Albert M (Cont'd)	14	S½NW	1920-05-20		A2
3114	SHERRILL, Thomas C	11	SENW	1919-07-29		A2
3071	SMITH, Rebeccah P	10	NWSW	1920-08-26		A2
3072	" "	10	SENW	1920-08-26		A2
3073	" "	10	W½NW	1920-08-26		A2
3089	STANLEY, Samuel A	34	SE	1901-08-24		A2
3076	STELL, Robert B	4	SESW	1905-02-13		A2
3077	" "	4	SWSE	1905-02-13		A2
3078	" "	9	NENW	1905-02-13		A2
3079	" "	9	NWNE	1905-02-13		A2
3120	STOBAUGH, Thomas W	34	N½SW	1856-03-01		A1
3121	" "	34	NENW	1856-06-16		A1
3122	STOBOY, Thomas W	34	SENW	1849-11-01		A1
2886	SUGG, Alonzo B	20	NESE	1903-08-25		A2
2887	" "	21	N½SW	1903-08-25		A2
2888	" "	21	SWSW	1903-08-25		A2
2969	WADDEL, James M	25	SENE	1880-07-23		A1
3113	WARD, Solomon	3	NWNW	1922-12-07		A2
3038	WATSON, Luney M	3	N½NESWSW	1921-09-22		A2
3039	" "	3	NWSWSW	1921-09-22		A2
3040	" "	3	S½NESWSW	1921-09-22		A2
3041	" "	3	S½SWSW	1921-09-22		A2
3042	" "	3	SESW	1921-09-22		A2
3049	WATTS, Mat H	6	E½SE	1920-04-21		A2
3050	" "	6	SWSE	1920-04-21		A2
3051	" "	7	NWNE	1920-04-21		A2
2903	WILLIAMS, Charlotte E	35	SENW	1901-08-29		A2
2924	WILLIAMS, Elisha L	35	NWSE	1856-03-01		A1
2925	WILLIAMS, Elisha S	35	S½NE	1849-11-01		A1
3074	WILLIAMS, Riley	32	SESE	1906-03-12		A2
3075	" "	33	S½SW	1906-03-12		A2
2918	WRIGHT, Edson E	10	NENE	1923-05-25		A2
2919	" "	3	SESE	1923-05-25		A2

Family Maps of Van Buren County, Arkansas

Patent Map

T11-N R15-W
5th PM Meridian

Map Group 11

Township Statistics

Parcels Mapped	:	294
Number of Patents	:	155
Number of Individuals	:	140
Patentees Identified	:	138
Number of Surnames	:	102
Multi-Patentee Parcels	:	4
Oldest Patent Date	:	11/1/1849
Most Recent Patent	:	7/30/1925
Block/Lot Parcels	:	0
Parcels Re-Issued	:	1
Parcels that Overlap	:	5
Cities and Towns	:	3
Cemeteries	:	2

Section 6
- OTT, Everett T 1921
- OTT, Everett T 1921
- ARNHART, William H 1900
- WATTS, Mat H 1920

Section 5
- HOIL, Walter T 1909
- PRUITT, Joel E 1912
- PRUITT, Joel E 1912

Section 4
- SHANKS, William 1924
- CRENSHAW, William J 1904
- CRABTREE, Homer B 1923
- PRUITT, Joel E 1912
- CRENSHAW, William J 1904
- CRENSHAW, William J 1904
- FILLERS, Bruce 1919
- FILLERS, Bruce 1919
- STELL, Robert B 1905
- FILLERS, Bruce 1919
- STELL, Robert B 1905

Section 7
- WATTS, Mat H 1920
- LEMINGS, Elijah E 1910
- BEVERAGE, Jesse M 1920
- LEMINGS, Elijah E 1910
- BRUCE, Charley 1909
- BEVERAGE, Jesse M 1920
- LEMINGS, Elijah E 1910
- BEVERAGE, Jesse M 1920
- LEMINGS, Siras L 1905

Section 8
- HOIL, Walter T 1903
- HOIL, Walter T 1903
- MOREDOCK, John W 1922
- MOREDOCK, John W 1922
- FAIN, Anna 1922
- CARTER, John 1919
- MOREDOCK, John W 1922

Section 9
- FILLERS, Bruce 1919
- STELL, Robert B 1905
- STELL, Robert B 1905
- FILLERS, Bruce 1919
- COLEMAN, William S 1908
- CROOK, Robert T 1913
- COLEMAN, William S 1908
- CROOK, Robert T 1913

Section 18
- ESKRIDGE, Simpson E 1910
- LEMINGS, Siras L 1905
- GARDNER [25], Martha M 1911
- GARDNER [25], Martha M 1911
- GARDNER, George W 1905
- BERRY, James R 1923
- GARDNER [25], Martha M 1911
- GARDNER, George W 1905
- BERRY, Uvard 1911
- GARDNER, George W 1905

Section 17
- LEMINGS, Siras L 1905
- CARTER, John 1919
- CARTER, John 1919
- EMERSON, Henry I 1914
- BINGHAM, Herbert J 1908
- RUSSELL, William H 1921
- BINGHAM, Herbert J 1908

Section 16
- REYNOLDS, Daniel R 1914

Section 19
- BERRY, James R 1923
- EMERSON, Henry T 1906
- BERRY, Uvard 1911
- BERRY, Uvard 1911
- BERRY, Scott T 1923
- GARDNER, Felix G 1889

Section 20
- EMERSON, John W 1912
- EMERSON, John W 1912
- EMERSON, John W 1912

Section 21
- RUSSELL, William H 1921
- REYNOLDS, Daniel R 1914
- NELDON, James F F 1920
- REYNOLDS, Daniel R 1914
- NELDON, James F F 1920
- DAVIDSON, Samuel L 1905
- CROOK, Oscar S 1924
- DAVIDSON, Samuel L 1905
- MCKINEY, Acca L 1904
- SUGG, Alonzo B 1903
- SUGG, Alonzo B 1903
- MCKINEY, Acca L 1904
- SUGG, Alonzo B 1903
- JACOBS, William H 1921
- HARRIS, Naupha J 1920
- MCKINEY, Acca L 1904
- CHANDLER, Joe C 1904

Section 30
- DEASON, James M 1920
- PRICE, Andrew A 1889
- PRICE, Andrew A 1889
- PRICE, Andrew A 1889
- DAVIDSON, Janey 1906

Section 29
- HALL, Tollie S 1919
- HALL, John H 1921
- CASTLEBERRY, William T 1890
- CASTLEBERRY, William T 1890

Section 28
- BURGESS, Joshua D 1909
- BURGESS, Joshua D 1909
- HUTCHINSON, Samuel B 1904
- CHANDLER, Joe C 1904
- HANKWITZ, Fred 1922
- HANKWITZ, Fred 1922
- HARE, William A 1914
- HUTCHINSON, Samuel B 1904
- HARE, William A 1914

Section 31
- HOLLINGSWORTH, Obie H 1919
- HOLLINGSWORTH, Obie H 1919
- BRADLEY, Smith H 1909

Section 32
- HOLLINGSWORTH, Obie H 1919
- BINGHAM, Martha A 1908
- COPELAND, Perry R 1913
- BINGHAM, Martha A 1908
- COPELAND, Perry R 1913

Section 33
- HANKWITZ, Fred 1922
- HUTCHINSON, Samuel B 1904
- DEASON, James C 1918
- DAVIDSON, James 1899
- DEASON, James C 1918
- AKINS, James J 1856

- LITICKER, John H 1919
- LITICKER, John H 1919
- LITICKER, John H 1919
- BINGHAM, Martha A 1908
- COPELAND, Perry R 1913
- WILLIAMS, Riley 1906
- WILLIAMS, Riley 1906
- AKINS, James J 1856

Copyright 2006 Boyd IT, Inc. All Rights Reserved

Township 11-N Range 15-W (5th PM) — Map Group 11

Section 3
- WARD, Solomon 1922
- LYTLE, James B 1909
- LYTLE, James B 1909
- MIDDLETON, Thomas J 1910
- LYTLE, James B 1909
- HERNANDES, Nicholas W 1923
- MIDDLETON, Thomas J 1910
- HERNANDES, Nicholas W 1923
- WATSON, Luney M 1921
- WATSON, Luney M 1921
- WATSON, Luney M 1921
- MILLER, William H 1905
- WRIGHT, Edson E 1923

Section 2
- HARRISON, William H 1888
- DENNEY, John H 1909
- DENNEY, John H 1909
- HARRISON, William H 1888
- DENNEY, John H 1909
- HARRISON, William H 1888
- MORELAND, Francis H 1923

Section 1
- MCCOY [53], Irvin L 1917

Section 10
- SMITH, Rebeccah P 1920
- MILLER, William H 1905
- MILLER, William H 1905
- WRIGHT, Edson E 1923
- SMITH, Rebeccah P 1920
- SHERRELL, Mollie C 1920
- SMITH, Rebeccah P 1920
- DEASON, James M 1897
- CROOK, Robert T 1913
- EDWARDS, William A 1925
- SHERRELL, Mollie C 1920

Section 11
- MORELAND, Francis H 1923
- MORELAND, Francis H 1923
- SHERRILL, Thomas C 1919
- SHERRELL, Mollie C 1920
- FLORY, John G 1899
- GRISWOLD, John C 1896
- LANGSTON, William J 1901

Section 12
- ENYART, Orange P 1899
- ENYART, Orange P 1899
- ENYART, Samuel R 1899
- GRIFFIN, Deland E 1907
- GRIFFIN, Deland E 1907
- GRIFFIN, Deland E 1907
- BIZZELL, Joseph W 1911
- ENYART, William D 1901

Section 15
- MCKEE, John D 1901
- DEASON, James M 1897
- CHANDLER, Eda R 1909
- CROWELL, Allen C 1890
- BUCHANAN, Samuel C 1920
- CHANDLER, Eda R 1909
- BUCHANAN, Samuel C 1920
- BUCHANAN, Samuel C 1920
- BUCHANAN, Samuel C 1920

Section 14
- MILLER, Daniel A 1904
- LANGSTON, William J 1901
- SCHOCK, Eugene C 1924
- SHERRELL, Albert M 1920
- SHERRELL, Albert M 1920
- JENNINGS, John W 1910
- HARDY, Thomas J 1908
- JENNINGS, John W 1910

Section 13
- SCHOCK, Eugene C 1924
- BIZZELL, Joseph W 1911
- BIZZELL, Joseph W 1911
- GARNER, William J 1924
- MILLS, George B 1921
- MILLS, George B 1921
- MILLS, George B 1921
- NIXON, Oliver P 1893
- NIXON, Oliver P 1893
- MORROW, Jesse T 1912

Section 22
- CROWELL, Allen C 1890
- NELDON, W Ayers 1921
- EADES, Robert J 1904
- EADES, Robert J 1904
- EADES, Robert J 1904
- CHANDLER, William C 1919
- HARRINGTON, William 1904
- CHANDLER, Joe C 1904
- CHANDLER, William C 1919
- CHANDLER, William C 1919

Section 23
- COMPTON, Cancil 1909
- COMPTON, Cancil 1909
- KEMP, Sampson S 1909
- KEMP, Sampson S 1909
- HILGER, Arthur N 1909
- HARRINGTON, William 1904
- HARRINGTON, William 1904
- HILGER, Arthur N 1909

Section 24
- HARDY, Thomas J 1908
- ANDREWS, John W 1913
- ANDREWS, John W 1913
- MORROW, Jesse T 1912
- DEMPSEY, George W 1912

Section 27
- MCALISTER, David J 1908
- GRIGGS, Harvey W 1912
- MCALISTER, David J 1908
- HALL, John 1879
- POWELL, John T 1918
- JACOBS, James F 1906
- MCALISTER, David J 1908

Section 26
- POWELL, John T 1918
- GRIGGS, Harvey W 1912
- GRIGGS, Duke H 1882
- JAMES, Joshua 1856
- GRIGGS, Samuel 1849

Section 25
- BOWLING, Joseph G 1909
- BOWLING, Joseph G 1909
- MCKINNEY, Sanford C 1910
- BOWLING, Joseph G 1909
- MCALISTER, Michael 1875
- GRIGGS, Samuel 1856
- DEMPSEY, George W 1912
- GRIGGS, William C 1890
- GRIGGS, William C 1890
- HARDIN, Jasper N 1890
- HARDIN, Jasper N 1890
- WADDEL, James M 1880
- HARDY, William 1889
- JACOBS, Lonnie J 1917

Section 34
- GRIGGS, William F 1905
- STOBAUGH, Thomas W 1856
- AIKIN, John M 1849
- JAMES, Joshua 1849
- GRIGGS, Samuel 1849
- STOBOY, Thomas W 1849
- HALL, Robert 1882
- STOBAUGH, Thomas W 1856
- GIVENS, James R 1889
- STANLEY, Samuel A 1901

Section 35
- GRIGGS, Samuel 1849
- MUSICK, Alfred 1855
- MUSICK, Alfred 1849
- JOSLIN, Lemuel B 1850
- WILLIAMS, Charlotte E 1901
- WILLIAMS, Elisha S 1849
- WILLIAMS, Elisha L 1856
- FOSTER, John P 1882
- MCALISTER, John F 1849
- MCALISTER, Michael 1875

Section 36
- JACKSON, David 1856
- HARDY, William 1889
- MCALISTER, John F 1849
- HARDY, William 1889
- MCALISTER, Joseph 1861
- COUNTS, George 1856
- MCALISTER, John F 1849
- MCALISTER, John F 1860
- MCALISTER, Joseph 1871

Helpful Hints

1. This Map's INDEX can be found on the preceding pages.
2. Refer to Map "C" to see where this Township lies within Van Buren County, Arkansas.
3. Numbers within square brackets [ ] denote a multi-patentee land parcel (multi-owner). Refer to Appendix "C" for a full list of members in this group.
4. Areas that look to be crowded with Patentees usually indicate multiple sales of the same parcel (Re-issues) or Overlapping parcels. See this Township's Index for an explanation of these and other circumstances that might explain "odd" groupings of Patentees on this map.

Copyright 2006 Boyd IT, Inc. All Rights Reserved

Legend

- ——— Patent Boundary
- ▬▬▬ Section Boundary
- No Patents Found (or Outside County)
- 1., 2., 3., ... Lot Numbers (when beside a name)
- [ ] Group Number (see Appendix "C")

Scale: Section = 1 mile X 1 mile (generally, with some exceptions)

Family Maps of Van Buren County, Arkansas

Road Map
T11-N R15-W
5th PM Meridian

Map Group 11

Cities & Towns
Crabtree
Gladys (historical)
Walnut Grove

Cemeteries
Crowell Cemetery
Gardner Cemetery

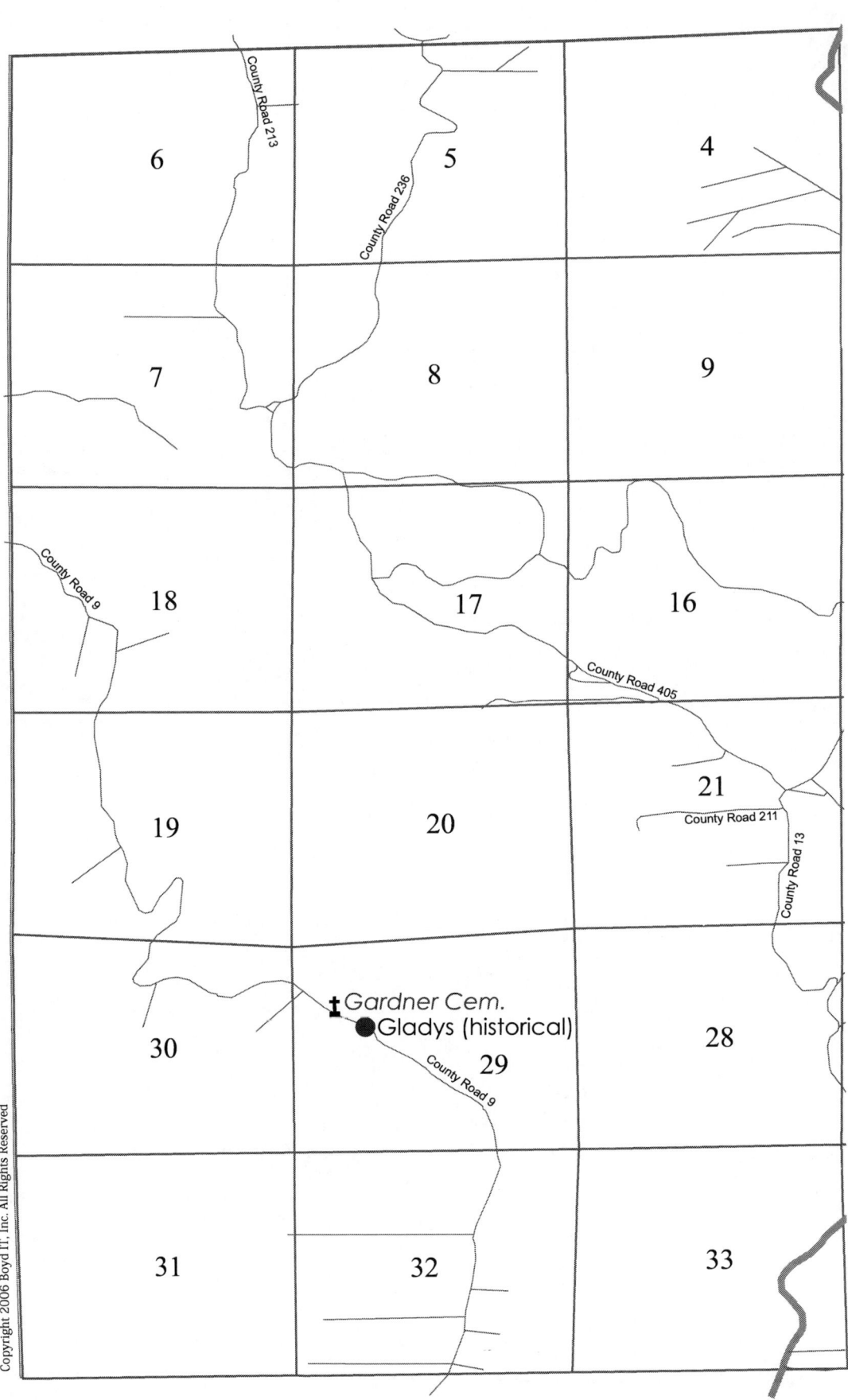

Township 11-N Range 15-W (5th PM) - Map Group 11

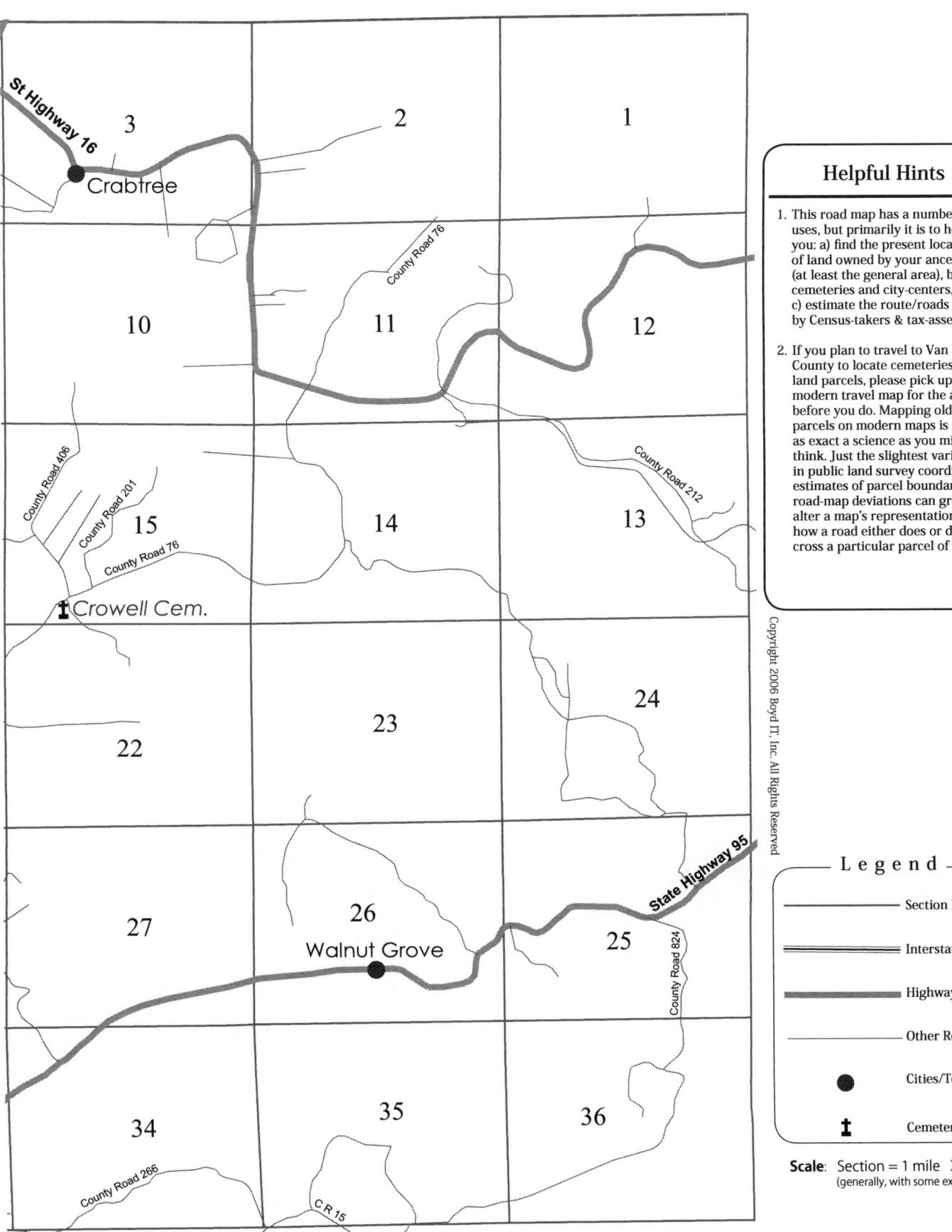

Family Maps of Van Buren County, Arkansas

Historical Map

T11-N R15-W
5th PM Meridian

Map Group 11

Cities & Towns
Crabtree
Gladys (historical)
Walnut Grove

Cemeteries
Crowell Cemetery
Gardner Cemetery

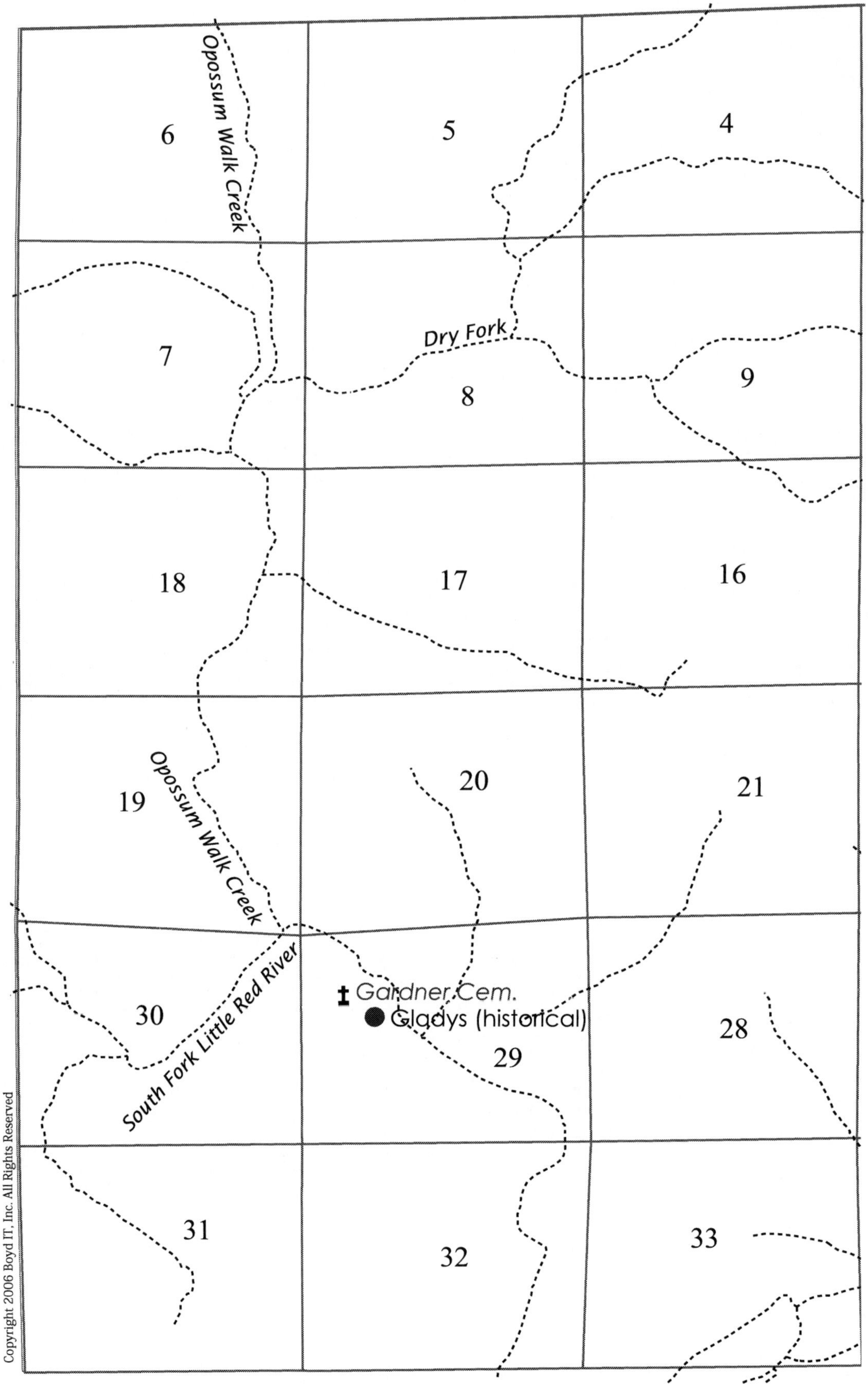

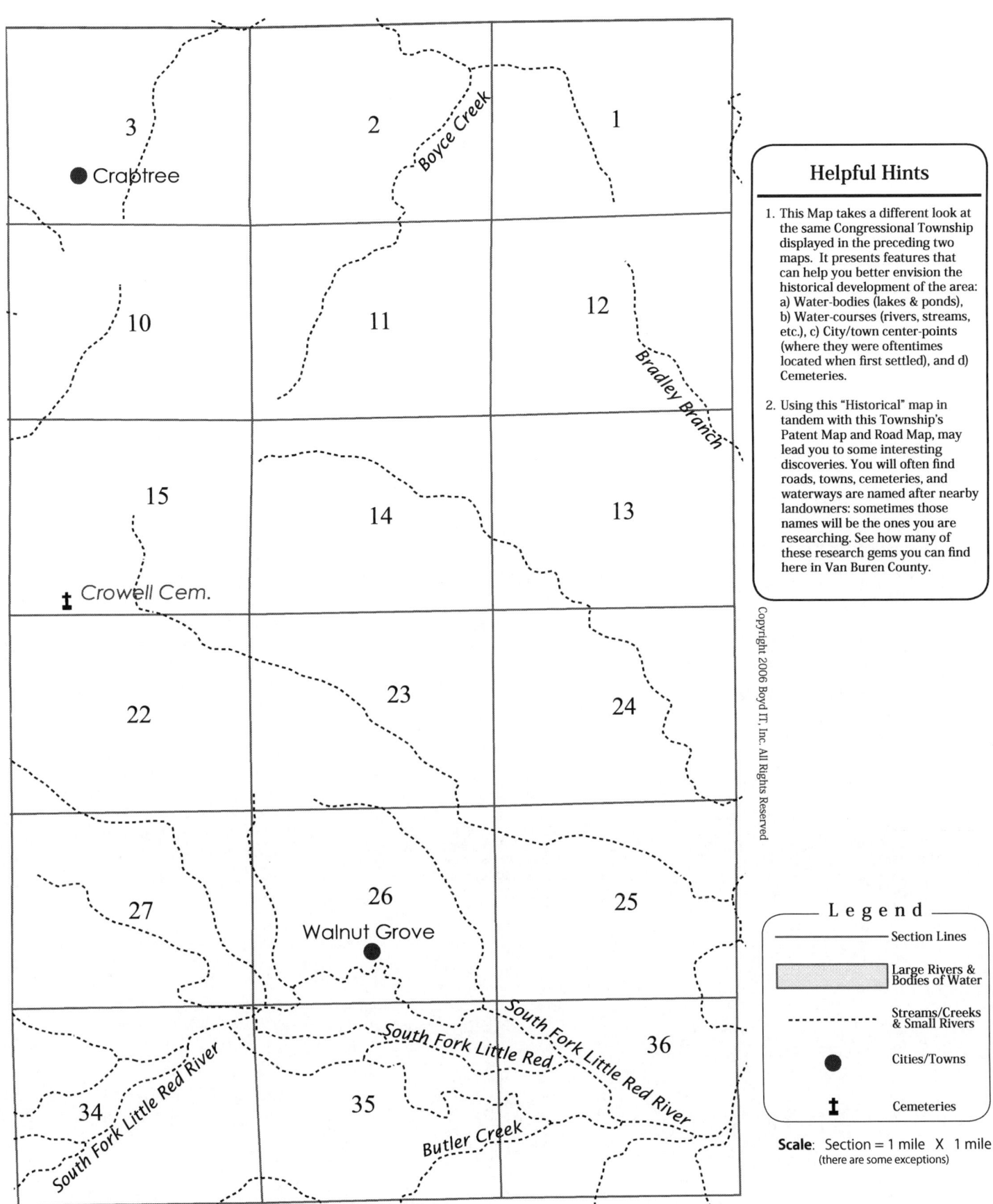

Map Group 12: Index to Land Patents
Township 11-North Range 14-West (5th PM)

After you locate an individual in this Index, take note of the Section and Section Part then proceed to the Land Patent map on the pages immediately following. You should have no difficulty locating the corresponding parcel of land.

The "For More Info" Column will lead you to more information about the underlying Patents. See the *Legend* at right, and the "How to Use this Book" chapter, for more information.

```
                        LEGEND
              "For More Info . . . " column
  A = Authority (Legislative Act, See Appendix "A")
  B = Block or Lot (location in Section unknown)
  C = Cancelled Patent
  F = Fractional Section
  G = Group  (Multi-Patentee Patent, see Appendix "C")
  V = Overlaps another Parcel
  R = Re-Issued (Parcel patented more than once)

  (A & G items require you to look in the Appendixes referred
  to above. All other Letter-designations followed by a number
  require you to locate line-items in this index that possess
  the ID number found after the letter).
```

ID	Individual in Patent	Sec.	Sec. Part	Date Issued	Other Counties	For More Info . . .
3174	ALLEN, Alvah B	19	N½NE	1921-01-17		A2
3175	" "	19	SWNE	1921-01-17		A2
3191	ANGLIN, Benjamin F	32	SESE	1923-04-05		A2
3267	BANKS, George W	33	SESE	1923-10-22		A2
3268	" "	34	SWNW	1923-10-22		A2
3269	" "	34	W½SW	1923-10-22		A2
3380	BENNETT, Mandy	26	S½SW	1903-07-01		A2 G5
3381	" "	35	N½NW	1903-07-01		A2 G5
3405	BENNETT, Perry C	15	NWSW	1895-10-16		A2
3406	" "	15	S½NW	1895-10-16		A2
3380	BENNETT, Peter	26	S½SW	1903-07-01		A2 G5
3381	" "	35	N½NW	1903-07-01		A2 G5
3290	BIGELOW, Jack	3	NWSE	1921-03-14		A2
3291	" "	3	S½NW	1921-03-14		A2
3292	" "	3	SWNE	1921-03-14		A2
3475	BONDS, William H	29	SWNW	1896-03-09		A2
3476	" "	30	E½NE	1896-03-09		A2
3477	" "	30	NESE	1896-03-09		A2
3373	BOYKIN, Lemuel M	23	SWSE	1912-01-11		A2
3374	" "	26	W½NE	1912-01-11		A2
3439	BOYKIN, Samuel	15	SESE	1860-05-01		A1
3469	BOYKIN, William A	9	S½N½	1910-05-09		A2
3218	BRADLEY, David C	11	E½SW	1899-12-21		A2
3357	BRADLEY, John T	15	NWSE	1859-07-01		A1
3440	BRICKEY, Samuel	13	E½SE	1844-07-10		A1
3506	BRIDGES, Willis H	34	NESE	1896-08-12		A2
3507	" "	35	SENW	1896-08-12		A2
3508	BRIDGES, Wilson W	35	NENE	1860-05-01		A1
3409	BROWN, Ransom M	23	E½SE	1900-08-21		A2
3410	" "	24	NWSW	1900-08-21		A2
3411	" "	26	NENE	1900-08-21		A2
3217	BRYANT, Daniel W	32	NWNE	1913-09-09		A2
3211	BURNETT, Daniel E	26	SWSE	1878-04-05		A2
3212	" "	35	NWNE	1878-04-05		A2
3213	" "	35	S½NE	1878-04-05		A2
3242	BURNETT, Elisha E	26	E½NW	1900-08-21		A2
3243	" "	26	NESW	1900-08-21		A2
3244	" "	26	NWSE	1900-08-21		A2
3384	BURNETT, Mary	36	S½NW	1882-06-30		A2
3385	" "	36	W½SW	1882-06-30		A2
3449	BURNETT, Stephen B	12	SENW	1861-01-01		A1
3450	" "	12	SWNE	1861-01-01		A1
3474	BURNETT, William E	36	NESW	1911-11-27		A2
3398	CALDWELL, Nicholess A	34	N½NE	1912-08-26		A2
3399	" "	34	SENW	1912-08-26		A2
3400	" "	34	SWNE	1912-08-26		A2

Township 11-N Range 14-W (5th PM) - Map Group 12

ID	Individual in Patent	Sec.	Sec. Part	Date Issued	Other Counties	For More Info . . .
3470	CATES, William A	1	NESW	1879-11-25		A2
3471	" "	1	SESW	1879-11-25		A2 R3504
3451	CHRISTIEN, Tandy F	14	NESE	1860-05-01		A1
3383	CORMACK, Marion	12	E½NE	1882-05-10		A2
3262	COUNTS, George	14	SESW	1844-07-10		A1
3263	" "	14	W½SW	1844-07-10		A1
3264	" "	15	NESE	1844-07-10		A1
3265	CROMWELL, George E	17	SWSW	1921-04-11		A2
3266	" "	18	E½SE	1921-04-11		A2
3282	CROSS, Howard M	7	E½SE	1904-11-01		A2
3283	" "	7	SESW	1904-11-01		A2
3284	" "	7	SWSE	1904-11-01		A2
3200	CULPEPPER, Charles	26	NWSW	1895-06-19		A2
3201	" "	27	N½SE	1895-06-19		A2
3202	" "	27	SWNE	1895-06-19		A2
3270	DEMPSEY, George W	10	NWNW	1861-08-01		A1
3210	DENTON, Christopher	24	NENE	1855-03-01		A1
3500	DOWDY, William T	1	W½NE	1906-04-14		A2
3192	DUNCAN, Benjamin F	24	E½SE	1901-06-25		A2
3285	DUNCAN, Humbert L	17	N½SE	1911-11-27		A2
3286	" "	17	NESW	1911-11-27		A2
3287	" "	17	SENE	1911-11-27		A2
3257	DURRETT, Frances C	19	SENE	1892-10-08		A2 G19
3258	" "	20	SWNW	1892-10-08		A2 G19
3257	DURRETT, William	19	SENE	1892-10-08		A2 G19
3258	" "	20	SWNW	1892-10-08		A2 G19
3188	EDWARDS, Austin C	27	E½SW	1904-12-31		A2
3189	" "	27	SWSE	1904-12-31		A2
3190	" "	34	NENW	1904-12-31		A2
3478	ELLIS, William H	25	S½NW	1902-10-11		A2
3479	" "	26	NESE	1902-10-11		A2
3480	" "	26	SENE	1902-10-11		A2
3365	EMBREE, Lapsley	2	NWSE	1877-10-30		A1
3366	" "	2	S½SE	1877-10-30		A1
3367	" "	2	SESW	1877-10-30		A1
3442	ENYART, Samuel R	7	W½NW	1899-08-30		A2
3473	ENYART, William D	7	W½SW	1901-06-25		A2
3334	EVANS, Joel B	8	S½NE	1921-10-15		A2
3335	" "	8	SENW	1921-10-15		A2
3402	EVANS, Owen	7	NESW	1891-03-06		A2
3403	" "	7	NWSE	1891-03-06		A2
3404	" "	7	S½NE	1891-03-06		A2
3306	FERGERSON, James	22	E½SE	1895-08-08		A2
3307	" "	22	SWSE	1895-08-08		A2
3308	" "	27	NWNE	1895-08-08		A2
3309	FRASER, James H	10	SENE	1899-08-30		A2
3310	" "	11	NWSW	1899-08-30		A2
3458	FREDERICK, Thomas	29	NESW	1899-08-30		A2
3459	" "	29	SESE	1899-08-30		A2
3460	" "	29	W½SE	1899-08-30		A2
3187	FRIZZELL, Asa	36	NWNW	1860-05-01		A1
3461	FUDGE, Thomas J	25	N½SE	1891-07-30		A2
3462	" "	25	NESW	1891-07-30		A2
3463	" "	25	SWSE	1891-07-30		A2
3352	GALLOWAY, John L	28	N½SW	1897-06-07		A2
3353	" "	28	SESW	1897-06-07		A2
3354	" "	28	SWNW	1897-06-07		A2
3428	GARRETT, Rosa C	8	E½SW	1923-10-19		A1 G27
3429	" "	8	W½SW	1923-10-19		A1 G27
3467	GEAN, Warren E	8	N½SE	1921-02-01		A1
3466	" "	17	N½NE	1922-03-23		A2
3468	" "	8	S½SE	1922-03-23		A2
3173	GREENLEE, Alson J	32	S½SW	1889-01-26		A2
3359	GREER, Joseph E	36	NENW	1889-09-20		A2
3360	" "	36	NWNE	1889-09-20		A2
3276	GREESON, Hartwell	14	NWNE	1884-02-15		A1
3214	GRIGGS, Daniel	20	E½NE	1844-07-10		A1
3215	" "	20	NWNE	1859-07-01		A1
3216	" "	20	SWNE	1859-07-01		A1
3377	GRIGGS, Lucinda A	35	SE	1889-01-26		A2
3407	GRIGGS, Polly	19	SESE	1844-07-10		A1
3464	GRIGGS, Thomas J	20	NWSE	1859-12-10		A1
3465	" "	20	SENW	1861-05-01		A1

Family Maps of Van Buren County, Arkansas

ID	Individual in Patent	Sec.	Sec. Part	Date Issued	Other Counties	For More Info . . .
3315	HALBROOK, James L	10	NESE	1861-01-01		A1
3455	HAMET, Thomas F	33	SESW	1908-07-20		A2
3456	" "	33	SWSE	1908-07-20		A2
3457	HAMETT, Thomas F	28	E½SE	1903-07-31		A2
3331	HARDEN, Jasper N	30	W½SW	1913-02-28		A1
3220	HARGIS, David	24	NESW	1860-05-01		A1
3219	" "	11	SE	1876-05-15		A2
3347	HARGIS, John	17	S½SE	1882-06-30		A2
3348	" "	17	SESW	1882-06-30		A2
3349	" "	20	NENW	1882-06-30		A2
3230	HARRINGTON, Drewry	22	NENW	1860-05-01		A1
3227	" "	15	E½SW	1875-08-20		A2
3228	" "	15	SWSE	1875-08-20		A2 R3372
3229	" "	15	SWSW	1875-08-20		A2
3231	" "	22	NWNE	1875-08-20		A2
3302	HARRINGTON, James E	29	NESE	1889-09-17		A2
3303	" "	29	S½NE	1889-09-17		A2
3304	" "	29	SENW	1889-09-17		A2
3277	HARRIS, Henry E	1	SWSW	1925-02-25		A2
3241	HARTZOG, Elijah	21	SENW	1844-07-10		A1 R3433
3350	HATCHETT, John K	13	NENW	1879-12-15		A2
3351	" "	13	W½NW	1879-12-15		A2
3452	HILGER, Tennie	18	E½NE	1909-01-14		A1
3453	" "	18	SENW	1909-01-14		A1
3454	" "	18	SWNE	1909-01-14		A1
3472	HOLLEY, William B	3	NWNW	1911-04-05		A2
3368	HOUSE, Lawrence	18	NENW	1921-07-05		A2
3369	" "	18	NWNE	1921-07-05		A2
3339	HUDDLESTON, John F	33	N½SE	1901-06-25		A2
3340	" "	33	S½NE	1901-06-25		A2
3232	HUIE, Earl	34	NESW	1923-03-19		A2
3233	" "	34	NWSE	1923-03-19		A2
3245	HUIE, Elisha R	25	E½NE	1889-09-17		A2
3246	" "	25	SWNE	1889-09-17		A2
3271	HUIE, George W	34	SWSE	1903-04-08		A2
3316	HUIE, James M	12	E½SW	1876-04-10		A2
3481	HUIE, William H	26	SESE	1882-05-10		A2
3415	HUTSON, Richard A	33	N½SW	1898-08-27		A2
3416	" "	33	S½NW	1898-08-27		A2
3420	HUTSON, Robert Fielder	28	SWSW	1923-04-05		A2
3421	" "	33	N½NW	1923-04-05		A2
3207	ISOM, Charles W	3	NENW	1920-05-20		A2
3482	JACKSON, William H	11	SENE	1875-10-15		A2
3483	" "	12	SWNW	1875-10-15		A2
3484	" "	12	W½SW	1875-10-15		A2
3184	JOHNSON, Archer L	24	NW	1889-09-17		A2
3226	JOHNSON, Dick	23	SENE	1908-07-09		A1
3356	JOHNSON, John S	27	SENW	1920-09-10		A1
3378	JOHNSON, Lum	24	S½SW	1908-11-05		A1
3408	JOHNSON, Porter	22	SENW	1918-12-24		A1
3496	JOHNSON, William S	34	SENE	1918-09-19		A2
3497	" "	35	SWNW	1918-09-19		A2
3370	JOSLIN, Lemuel B	10	S½SE	1850-10-01		A1
3371	" "	14	NWSE	1855-03-01		A1
3372	" "	15	SWSE	1855-03-01		A1 R3228
3437	JOSLIN, Samuel B	14	NW	1844-07-10		A1 V3305
3438	" "	15	E½NE	1844-07-10		A1
3272	KECK, George W	28	SENW	1908-12-03		A2
3273	" "	28	SWNE	1908-12-03		A2
3274	" "	28	W½SE	1908-12-03		A2
3397	KETCHAM, Morton E	5	SE	1922-05-29		A2
3298	KIES, Jacob	10	SWSW	1876-09-25		A2
3299	" "	15	N½NW	1876-09-25		A2
3300	" "	15	NWNE	1876-09-25		A2
3485	KIRKENDALL, William M	4	W½NE	1907-04-10		A2
3363	KIRKINDALL, Karry M	5	NENW	1910-06-23		A1
3430	KIRTLEY, Ruth C	10	NWSW	1919-11-12		A2
3431	" "	10	SWNW	1919-11-12		A2
3432	" "	9	E½SE	1919-11-12		A2
3247	KNIGHT, Elizabeth A	36	SESW	1889-01-26		A2
3259	KOLB, Frances C	21	SESW	1890-04-16		A2
3260	" "	21	SWSE	1890-04-16		A2
3261	" "	28	NWNE	1890-04-16		A2

Township 11-N Range 14-W (5th PM) - Map Group 12

ID	Individual in Patent	Sec.	Sec. Part	Date Issued	Other Counties	For More Info...
3391	LANDSOWN, Mary M	6	SESE	1912-03-28		A2
3392	" "	7	NENE	1912-03-28		A2
3393	" "	8	W½NW	1912-03-28		A2
3172	LAY, Allen S	19	S½SW	1876-09-25		A2
3275	LAY, Hardin P	19	NWSW	1925-05-27		A2
3179	LIGHT, Anna F	21	NESE	1895-05-03		A2
3180	" "	21	SENE	1895-05-03		A2
3181	" "	22	NWSW	1895-05-03		A2
3182	" "	22	SWNW	1895-05-03		A2
3294	LINDSEY, Jacob A	31	S½NW	1911-05-08		A2
3295	" "	31	W½SW	1911-05-08		A2
3412	LOOPER, Reuben H	5	NESW	1922-10-30		A2
3413	" "	5	SENW	1922-10-30		A2
3414	" "	5	W½NE	1922-10-30		A2
3177	LOVELL, Andrew J	12	W½SE	1900-08-21		A2
3224	LOVELL, David K	2	W½W½	1920-06-16		A2
3332	LOVELL, Jefferson L	11	NW	1897-02-10		A2
3364	LOVELL, Lafayette	1	NENW	1882-06-30		A2
3490	LOVELL, William R	24	SWNE	1910-06-13		A2
3296	LUCAS, Jacob D	4	W½NW	1907-04-10		A2
3297	" "	4	W½SW	1907-04-10		A2
3336	MADDOX, John C	36	NESE	1889-01-26		A2
3337	" "	36	SWNE	1889-01-26		A2
3338	" "	36	W½SE	1889-01-26		A2
3386	MADDOX, Mary E	21	NWSE	1904-08-26		A2
3489	MADDOX, William	20	SWSW	1849-11-01		A1
3488	" "	20	N½SW	1859-07-01		A1
3498	MADDOX, William S	10	NWSE	1890-04-30		A1
3499	" "	10	SWNE	1890-04-30		A1
3225	MADDUX, David	1	NWSW	1854-05-01		A1
3221	MANES, David J	27	W½SW	1911-10-23		A2
3222	" "	33	NENE	1911-10-23		A2
3223	" "	34	NWNW	1911-10-23		A2
3361	MCALISTER, Joseph	31	NWNW	1861-01-01		A1 F
3390	MCDANIEL, Mary J	36	SESE	1882-08-03		A2
3234	MCNEELY, Earl	2	NWNE	1906-02-28		A2
3394	MCNEELY, Milby	1	NWNW	1912-06-11		A2
3395	" "	2	E½NE	1912-06-11		A2
3396	" "	2	NESE	1912-06-11		A2
3341	MIDDLEBROOKS, John H	30	NWSE	1920-06-14		A2
3342	" "	31	NENW	1920-06-14		A2
3343	" "	31	NWNE	1920-06-14		A2
3238	MILLIGAN, Edwin A	21	SESE	1900-07-12		A2
3239	" "	27	W½NW	1900-07-12		A2
3240	" "	28	NENE	1900-07-12		A2
3320	MILLIGAN, James N	21	SWSW	1897-02-10		A2
3321	" "	28	N½NW	1897-02-10		A2
3375	MOORE, Lewis B	22	NENE	1860-05-01		A1
3376	" "	23	NWNW	1860-05-01		A1
3501	MOORE, William W	32	NESW	1894-11-28		A2
3502	" "	32	SWNE	1894-11-28		A2
3503	" "	32	W½SE	1894-11-28		A2
3171	MORRISON, Alfred	20	SWSE	1844-07-10		A1
3333	MORROW, Jesse T	19	W½NW	1912-07-18		A2
3279	MOSS, Hiram W	23	W½NE	1846-09-01		A1
3278	" "	14	NESW	1856-03-01		A1
3435	MYOVER, Samuel A	9	E½SW	1902-03-07		A2
3436	" "	9	W½SE	1902-03-07		A2
3280	NICHOLS, Horace	4	E½NW	1920-04-02		A2
3281	" "	4	NESW	1920-04-02		A2
3401	NIXON, Oliver P	18	W½SW	1893-02-01		A2
3491	PARISH, William R	4	SESW	1913-02-13		A2
3492	" "	9	NENW	1913-02-13		A2
3493	" "	9	NWNE	1913-02-13		A2
3428	PARKER, Rosa C	8	E½SW	1923-10-19		A1 G27
3429	" "	8	W½SW	1923-10-19		A1 G27
3186	PARSLEY, Archibald	4	SESE	1861-05-01		A1
3185	PARSLEY, Archibald A	3	SWSW	1855-03-01		A1
3250	PARSLEY, Eve	10	E½NW	1855-03-01		A1
3251	" "	10	E½SW	1861-05-01		A1
3252	" "	10	NWNE	1882-06-30		A2
3253	" "	3	SESW	1882-06-30		A2
3254	" "	3	SWSE	1882-06-30		A2

ID	Individual in Patent	Sec.	Sec. Part	Date Issued	Other Counties	For More Info...
3327	PATE, James W	3	NESW	1883-03-01		A2
3328	" "	3	NWSW	1883-03-01		A2
3329	" "	4	NESE	1883-03-01		A2
3330	" "	4	SENE	1883-03-01		A2
3249	PATTERSON, Enoch W	32	E½NW	1900-08-21		A2
3441	PATTON, Samuel K	27	SESE	1924-01-11		A1
3322	PEEL, James	20	NESE	1897-02-10		A2
3323	" "	21	N½SW	1897-02-10		A2
3324	" "	21	SWNW	1897-02-10		A2
3305	PEEL, James E	14	SWNW	1844-07-10		A1 V3437
3486	PEEL, William M	5	NWNW	1908-07-16		A1
3487	" "	6	NENE	1908-07-16		A1
3382	PISTOLE, Marian	13	NE	1876-04-10		A2
3443	PISTOLE, Samuel W	13	SENW	1904-08-26		A2
3203	PLEAS, Charles E	5	NWSW	1898-01-19		A2
3204	" "	5	S½SW	1898-01-19		A2
3205	" "	5	SWNW	1898-01-19		A2
3235	PLEAS, Edgar	6	SESW	1890-10-18		A2
3236	" "	7	E½NW	1890-10-18		A2
3237	" "	7	NWNE	1890-10-18		A2
3422	PLEAS, Robert J	8	N½NE	1894-02-20		A2
3423	" "	8	NENW	1894-02-20		A2
3424	" "	9	NWNW	1894-02-20		A2
3311	RAINWATER, James H	18	SESW	1906-09-14		A2
3312	" "	19	NENW	1906-09-14		A2
3425	RAINWATER, Robert R	19	NESW	1914-02-13		A2
3426	" "	19	SENW	1914-02-13		A2
3301	ROACH, James A	23	SENW	1896-08-28		A2
3248	ROBINSON, Enoch	11	W½NE	1903-07-21		A2
3293	ROGERS, Jackson L	34	SESE	1889-09-17		A2
3355	ROGERS, John	35	E½SW	1860-05-01		A1
3288	RUFF, Isaac M	19	N½SE	1904-01-27		A2
3176	SANDERS, Amanda	23	NWSE	1899-12-21		A2
3208	SANDERS, Charlotte	10	NENE	1905-08-05		A2 G62
3209	" "	3	SESE	1905-08-05		A2 G62
3208	SANDERS, Peter	10	NENE	1905-08-05		A2 G62
3209	" "	3	SESE	1905-08-05		A2 G62
3178	SMITH, Andy H	23	SW	1890-04-16		A2
3289	SMITH, Isaac M	1	NESE	1918-05-24		A2
3344	SMITH, John H	22	E½SW	1890-03-13		A2
3345	" "	22	SWSW	1890-03-13		A2
3346	" "	27	NENW	1890-03-13		A2
3313	SNOWDEN, James H	25	SESE	1890-03-13		A2
3314	" "	36	E½NE	1890-03-13		A2
3183	STOBAUGH, Annanias	9	NENE	1861-05-01		A1
3194	STUART, Benjamin O	3	N½NE	1882-06-30		A2
3195	" "	3	NESE	1882-06-30		A2
3196	" "	3	SENE	1882-06-30		A2
3504	TARKINGTON, William W	1	SESW	1860-10-01		A1 R3471
3505	" "	12	NENW	1860-10-01		A1
3433	TASKINGTON, Ruth	21	SENW	1875-09-15		A1 R3241
3434	" "	21	SWNE	1875-09-15		A1
3193	THOMPSON, Benjamin H	20	SESE	1889-01-26		A2
3509	THOMPSON, Zachariah	14	E½NE	1882-05-10		A2
3255	TUCKER, Ezekiel M	32	E½NE	1913-09-09		A2
3256	" "	32	NESE	1913-09-09		A2
3417	UNDERWOOD, Richard	31	E½SE	1906-09-14		A2
3418	" "	32	NWSW	1906-09-14		A2
3419	" "	32	SWNW	1906-09-14		A2
3447	UNDERWOOD, Sarah E	31	E½SW	1882-08-03		A2
3448	" "	31	W½SE	1882-08-03		A2
3197	VENABLE, Calvin D	13	SW	1876-04-10		A2
3379	VENABLE, Luther R	14	SESE	1856-03-01		A1
3317	WADDEL, James M	30	E½SW	1876-09-25		A2
3318	" "	30	SENW	1876-09-25		A2
3319	" "	30	SWSE	1876-09-25		A2
3444	WARD, Sarah C	29	S½SW	1910-11-03		A2
3445	" "	30	SESE	1910-11-03		A2
3446	" "	32	NWNW	1910-11-03		A2
3358	WHILLOCK, John W	2	NESW	1924-12-03		A1
3362	WHILLOCK, Joseph T	17	SWNE	1921-02-01		A1
3198	WILLIAMS, Catharine J	1	NWSE	1904-11-01		A2 G77
3199	" "	1	SESE	1904-11-01		A2 G77

Township 11-N Range 14-W (5th PM) - Map Group 12

ID	Individual in Patent	Sec.	Sec. Part	Date Issued	Other Counties	For More Info . . .
3206	WILLIAMS, Charles T	12	E½SE	1885-05-20		A2
3325	WILLIAMS, James T	11	NENE	1903-10-26		A2
3326	" "	12	NWNW	1903-10-26		A2
3427	WILLIAMS, Roland	14	SWSE	1856-03-01		A1
3494	WILLIAMS, William R	1	SWSE	1882-05-10		A2
3495	" "	12	NWNE	1882-05-10		A2
3198	" "	1	NWSE	1904-11-01		A2 G77
3199	" "	1	SESE	1904-11-01		A2 G77
3387	WORLEY, Mary E	22	NWSE	1889-09-20		A2
3388	" "	22	S½NE	1889-09-20		A2
3389	" "	23	SWNW	1889-09-20		A2

Family Maps of Van Buren County, Arkansas

Patent Map

T11-N R14-W
5th PM Meridian

Map Group 12

Township Statistics

Parcels Mapped	:	339
Number of Patents	:	195
Number of Individuals	:	184
Patentees Identified	:	180
Number of Surnames	:	122
Multi-Patentee Parcels	:	10
Oldest Patent Date	:	7/10/1844
Most Recent Patent	:	5/27/1925
Block/Lot Parcels	:	0
Parcels Re-Issued	:	3
Parcels that Overlap	:	2
Cities and Towns	:	3
Cemeteries	:	4

Township 11-N Range 14-W (5th PM) — Map Group 12

Helpful Hints

1. This Map's INDEX can be found on the preceding pages.
2. Refer to Map "C" to see where this Township lies within Van Buren County, Arkansas.
3. Numbers within square brackets [ ] denote a multi-patentee land parcel (multi-owner). Refer to Appendix "C" for a full list of members in this group.
4. Areas that look to be crowded with Patentees usually indicate multiple sales of the same parcel (Re-issues) or Overlapping parcels. See this Township's Index for an explanation of these and other circumstances that might explain "odd" groupings of Patentees on this map.

Copyright 2006 Boyd IT, Inc. All Rights Reserved

Legend

— Patent Boundary
— Section Boundary
   No Patents Found (or Outside County)
1., 2., 3., ...   Lot Numbers (when beside a name)
[ ]   Group Number (see Appendix "C")

Scale: Section = 1 mile X 1 mile (generally, with some exceptions)

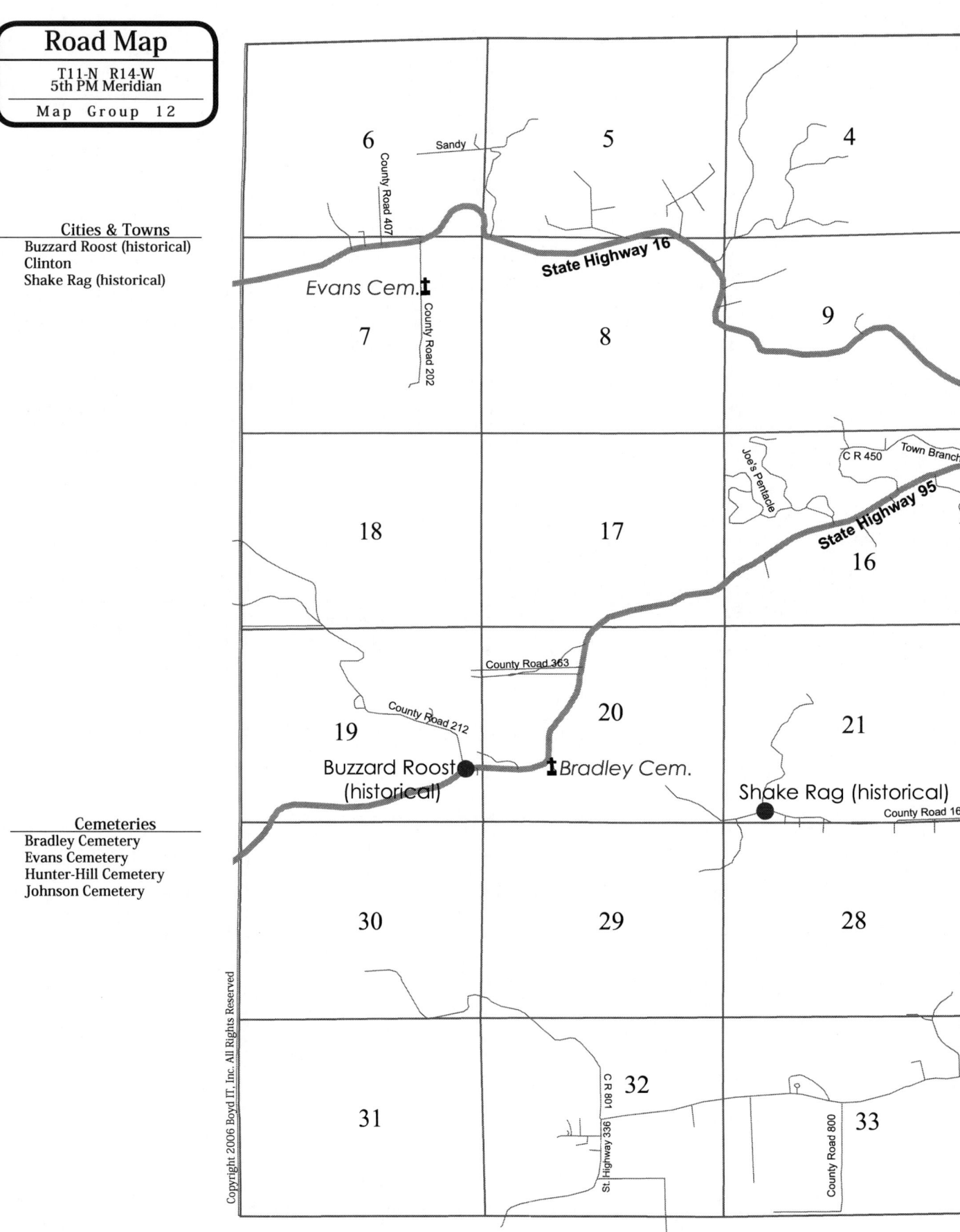

Township 11-N Range 14-W (5th PM) - Map Group 12

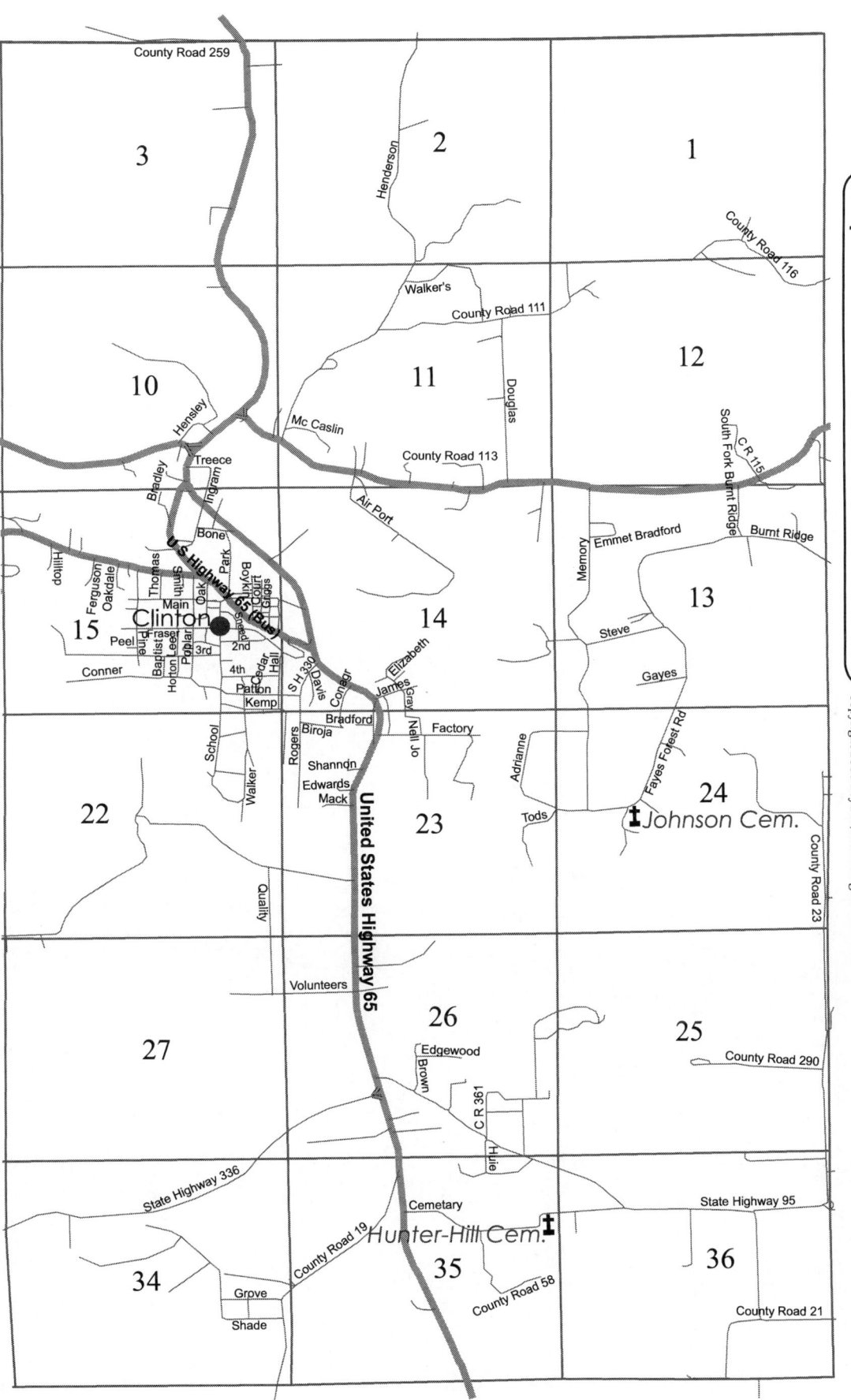

Family Maps of Van Buren County, Arkansas

Historical Map
T11-N R14-W
5th PM Meridian
Map Group 12

Cities & Towns
Buzzard Roost (historical)
Clinton
Shake Rag (historical)

Cemeteries
Bradley Cemetery
Evans Cemetery
Hunter-Hill Cemetery
Johnson Cemetery

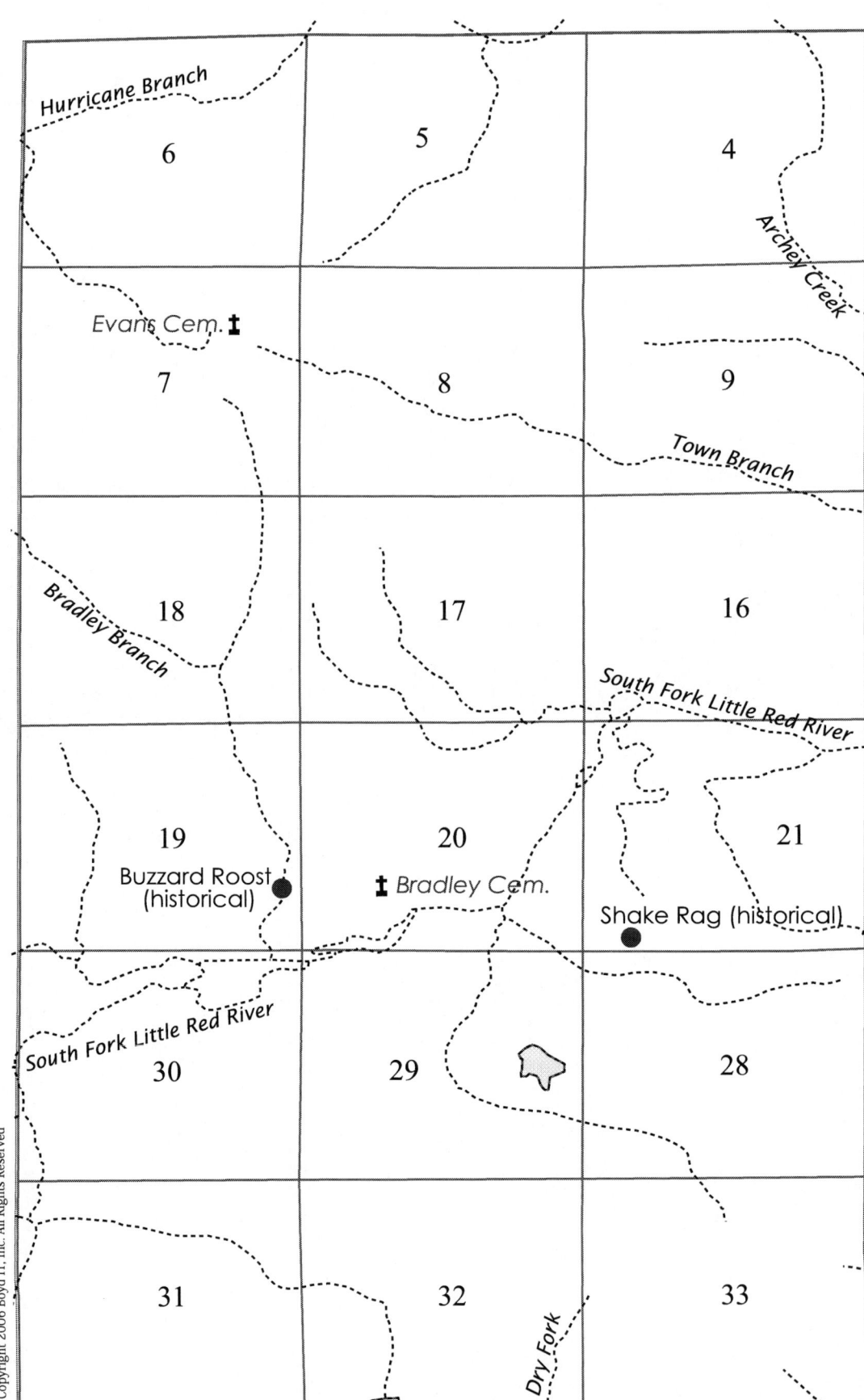

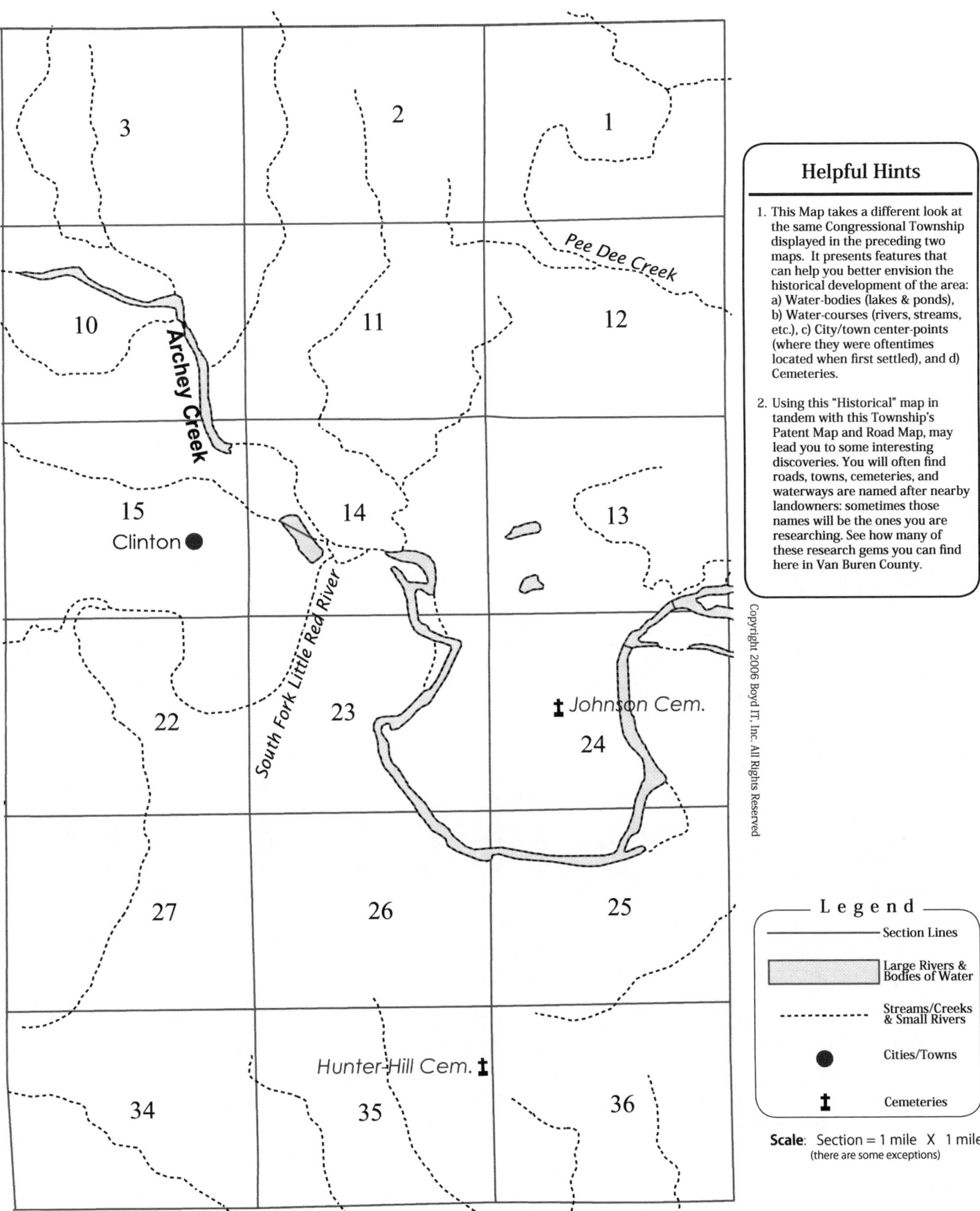

Map Group 13: Index to Land Patents
Township 11-North Range 13-West (5th PM)

After you locate an individual in this Index, take note of the Section and Section Part then proceed to the Land Patent map on the pages immediately following. You should have no difficulty locating the corresponding parcel of land.

The "For More Info" Column will lead you to more information about the underlying Patents. See the *Legend* at right, and the "How to Use this Book" chapter, for more information.

LEGEND
"For More Info . . . " column

- **A** = Authority (Legislative Act, See Appendix "A")
- **B** = Block or Lot (location in Section unknown)
- **C** = Cancelled Patent
- **F** = Fractional Section
- **G** = Group (Multi-Patentee Patent, see Appendix "C")
- **V** = Overlaps another Parcel
- **R** = Re-Issued (Parcel patented more than once)

(A & G items require you to look in the Appendixes referred to above. All other Letter-designations followed by a number require you to locate line-items in this index that possess the ID number found after the letter).

ID	Individual in Patent	Sec.	Sec. Part	Date Issued	Other Counties	For More Info . . .
3698	BAILEY, John M	25	SWSE	1860-05-01		A1
3834	BAILEY, William A	1	N½SE	1882-05-10		A2
3835	" "	1	NESW	1882-05-10		A2
3836	" "	1	SWNE	1882-05-10		A2
3802	BAIN, Roderick	7	NWSW	1856-03-01		A1 F
3699	BAKER, John P	17	SWSE	1920-07-29		A1
3815	BATES, Stephen A	32	W½SW	1897-02-10		A2
3567	BLACKBURN, David F	22	SENW	1882-05-10		A2
3568	" "	22	SWNE	1882-05-10		A2
3570	" "	22	W½SE	1882-05-10		A2
3569	" "	22	SWNW	1884-11-13		A1
3575	BLACKBURN, David S	21	E½NE	1903-01-31		A2
3576	" "	22	N½NW	1903-01-31		A2
3666	BLACKBURN, James W	15	NE	1906-09-14		A2
3750	BLACKBURN, Manla W	21	SESE	1901-06-25		A2
3751	" "	27	N½NW	1901-06-25		A2
3752	" "	28	NENE	1901-06-25		A2
3806	BOON, Sam	25	SWSW	1906-06-04		A2
3807	" "	36	N½NW	1906-06-04		A2
3675	BRADFORD, John A	24	SESE	1896-06-23		A2
3837	BRADFORD, William A	24	NESE	1912-05-13		A1
3871	BRADFORD, William S	26	SW	1890-05-31		A2
3808	BRICKEY, Samuel	18	W½SW	1844-07-10		A1 F
3590	BROWN, Evey	23	NESE	1899-07-26		A2
3591	" "	23	SENE	1899-07-26		A2
3592	" "	24	NWSW	1899-07-26		A2
3593	" "	24	SWNW	1899-07-26		A2
3775	BROWN, Moses E	27	SESW	1909-10-11		A2
3776	" "	27	SWSE	1909-10-11		A2
3786	BUIE, Neal M	11	NESW	1892-05-26		A2
3787	" "	11	SENW	1892-05-26		A2
3788	" "	11	W½NE	1892-05-26		A2
3609	CALDWELL, George W	1	NWNW	1899-08-14		A2
3647	CALDWELL, James H	1	E½NE	1895-08-30		A2
3516	CAMPBELL, Alexander T	5	W½SE	1906-06-04		A2
3522	CARRELL, Andrew	10	NWSW	1914-11-05		A2
3523	" "	10	SWNW	1914-11-05		A2
3524	" "	9	SENE	1914-11-05		A2
3624	CARROLL, Isaac	4	NENW	1897-02-10		A2
3625	" "	4	W½NE	1897-02-10		A2
3633	CARROLL, Isiah Z	10	NWNE	1910-01-20		A2
3634	" "	3	SESE	1910-01-20		A2
3635	" "	3	W½SE	1910-01-20		A2
3663	CARROLL, James T	4	SENW	1910-01-17		A1
3838	CATES, William A	7	NENW	1897-02-10		A2
3839	" "	7	NWNE	1897-02-10		A2

Township 11-N Range 13-W (5th PM) - Map Group 13

ID	Individual in Patent	Sec.	Sec. Part	Date Issued	Other Counties	For More Info . . .
3548	CHANDLER, Columbus P	27	N½SW	1894-02-20		A2
3549	" "	27	S½NW	1894-02-20		A2
3676	CHANDLER, John B	27	NESE	1892-02-08		A2 G8
3677	" "	27	NWNE	1892-02-08		A2 G8
3678	" "	27	S½NE	1892-02-08		A2 G8
3707	CHANDLER, John W	19	SENE	1856-03-01		A1
3676	CHANDLER, Nancy	27	NESE	1892-02-08		A2 G8
3677	" "	27	NWNE	1892-02-08		A2 G8
3678	" "	27	S½NE	1892-02-08		A2 G8
3620	CHILDERS, Henry G	11	N½NW	1897-02-10		A2
3621	" "	11	SWNW	1897-02-10		A2
3622	" "	2	SESW	1897-02-10		A2
3712	CHRISTOPHER, Jonathan	28	NWSW	1856-03-01		A1
3715	" "	29	NESE	1856-03-01		A1
3714	" "	28	SWNW	1859-07-01		A1
3716	" "	29	SENE	1860-05-01		A1
3713	" "	28	SENE	1905-03-29		A1
3848	CHRISTOPHER, William	29	SWNE	1884-02-15		A1
3601	CLARK, Frank M	12	SENW	1904-05-05		A2
3660	CLARK, James R	1	S½SE	1901-04-22		A2
3661	" "	1	SESW	1901-04-22		A2
3533	CONKLIN, Belle	28	SESE	1910-02-07		A2 G10
3527	COOK, Andrew T	23	SESE	1903-01-31		A2
3528	" "	26	NENE	1903-01-31		A2
3708	COOK, John W	10	E½NE	1899-08-14		A2
3709	" "	10	NESE	1899-08-14		A2
3710	" "	11	NWSW	1899-08-14		A2
3718	COOK, Joseph P	4	NENE	1905-02-13		A2
3789	COOK, Oliver B	10	NWSE	1917-04-27		A2
3824	COOK, Thomas	4	SESW	1882-04-10		A1
3826	" "	4	SWSE	1882-04-10		A1
3823	" "	4	NWSW	1882-05-10		A2
3825	" "	4	SWNW	1882-05-10		A2
3821	" "	4	NESW	1896-07-06		A2
3822	" "	4	NWSE	1896-07-06		A2
3832	COOK, Tom	8	SWNE	1925-06-12		A2
3881	COOK, Zack R	4	NESE	1906-10-15		A2
3882	" "	4	SENE	1906-10-15		A2
3688	COTTRELL, John H	1	SWSW	1882-05-10		A2
3689	" "	11	NENE	1882-05-10		A2
3690	" "	12	NWNW	1882-05-10		A2
3691	" "	2	SESE	1882-05-10		A2
3777	COTTRELL, Nancy J	12	N½NE	1891-07-30		A2
3778	" "	12	NENW	1891-07-30		A2
3779	" "	12	SWNE	1891-07-30		A2
3679	CUDE, John C	18	N½NW	1889-01-26		A2
3680	" "	18	SWNW	1889-01-26		A2
3608	CULLUM, George J	24	SENE	1900-06-25		A2
3862	CULLUM, William J	29	SWSW	1904-12-31		A2
3863	" "	30	SESE	1904-12-31		A2
3864	" "	31	E½NE	1904-12-31		A2
3818	DANIEL, Tennie	24	SENW	1901-01-23		A2
3819	" "	24	SWNE	1901-01-23		A2
3820	" "	24	W½SE	1901-01-23		A2
3879	DEMPSEY, Worth	33	SESE	1909-12-06		A2
3880	" "	34	SWSW	1909-12-06		A2
3511	DOWDY, Abraham L	7	NENE	1905-04-18		A2
3803	DOWDY, Rosalby	7	E½SW	1882-05-10		A2
3804	" "	7	S½NW	1882-05-10		A2
3667	DUNCAN, James W	20	SESE	1904-05-05		A2
3668	" "	21	SWSW	1904-05-05		A2
3669	" "	28	NWNW	1904-05-05		A2
3670	" "	29	NENE	1904-05-05		A2
3842	DUNCAN, William B	32	NWSE	1913-04-15		A2
3843	" "	32	SWNE	1913-04-15		A2
3798	DUNLAP, Robert B	12	SENE	1901-04-22		A2
3535	EATON, Benjamin R	1	NWNE	1901-08-12		A2
3525	EDWARDS, Andrew	6	SE	1911-10-19		A2
3626	EDWARDS, Isaac D	8	E½NW	1896-03-09		A2
3627	" "	8	N½NE	1896-03-09		A2
3685	EDWARDS, John	15	N½SW	1903-07-01		A2
3686	" "	15	S½NW	1903-07-01		A2
3755	EDWARDS, Martin	2	E½NW	1903-07-31		A2

Family Maps of Van Buren County, Arkansas

ID	Individual in Patent	Sec.	Sec. Part	Date Issued	Other Counties	For More Info...
3756	EDWARDS, Martin (Cont'd)	2	NWNW	1903-07-31		A2
3851	EDWARDS, William F	13	SWNW	1903-07-01		A2
3852	" "	14	SENE	1903-07-01		A2
3673	FOLKS, Jeff D	25	E½SE	1899-08-14		A2
3642	FORTNER, James B	11	SENE	1889-06-05		A2
3643	" "	12	SWNW	1889-06-05		A2
3644	FORTNER, James D	14	NW	1903-07-31		A2
3872	FORTNER, William S	12	SW	1895-11-13		A2
3571	GADBERRY, David	36	SWSW	1897-04-14		A2
3857	GADBERRY, William H	26	S½NE	1901-11-16		A2
3858	" "	26	S½NW	1901-11-16		A2
3572	GODBERRY, David	35	SE	1879-09-23		A1 F
3550	GOLDMAN, Cyrus	20	S½SW	1890-03-13		A2
3551	" "	29	N½NW	1890-03-13		A2
3791	GOLDMAN, Pairlee	17	SENW	1908-09-21		A2 G31
3792	" "	17	W½NE	1908-09-21		A2 G31
3829	GOLDMAN, Thomas E	20	NWSE	1904-01-27		A2
3791	" "	17	SENW	1908-09-21		A2 G31
3792	" "	17	W½NE	1908-09-21		A2 G31
3536	GOODEN, Bertha E	9	E½SW	1912-04-25		A2 G32
3537	" "	9	NWSE	1912-04-25		A2 G32
3552	GOODEN, Daisy M	19	E½SE	1904-05-05		A2 G33
3553	" "	20	NWSW	1904-05-05		A2 G33
3554	" "	30	NENE	1904-05-05		A2 G33
3630	GOODEN, Isaac R	31	SENW	1914-03-07		A2
3536	GOODEN, Nathan T	9	E½SW	1912-04-25		A2 G32
3537	" "	9	NWSE	1912-04-25		A2 G32
3552	GOODEN, Thomas M	19	E½SE	1904-05-05		A2 G33
3553	" "	20	NWSW	1904-05-05		A2 G33
3554	" "	30	NENE	1904-05-05		A2 G33
3730	GOODIN, Josiah C	30	SWSW	1882-06-30		A2 F
3731	" "	31	N½NW	1882-06-30		A2 F
3732	" "	31	SWNW	1882-06-30		A2 F
3768	GOODWIN, Michael J	30	SESW	1860-05-01		A1
3711	GRAY, John W	26	SE	1876-08-15		A2
3805	GRAY, Rufus L	36	NWSE	1897-04-14		A2
3648	GREEN, James H	13	W½SE	1889-01-26		A2
3649	" "	24	N½NE	1889-01-26		A2
3760	GUFFEY, Mary E	11	SE	1901-01-23		A2
3796	HARNESS, Roan	6	SENW	1890-03-13		A2
3797	" "	6	W½NE	1890-03-13		A2
3637	HARPER, James A	2	NESE	1901-01-23		A2
3638	" "	2	SWNE	1901-01-23		A2
3639	" "	2	W½SE	1901-01-23		A2
3873	HARPER, William W	2	NESW	1901-04-22		A2
3874	" "	2	SWNW	1901-04-22		A2
3875	" "	2	W½SW	1901-04-22		A2
3722	HENSLEY, Josh	15	S½SW	1904-07-27		A2
3723	" "	15	SWSE	1904-07-27		A2
3724	" "	22	NWNE	1904-07-27		A2
3783	HENSLEY, Nathaniel A	1	NENW	1895-06-19		A2
3784	" "	1	NWSW	1895-06-19		A2
3785	" "	1	S½NW	1895-06-19		A2
3790	HENSLEY, Ollie E	30	N½NW	1890-08-18		A2 G41
3827	HENSLEY, Thomas D	22	NESE	1908-07-20		A2
3828	" "	22	SENE	1908-07-20		A2
3515	HENTHORN, Alexander	6	N½NW	1918-09-03		A2
3799	HILL, Robert S	34	S½SE	1860-05-01		A1
3830	HILL, Thomas P	34	NENW	1875-08-20		A2
3831	" "	34	NWNE	1875-08-20		A2
3859	HOLIFIELD, William H	35	N½NE	1896-04-28		A2
3860	" "	35	NENW	1896-04-28		A2
3861	" "	35	SWNE	1896-04-28		A2
3542	HOOTEN, Charley M	25	NW	1912-05-09		A2
3717	HUGGINS, Joseph	3	NENE	1903-07-31		A2
3726	HUGGINS, Joshua	2	E½NE	1890-06-19		A1
3761	HUGGINS, Mary E	2	NWNE	1898-10-13		A2
3586	HUIE, Elisha R	30	SWNW	1889-09-17		A2
3598	HUIE, Frank	25	N½SW	1899-02-13		A2
3599	" "	25	NWSE	1899-02-13		A2
3600	" "	25	SESW	1899-02-13		A2
3813	ISAACS, Spencer	4	NWNW	1924-11-12		A2
3814	" "	5	NENE	1924-11-12		A2

Township 11-N Range 13-W (5th PM) - Map Group 13

ID	Individual in Patent	Sec.	Sec. Part	Date Issued	Other Counties	For More Info...
3577	JENNINGS, David Z	31	SESE	1911-06-12		A2
3578	JENNINGS, Edward G	3	NESE	1913-04-15		A2
3579	" "	3	NWNE	1913-04-15		A2
3580	" "	3	S½NE	1913-04-15		A2
3583	JENNINGS, Elijah	13	E½SW	1913-10-22		A2
3584	" "	13	SENW	1913-10-22		A2
3585	" "	24	NENW	1913-10-22		A2
3623	JENNINGS, Henry L	33	E½NE	1879-12-15		A2
3533	JOHNSON, Belle	28	SESE	1910-02-07		A2 G10
3702	JOHNSON, John S	27	NWSE	1911-06-26		A1
3533	JOHNSON, Nathan	28	SESE	1910-02-07		A2 G10
3780	JOHNSON, Nathan W	27	SWSW	1882-04-10		A1
3782	" "	34	NWNW	1882-05-10		A2
3781	" "	34	NESE	1884-02-15		A1 R3562
3617	JORDAN, Harrison E	21	SESW	1906-02-28		A2
3618	" "	21	SWSE	1906-02-28		A2
3619	" "	28	NENW	1906-02-28		A2
3809	JORDAN, Samuel H	28	SWNE	1877-03-20		A2
3650	KINSER, James	17	NENE	1921-07-18		A1
3561	KNIGHT, Daniel S	34	NENE	1890-12-31		A2
3562	" "	34	NESE	1890-12-31		A2 R3781
3563	" "	34	S½NE	1890-12-31		A2
3594	KNIGHT, Felix G	22	SW	1889-09-20		A2 G49
3594	KNIGHT, Ruthe C	22	SW	1889-09-20		A2 G49
3706	LAYTON, John T	10	SWSE	1891-07-30		A2
3526	LEONARD, Andrew J	6	SESW	1860-05-01		A1
3671	LINCYCOMB, James W	12	SE	1897-02-10		A2
3765	MCDANIEL, Mary J	31	SWSW	1882-08-03		A2
3656	MCGRUDER, James	32	E½SW	1892-03-17		A2
3657	" "	32	S½NW	1892-03-17		A2
3700	MELTON, John P	13	N½NW	1889-01-26		A2
3701	" "	13	W½NE	1889-01-26		A2
3734	MELTON, King L	23	W½SE	1912-11-04		A2 G56
3735	" "	26	NENW	1912-11-04		A2 G56
3736	" "	26	NWNE	1912-11-04		A2 G56
3734	MELTON, Mary	23	W½SE	1912-11-04		A2 G56
3735	" "	26	NENW	1912-11-04		A2 G56
3736	" "	26	NWNE	1912-11-04		A2 G56
3530	MOORE, Augustus B	29	NESW	1896-05-25		A2
3531	" "	29	S½NW	1896-05-25		A2
3532	" "	30	SENE	1896-05-25		A2
3844	MOORE, William C	29	NWSW	1910-07-26		A2
3868	MORRISON, William O	5	N½NW	1919-02-19		A2
3869	" "	6	E½NE	1919-02-19		A2
3610	NEEDHAM, George W	28	NESE	1919-06-25		A2
3581	NELSON, Elijah A	13	E½SE	1911-06-12		A2
3582	" "	13	SENE	1911-06-12		A2
3602	NELSON, Frank R	14	NESE	1911-06-26		A2
3646	NEWMAN, James F	30	2	1913-05-08		A2
3800	NEWMAN, Robert W	33	N½NW	1894-11-16		A2
3801	" "	33	S½NW	1894-11-16		A2
3545	NIXON, Clarence H	4	SWSW	1914-07-08		A2
3546	" "	5	E½SE	1914-07-08		A2
3547	" "	5	SENE	1914-07-08		A2
3845	PEARCE, William C	34	NESW	1855-03-01		A1
3658	PRESLEY, James	28	W½SE	1860-05-01		A1
3659	" "	33	W½NE	1860-05-01		A1
3573	PREWETT, David	36	S½NE	1844-07-10		A1 F
3748	PRIVITT, Luther	10	SESE	1905-06-16		A2
3749	" "	11	S½SW	1905-06-16		A2
3574	PRUITT, David	36	NWNE	1844-07-10		A1 F
3737	ROGERS, Lafayette	14	N½NE	1908-12-03		A2
3738	" "	14	NWSE	1908-12-03		A2
3739	" "	14	SWNE	1908-12-03		A2
3878	RUSHING, Willis	36	NENE	1856-03-01		A1 F
3534	SHARP, Benjamin F	31	SESW	1882-06-30		A2
3762	SHIPP, Mary E	17	N½SE	1893-11-04		A2 G63
3763	" "	17	NESW	1893-11-04		A2 G63
3764	" "	17	SENE	1893-11-04		A2 G63
3762	SHIPP, Newton	17	N½SE	1893-11-04		A2 G63
3763	" "	17	NESW	1893-11-04		A2 G63
3764	" "	17	SENE	1893-11-04		A2 G63
3588	SIMPKINS, Elizabeth	35	SWNW	1883-01-15		A2

Family Maps of Van Buren County, Arkansas

ID	Individual in Patent	Sec.	Sec. Part	Date Issued	Other Counties	For More Info . . .
3589	SIMPKINS, Elizabeth (Cont'd)	35	W½SW	1883-01-15		A2
3662	SIMPKINS, James	36	N½SW	1854-05-01		A1
3664	SIMPKINS, James T	27	SESE	1908-09-10		A1
3665	" "	35	NWNW	1908-09-10		A1
3816	SIMPKINS, Stephen	35	N½SE	1846-09-01		A1 F
3817	" "	35	SWSE	1848-09-01		A1 F
3538	SMITH, Charles A	17	W½NW	1896-05-25		A2
3539	" "	18	S½NE	1896-05-25		A2
3543	SMITH, Charley T	18	N½NE	1913-12-11		A2
3544	" "	7	SWSE	1913-12-11		A2
3558	SMITH, Daniel H	10	E½NW	1895-10-16		A2
3559	" "	10	NESW	1895-10-16		A2
3560	" "	10	SWNE	1895-10-16		A2
3628	SMITH, Isaac M	6	N½SW	1918-05-24		A2
3629	" "	6	SWNW	1918-05-24		A2
3640	SMITH, James A	19	NWSE	1904-01-27		A2
3641	" "	19	SESW	1910-06-13		A2
3719	SMITH, Josephus C	10	SWSW	1902-03-25		A2
3720	" "	9	E½SE	1902-03-25		A2
3721	" "	9	SWSE	1902-03-25		A2
3727	SMITH, Josiah A	19	N½SW	1882-05-10		A2
3728	" "	19	SWNW	1882-05-10		A2
3729	" "	19	SWSW	1882-05-10		A2
3733	SMITH, Josiah W	18	NWSE	1911-02-20		A2
3766	SMITH, Mary	18	SWSE	1879-11-25		A2
3767	" "	19	NWNE	1879-11-25		A2
3846	SMITH, William C	19	NENE	1878-04-05		A2
3847	" "	20	SWNW	1878-04-05		A2
3512	SOWELL, Alcy	10	NWNW	1890-04-16		A2
3513	" "	3	S½SW	1890-04-16		A2
3514	" "	4	SESE	1890-04-16		A2
3742	SOWELL, Louis F	8	SENE	1906-09-14		A2
3743	" "	9	NWNW	1906-09-14		A2
3744	" "	9	S½NW	1906-09-14		A2
3520	STANLEY, Allen L	21	NENW	1907-04-10		A2
3521	" "	21	NWNE	1907-04-10		A2
3611	STANLEY, George W	21	NESW	1901-01-23		A2
3612	" "	21	NWSE	1901-01-23		A2
3613	" "	21	SENW	1901-01-23		A2
3614	" "	21	SWNE	1901-01-23		A2
3651	STARNES, James M	28	E½SW	1882-05-10		A2
3652	" "	28	SWSW	1882-05-10		A2
3653	" "	29	SESE	1882-05-10		A2
3703	STEPHENS, John	34	NWSW	1860-05-01		A1
3704	" "	34	SENW	1860-05-01		A1
3705	" "	34	SESW	1860-05-01		A1
3811	STEPHENS, Samuel	34	SWNW	1882-06-30		A2
3810	" "	33	NESE	1889-08-03		A1
3510	STEVENS, Aaron P	28	SENW	1877-03-20		A2
3870	STOBAUGH, William R	33	W½SE	1910-09-22		A2
3536	STORY, Bertha E	9	E½SW	1912-04-25		A2 G32
3537	" "	9	NWSE	1912-04-25		A2 G32
3540	STORY, Charles E	15	NWSE	1910-12-08		A2
3865	STURDEVANT, William J	14	W½SW	1895-05-03		A2
3866	" "	15	NESE	1895-05-03		A2
3867	" "	23	NWNW	1895-05-03		A2
3541	SUGGS, Charles S	31	N½SW	1888-04-27		A2
3769	SUGGS, Miles	29	SESW	1910-06-13		A2
3770	" "	29	W½SE	1910-06-13		A2
3771	" "	32	NENW	1910-06-13		A2
3793	SUGGS, Pleasant M	31	N½SE	1900-08-21		A2
3794	" "	31	SWNE	1900-08-21		A2
3795	" "	31	SWSE	1900-08-21		A2
3812	SWINEY, Sarah C	25	NE	1900-10-04		A2
3790	SYKES, Mary J	30	N½NW	1890-08-18		A2 G41
3833	TACKETT, Wiley B	21	NESE	1908-09-10		A1
3564	TEAGUE, Daniel W	17	NENW	1889-09-20		A2
3565	" "	8	S½SE	1889-09-20		A2
3566	" "	8	SESW	1889-09-20		A2
3595	TEAGUE, Fount I	5	NESW	1922-09-25		A2
3596	" "	5	SENW	1922-09-25		A2
3597	" "	5	W½NE	1922-09-25		A2
3654	TEAGUE, James M	8	N½SE	1908-09-10		A2

Township 11-N Range 13-W (5th PM) - Map Group 13

ID	Individual in Patent	Sec.	Sec. Part	Date Issued	Other Counties	For More Info...
3655	TEAGUE, James M (Cont'd)	9	W½SW	1908-09-10		A2
3692	TEAGUE, John H	7	N½SE	1909-11-08		A2
3693	" "	7	SESE	1909-11-08		A2
3694	" "	8	SWSW	1909-11-08		A2
3774	TEAGUE, Mont M	7	S½NE	1914-07-08		A2
3840	TEAGUE, William A	8	N½SW	1905-10-19		A2
3841	" "	8	W½NW	1905-10-19		A2
3529	THOMAS, Angelette E	36	NESE	1908-07-09		A1
3759	THOMAS, Marvin	36	S½SE	1908-07-09		A1
3555	THOMPSON, Daniel A	13	W½SW	1882-05-10		A2
3556	" "	14	SESE	1882-05-10		A2
3557	" "	24	NWNW	1882-05-10		A2
3636	TOUNSLEY, Jacob	5	S½SW	1900-08-21		A2
3725	TOWERY, Joshua H	36	SESW	1905-06-26		A1
3603	TRINKLE, Frank	14	SESW	1903-11-24		A2
3604	" "	23	NENW	1903-11-24		A2
3605	" "	23	S½NW	1903-11-24		A2
3745	TRINKLE, Louis	23	SESW	1903-07-01		A2
3746	" "	23	W½SW	1903-07-01		A2
3747	" "	26	NWNW	1903-07-01		A2
3674	TWILEY, Jesse D	28	NWNE	1860-05-01		A1
3517	WARD, Alfred L	30	N½SE	1889-01-26		A2
3518	" "	30	NESW	1889-01-26		A2
3519	" "	30	SWNE	1889-01-26		A2
3587	WARD, Elisha R	30	SENW	1911-11-27		A2
3615	WARD, George W	32	E½NE	1911-07-24		A2
3616	" "	32	NESE	1911-07-24		A2
3695	WARD, John H	20	NESE	1906-06-04		A2
3696	" "	20	S½NE	1906-06-04		A2
3697	" "	21	NWSW	1906-06-04		A2
3772	WARD, Miner	30	SWSE	1904-01-27		A2
3773	" "	31	NWNE	1904-01-27		A2
3849	WARD, William D	19	SWSE	1909-11-08		A2
3850	" "	30	NWNE	1909-11-08		A2
3682	WEAVER, John D	9	NENW	1889-09-17		A2
3683	" "	9	NWNE	1889-09-17		A2
3681	" "	9	NENE	1896-12-08		A2
3684	" "	9	SWNE	1896-12-08		A2
3757	WEAVER, Martin	15	SESE	1906-09-14		A2
3758	" "	22	NENE	1906-09-14		A2
3877	WEAVER, William	3	SENW	1882-06-01		A1
3876	" "	3	NENW	1888-05-08		A1
3853	WEAVER, William F	3	N½SW	1898-03-08		A2
3854	" "	3	W½NW	1898-03-08		A2
3631	WHEELERS, Isaac	20	SWSE	1860-05-01		A1
3632	" "	29	NWNE	1860-05-01		A1
3687	WILEY, John F	33	N½SW	1889-09-17		A2
3645	WILLIAMS, James E	7	SWSW	1859-07-01		A1 F
3855	WILLIAMS, William G	17	NWSW	1908-08-17		A2
3856	" "	18	E½SE	1908-08-17		A2
3740	WILLIS, Lou I	17	S½SW	1901-11-16		A2
3741	" "	20	E½NW	1901-11-16		A2
3606	WILSON, George A	5	NWSW	1920-01-08		A2
3607	" "	5	SWNW	1920-01-08		A2
3672	WYLIE, James	36	S½NW	1848-07-10		A1 F
3753	YEAKLEY, Margaret C	32	S½SE	1899-08-30		A2
3754	" "	33	S½SW	1899-08-30		A2

Family Maps of Van Buren County, Arkansas

Patent Map

T11-N R13-W
5th PM Meridian

Map Group 13

Township Statistics

Parcels Mapped	:	373
Number of Patents	:	209
Number of Individuals	:	204
Patentees Identified	:	194
Number of Surnames	:	108
Multi-Patentee Parcels	:	19
Oldest Patent Date	:	7/10/1844
Most Recent Patent	:	6/12/1925
Block/Lot Parcels	:	1
Parcels Re-Issued	:	1
Parcels that Overlap	:	0
Cities and Towns	:	2
Cemeteries	:	1

Township 11-N Range 13-W (5th PM) - Map Group 13

Section 3
- WEAVER William F 1898
- WEAVER William 1888
- JENNINGS Edward G 1913
- HUGGINS Joseph 1903
- WEAVER William 1882
- JENNINGS Edward G 1913
- WEAVER William F 1898
- JENNINGS Edward G 1913
- SOWELL Alcy 1890
- CARROLL Isiah Z 1910
- CARROLL Isiah Z 1910

Section 2
- EDWARDS Martin 1903
- EDWARDS Martin 1903
- HUGGINS Mary E 1898
- HARPER William W 1901
- HARPER James A 1901
- HARPER William W 1901
- HARPER William W 1901
- HARPER James A 1901
- HARPER James A 1901
- CHILDERS Henry G 1897

Section 1
- CALDWELL George W 1899
- HENSLEY Nathaniel A 1895
- EATON Benjamin R 1901
- HUGGINS Joshua 1890
- HENSLEY Nathaniel A 1895
- BAILEY William A 1882
- CALDWELL James H 1895
- HENSLEY Nathaniel A 1895
- BAILEY William A 1882
- BAILEY William A 1882
- COTTRELL John H 1882
- CLARK James R 1901
- CLARK James R 1901

Section 10
- SOWELL Alcy 1890
- SMITH Daniel H 1895
- CARRELL Andrew 1914
- SMITH Daniel H 1895
- COOK John W 1899
- CARRELL Andrew 1914
- SMITH Daniel H 1895
- COOK Oliver B 1917
- COOK John W 1899
- SMITH Josephus C 1902
- LAYTON John T 1891
- PRIVITT Luther 1905

Section 11
- CHILDERS Henry G 1897
- BUIE Neal M 1892
- COTTRELL John H 1882
- CHILDERS Henry G 1897
- BUIE Neal M 1892
- FORTNER James B 1889
- COOK John W 1899
- BUIE Neal M 1892
- PRIVITT Luther 1905
- GUFFEY Mary E 1901

Section 12
- COTTRELL John H 1882
- COTTRELL Nancy J 1891
- COTTRELL Nancy J 1891
- CLARK Frank M 1904
- COTTRELL Nancy J 1891
- DUNLAP Robert B 1901
- FORTNER William S 1895
- LINCYCOMB James W 1897

Section 15
- EDWARDS John 1903
- BLACKBURN James W 1906
- EDWARDS John 1903
- STURDEVANT William J 1895
- STORY Charles E 1910
- HENSLEY Josh 1904

Section 14
- FORTNER James D 1903
- STURDEVANT William J 1895
- TRINKLE Frank 1903

Section 13
- ROGERS Lafayette 1908
- MELTON John P 1889
- MELTON John P 1889
- ROGERS Lafayette 1908
- EDWARDS William F 1903
- JENNINGS Elijah 1913
- NELSON Elijah A 1911
- THOMPSON Daniel A 1882
- GREEN James H 1889
- ROGERS Lafayette 1908
- NELSON Frank R 1911
- NELSON Elijah A 1911
- THOMPSON Daniel A 1882
- JENNINGS Elijah 1913

Section 22
- BLACKBURN David S 1903
- HENSLEY Josh 1904
- WEAVER Martin 1906
- BLACKBURN David F 1884
- BLACKBURN David F 1882
- BLACKBURN David F 1882
- HENSLEY Thomas D 1908
- KNIGHT [49] Felix G 1889
- BLACKBURN David F 1882
- HENSLEY Thomas D 1908

Section 23
- STURDEVANT William J 1895
- TRINKLE Frank 1903
- TRINKLE Frank 1903
- TRINKLE Louis 1903
- TRINKLE Louis 1903
- MELTON [57] King L 1912

Section 24
- THOMPSON Daniel A 1882
- BROWN Evey 1899
- DANIEL Tennie 1901
- JENNINGS Elijah 1913
- GREEN James H 1889
- BROWN Evey 1899
- DANIEL Tennie 1901
- CULLUM George J 1900
- BROWN Evey 1899
- DANIEL Tennie 1901
- BRADFORD William A 1912
- COOK Andrew T 1903
- BRADFORD John A 1896

Section 27
- BLACKBURN Manla W 1901
- CHANDLER [8] John B 1892
- CHANDLER Columbus P 1894
- CHANDLER [8] John B 1892
- CHANDLER Columbus P 1894
- JOHNSON John S 1911
- CHANDLER [8] John B 1892
- JOHNSON Nathan W 1882
- BROWN Moses E 1909
- SIMPKINS James T 1908

Section 26
- TRINKLE Louis 1903
- MELTON [57] King L 1912
- COOK Andrew T 1903
- MELTON [57] King L 1912
- GADBERRY William H 1901
- GADBERRY William H 1901
- BRADFORD William S 1890
- GRAY John W 1876

Section 25
- HOOTEN Charley M 1912
- SWINEY Sarah C 1900
- HUIE Frank 1899
- HUIE Frank 1899
- BOON Sam 1906
- HUIE Frank 1899
- BAILEY John M 1860
- FOLKS Jeff D 1899

Section 34
- JOHNSON Nathan W 1882
- HILL Thomas P 1875
- KNIGHT Daniel S 1890
- STEPHENS Samuel 1882
- STEPHENS John 1860
- KNIGHT Daniel S 1890
- STEPHENS John 1860
- PEARCE William C 1855
- JOHNSON Nathan W 1884
- KNIGHT Daniel S 1890
- DEMPSEY Worth 1909
- STEPHENS John 1860
- HILL Robert S 1860

Section 35
- SIMPKINS James T 1908
- HOLIFIELD William H 1896
- HOLIFIELD William H 1896
- SIMPKINS Elizabeth 1883
- HOLIFIELD William H 1896
- SIMPKINS Elizabeth 1883
- SIMPKINS Stephen 1846
- GODBERRY David 1879
- SIMPKINS Stephen 1848

Section 36
- BOON Sam 1906
- PRUITT David 1844
- RUSHING Willis 1856
- WYLIE James 1848
- PREWETT David 1844
- SIMPKINS James 1854
- GRAY Rufus L 1897
- THOMAS Angelette E 1908
- GADBERRY David 1897
- TOWERY Joshua H 1905
- THOMAS Marvin 1908

Helpful Hints

1. This Map's INDEX can be found on the preceding pages.
2. Refer to Map "C" to see where this Township lies within Van Buren County, Arkansas.
3. Numbers within square brackets [ ] denote a multi-patentee land parcel (multi-owner). Refer to Appendix "C" for a full list of members in this group.
4. Areas that look to be crowded with Patentees usually indicate multiple sales of the same parcel (Re-issues) or Overlapping parcels. See this Township's Index for an explanation of these and other circumstances that might explain "odd" groupings of Patentees on this map.

Copyright 2006 Boyd IT, Inc. All Rights Reserved

Legend

- ——— Patent Boundary
- ▬▬▬ Section Boundary
- No Patents Found (or Outside County)
- 1., 2., 3., ... Lot Numbers (when beside a name)
- [ ] Group Number (see Appendix "C")

Scale: Section = 1 mile X 1 mile (generally, with some exceptions)

Family Maps of Van Buren County, Arkansas

Road Map
T11-N R13-W
5th PM Meridian
Map Group 13

Cities & Towns
Banner (historical)
Pee Dee

Cemeteries
Pee Dee Cemetery

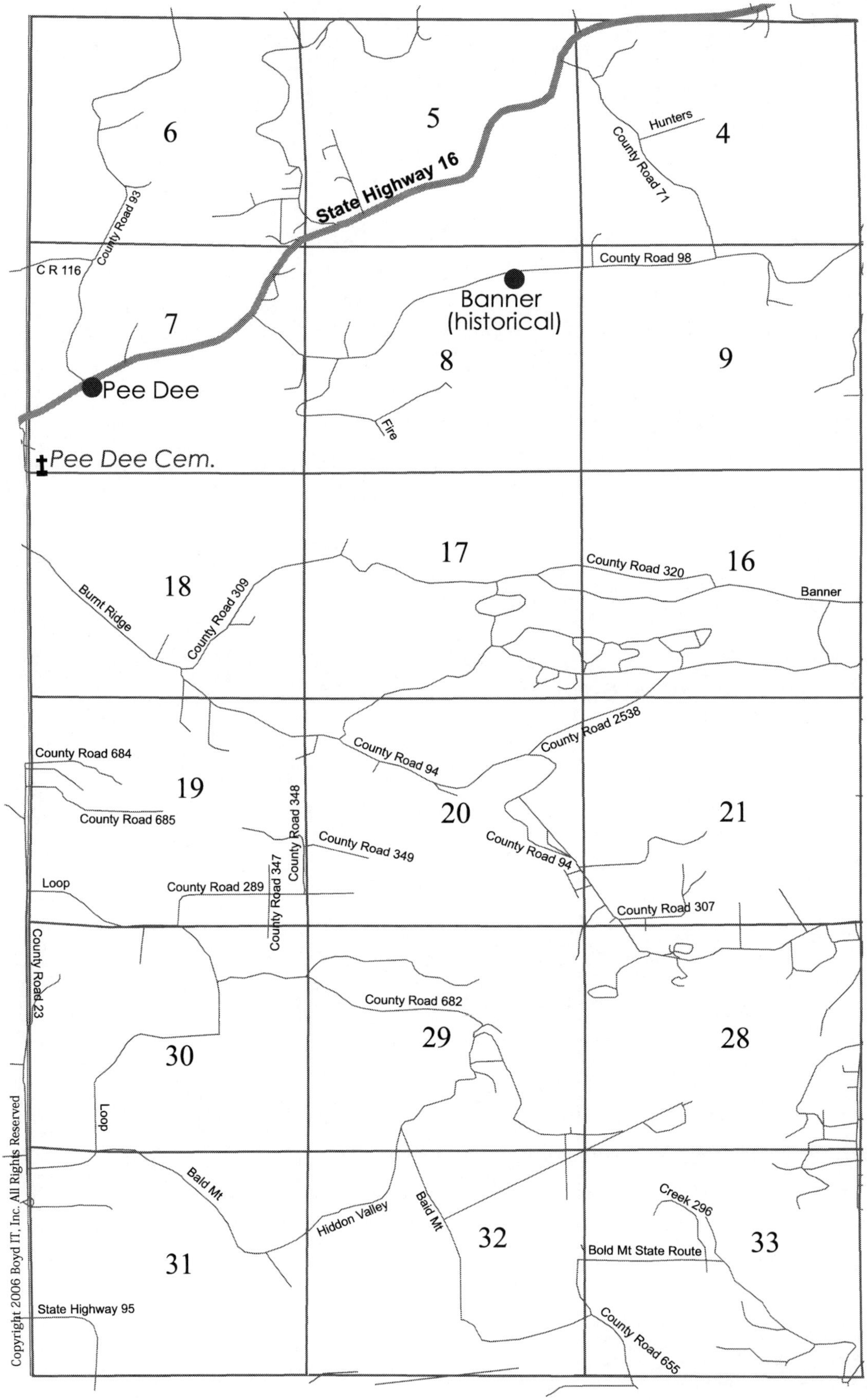

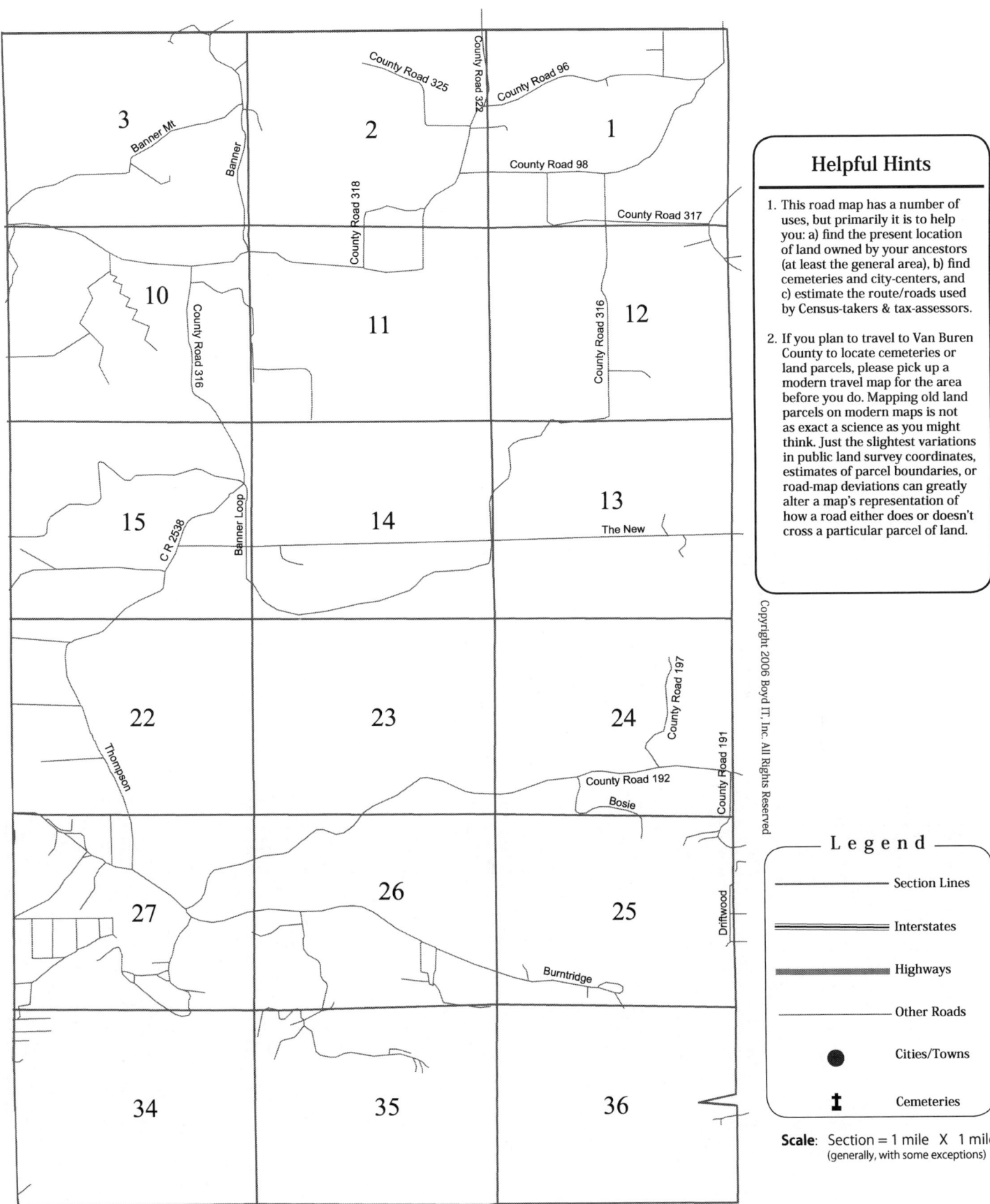

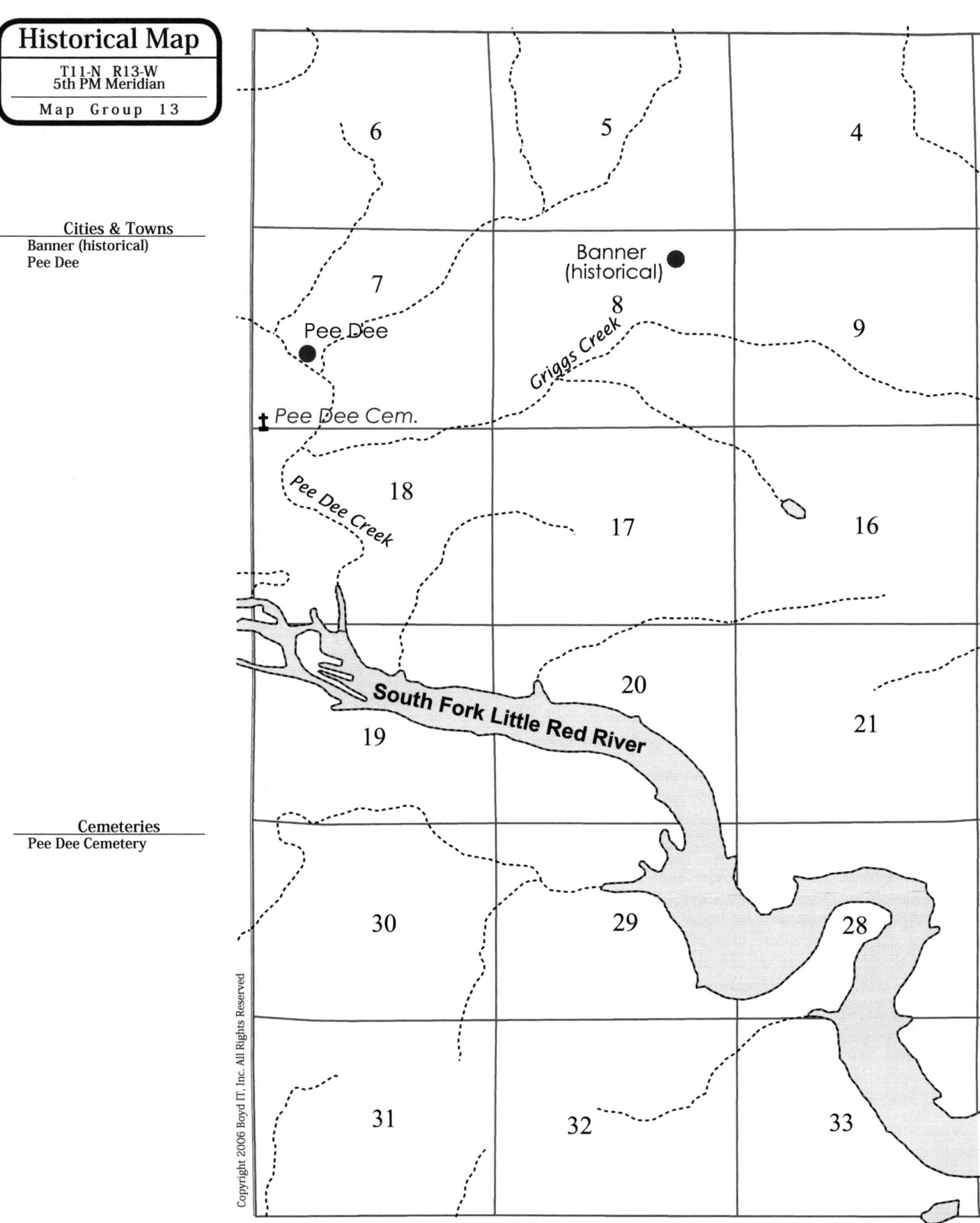

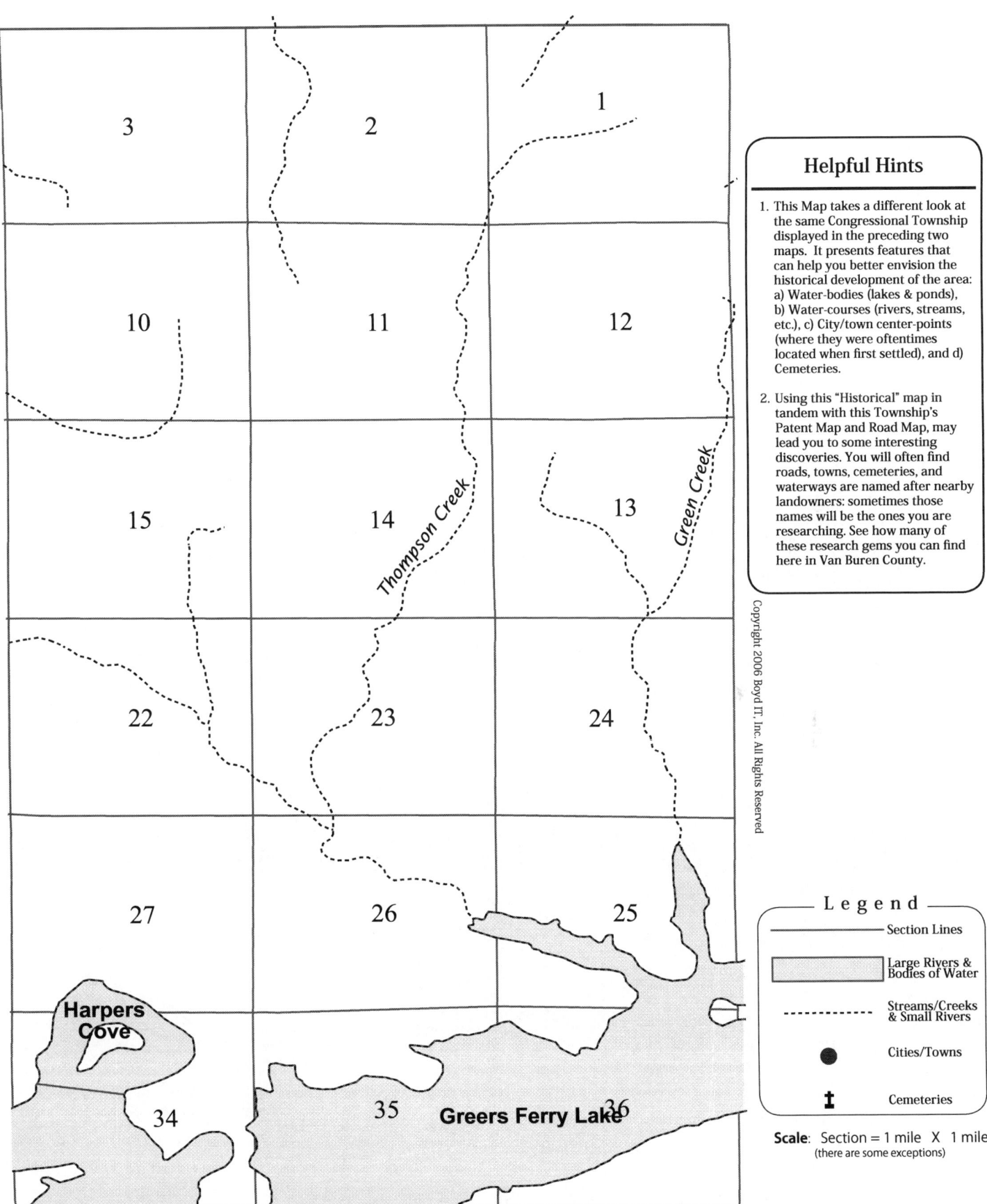

Map Group 14: Index to Land Patents
Township 11-North Range 12-West (5th PM)

After you locate an individual in this Index, take note of the Section and Section Part then proceed to the Land Patent map on the pages immediately following. You should have no difficulty locating the corresponding parcel of land.

The "For More Info" Column will lead you to more information about the underlying Patents. See the *Legend* at right, and the "How to Use this Book" chapter, for more information.

```
                    LEGEND
           "For More Info . . . " column
   A = Authority (Legislative Act, See Appendix "A")
   B = Block or Lot (location in Section unknown)
   C = Cancelled Patent
   F = Fractional Section
   G = Group (Multi-Patentee Patent, see Appendix "C")
   V = Overlaps another Parcel
   R = Re-Issued (Parcel patented more than once)

   (A & G items require you to look in the Appendixes referred
   to above. All other Letter-designations followed by a number
   require you to locate line-items in this index that possess
   the ID number found after the letter).
```

ID	Individual in Patent	Sec.	Sec. Part	Date Issued	Other Counties	For More Info . . .
3993	ALISON, John C	32	SENE	1889-01-26		A2
3994	" "	32	W½NE	1889-01-26		A2
3992	" "	32	NENE	1896-06-26		A2
3980	ALLEN, James M	22	E½NE	1904-07-15		A2
3913	ANDERSON, David	7	E½SW	1903-07-31		A2
4061	ANDERSON, Thomas R	10	W½NW	1917-06-28		A2
3966	BARNUM, James	22	SESE	1902-01-17		A2
4028	BARNUM, Moses	27	E½SE	1890-10-18		A2
4070	BOLES, William	15	NWNE	1896-06-29		A1
3896	BONDS, Benjamin F	7	N½NE	1913-05-08		A2
3897	" "	7	SWNE	1913-05-08		A2
4049	BOWLING, Sarah F	8	NESE	1919-02-05		A1
3923	BRADBURY, Dora L	3	N½SE	1910-07-01		A2
3924	" "	3	SENE	1910-07-01		A2
3905	BRADFORD, Bennett	6	SWNW	1860-09-01		A1 F
3903	" "	6	SENW	1879-11-25		A2
3904	" "	6	SWNE	1879-11-25		A2
3901	" "	6	NENW	1882-08-25		A1
3902	" "	6	NWSW	1898-05-23		A2
3911	BRADFORD, Daniel R	20	SESW	1879-11-25		A2
3909	" "	19	SESE	1896-06-01		A2
3910	" "	20	NESW	1896-06-01		A2
3912	" "	20	SWSW	1896-06-01		A2
3916	BRADFORD, David C	21	W½NE	1892-05-26		A2
3914	" "	19	NWSE	1906-04-14		A2
3915	" "	19	W½NE	1906-04-14		A2
3967	BRADFORD, James	6	SWSW	1904-11-01		A2 F
3968	" "	7	NWNW	1904-11-01		A2 F
3970	BRADFORD, James E	19	NENE	1902-03-07		A2
3971	" "	20	NWNW	1902-03-07		A2
3991	BRADFORD, John	6	N½NE	1882-05-10		A2
3990	BRADFORD, John A	29	N½SE	1860-05-01		A1 F R4020
3989	" "	19	W½SW	1896-06-23		A2
4012	BRADFORD, Killis J	21	NENW	1904-01-27		A2
4013	" "	21	S½NW	1904-01-27		A2
4014	" "	28	NE	1905-04-17		A1 F R4016
4018	BRADFORD, Lewis	5	N½NE	1882-06-30		A2
4019	" "	5	NENW	1882-06-30		A2
4029	BRADFORD, Nancy	19	E½SW	1900-06-25		A2
4030	" "	19	SWSE	1900-06-25		A2
4031	" "	30	NENW	1900-06-25		A2
4087	BRADFORD, William K	21	SESW	1850-12-05		A1
4088	" "	29	E½NE	1850-12-05		A1 F
4086	" "	21	NESW	1860-05-01		A1
4089	" "	29	SWSE	1860-05-01		A1
4099	BRADFORD, William R	5	W½SW	1903-07-01		A2

Township 11-N Range 12-W (5th PM) - Map Group 14

ID	Individual in Patent	Sec.	Sec. Part	Date Issued	Other Counties	For More Info...
4100	BRADFORD, William R (Cont'd)	6	E½SE	1903-07-01		A2
4101	BRADFORD, William T	19	NESE	1882-06-01		A1
4102	" "	19	SENE	1882-06-30		A2
4103	" "	20	NWSW	1882-06-30		A2
4104	" "	20	S½NW	1882-06-30		A2
4107	BRADFORD, William Z	4	SENW	1912-11-15		A2
4108	" "	4	W½NW	1912-11-15		A2
3907	BREWINGTON, Cicero	5	E½SE	1915-05-07		A2
4035	BRITTON, Peyton S	34	W½SW	1860-10-01		A1 R4038
4004	BROWN, Joseph	19	SENW	1895-10-08		A1
4079	BRYANT, William J	17	SESE	1890-05-31		A2
4080	" "	20	E½NE	1890-05-31		A2
4081	" "	21	NWNW	1890-05-31		A2
3979	CALDWELL, James H	6	NWNW	1895-08-30		A2
3930	CAMPBELL, Elizabeth	5	S½NE	1903-07-01		A2
3931	" "	5	W½SE	1903-07-01		A2
4022	CARMICKLE, Louis H	8	W½SW	1916-03-25		A2
4053	CLARK, Thomas E	4	S½SW	1913-07-14		A2
4054	" "	8	NENE	1913-07-14		A2
4055	" "	9	NWNW	1913-07-14		A2
4067	COLEMAN, William B	17	E½NW	1909-01-04		A1
4068	" "	17	W½NE	1909-01-04		A1
4002	CONNER, John T	31	NWNW	1855-03-01		A1 F
4057	CULLAM, Thomas O	28	SESW	1844-09-10		A1 F
3932	CULLUM, Francis M	22	SWNW	1855-03-01		A1
3933	" "	22	W½SW	1856-03-01		A1 F
3944	CULLUM, George J	29	SESE	1860-05-01		A1
3945	" "	33	NENW	1860-05-01		A1
3946	" "	33	NWNW	1860-05-01		A1
3949	" "	33	SENW	1881-02-10		A1
3942	" "	28	SWSE	1882-06-30		A2
3947	" "	33	NWSE	1882-08-25		A1
3948	" "	33	NWSW	1882-08-25		A1
3943	" "	28	SWSW	1896-07-11		A1 F
3941	" "	19	SWNW	1900-06-25		A2
3957	CULLUM, George W	27	NWNW	1890-08-19		A2
4000	CULLUM, John S	27	SENW	1860-05-01		A1
4001	" "	28	SESE	1860-05-01		A1
4025	CULLUM, Mary A	28	N½SE	1910-05-09		A2
4058	CULLUM, Thomas O	28	N½SW	1856-03-01		A1 F
4059	" "	31	NESE	1910-07-29		A1
4060	" "	32	W½SW	1910-07-29		A1
4072	CULLUM, William	21	SWSW	1849-11-01		A1
4073	" "	28	NWNW	1855-03-01		A1 F
4071	" "	21	SE	1856-03-01		A1 F
4065	CULLUM, William A	32	SESW	1914-05-06		A2
4066	" "	32	SWSE	1914-05-06		A2
4075	CULLUM, William F	33	NE	1890-04-16		A2
3920	DAUGHERTY, Davis G	29	E½SW	1860-05-01		A1 F
3921	" "	32	NENW	1896-10-07		A1
4074	DAUGHERTY, William	20	SESE	1844-09-10		A1
3937	DAVIS, Frank	10	SENW	1917-10-20		A2
4017	DAVIS, Levi C	4	N½NE	1905-02-13		A2
3906	DOWDY, Charlie	4	NENW	1911-01-19		A2
3886	DUNCAN, Alvin F	9	NESW	1914-03-07		A2
3887	" "	9	NWSE	1914-03-07		A2
4039	DUNLAP, Robert B	7	SWNW	1901-04-22		A2
4040	" "	7	W½SW	1901-04-22		A2
4076	DUNN, William H	9	E½NW	1908-12-28		A1
4077	" "	9	S½NE	1908-12-28		A1
4005	ELDRIDGE, Joseph E	29		1884-02-15		A2 C F
4007	" "	32	W½NW	1884-02-15		A2 C F R4008
4008	" "	32	W½NW	1901-03-23		A2 F R4007
4006	" "	31	SENE	1902-10-11		A2
3976	ESTES, James	5	NWNW	1890-10-18		A2
3977	" "	5	S½NW	1890-10-18		A2
3978	" "	6	SENE	1890-10-18		A2
3918	GADBERRY, David	21	SENE	1860-05-01		A1
3917	" "	21	NENE	1860-09-01		A1
4078	GADBERRY, William H	22	SENW	1882-10-20		A1
3958	HALL, Harvey J	21	1	1924-12-03		A1
3959	" "	28	1	1924-12-03		A1
4033	HALL, Peter C	17	N½SE	1912-11-09		A2 G36

Family Maps of Van Buren County, Arkansas

ID	Individual in Patent	Sec.	Sec. Part	Date Issued	Other Counties	For More Info . . .
4034	HALL, Peter C (Cont'd)	17	SWSE	1912-11-09		A2 G36
4033	HALL, Sarah	17	N½SE	1912-11-09		A2 G36
4034	" "	17	SWSE	1912-11-09		A2 G36
3884	HAMPTON, Alice R	4	S½NE	1914-03-07		A2 G37
3885	" "	4	W½SE	1914-03-07		A2 G37
3884	HAMPTON, Middleton E	4	S½NE	1914-03-07		A2 G37
3885	" "	4	W½SE	1914-03-07		A2 G37
3898	HARMAN, Benjamin F	18	E½NW	1901-01-23		A2
3899	" "	18	W½NE	1901-01-23		A2
3972	HAYNES, James E	10	N½NE	1912-08-26		A2
3973	" "	10	NENW	1912-08-26		A2
3975	" "	10	SWNE	1912-08-26		A2
3974	" "	10	SENE	1913-12-05		A1
4050	HAYNES, Stephen C	3	NENW	1908-07-09		A1
4044	HENSLEY, Samuel E	5	E½SW	1911-03-07		A2
3965	HOOTEN, James A	27	E½NE	1889-09-17		A2
4021	HOOTEN, Littleton T	15	NESE	1918-08-22		A2
4082	HUGGINS, William J	7	SENE	1905-10-19		A2
4083	" "	8	N½NW	1905-10-19		A2
4084	" "	8	SWNW	1905-10-19		A2
3940	HUNT, George D	30		1905-11-03		A1 F
3986	HUNT, James W	33	NESE	1912-07-18		A2
3987	" "	33	NESW	1912-07-18		A2
4056	HUNT, Thomas	32	SENW	1898-05-23		A2
4085	JOHNSON, William	15	NENE	1914-07-06		A1
3998	LEADBETTER, John	17	N½SW	1882-05-10		A2
3999	" "	17	W½NW	1882-05-10		A2
3922	LINTON, Dionysius T	10	NESE	1910-12-15		A1
3893	MATHEWS, Arther L	32	E½SE	1889-01-26		A2
3894	" "	32	NESW	1889-01-26		A2
3895	" "	32	NWSE	1889-01-26		A2
4109	MATTESON, Wright	10	SESE	1912-07-18		A2
3938	MATTISON, Fred W	15	E½NW	1912-06-20		A2
3939	" "	15	S½NE	1912-06-20		A2
3883	MAXWELL, Abner W	3	W½NW	1903-07-01		A2
3981	MCCLAIN, James	30	NWNE	1891-11-23		A1
3927	MCELROY, Elijah N	8	S½NE	1918-07-12		A2
3928	" "	9	NWSW	1918-07-12		A2
3929	" "	9	SWNW	1918-07-12		A2
4069	MCGEHEE, William B	33	S½S½	1892-03-17		A2
3934	MCNEAL, Francis	34	NENW	1904-05-05		A2
3935	" "	34	NWNE	1904-05-05		A2
3936	" "	34	W½NW	1904-05-05		A2
4032	MELTON, Nathan D	7	SE	1913-05-08		A2
4096	MICHAEL, William	29	SWNE	1848-09-01		A1 F
4095	" "	29	NWNE	1854-05-01		A1 F
4094	" "	20	SWSE	1856-03-01		A1
4091	MICHAEL, William M	27	NENW	1855-03-01		A1
4090	" "	22	E½SW	1856-03-01		A1 F
4023	MICHAELS, Lucinda	22	SWSE	1860-05-01		A1
4024	" "	27	NWNE	1860-05-01		A1
3969	MILLS, James C	30	W½NW	1896-06-01		A2
4020	MILLS, Lewis	29	N½SE	1856-09-01		A1 F R3990
3908	MOLDEN, Daniel G	4	N½SW	1913-10-20		A1
3997	MYERS, John F	22	W½NE	1913-02-20		A2
3889	NEAL, Amanda E	31	E½SW	1909-10-21		A1
3960	NEWMAN, Jackson	17	SESW	1882-05-10		A2
3961	" "	20	NENW	1882-05-10		A2
3962	" "	20	W½NE	1882-05-10		A2
4097	PATTON, William	8	E½SW	1907-03-08		A2
4098	" "	8	W½SE	1907-03-08		A2
4036	PIERCE, Richard	34	NESW	1902-01-17		A2
4037	" "	34	SENW	1902-01-17		A2
4038	" "	34	W½SW	1902-01-17		A2 R4035
4043	PRESLEY, Robert F	30	NESW	1860-05-01		A1 F
3900	ROLLINS, Benjamin F	3	SESE	1912-06-20		A2
4026	RUSSELL, Matilda C	34	N½SE	1894-03-27		A2
4027	" "	34	S½NE	1894-03-27		A2
4092	SHULL, William M	15	S½SW	1910-11-03		A2
4093	" "	22	N½NW	1910-11-03		A2
3963	SIMPKINS, Jacob	20	NESE	1860-05-01		A1
3964	" "	21	NWSW	1860-05-01		A1
4052	SIMPKINS, Stephen	30	S½SW	1849-10-01		A1 F

Township 11-N Range 12-W (5th PM) - Map Group 14

ID	Individual in Patent	Sec.	Sec. Part	Date Issued	Other Counties	For More Info . . .
4051	SIMPKINS, Stephen (Cont'd)	22	SW	1856-03-01		A1 F
4041	SMALLWOOD, Robert E	27	SWNE	1908-12-03		A2
4042	" "	27	W½SE	1908-12-03		A2
3956	STEPHENS, George	29	W½SW	1854-05-01		A1 G68 F
3955	" "	30	SENW	1860-09-01		A1
3984	STEPHENS, James	31	SENW	1850-07-01		A1 F
3985	" "	31	SWNE	1860-09-01		A1
3983	" "	30	NENE	1861-08-01		A1
3956	STEPHENS, Martillis	29	W½SW	1854-05-01		A1 G68 F
4045	STEPHENS, Samuel	29	NW	1844-09-10		A1
4046	" "	30	SE	1844-09-10		A1 F
4047	" "	30	SENE	1844-09-10		A1
4048	" "	31	N½NE	1856-03-01		A1 F
3919	TACKETT, David R	15	SESE	1911-09-21		A2
4003	TACKETT, Joseph B	27	SW	1901-01-23		A2
4064	TACKETT, Wiley B	22	N½SE	1890-10-18		A2 F
4105	TARKINGTON, William	10	S½SW	1910-11-03		A2
4106	" "	15	W½NW	1910-11-03		A2
3890	TAYLOR, Andrew J	18	NESW	1897-06-14		A2
3891	" "	18	W½SE	1897-06-14		A2
3892	THOMAS, Angelette E	31	W½SW	1908-07-09		A1
3952	THOMPSON, George S	3	NESW	1908-07-09		A1
3953	" "	3	SENW	1908-07-09		A1
3954	" "	3	W½SW	1908-07-09		A1
3925	TOTTEN, Elias S	4	E½SE	1909-09-20		A2
3926	" "	9	N½NE	1909-09-20		A2
3950	TOWERY, George R	17	SWSW	1910-05-09		A2
3951	" "	18	E½SE	1910-05-09		A2
3982	TOWERY, James R	18	E½NE	1913-02-08		A2
4009	TOWERY, Joshua H	18	S½SW	1902-03-07		A2
4010	" "	19	N½NW	1902-03-07		A2
4011	" "	31	NENE	1913-01-06		A1 F
4062	TURNEY, Wiley A	15	N½SW	1914-05-06		A2
4063	" "	15	W½SE	1914-05-06		A2
3888	WILLIAMS, Alvin H	8	NWNE	1918-08-06		A2
3988	WILLIAMS, James	7	E½NW	1908-12-03		A2
3995	WILLIAMS, John C	6	E½SW	1899-04-22		A2
3996	" "	6	W½SE	1899-04-22		A2
4015	WINFREY, Lafayette	27	SWNW	1913-02-08		A2
4016	" "	28	NE	1913-02-08		A2 F R4014

Family Maps of Van Buren County, Arkansas

Patent Map

T11-N R12-W
5th PM Meridian

Map Group 14

Township Statistics

Parcels Mapped	:	227
Number of Patents	:	159
Number of Individuals	:	121
Patentees Identified	:	119
Number of Surnames	:	76
Multi-Patentee Parcels	:	5
Oldest Patent Date	:	9/10/1844
Most Recent Patent	:	12/3/1924
Block/Lot Parcels	:	2
Parcels Re - Issued	:	4
Parcels that Overlap	:	0
Cities and Towns	:	3
Cemeteries	:	2

Township 11-N Range 12-W (5th PM) - Map Group 14

Section 3
- MAXWELL Abner W 1903
- HAYNES Stephen C 1908
- THOMPSON George S 1908
- BRADBURY Dora L 1910
- THOMPSON George S 1908
- BRADBURY Dora L 1910
- THOMPSON George S 1908
- ROLLINS Benjamin F 1912

Section 2

Section 1

Section 10
- ANDERSON Thomas R 1917
- HAYNES James E 1912
- HAYNES James E 1912
- DAVIS Frank 1917
- HAYNES James E 1912
- HAYNES James E 1913
- TARKINGTON William 1910
- LINTON Dionysius T 1910
- MATTESON Wright 1912

Section 11

Section 12

Section 15
- TARKINGTON William 1910
- BOLES William 1896
- JOHNSON William 1914
- MATTISON Fred W 1912
- MATTISON Fred W 1912
- TURNEY Wiley A 1914
- TURNEY Wiley A 1914
- HOOTEN Littleton T 1918
- SHULL William M 1910
- TACKETT David R 1911

Section 14 — Cleburne County

Section 13

Section 22
- SHULL William M 1910
- MYERS John F 1913
- CULLUM Francis M 1855
- GADBERRY William H 1882
- ALLEN James M 1904
- CULLUM Francis M 1856
- TACKETT Wiley B 1890
- SIMPKINS Stephen 1856
- MICHAEL William M 1856
- MICHAELS Lucinda 1860
- BARNUM James 1902

Section 23

Section 24

Section 27
- CULLUM George W 1890
- MICHAEL William M 1855
- MICHAELS Lucinda 1860
- HOOTEN James A 1889
- WINFREY Lafayette 1913
- CULLUM John S 1860
- SMALLWOOD Robert E 1908
- TACKETT Joseph B 1901
- SMALLWOOD Robert E 1908
- BARNUM Moses 1890

Section 26

Section 25

Section 34
- MCNEAL Francis 1904
- MCNEAL Francis 1904
- MCNEAL Francis 1904
- PIERCE Richard 1902
- RUSSELL Matilda C 1894
- BRITTON Peyton S 1860
- PIERCE Richard 1902
- RUSSELL Matilda C 1894
- PIERCE Richard 1902

Section 35

Section 36

Helpful Hints

1. This Map's INDEX can be found on the preceding pages.
2. Refer to Map "C" to see where this Township lies within Van Buren County, Arkansas.
3. Numbers within square brackets [ ] denote a multi-patentee land parcel (multi-owner). Refer to Appendix "C" for a full list of members in this group.
4. Areas that look to be crowded with Patentees usually indicate multiple sales of the same parcel (Re-issues) or Overlapping parcels. See this Township's Index for an explanation of these and other circumstances that might explain "odd" groupings of Patentees on this map.

Copyright 2006 Boyd IT, Inc. All Rights Reserved

Legend

- ——— Patent Boundary
- ━━━ Section Boundary
- No Patents Found (or Outside County)
- 1., 2., 3., ... Lot Numbers (when beside a name)
- [ ] Group Number (see Appendix "C")

Scale: Section = 1 mile X 1 mile (generally, with some exceptions)

Family Maps of Van Buren County, Arkansas

Road Map
T11-N R12-W
5th PM Meridian
Map Group 14

Cities & Towns
Chalk (historical)
Eglantine
Fairfield Bay

Cemeteries
Bradford Cemetery
Eglantine Cemetery

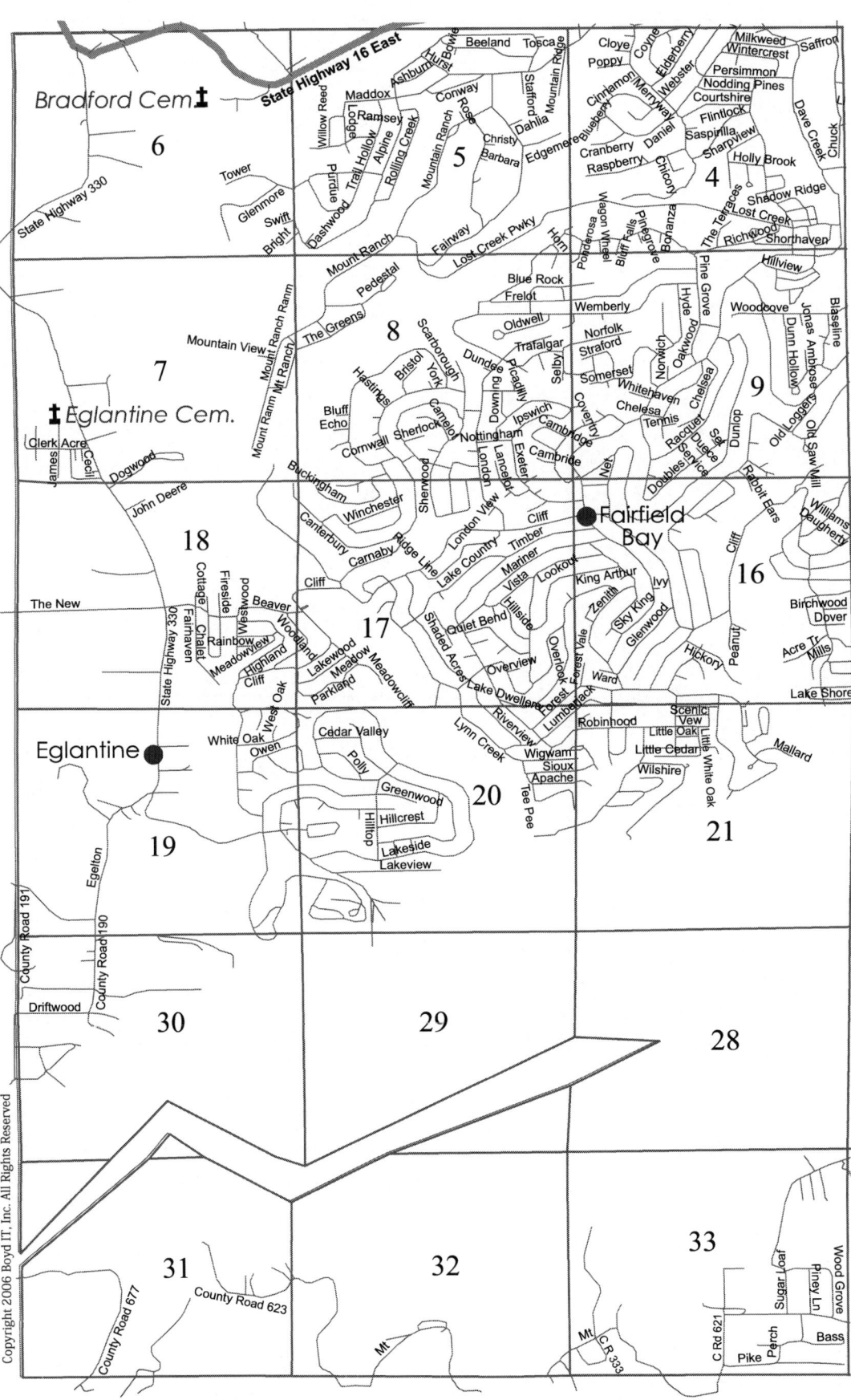

Township 11-N Range 12-W (5th PM) - Map Group 14

Helpful Hints

1. This road map has a number of uses, but primarily it is to help you: a) find the present location of land owned by your ancestors (at least the general area), b) find cemeteries and city-centers, and c) estimate the route/roads used by Census-takers & tax-assessors.

2. If you plan to travel to Van Buren County to locate cemeteries or land parcels, please pick up a modern travel map for the area before you do. Mapping old land parcels on modern maps is not as exact a science as you might think. Just the slightest variations in public land survey coordinates, estimates of parcel boundaries, or road-map deviations can greatly alter a map's representation of how a road either does or doesn't cross a particular parcel of land.

Copyright 2006 Boyd IT, Inc. All Rights Reserved

Legend

— Section Lines
═ Interstates
▬ Highways
— Other Roads
● Cities/Towns
† Cemeteries

Scale: Section = 1 mile X 1 mile
(generally, with some exceptions)

Sections: 1, 2, 3, 10, 11, 12, 13, 14, 15, 22 (Van Buren County), 23 (Cleburne County), 24, 25, 26, 27, 34, 35, 36

Chalk (historical) — State Highway 337 — SH 92

215

Family Maps of Van Buren County, Arkansas

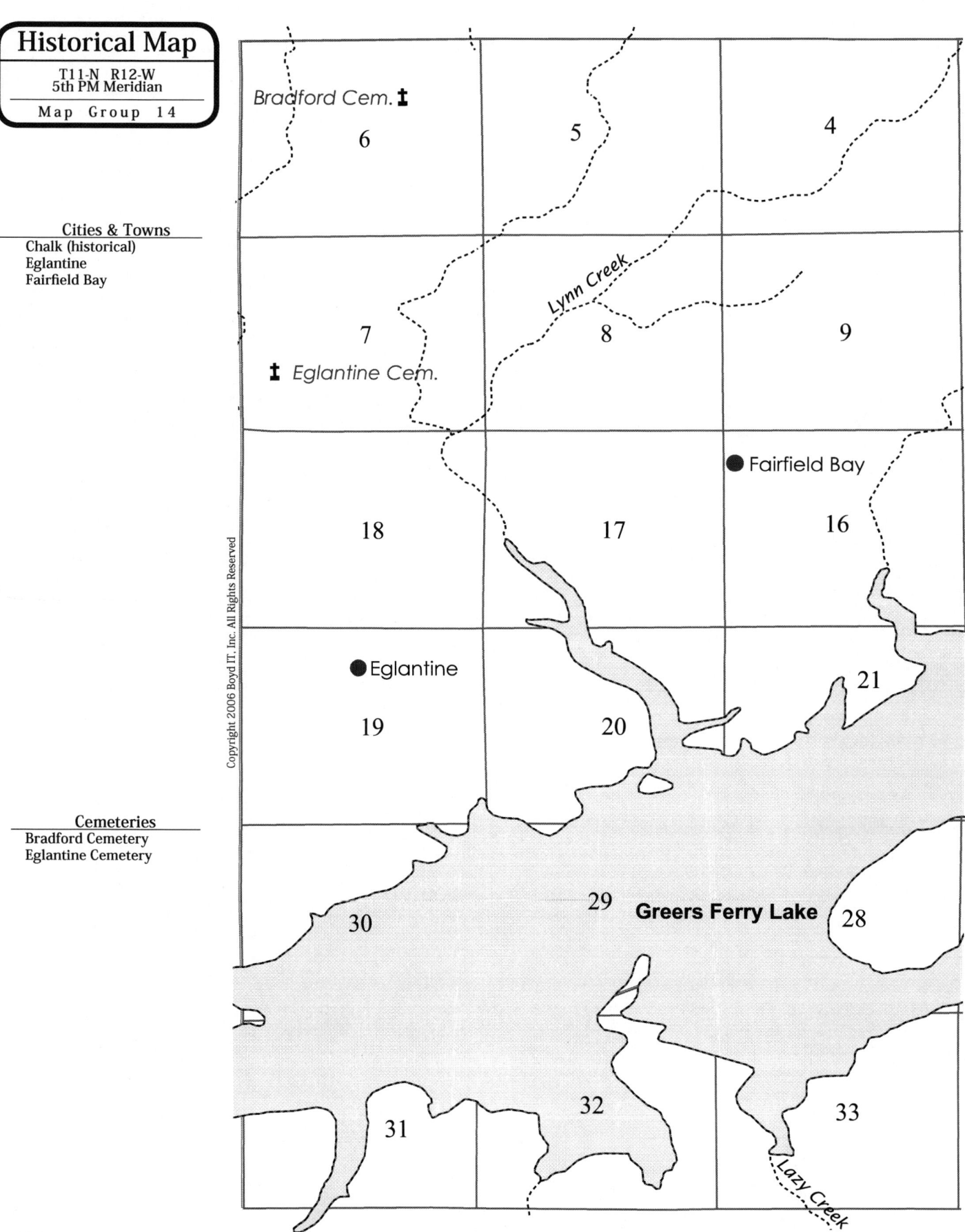

Historical Map
T11-N R12-W
5th PM Meridian
Map Group 14

Cities & Towns
Chalk (historical)
Eglantine
Fairfield Bay

Cemeteries
Bradford Cemetery
Eglantine Cemetery

Township 11-N Range 12-W (5th PM) - Map Group 14

3	2	1
10	11	12
15 *Van Buren County*	14 *Cleburne County*	13
22	23	24
27	26	25
34 Chalk (historical) ●	35	36

Dave Creek

Moccasin Branch

Helpful Hints

1. This Map takes a different look at the same Congressional Township displayed in the preceding two maps. It presents features that can help you better envision the historical development of the area: a) Water-bodies (lakes & ponds), b) Water-courses (rivers, streams, etc.), c) City/town center-points (where they were oftentimes located when first settled), and d) Cemeteries.

2. Using this "Historical" map in tandem with this Township's Patent Map and Road Map, may lead you to some interesting discoveries. You will often find roads, towns, cemeteries, and waterways are named after nearby landowners: sometimes those names will be the ones you are researching. See how many of these research gems you can find here in Van Buren County.

Copyright 2006 Boyd IT, Inc. All Rights Reserved

Legend
- Section Lines
- Large Rivers & Bodies of Water
- ------ Streams/Creeks & Small Rivers
- ● Cities/Towns
- † Cemeteries

Scale: Section = 1 mile X 1 mile
(there are some exceptions)

Family Maps of Van Buren County, Arkansas

Map Group 15: Index to Land Patents
Township 10-North Range 17-West (5th PM)

After you locate an individual in this Index, take note of the Section and Section Part then proceed to the Land Patent map on the pages immediately following. You should have no difficulty locating the corresponding parcel of land.

The "For More Info" Column will lead you to more information about the underlying Patents. See the *Legend* at right, and the "How to Use this Book" chapter, for more information.

```
                    LEGEND
            "For More Info . . . " column
A = Authority (Legislative Act, See Appendix "A")
B = Block or Lot (location in Section unknown)
C = Cancelled Patent
F = Fractional Section
G = Group   (Multi-Patentee Patent, see Appendix "C")
V = Overlaps another Parcel
R = Re-Issued (Parcel patented more than once)
```

(A & G items require you to look in the Appendixes referred to above. All other Letter-designations followed by a number require you to locate line-items in this index that possess the ID number found after the letter).

ID	Individual in Patent	Sec.	Sec. Part	Date Issued	Other Counties	For More Info . . .
4240	ADAMS, Nealy	20	S½N½	1922-02-18		A2
4137	ALEXANDER, Ephraim	25	NWNW	1898-08-27		A2
4138	" "	26	NENE	1898-08-27		A2
4139	" "	26	S½NE	1898-08-27		A2
4192	AUSTIN, John M	10	NWNW	1896-08-28		A2
4194	" "	3	SWSW	1896-08-28		A2
4193	" "	3	SWNW	1903-07-01		A2
4195	" "	4	E½SE	1903-07-01		A2
4196	" "	4	SENE	1903-07-01		A2
4202	BEAVERS, John W	17	S½NE	1906-10-15		A2
4203	" "	17	W½SE	1906-10-15		A2
4215	BEAVERS, Larkin L	17	NENENWNW	1916-08-15		A2
4216	" "	17	NENWSENW	1916-08-15		A2
4217	" "	17	NESWNWNW	1916-08-15		A2
4218	" "	17	NWSESENW	1916-08-15		A2
4219	" "	17	S½NENWNW	1916-08-15		A2
4220	" "	17	S½S½SENW	1916-08-15		A2
4221	" "	17	S½S½SWNW	1916-08-15		A2
4222	" "	17	SENENW	1916-08-15		A2
4223	" "	17	SENWNW	1916-08-15		A2
4224	" "	17	SENWNWNW	1916-08-15		A2
4225	" "	17	SWNENW	1916-08-15		A2
4226	" "	17	W½NENW	1916-08-15		A2
4227	" "	17	W½NESENW	1916-08-15		A2
4255	BOLTON, Rinard O	22	E½SE	1912-03-28		A2
4256	" "	23	NWSW	1912-03-28		A2
4257	" "	23	SWNW	1912-03-28		A2
4191	BOST, John L	24	S½NE	1896-04-30		A2
4232	BRADFORD, Lizzie L	26	N½SW	1919-10-18		A2
4233	" "	26	S½NW	1919-10-18		A2
4264	BRIDGES, Rollen C	34	SE	1922-11-10		A2
4214	BROCK, Josiah	35	SESE	1855-03-01		A1
4152	CAMPBELL, Henry S	7	NWNW	1919-09-08		A2
4186	CAMPBELL, John D	14	NWNW	1905-08-26		A2
4187	" "	15	N½NE	1905-08-26		A2
4188	" "	15	NENW	1905-08-26		A2
4284	CAMPBELL, William F	6	W½NW	1897-02-10		A2
4283	" "	6	NWSW	1909-10-11		A2
4136	CASTLEBURY, Emily	24	N½NE	1882-05-10		A2
4146	COLLIE, Fred L	34	NE	1922-01-23		A2
4234	CORSBIE, Mace H	28	NENW	1910-12-08		A2
4235	" "	28	NWSW	1910-12-08		A2
4236	" "	28	W½NW	1910-12-08		A2
4119	CULPEPER, Charles H	7	N½NE	1882-06-30		A2 C
4120	" "	7	NENW	1882-06-30		A2 C
4121	" "	7	SWNE	1882-06-30		A2 C

Township 10-N Range 17-W (5th PM) - Map Group 15

ID	Individual in Patent	Sec.	Sec. Part	Date Issued	Other Counties	For More Info . . .
4110	DRIVER, Andrew A	24	NESE	1894-05-15		A2
4111	" "	24	S½SE	1894-05-15		A2
4169	DRIVER, James K	11	S½SE	1924-01-23		A1
4170	" "	14	N½NE	1924-01-23		A1
4265	DRIVER, Ruben E	26	N½SE	1918-07-09		A2
4266	" "	26	SESE	1918-07-09		A2
4147	DUVALL, Gabril	11	NENW	1901-06-25		A2
4148	" "	11	NWNE	1901-06-25		A2
4149	" "	2	S½SW	1901-06-25		A2
4325	ELLENBURG, Willis A	19	NESW	1911-11-13		A2
4326	" "	19	NWSE	1911-11-13		A2
4327	" "	19	S½NE	1911-11-13		A2
4211	FLOWERS, Joseph E	32	NWSE	1889-09-20		A2
4212	" "	32	SENE	1889-09-20		A2
4213	" "	32	W½NE	1889-09-20		A2
4130	FREEMAN, Diten B	34	SW	1923-11-12		A2
4328	FREEMAN, Willis	20	NENE	1906-10-15		A2
4329	" "	21	N½NW	1906-10-15		A2
4330	" "	21	SWNW	1906-10-15		A2
4278	GEORGE, Wallace W	17	N½NE	1914-12-01		A2
4279	" "	8	S½SE	1914-12-01		A2
4231	HATLEY, Littleton P	6	NENE	1900-08-21		A2
4273	HAYFORD, Samuel	3	NWNW	1919-09-08		A2 F
4210	HAYNES, Jonathan L	13	SE	1891-07-30		A2
4285	HENLEY, William F	1	NESW	1924-01-23		A1
4286	" "	1	NWSE	1924-01-23		A1
4287	" "	1	S½NESE	1924-01-23		A1
4288	" "	1	S½NWSW	1924-01-23		A1
4150	HURDLOW, George H	17	E½SE	1889-09-20		A2
4315	KEITH, William	20	N½S½SE	1917-09-06		A2
4316	" "	21	N½SWSW	1917-09-06		A2
4317	" "	21	NWSW	1917-09-06		A2
4157	KINCANNON, James F	23	E½NWSESW	1919-10-30		A2
4158	" "	23	N½SWSE	1919-10-30		A2
4159	" "	23	N½SWSE	1919-10-30		A2
4160	" "	23	NESESW	1919-10-30		A2
4161	" "	23	NWSWSW	1919-10-30		A2
4162	" "	23	S½NWSE	1919-10-30		A2
4165	" "	23	S½SWSW	1919-10-30		A2 V4167
4168	" "	23	SWSESW	1919-10-30		A2
4163	" "	23	S½SWSE	1924-04-09		A2
4164	" "	23	S½SWSE	1924-04-09		A2
4166	" "	23	SESE	1924-04-09		A2
4167	" "	23	SESWSW	1924-04-09		A2 V4165
4181	KINCANNON, Jesse M	13	SENE	1921-07-28		A2
4307	KINCANNON, William J	15	NWSE	1909-06-21		A2
4308	" "	15	S½SE	1909-06-21		A2
4309	" "	15	SWNE	1909-06-21		A2
4204	LAWLESS, John W	4	E½SW	1921-07-28		A2
4205	" "	4	NWSE	1921-07-28		A2
4206	" "	4	SENW	1921-07-28		A2
4241	LAWLESS, Oscar H	4	SWSE	1918-10-22		A2
4242	" "	9	E½NENW	1918-10-22		A2
4243	" "	9	SWNENW	1918-10-22		A2
4244	" "	9	W½NE	1918-10-22		A2
4122	MCALISTER, Crawford	26	S½SW	1885-03-16		A2
4123	" "	26	SWSE	1885-03-16		A2
4124	" "	6	SWSW	1890-04-30		A1
4277	MOSS, Thomas H	6	W½NE	1885-03-16		A2
4267	OATS, Rufus	36	NWNE	1895-01-11		A2
4268	" "	36	S½NE	1895-01-11		A2
4269	" "	36	SENW	1895-01-11		A2
4156	OVERTON, Isaac B	32	NESE	1921-10-15		A2
4117	PAYNE, Bessie	3	E½SW	1925-07-15		A1
4118	" "	3	W½SE	1925-07-15		A1
4258	PAYNE, Robert B	12	NESW	1912-03-28		A2
4259	" "	12	S½NE	1912-03-28		A2
4260	" "	12	SENW	1912-03-28		A2
4270	PAYNE, Sam A	2	N½SW	1922-02-16		A1
4271	" "	2	SWNW	1922-02-16		A1
4272	" "	3	NESE	1922-02-16		A1
4239	PAYTON, Nathan	32	SW	1888-07-23		A2
4132	PERSON, Edward R	5	NWSW	1894-11-16		A2

ID	Individual in Patent	Sec.	Sec. Part	Date Issued	Other Counties	For More Info . . .
4133	PERSON, Edward R (Cont'd)	5	SWNW	1894-11-16		A2
4134	" "	6	E½SE	1894-11-16		A2
4182	PERSON, John A	6	E½SWSE	1919-04-07		A2
4183	" "	6	NESW	1919-04-07		A2
4184	" "	6	NWSE	1919-04-07		A2
4185	" "	6	SENE	1919-04-07		A2
4323	PHILLIPS, William W	6	E½NW	1897-02-10		A2
4189	PHILPOT, John F	15	S½NW	1912-03-28		A2
4190	" "	15	W½SW	1912-03-28		A2
4207	PLUNKETT, John W	28	NESW	1894-09-07		A2
4208	" "	28	S½SW	1894-09-07		A2
4209	" "	28	SWSE	1894-09-07		A2
4318	PORTER, William	28	E½SE	1914-02-24		A2
4319	" "	28	NWSE	1914-02-24		A2
4245	POWERS, Otto	22	N½N½NE	1920-09-20		A2
4246	" "	22	SENENE	1920-09-20		A2
4247	" "	22	SWNWNE	1920-09-20		A2
4237	PRICE, Mary E	11	SENW	1909-04-14		A2
4238	" "	11	SWNE	1909-04-14		A2
4289	PRINCE, William H	20	E½NENESE	1916-07-28		A2
4290	" "	20	E½NWSESW	1916-07-28		A2
4291	" "	20	E½SENESW	1916-07-28		A2
4292	" "	20	N½N½NWSE	1916-07-28		A2
4293	" "	20	NESESW	1916-07-28		A2
4294	" "	20	NWSENESW	1916-07-28		A2
4295	" "	20	S½NENWSE	1916-07-28		A2
4296	" "	20	S½NWSE	1916-07-28		A2
4297	" "	20	S½SESW	1916-07-28		A2
4298	" "	20	S½SESW	1916-07-28		A2
4299	" "	20	SENESE	1916-07-28		A2
4300	" "	20	SENWNWSE	1916-07-28		A2
4301	" "	20	SWNESW	1916-07-28		A2
4302	" "	20	SWNWNWSE	1916-07-28		A2
4303	" "	20	SWSENESW	1916-07-28		A2
4304	" "	20	W½NENESE	1916-07-28		A2
4305	" "	20	W½NESE	1916-07-28		A2
4306	" "	20	W½NWSESW	1916-07-28		A2
4153	REID, Homer	36	NESE	1922-09-25		A2
4154	" "	36	S½SE	1922-09-25		A2
4155	" "	36	SESW	1922-09-25		A2
4115	REYNOLDS, Arthur O	1	N½NESE	1921-07-15		A2
4116	" "	1	SENE	1921-07-15		A2
4324	REYNOLDS, William W	32	S½SE	1914-07-28		A2
4171	ROBERSON, James M	24	N½NESWNW	1910-07-01		A2
4172	" "	24	N½SENW	1910-07-01		A2
4173	" "	24	S½N½SWNW	1910-07-01		A2
4174	" "	24	S½SWNW	1910-07-01		A2
4175	" "	24	W½NENW	1910-07-01		A2
4176	" "	24	W½SWSENW	1910-07-01		A2
4125	RUFF, David G	21	NWSE	1906-10-15		A2
4126	" "	21	S½NE	1906-10-15		A2
4127	" "	21	SENW	1906-10-15		A2
4310	RUTHERFORD, William J	2	NWNW	1921-07-28		A2
4311	" "	3	E½NE	1921-07-28		A2
4320	SAFFLEY, William S	1	S½NW	1911-09-21		A2
4321	" "	1	SWNE	1911-09-21		A2
4322	" "	2	SENE	1911-09-21		A2
4312	SHAW, William J	20	E½NWNE	1916-06-21		A2
4313	" "	20	N½NWNWNE	1916-06-21		A2
4314	" "	20	NENW	1916-06-21		A2
4200	SIMPSON, John T	24	N½SW	1919-06-05		A1
4201	" "	24	SWSW	1919-06-05		A1
4248	SIMPSON, Pete	1	SESW	1906-09-14		A2
4249	" "	12	NENW	1906-09-14		A2
4250	" "	12	W½NW	1906-09-14		A2
4131	STOBAUGH, Edmond S	28	N½NE	1875-12-20		A2
4180	STOBAUGH, James	21	E½SW	1876-09-25		A2
4177	SUGGS, James O	14	NESW	1909-05-27		A2
4178	" "	14	S½NE	1909-05-27		A2
4179	" "	14	SENW	1909-05-27		A2
4275	SWEEDEN, Sarah M	18	N½SE	1893-07-06		A2
4276	" "	18	S½NE	1893-07-06		A2
4251	TACKETT, Pleasant R	34	NW	1903-06-24		A2

Township 10-N Range 17-W (5th PM) - Map Group 15

ID	Individual in Patent	Sec.	Sec. Part	Date Issued	Other Counties	For More Info...
4197	THATCHER, John R	5	E½NW	1884-11-20		A2
4198	" "	5	NESW	1884-11-20		A2
4199	" "	5	NWSE	1884-11-20		A2
4261	THATCHER, Robert G	10	N½NE	1885-03-16		A2
4262	" "	11	NWNW	1885-03-16		A2
4263	" "	3	SESE	1885-03-16		A2
4274	THATCHER, Samuel J	5	NENE	1884-11-20		A2
4135	THOMAS, Ellet M	32	NW	1905-10-19		A2
4128	VENETZ, Dennis L	28	S½NE	1922-05-11		A2
4129	" "	28	SENW	1922-05-11		A2
4280	WHITE, Warner E	22	S½SW	1924-10-03		A2
4281	" "	22	SWSE	1924-10-03		A2
4282	" "	27	NWNE	1924-10-03		A2
4112	WHORTON, Andy C	2	N½SWNE	1923-03-07		A2
4113	" "	2	NWNE	1923-03-07		A2
4114	" "	2	W½NENE	1923-03-07		A2 F
4151	WILLIAMS, George W	17	SW	1908-11-05		A2
4252	WILLIAMS, Richard	24	SESW	1895-01-11		A2
4253	" "	25	N½NE	1895-01-11		A2
4254	" "	25	NENW	1895-01-11		A2
4228	WILLS, Lewis J	36	N½SW	1904-11-26		A2
4229	" "	36	NWSE	1904-11-26		A2
4230	" "	36	SWNW	1904-11-26		A2
4145	WILSON, Franklin S	21	S½SE	1906-10-15		A2
4140	WORLEY, Ernest C	1	N½NWSW	1920-04-05		A2
4141	" "	2	N½SWSE	1920-04-05		A2
4142	" "	2	N½SWSE	1920-04-05		A2
4143	" "	2	NESE	1920-04-05		A2
4144	" "	2	S½NWSE	1920-04-05		A2

Family Maps of Van Buren County, Arkansas

Patent Map
T10-N R17-W
5th PM Meridian

Map Group 15

Township Statistics

Parcels Mapped	:	221
Number of Patents	:	85
Number of Individuals	:	81
Patentees Identified	:	81
Number of Surnames	:	63
Multi-Patentee Parcels	:	0
Oldest Patent Date	:	3/1/1855
Most Recent Patent	:	7/15/1925
Block/Lot Parcels	:	0
Parcels Re-Issued	:	0
Parcels that Overlap	:	2
Cities and Towns	:	2
Cemeteries	:	2

Copyright 2006 Boyd IT, Inc. All Rights Reserved

222

Township 10-N Range 17-W (5th PM) - Map Group 15

Section 1
- SAFFLEY William S 1911
- SAFFLEY William S 1911
- REYNOLDS Arthur O 1921
- WORLEY Ernest C 1920
- HENLEY William F 1924
- HENLEY William F 1924
- REYNOLDS Arthur O 1921
- HENLEY William F 1924
- SIMPSON Pete 1906

Section 2
- RUTHERFORD William J 1921
- WHORTON Andy C 1923
- WHORTON Andy C 1923
- PAYNE Sam A 1922
- WHORTON Andy C 1923
- SAFFLEY William S 1911
- WORLEY Ernest C 1920
- WORLEY Ernest C 1920
- DUVALL Gabril 1901

Section 3
- HAYFORD Samuel 1919
- AUSTIN John M 1903
- RUTHERFORD William J 1921
- PAYNE Bessie 1925
- PAYNE Sam A 1922
- AUSTIN John M 1896
- PAYNE Bessie 1925
- THATCHER Robert G 1885

Section 10
- AUSTIN John M 1896

Section 11
- THATCHER Robert G 1885
- DUVALL Gabril 1901
- DUVALL Gabril 1901
- PRICE Mary E 1909
- PRICE Mary E 1909

Section 12
- SIMPSON Pete 1906
- SIMPSON Pete 1906
- PAYNE Robert B 1912
- PAYNE Robert B 1912
- PAYNE Robert B 1912

Section 13
- DRIVER James K 1924
- KINCANNON Jesse M 1921
- HAYNES Jonathan L 1891

Section 14
- CAMPBELL John D 1905
- DRIVER James K 1924
- SUGGS James O 1909
- SUGGS James O 1909
- SUGGS James O 1909

Section 15
- CAMPBELL John D 1905
- CAMPBELL John D 1905
- PHILPOT John F 1912
- KINCANNON William J 1909
- PHILPOT John F 1912
- KINCANNON William J 1909
- KINCANNON William J 1909

Section 22
- POWERS Otto 1920
- POWERS Otto 1920
- POWERS Otto 1920
- WHITE Warner E 1924
- WHITE Warner E 1924
- BOLTON Rinard O 1912

Section 23
- All non-labeled parcels in this section are those of KINCANNON, KINCANNON, James F 1919 or 1924
- BOLTON Rinard O 1912
- BOLTON Rinard O 1912
- KINCANNON James F 1919
- KINCANNON James F 1924
- KINCANNON James F 1924
- KINCANNON James F 1919

Section 24
- ROBERSON James M 1910
- CASTLEBURY Emily 1882
- ROBERSON James M 1910
- ROBERSON James M 1910
- BOST John L 1896
- SIMPSON John T 1919
- DRIVER Andrew A 1894
- WILLIAMS Richard 1895
- DRIVER Andrew A 1894

Section 25
- ALEXANDER Ephraim 1898
- ALEXANDER Ephraim 1898
- WILLIAMS Richard 1895
- WILLIAMS Richard 1895

Section 26
- BRADFORD Lizzie L 1919
- ALEXANDER Ephraim 1898
- BRADFORD Lizzie L 1919
- DRIVER Ruben E 1918
- MCALISTER Crawford 1885
- MCALISTER Crawford 1885
- DRIVER Ruben E 1918

Section 27
- WHITE Warner E 1924

Section 34
- TACKETT Pleasant R 1903
- COLLIE Fred L 1922
- FREEMAN Diten B 1923
- BRIDGES Rollen C 1922

Section 35
- BROCK Josiah 1855

Section 36
- OATS Rufus 1895
- WILLS Lewis J 1904
- OATS Rufus 1895
- OATS Rufus 1895
- WILLS Lewis J 1904
- WILLS Lewis J 1904
- REID Homer 1922
- REID Homer 1922
- REID Homer 1922

Helpful Hints

1. This Map's INDEX can be found on the preceding pages.
2. Refer to Map "C" to see where this Township lies within Van Buren County, Arkansas.
3. Numbers within square brackets [ ] denote a multi-patentee land parcel (multi-owner). Refer to Appendix "C" for a full list of members in this group.
4. Areas that look to be crowded with Patentees usually indicate multiple sales of the same parcel (Re-issues) or Overlapping parcels. See this Township's Index for an explanation of these and other circumstances that might explain "odd" groupings of Patentees on this map.

Copyright 2006 Boyd IT, Inc. All Rights Reserved

Legend

- ——— Patent Boundary
- ▬▬▬ Section Boundary
- No Patents Found (or Outside County)
- 1., 2., 3., ... Lot Numbers (when beside a name)
- [ ] Group Number (see Appendix "C")

Scale: Section = 1 mile X 1 mile (generally, with some exceptions)

Family Maps of Van Buren County, Arkansas

Road Map
T10-N R17-W
5th PM Meridian
Map Group 15

Cities & Towns
Austin
Stumptoe

Cemeteries
Lowder Cemetery
Rocky Valley Cemetery

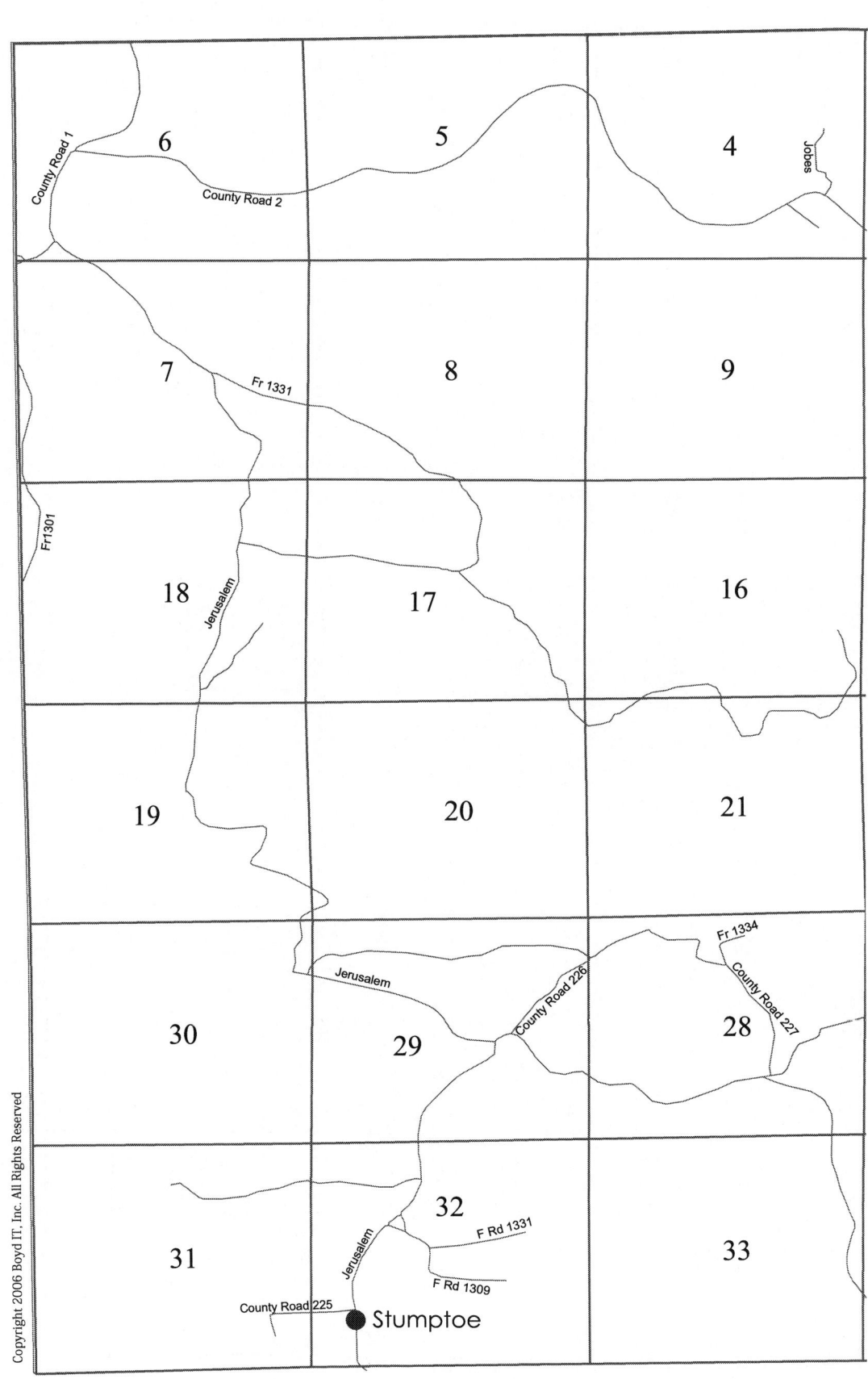

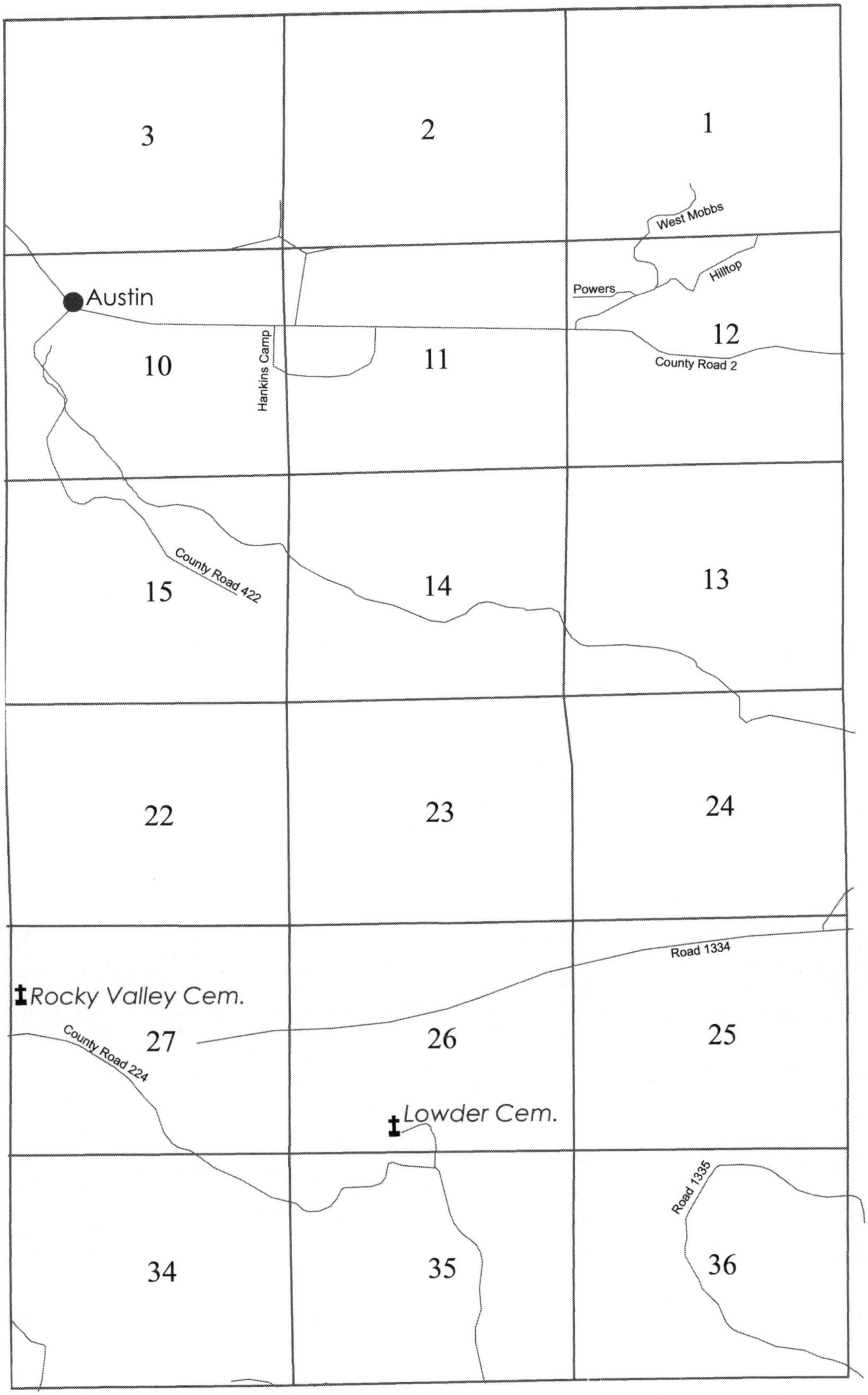

Township 10-N Range 17-W (5th PM) - Map Group 15

Helpful Hints

1. This road map has a number of uses, but primarily it is to help you: a) find the present location of land owned by your ancestors (at least the general area), b) find cemeteries and city-centers, and c) estimate the route/roads used by Census-takers & tax-assessors.

2. If you plan to travel to Van Buren County to locate cemeteries or land parcels, please pick up a modern travel map for the area before you do. Mapping old land parcels on modern maps is not as exact a science as you might think. Just the slightest variations in public land survey coordinates, estimates of parcel boundaries, or road-map deviations can greatly alter a map's representation of how a road either does or doesn't cross a particular parcel of land.

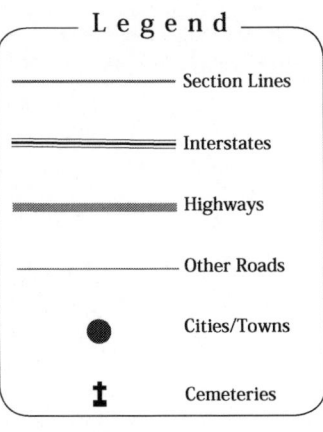

Legend
— Section Lines
= Interstates
▬ Highways
— Other Roads
● Cities/Towns
† Cemeteries

Scale: Section = 1 mile X 1 mile
(generally, with some exceptions)

225

Family Maps of Van Buren County, Arkansas

Historical Map
T10-N R17-W
5th PM Meridian
Map Group 15

Cities & Towns
Austin
Stumptoe

Cemeteries
Lowder Cemetery
Rocky Valley Cemetery

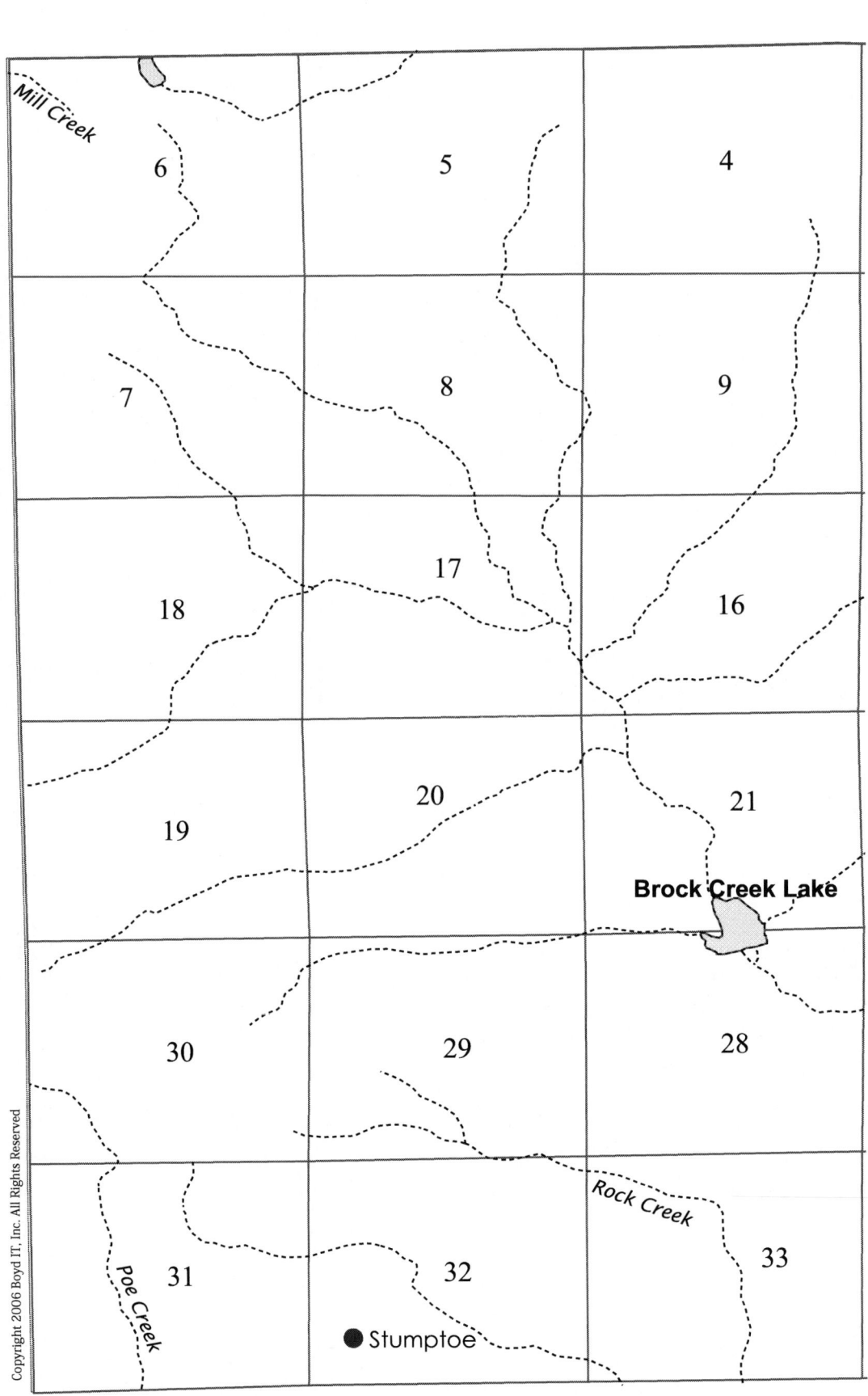

Township 10-N Range 17-W (5th PM) - Map Group 15

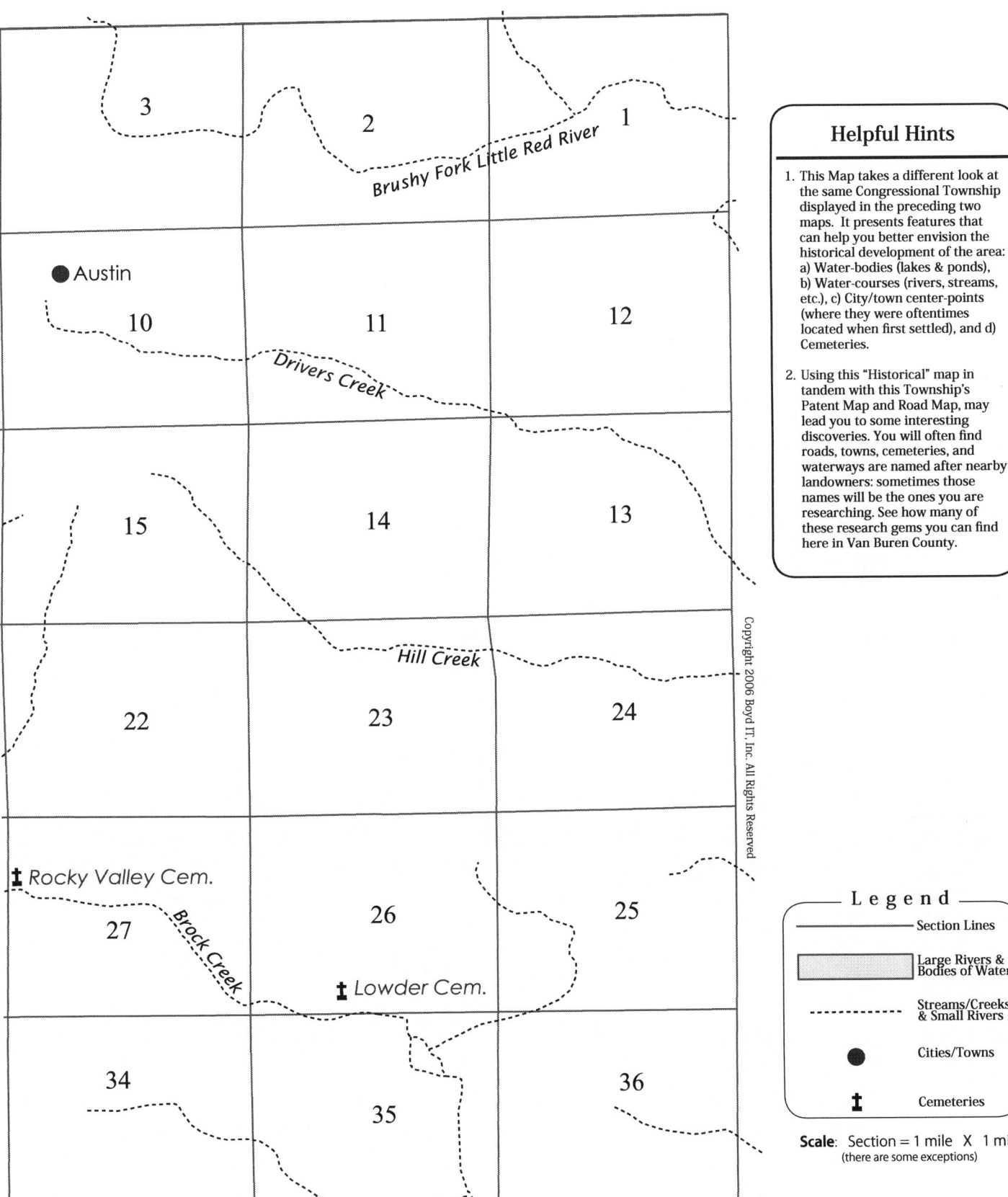

Map Group 16: Index to Land Patents
Township 10-North Range 16-West (5th PM)

After you locate an individual in this Index, take note of the Section and Section Part then proceed to the Land Patent map on the pages immediately following. You should have no difficulty locating the corresponding parcel of land.

The "For More Info" Column will lead you to more information about the underlying Patents. See the *Legend* at right, and the "How to Use this Book" chapter, for more information.

```
LEGEND
          "For More Info . . . " column
A = Authority (Legislative Act, See Appendix "A")
B = Block or Lot (location in Section unknown)
C = Cancelled Patent
F = Fractional Section
G = Group (Multi-Patentee Patent, see Appendix "C")
V = Overlaps another Parcel
R = Re-Issued (Parcel patented more than once)

(A & G items require you to look in the Appendixes referred
to above. All other Letter-designations followed by a number
require you to locate line-items in this index that possess
the ID number found after the letter).
```

ID	Individual in Patent	Sec.	Sec. Part	Date Issued	Other Counties	For More Info . . .
4379	ACTON, Curtis C	6	SESW	1923-11-22		A2
4380	" "	6	SWSE	1923-11-22		A2
4385	ACTON, Effie J	5	S½NE	1909-05-27		A2
4386	" "	5	W½SE	1909-05-27		A2
4391	ACTON, Ezra H	8	SWNE	1923-08-02		A2
4338	ADKINS, Alderson B	1	NENW	1922-07-06		A2
4339	" "	1	S½NW	1922-07-06		A2
4340	" "	2	SENE	1922-07-06		A2
4381	ALMAND, David B	7	E½NW	1891-07-30		A2
4382	" "	7	W½NE	1891-07-30		A2
4493	ANDERSON, John H	21	E½SE	1883-01-15		A2
4494	" "	22	W½SW	1883-01-15		A2
4619	BARNETT, Vardamon	25	NWSW	1878-04-05		A2
4620	" "	25	SWNW	1878-04-05		A2
4621	" "	26	NESE	1878-04-05		A2
4622	" "	26	SENE	1878-04-05		A2
4417	BASS, Henry T	28	SESW	1885-05-20		A2
4418	" "	33	N½NE	1885-05-20		A2
4419	" "	33	NENW	1885-05-20		A2
4591	BENNETT, Richard J	24	SESW	1886-10-04		A2
4592	" "	24	SWSE	1886-10-04		A2
4593	" "	25	NENW	1886-10-04		A2
4594	" "	25	NWNE	1886-10-04		A2
4463	BISHOP, James R	5	SWNW	1909-05-27		A2
4464	" "	6	NWSE	1909-05-27		A2
4465	" "	6	S½NE	1909-05-27		A2
4361	BOST, Caleb	14	SWSW	1879-09-23		A1
4362	" "	22	E½NE	1882-10-20		A2
4363	" "	23	W½NW	1882-10-20		A2
4404	BOST, George W	28	NESW	1890-05-31		A2
4405	" "	28	NWSE	1890-05-31		A2
4406	" "	28	S½SE	1890-05-31		A2
4480	BOST, John A	21	SESW	1917-06-06		A2
4481	" "	21	SWSE	1917-06-06		A2
4505	BOST, John L	19	S½NW	1896-04-30		A2
4626	BOST, Wiley W	13	N½SW	1879-12-15		A2
4627	" "	13	NWSE	1879-12-15		A2
4628	" "	13	SESW	1879-12-15		A2
4562	BRENTS, Martha J	29	S½SW	1889-09-20		A2
4563	" "	29	SWSE	1889-09-20		A2
4564	" "	30	SESE	1889-09-20		A2
4584	BRENTS, Pleasant M	36	N½NE	1889-01-26		A2
4605	BRENTS, Thomas J	36	E½NW	1889-01-26		A2
4606	" "	36	N½SW	1889-01-26		A2
4424	BURK, Homer B	10	NENE	1920-06-14		A2
4425	" "	3	E½SE	1920-06-14		A2

Township 10-N Range 16-W (5th PM) - Map Group 16

ID	Individual in Patent	Sec.	Sec. Part	Date Issued	Other Counties	For More Info...
4629	CAMPBELL, Will A	19	SESW	1914-10-20		A2
4583	CARAKER, Paul	24	SENE	1908-09-10		A2
4333	CARIKER, Adam	13	NESE	1882-05-10		A2
4334	" "	13	S½NE	1882-05-10		A2
4552	CARMICHAEL, Lillie J	27	SWSE	1894-09-07		A2
4553	" "	34	SENW	1894-09-07		A2
4554	" "	34	W½NE	1894-09-07		A2
4676	CARMICHAEL, William W	22	E½SW	1894-09-07		A2
4677	" "	22	N½SE	1894-09-07		A2
4387	CHASTAIN, Elijah W	3	N½SW	1909-05-27		A2
4388	" "	3	SWSW	1909-05-27		A2
4389	" "	4	SESE	1909-05-27		A2
4487	CHASTAIN, John B	10	N½SE	1919-09-27		A2
4488	" "	10	NESW	1919-09-27		A2
4489	" "	10	SENE	1919-09-27		A2
4449	CHRISTENBERRY, James H	14	N½SW	1884-11-20		A2
4450	" "	14	SENW	1884-11-20		A2
4451	" "	14	SESW	1884-11-20		A2
4534	COSTLEY, Joseph	15	E½SW	1888-07-23		A2
4535	" "	15	NWSE	1888-07-23		A2
4536	" "	22	NENW	1888-07-23		A2
4364	COUCH, Charity	25	SESE	1889-01-26		A2
4556	COUCH, Louis	25	N½SE	1890-05-31		A2
4557	" "	25	S½NE	1890-05-31		A2
4426	CRAWFORD, Homer C	34	E½SE	1890-08-19		A2 G12
4427	" "	35	W½SW	1890-08-19		A2 G12
4456	CRAWFORD, James M	21	NW	1890-05-31		A2
4426	CRAWFORD, William L	34	E½SE	1890-08-19		A2 G12
4427	" "	35	W½SW	1890-08-19		A2 G12
4452	CROWELL, James H	12	N½NE	1906-09-14		A2
4453	" "	12	SENE	1906-09-14		A2
4357	DICKSON, Bob L	27	N½NW	1911-06-26		A2
4351	DRIVER, Andrew A	19	SWSW	1894-05-15		A2
4570	DRIVER, Matthew	29	NWSW	1882-05-10		A2
4571	" "	29	SWNW	1882-05-10		A2
4572	" "	30	NESE	1882-05-10		A2
4573	" "	30	SENE	1882-05-10		A2
4513	DUVALL, John W	18	N½NWNE	1919-09-08		A2
4514	" "	18	N½S½NWNE	1919-09-08		A2
4515	" "	18	N½S½SWNE	1919-09-08		A2
4516	" "	18	NENESWNE	1919-09-08		A2
4517	" "	18	NWSWNE	1919-09-08		A2
4518	" "	18	S½S½SWNE	1919-09-08		A2
4519	" "	18	S½SWNWNE	1919-09-08		A2
4520	" "	18	SENESWNE	1919-09-08		A2
4521	" "	18	SESENWNE	1919-09-08		A2
4522	" "	18	SWSENWNE	1919-09-08		A2
4523	" "	18	W½NENE	1919-09-08		A2
4524	" "	18	W½NESWNE	1919-09-08		A2
4495	EADS, John H	1	N½SW	1904-07-15		A2
4496	" "	2	E½SE	1904-07-15		A2
4454	EGGER, James H	22	S½NW	1897-02-10		A2
4455	" "	22	W½NE	1897-02-10		A2
4412	EMERSON, Green	1	S½SE	1905-11-14		A2 G21
4447	EMERSON, James	1	SWSW	1889-09-17		A2
4448	" "	12	NWNW	1889-09-17		A2
4412	EMERSON, Piety	1	S½SE	1905-11-14		A2 G21
4681	EMERSON, Willis	1	NWNE	1905-02-13		A2
4531	EUBANKS, Joseph A	29	SESE	1889-01-26		A2
4532	" "	32	E½NE	1889-01-26		A2
4533	" "	33	NWNW	1889-01-26		A2
4376	FIELDS, Cornelious W	29	N½NW	1919-02-04		A2
4555	FITZPATRICK, Loan B	17	SWSW	1920-06-14		A2
4383	FRANCIS, David R	4	NENE	1922-06-08		A2
4602	GARDNER, Simon P	11	NWSW	1916-05-13		A2
4603	" "	11	SENW	1916-05-13		A2
4511	HALBROOK, John R	35	SESE	1882-08-03		A2
4512	" "	36	S½SW	1882-08-03		A2
4541	HALL, Joshua M	5	NWNW	1850-07-01		A1
4542	" "	6	NENE	1850-07-01		A1
4540	" "	5	NENW	1850-10-01		A1
4574	HAMMOND, Milton V	35	S½NE	1890-08-19		A2
4575	" "	36	SWNW	1890-08-19		A2

Family Maps of Van Buren County, Arkansas

ID	Individual in Patent	Sec.	Sec. Part	Date Issued	Other Counties	For More Info . . .
4565	HARDIN, Mary M	14	NESE	1883-01-15		A2
4566	" "	14	S½SE	1883-01-15		A2
4567	" "	14	SENE	1883-01-15		A2
4616	HARDIN, Thomas Y	1	SESW	1885-05-04		A2
4617	" "	12	E½NW	1885-05-04		A2
4618	" "	12	SWNW	1885-05-04		A2
4478	HENLEY, Joe A	4	N½NW	1914-09-17		A2
4479	" "	5	NENE	1914-09-17		A2
4558	HENLEY, Lovada E	4	S½NW	1922-02-16		A1
4559	" "	4	W½SW	1922-02-16		A1
4582	HENLEY, Oscar D	6	NWNW	1921-07-18		A1
4600	HENLEY, Samuel	6	NENW	1905-06-16		A2
4601	" "	6	NWNE	1905-06-16		A2
4648	HENLEY, William F	4	N½SE	1909-05-27		A2
4649	" "	4	NESW	1909-05-27		A2
4650	" "	4	SENE	1909-05-27		A2
4651	" "	6	S½NESW	1924-01-23		A1
4652	" "	6	S½NWSW	1924-01-23		A1
4416	HILL, Henry	18	SW	1882-05-10		A2
4373	HOLLOWELL, Christian B	27	E½SW	1882-10-20		A2
4374	" "	27	NWSE	1882-10-20		A2
4375	" "	34	NENW	1882-10-20		A2
4654	HOLLOWELL, William H	27	S½NW	1885-05-20		A2
4655	" "	28	NESE	1885-05-20		A2
4656	" "	28	SENE	1885-05-20		A2
4457	HUNTER, James M	15	S½SE	1885-05-20		A2
4355	JONES, Benjamin F	23	N½NE	1896-05-25		A2
4356	" "	23	NENW	1896-05-25		A2
4384	KELLOGG, Edwin J	32	S½S½	1914-07-08		A2
4476	KINCANNON, Jesse M	18	S½NW	1925-05-28		A2
4482	KINCANNON, John A	18	NWSE	1920-05-27		A2
4335	KNOWLTON, Albert E	17	NWNW	1920-05-27		A2
4336	" "	8	SESW	1920-05-27		A2
4337	" "	8	W½SW	1920-05-27		A2
4358	KNOWLTON, Byron P	18	E½NENE	1922-02-18		A2
4359	" "	7	E½SE	1922-02-18		A2
4360	" "	7	SWSE	1922-02-18		A2
4504	KOONE, John	26	S½NW	1885-05-20		A2
4471	LANDRUM, James T	32	N½SW	1885-05-04		A2
4472	" "	32	W½NW	1885-05-04		A2 V4461
4607	LAWSON, Thomas J	26	NWNW	1898-01-19		A2
4458	LENTZ, James M	11	S½SE	1889-01-26		A2
4459	" "	14	N½NE	1889-01-26		A2
4546	LEWIS, Levi J	4	SESW	1901-06-25		A2
4547	" "	4	SWSE	1901-06-25		A2
4548	" "	9	NENW	1901-06-25		A2
4549	" "	9	NWNE	1901-06-25		A2
4634	LEWIS, William E	9	E½NESWSW	1916-06-21		A2
4635	" "	9	E½SENWSW	1916-06-21		A2
4636	" "	9	N½NWNWSW	1916-06-21		A2
4637	" "	9	N½SWSWSW	1916-06-21		A2
4638	" "	9	NENWSW	1916-06-21		A2
4639	" "	9	NWSWSW	1916-06-21		A2
4640	" "	9	S½NWNW	1916-06-21		A2
4641	" "	9	S½NWNWSW	1916-06-21		A2
4642	" "	9	S½SWSWSW	1916-06-21		A2
4643	" "	9	SESWSW	1916-06-21		A2
4644	" "	9	SWNW	1916-06-21		A2
4645	" "	9	SWNWSW	1916-06-21		A2
4646	" "	9	W½NESWSW	1916-06-21		A2
4647	" "	9	W½SENWSW	1916-06-21		A2
4435	LITTLE, Isaac T	27	S½NE	1890-03-13		A2
4390	LYNCH, Elvin W	27	W½SW	1919-06-04		A2
4392	MANNING, George D	5	E½SE	1912-04-11		A2
4393	" "	8	E½NE	1912-04-11		A2
4509	MARTIN, John	24	N½SW	1889-01-26		A2
4510	" "	24	NWSE	1889-01-26		A2
4560	MARTIN, Margaret E	13	NENW	1882-05-10		A2 V4423
4561	" "	13	W½NW	1882-05-10		A2 V4423
4367	MCCAGHREN, Charles J	11	NESE	1896-12-08		A2
4368	" "	11	SENE	1896-12-08		A2
4369	" "	12	W½SW	1896-12-08		A2
4394	MCCASLIN, George M	11	NENE	1890-05-31		A2

Township 10-N Range 16-W (5th PM) - Map Group 16

ID	Individual in Patent	Sec.	Sec. Part	Date Issued	Other Counties	For More Info . . .
4395	MCCASLIN, George M (Cont'd)	11	W½NE	1890-05-31		A2
4396	" "	2	SWSE	1890-05-31		A2
4587	MCCASLIN, Rebecca	14	N½NW	1882-10-20		A2
4663	MCCASLIN, William	11	NESW	1885-03-16		A2
4664	" "	11	NWSE	1885-03-16		A2
4665	" "	11	S½SW	1885-03-16		A2
4490	MCCOY, John C	12	SESW	1889-06-05		A2
4491	" "	12	SWSE	1889-06-05		A2
4492	" "	13	N½NE	1889-06-05		A2
4576	MCCOY, Monroe	26	SESE	1877-02-20		A2
4577	" "	35	N½NE	1877-02-20		A2
4578	" "	35	NENW	1877-02-20		A2
4666	MCCOY, William O	36	NWNW	1904-05-05		A2
4473	MCDONALD, James W	1	NWNW	1905-02-13		A2
4474	" "	2	NENE	1905-02-13		A2
4597	MCGINTY, Robert N	36	N½SE	1882-08-03		A2
4598	" "	36	SENE	1882-08-03		A2
4466	MEELER, James R	24	N½NE	1884-11-20		A2
4467	" "	24	SENW	1884-11-20		A2
4468	" "	24	SWNE	1884-11-20		A2
4604	MEELER, Stephen L	36	S½SE	1884-11-20		A2
4429	MELER, Hosea	23	SENE	1877-10-30		A2
4430	" "	24	N½NW	1877-10-30		A2
4431	" "	24	SWNW	1877-10-30		A2
4428	" "	13	SWSW	1880-07-23		A1
4670	MERIDETH, William R	21	N½SW	1909-01-21		A2
4671	" "	21	NWSE	1909-01-21		A2
4672	" "	21	SWSW	1909-01-21		A2
4483	MILLS, John A	17	NWSW	1889-09-17		A2
4484	" "	17	SWNW	1889-09-17		A2
4485	" "	18	NESE	1889-09-17		A2
4486	" "	18	SENE	1889-09-17		A2
4611	MILLS, Thomas P	19	E½NE	1889-05-25		A2
4612	" "	19	NESE	1889-05-25		A2
4613	" "	19	SWNE	1889-05-25		A2
4341	MORGAN, Alexander W	8	E½SE	1889-01-26		A2
4342	" "	8	NESW	1889-01-26		A2
4343	" "	8	NWSE	1889-01-26		A2
4441	MORRIS, James A	27	NESE	1879-09-23		A1
4440	" "	26	W½SW	1882-05-10		A2
4443	" "	34	NENE	1882-05-10		A2
4444	" "	35	NWNW	1882-05-10		A2
4442	" "	27	SESE	1883-05-15		A1
4506	MORRIS, John L	28	W½SW	1888-04-27		A2
4507	" "	29	NESE	1888-04-27		A2
4508	" "	29	SENE	1888-04-27		A2
4400	NEELY, George	23	NESW	1882-06-30		A2
4401	" "	23	NWSE	1882-06-30		A2
4402	" "	23	SENW	1882-06-30		A2
4403	" "	23	SWNE	1882-06-30		A2
4475	NEWTON, Jesse L	25	SWSW	1914-09-03		A2
4599	NICHOLS, Samuel H	31	E½NE	1861-08-01		A1
4370	NORMAN, Charles S	23	SESW	1886-10-04		A2
4371	" "	23	W½SW	1886-10-04		A2
4372	" "	26	NENW	1886-10-04		A2
4397	NORMAN, George M	12	N½SE	1897-02-10		A2
4398	" "	12	NESW	1897-02-10		A2
4399	" "	12	SWNE	1897-02-10		A2
4407	NORMAN, George W	22	S½SE	1883-03-01		A2
4408	" "	27	N½NE	1883-03-01		A2
4344	PAYNE, Alvan L	8	NENW	1910-11-03		A2
4345	" "	8	NWNE	1910-11-03		A2
4609	PEARSON, Thomas N	23	SWSE	1888-05-11		A1
4610	" "	26	W½NE	1888-05-11		A1
4667	PEARSON, William	10	S½SE	1885-05-20		A2
4668	" "	10	SESW	1885-05-20		A2
4669	" "	15	NENE	1885-05-20		A2
4423	RABUN, Hodge	13	N½NW	1888-04-27		A2 V4560, 4561
4349	RAMSEY, Amber G	28	SWNE	1916-06-10		A2
4630	RANKIN, William A	3	NW	1894-09-07		A2 F
4365	REED, Charles E	28	W½NW	1916-10-23		A2
4366	" "	29	NENE	1916-10-23		A2
4409	REID, George W	34	W½W½	1888-04-27		A2

ID	Individual in Patent	Sec.	Sec. Part	Date Issued	Other Counties	For More Info . . .
4588	REID, Rhesa T	30	E½NW	1896-08-12		A2
4589	" "	30	SWNE	1896-08-12		A2
4590	" "	30	SWNW	1896-08-12		A2
4352	REYNOLDS, Arthur O	6	1	1921-07-15		A2
4353	" "	6	N½NESW	1921-07-15		A2
4354	" "	6	S½SENW	1921-07-15		A2
4673	ROBERSON, William	20	S½SE	1885-08-20		A2
4674	" "	20	SESW	1885-08-20		A2
4675	" "	29	NWNE	1885-08-20		A2
4469	ROBINSON, James	14	NWSE	1856-03-01		A1
4537	ROPER, Joseph	10	SWSW	1886-10-04		A2
4538	" "	15	N½NW	1886-10-04		A2
4539	" "	15	NWNE	1886-10-04		A2
4525	RUSHING, John W	30	E½SW	1885-12-10		A2
4526	" "	30	W½SE	1885-12-10		A2
4410	RUSSELL, George W	36	SWNE	1913-02-20		A2
4614	RUSSELL, Thomas V	28	E½NW	1889-06-05		A2
4615	" "	28	N½NE	1889-06-05		A2
4657	RUSSELL, William H	2	NENW	1913-12-11		A2
4579	SANDERS, Nathan A	19	SESE	1890-03-13		A2
4580	" "	20	SWSW	1890-03-13		A2
4581	" "	30	N½NE	1890-03-13		A2
4432	SCOGGINS, Imanuel	35	NESE	1890-03-13		A2
4433	" "	35	SESW	1890-03-13		A2
4434	" "	35	W½SE	1890-03-13		A2
4544	SCROGGIN, Leroy	34	E½SW	1877-03-20		A2
4545	" "	34	W½SE	1877-03-20		A2
4413	SCROGGINS, Green	34	SENE	1884-11-20		A2
4414	" "	35	NESW	1884-11-20		A2
4415	" "	35	S½NW	1884-11-20		A2
4631	SHOPTAW, William A	5	SWSW	1910-06-13		A2
4632	" "	6	SESE	1910-06-13		A2
4633	" "	7	E½NE	1910-06-13		A2
4411	SHORT, George W	13	S½SE	1909-11-08		A2 G64
4411	SHORT, Minnie	13	S½SE	1909-11-08		A2 G64
4527	SIMPSON, John W	30	NWNW	1902-01-17		A2
4500	STOBAUGH, John J	23	SESE	1873-01-06		A2
4503	" "	26	NENE	1873-01-06		A2
4499	" "	23	NESE	1873-02-05		A2
4501	" "	24	SWSW	1873-02-05		A2
4502	" "	25	NWNW	1880-07-23		A1
4331	STROUD, Abner W	17	E½SW	1906-09-14		A2
4332	" "	20	N½NW	1906-09-14		A2
4350	STROUD, Amos P	17	E½NE	1923-11-10		A2
4436	STROUD, Isaac W	17	SENW	1885-12-10		A2
4437	" "	17	SWNE	1885-12-10		A2
4438	" "	17	W½SE	1885-12-10		A2
4439	" "	18	SESE	1889-06-10		A1
4470	STROUD, James	20	W½NE	1882-05-10		A2
4445	STROUD, James C	17	E½SE	1889-09-17		A2
4446	" "	20	E½NE	1889-09-17		A2
4460	STROUD, James M	21	S½NE	1910-09-22		A2
4461	" "	32	N½NW	1913-02-20		A2 V4472
4462	" "	32	W½NE	1913-02-20		A2
4497	STROUD, John H	18	SWSE	1882-05-10		A2
4498	" "	19	NWNE	1882-05-10		A2
4585	STROUD, Price	20	N½SW	1890-05-31		A2
4586	" "	20	S½NW	1890-05-31		A2
4595	STROUD, Robert M	19	N½SW	1889-09-20		A2
4596	" "	19	W½SE	1889-09-20		A2
4653	STROUD, William F	20	N½SE	1912-03-28		A2
4658	STROUD, William K	32	N½SE	1914-07-08		A2
4623	SUGGS, Wiley H	14	SWNW	1889-01-26		A2
4624	" "	15	NESE	1889-01-26		A2
4625	" "	15	S½NE	1889-01-26		A2
4528	SWEEDEN, John W	25	E½SW	1885-03-16		A2
4529	" "	25	SENW	1885-03-16		A2
4530	" "	25	SWSE	1885-03-16		A2
4377	SWINGER, Cornelius	30	W½SW	1901-12-17		A2
4378	" "	31	N½NW	1901-12-17		A2
4550	THOMPSON, Lewis	24	E½SE	1883-01-15		A2
4551	" "	25	NENE	1883-01-15		A2
4608	TRIMBLE, Thomas M	13	SENW	1890-03-13		A2

ID	Individual in Patent	Sec.	Sec. Part	Date Issued	Other Counties	For More Info . . .
4477	WATKINS, Jesse	12	SESE	1844-07-10		A1
4346	WATSON, Amanda	10	SWSWNWSW	1913-09-30		A2 G76
4347	" "	9	S½S½NESE	1913-09-30		A2 G76
4348	" "	9	SESE	1913-09-30		A2 G76
4346	WATSON, Richard	10	SWSWNWSW	1913-09-30		A2 G76
4347	" "	9	S½S½NESE	1913-09-30		A2 G76
4348	" "	9	SESE	1913-09-30		A2 G76
4678	WHITFIELD, William W	2	NESW	1904-01-27		A2
4679	" "	2	SENW	1904-01-27		A2
4680	" "	2	W½SW	1904-01-27		A2
4568	WILKS, Mary	15	NWSW	1894-08-22		A2
4569	" "	15	S½NW	1894-08-22		A2
4543	WILLIAMS, Leroy P	5	NWNE	1854-05-01		A1 F
4659	WILLIAMS, William M	29	NESW	1891-11-03		A2
4660	" "	29	NWSE	1891-11-03		A2
4661	" "	29	SENW	1891-11-03		A2
4662	" "	29	SWNE	1891-11-03		A2
4420	WOOD, Henry	15	SWSW	1886-10-04		A2
4421	" "	21	N½NE	1886-10-04		A2
4422	" "	22	NWNW	1886-10-04		A2

Family Maps of Van Buren County, Arkansas

Patent Map
T10-N R16-W
5th PM Meridian
Map Group 16

Township Statistics

Parcels Mapped	351
Number of Patents	161
Number of Individuals	154
Patentees Identified	150
Number of Surnames	101
Multi-Patentee Parcels	7
Oldest Patent Date	7/10/1844
Most Recent Patent	5/28/1925
Block/Lot Parcels	1
Parcels Re-Issued	0
Parcels that Overlap	5
Cities and Towns	4
Cemeteries	2

Section 6
- HENLEY, Oscar D 1921
- HENLEY, Samuel 1905
- HENLEY, Samuel 1905
- HALL, Joshua M 1850
- Lots-Sec. 6: 1 REYNOLDS, Arthur O 1921
- REYNOLDS, Arthur O 1921
- REYNOLDS, Arthur O 1921
- BISHOP, James R 1909
- BISHOP, James R 1909
- HENLEY, William F 1924
- HENLEY, William F 1924
- ACTON, Curtis C 1923
- ACTON, Curtis C 1923
- SHOPTAW, William A 1910

Section 5
- HALL, Joshua M 1850
- HALL, Joshua M 1850
- WILLIAMS, Leroy P 1854
- ACTON, Effie J 1909
- ACTON, Effie J 1909
- SHOPTAW, William A 1910
- MANNING, George D 1912

Section 4
- HENLEY, Joe A 1914
- FRANCIS, David R 1922
- HENLEY, Lovada E 1922
- HENLEY, William F 1909
- HENLEY, William F 1909
- HENLEY, William F 1909
- LEWIS, Levi J 1901
- LEWIS, Levi J 1901
- CHASTAIN, Elijah W 1909

Section 7
- ALMAND, David B 1891
- ALMAND, David B 1891
- SHOPTAW, William A 1910
- KNOWLTON, Albert E 1920
- KNOWLTON, Byron P 1922
- KNOWLTON, Byron P 1922

Section 8
- PAYNE, Alvan L 1910
- PAYNE, Alvan L 1910
- ACTON, Ezra H 1923
- MORGAN, Alexander W 1889
- MORGAN, Alexander W 1889
- KNOWLTON, Albert E 1920

Section 9
- MANNING, George D 1912
- LEWIS, William E 1916
- LEWIS, Levi J 1901
- LEWIS, Levi J 1901
- LEWIS, William E 1916
- MORGAN, Alexander W 1889
- LEWIS, William E 1916
- LEWIS, William E 1916
- All non-labeled parcels in Section 9 are those of William E. Lewis (1916)
- WATSON [77], Amanda 1913
- WATSON [77], Amanda 1913

Section 18
- All non-labeled files in Section 18 are those of: John W. DUVALL 1919
- DUVALL, John W 1919
- DUVALL, John W 1919
- KINCANNON, Jesse M 1925
- KINCANNON, John A 1920
- HILL, Henry 1882
- STROUD, John H 1882

Section 17
- KNOWLTON, Albert E 1920
- MILLS, John A 1889
- MILLS, John A 1889
- MILLS, John A 1889
- MILLS, John A 1889
- FITZPATRICK, Loan B 1920
- STROUD, Isaac W 1885
- STROUD, Isaac W 1885
- STROUD, Abner W 1906
- STROUD, Isaac W 1885

Section 16
- STROUD, Amos P 1923
- STROUD, Isaac W 1885
- STROUD, James C 1889

Section 19
- STROUD, John H 1882
- BOST, John L 1896
- MILLS, Thomas P 1889
- MILLS, Thomas P 1889
- STROUD, Robert M 1889
- STROUD, Robert M 1889
- MILLS, Thomas P 1889

Section 20
- STROUD, Abner W 1906
- STROUD, Price 1890
- STROUD, Price 1890
- STROUD, James 1882
- STROUD, James C 1889
- STROUD, William F 1912

Section 21
- WOOD, Henry 1886
- CRAWFORD, James M 1890
- STROUD, James M 1910
- MERIDETH, William R 1909
- MERIDETH, William R 1909
- MERIDETH, William R 1909
- BOST, John A 1917
- BOST, John A 1917
- ANDERSON, John H 1883

Section 30
- DRIVER, Andrew A 1894
- CAMPBELL, Will A 1914
- SIMPSON, John W 1902
- REID, Rhesa T 1896
- REID, Rhesa T 1896
- REID, Rhesa T 1896
- SWINGER, Cornelius 1901
- RUSHING, John W 1885
- RUSHING, John W 1885

Section 29
- SANDERS, Nathan A 1890
- SANDERS, Nathan A 1890
- SANDERS, Nathan A 1890
- ROBERSON, William 1885
- FIELDS, Cornelious W 1919
- DRIVER, Matthew 1882
- WILLIAMS, William M 1891
- DRIVER, Matthew 1882
- BRENTS, Martha J 1889
- BRENTS, Martha J 1889

Section 28
- ROBERSON, William 1885
- ROBERSON, William 1885
- REED, Charles E 1916
- REED, Charles E 1916
- WILLIAMS, William M 1891
- MORRIS, John L 1888
- WILLIAMS, William M 1891
- MORRIS, John L 1888
- BRENTS, Martha J 1889
- EUBANKS, Joseph A 1889
- MORRIS, John L 1888
- RUSSELL, Thomas V 1889
- RUSSELL, Thomas V 1889
- RAMSEY, Amber G 1916
- HOLLOWELL, William H 1885
- HOLLOWELL, William H 1885
- BOST, George W 1890
- BOST, George W 1890
- BOST, George W 1890
- BASS, Henry T 1885
- BASS, Henry T 1885

Section 31
- SWINGER, Cornelius 1901
- NICHOLS, Samuel H 1861

Section 32
- STROUD, James M 1913
- STROUD, James M 1913
- LANDRUM, James T 1885
- EUBANKS, Joseph A 1889
- LANDRUM, James T 1885
- STROUD, William K 1914
- KELLOGG, Edwin J 1914

Section 33
- EUBANKS, Joseph A 1889
- BASS, Henry T 1885
- BASS, Henry T 1885

Copyright 2006 Boyd IT, Inc. All Rights Reserved

Township 10-N Range 16-W (5th PM) - Map Group 16

Section 1
- MCDONALD James W 1905
- ADKINS Alderson B 1922
- EMERSON Willis 1905
- ADKINS Alderson B 1922
- EADS John H 1904
- EMERSON [21] Green 1905

Section 2
- RUSSELL William H 1913
- MCDONALD James W 1905
- WHITFIELD William W 1904
- WHITFIELD William W 1904
- WHITFIELD William W 1904
- MCCASLIN George M 1890
- EADS John H 1904

Section 3
- RANKIN William A 1894
- CHASTAIN Elijah W 1909
- CHASTAIN Elijah W 1909
- BURK Homer B 1920

Section 10
- BURK Homer B 1920
- CHASTAIN John B 1919
- WATSON [77] Amanda 1913
- CHASTAIN John B 1919
- CHASTAIN John B 1919
- ROPER Joseph 1886
- PEARSON William 1885

Section 11
- GARDNER Simon P 1916
- MCCASLIN George M 1890
- MCCASLIN George M 1890
- GARDNER Simon P 1916
- MCCASLIN William 1885
- MCCASLIN Rebecca 1882
- MCCASLIN William 1885

Section 12
- EMERSON James 1889
- HARDIN Thomas Y 1885
- EMERSON James 1889
- HARDIN Thomas Y 1885
- HARDIN Thomas Y 1885
- CROWELL James H 1906
- NORMAN George M 1897
- CROWELL James H 1906
- NORMAN George M 1897
- MCCOY John C 1889
- MCCOY John C 1889
- WATKINS Jesse 1844

Section 13
- RABUN Hodge 1888
- MARTIN Margaret E 1882
- MCCOY John C 1889
- MARTIN Margaret E 1882
- TRIMBLE Thomas M 1890
- CARIKER Adam 1882
- BOST Wiley W 1879
- CARIKER Adam 1882

Section 14
- MCCAGHREN Charles J 1896
- MCCAGHREN Charles J 1896
- LENTZ James M 1889
- LENTZ James M 1889
- CHRISTENBERRY James H 1884
- HARDIN Mary M 1883
- CHRISTENBERRY James H 1884
- ROBINSON James 1856
- HARDIN Mary M 1883
- CHRISTENBERRY James H 1884
- HARDIN Mary M 1883

Section 15
- ROPER Joseph 1886
- PEARSON William 1885
- WILKS Mary 1894
- SUGGS Wiley H 1889
- WILKS Mary 1894
- COSTLEY Joseph 1888
- SUGGS Wiley H 1889
- WOOD Henry 1886
- COSTLEY Joseph 1888
- HUNTER James M 1885

Section 22
- WOOD Henry 1886
- COSTLEY Joseph 1888
- EGGER James H 1897
- EGGER James H 1897
- BOST Caleb 1882
- ANDERSON John H 1883
- CARMICHAEL William W 1894
- CARMICHAEL William W 1894
- NORMAN George W 1883

Section 23
- SUGGS Wiley H 1889
- BOST Caleb 1879
- BOST Caleb 1882
- JONES Benjamin F 1896
- JONES Benjamin F 1896
- NEELY George 1882
- NEELY George 1882
- NORMAN Charles S 1886
- NEELY George 1882
- PEARSON Thomas N 1888

Section 24
- MELER Hosea 1880
- MELER Hosea 1877
- MELER Hosea 1877
- STOBAUGH John J 1873
- MARTIN John 1889
- STOBAUGH John J 1873
- STOBAUGH John J 1873

Section 13 (lower)
- SHORT [65] George W 1909
- MEELER James R 1884
- MEELER James R 1884
- CARAKER Paul 1908
- THOMPSON Lewis 1883
- BENNETT Richard J 1886
- BENNETT Richard J 1886

Section 25
- BARNETT Vardamon 1878
- BARNETT Vardamon 1878
- NEWTON Jesse L 1914
- SWEEDEN John W 1885
- SWEEDEN John W 1885
- COUCH Louis 1890
- COUCH Louis 1890
- COUCH Charity 1889

Section 26
- LAWSON Thomas J 1898
- NORMAN Charles S 1886
- PEARSON Thomas N 1888
- STOBAUGH John J 1873
- STOBAUGH John J 1880
- BENNETT Richard J 1886
- BENNETT Richard J 1886
- THOMPSON Lewis 1883
- KOONE John 1885
- BARNETT Vardamon 1878
- BARNETT Vardamon 1878
- SWEEDEN John W 1885

Section 27
- DICKSON Bob L 1911
- NORMAN George W 1883
- HOLLOWELL William H 1885
- LITTLE Isaac T 1890
- LYNCH Elvin W 1919
- HOLLOWELL Christian B 1882
- HOLLOWELL Christian B 1882
- MORRIS James A 1879
- MORRIS James A 1882
- CARMICHAEL Lillie J 1894
- MORRIS James A 1883

Section 34
- HOLLOWELL Christian B 1882
- CARMICHAEL Lillie J 1894
- REID George W 1888
- CARMICHAEL Lillie J 1894
- SCROGGIN Leroy 1877
- SCROGGIN Leroy 1877

Section 35
- MORRIS James A 1882
- MORRIS James A 1882
- MCCOY Monroe 1877
- MCCOY Monroe 1877
- SCROGGINS Green 1884
- SCROGGINS Green 1884
- CRAWFORD [12] Homer C 1890
- SCROGGINS Green 1884
- CRAWFORD [12] Homer C 1890
- SCROGGINS Imanuel 1890
- SCROGGINS Imanuel 1890

Section 36
- MCCOY Monroe 1877
- HAMMOND Milton V 1890
- HAMMOND Milton V 1890
- SCOGGINS Imanuel 1890
- HALBROOK John R 1882
- MCCOY William O 1904
- BRENTS Thomas J 1889
- BRENTS Pleasant M 1889
- RUSSELL George W 1913
- MCGINTY Robert N 1882
- BRENTS Thomas J 1889
- MCGINTY Robert N 1882
- HALBROOK John R 1882
- MEELER Stephen L 1884

Helpful Hints

1. This Map's INDEX can be found on the preceding pages.
2. Refer to Map "C" to see where this Township lies within Van Buren County, Arkansas.
3. Numbers within square brackets [ ] denote a multi-patentee land parcel (multi-owner). Refer to Appendix "C" for a full list of members in this group.
4. Areas that look to be crowded with Patentees usually indicate multiple sales of the same parcel (Re-issues) or Overlapping parcels. See this Township's Index for an explanation of these and other circumstances that might explain "odd" groupings of Patentees on this map.

Copyright 2006 Boyd IT, Inc. All Rights Reserved

Legend

— Patent Boundary
— Section Boundary
— No Patents Found (or Outside County)
1., 2., 3., ... Lot Numbers (when beside a name)
[ ] Group Number (see Appendix "C")

Scale: Section = 1 mile X 1 mile (generally, with some exceptions)

Family Maps of Van Buren County, Arkansas

Road Map
T10-N R16-W
5th PM Meridian
Map Group 16

Cities & Towns
Edge (historical)
Gridley (historical)
Liberty Springs (historical)
Old Liberty (historical)

Cemeteries
Liberty Springs Cemetery
Old Liberty Cemetery

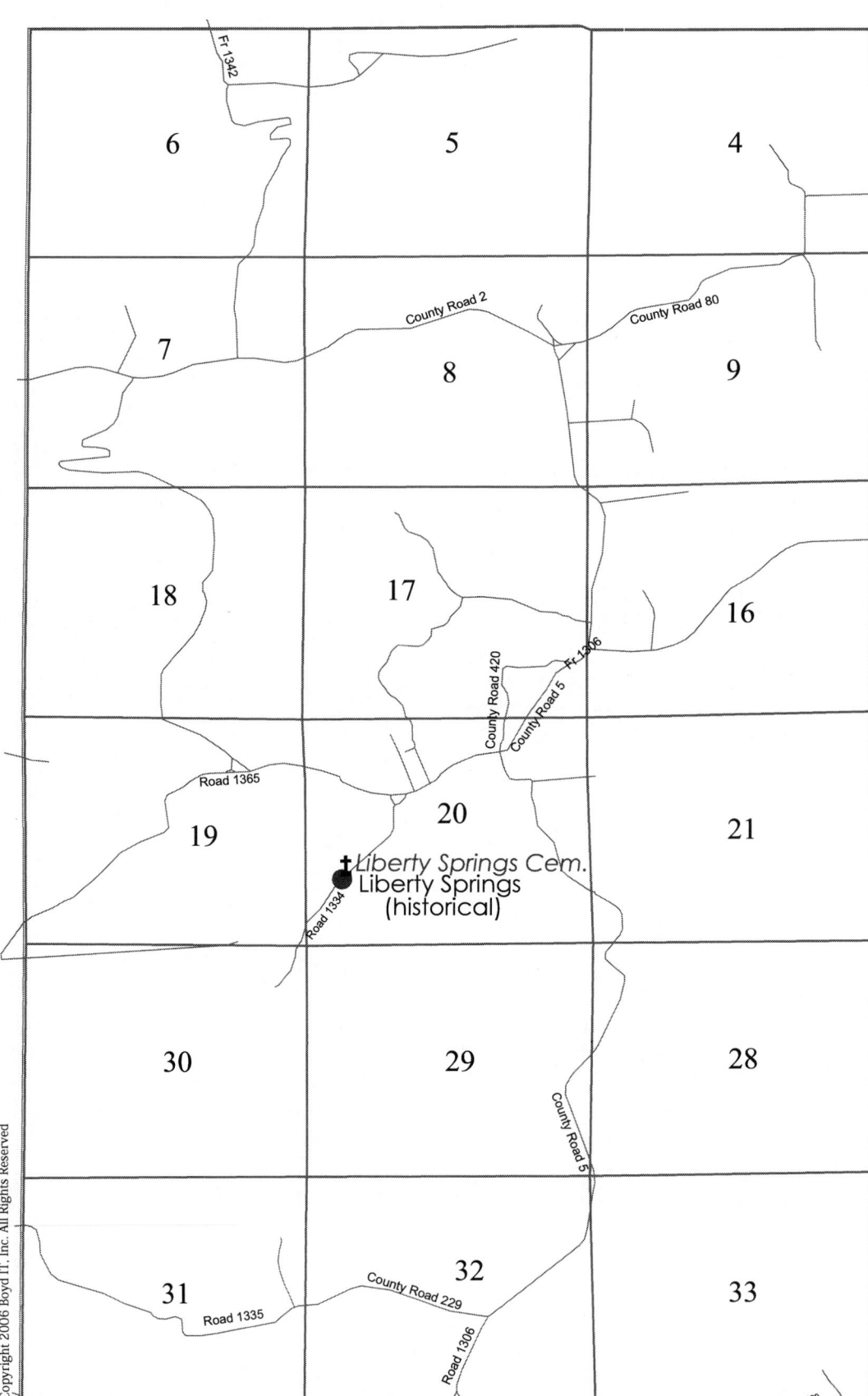

Township 10-N Range 16-W (5th PM) - Map Group 16

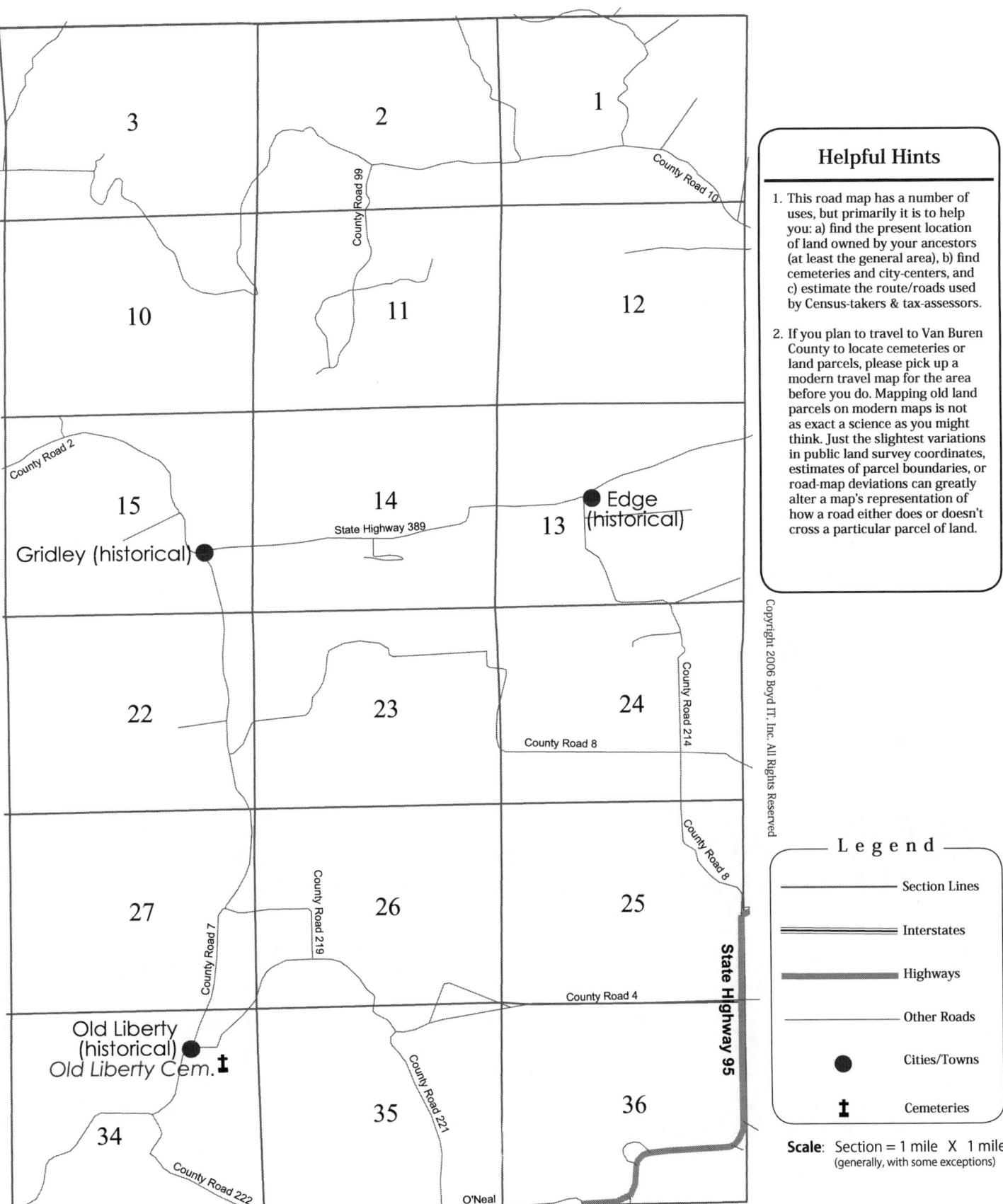

Family Maps of Van Buren County, Arkansas

Historical Map
T10-N R16-W
5th PM Meridian
Map Group 16

Cities & Towns
Edge (historical)
Gridley (historical)
Liberty Springs (historical)
Old Liberty (historical)

Cemeteries
Liberty Springs Cemetery
Old Liberty Cemetery

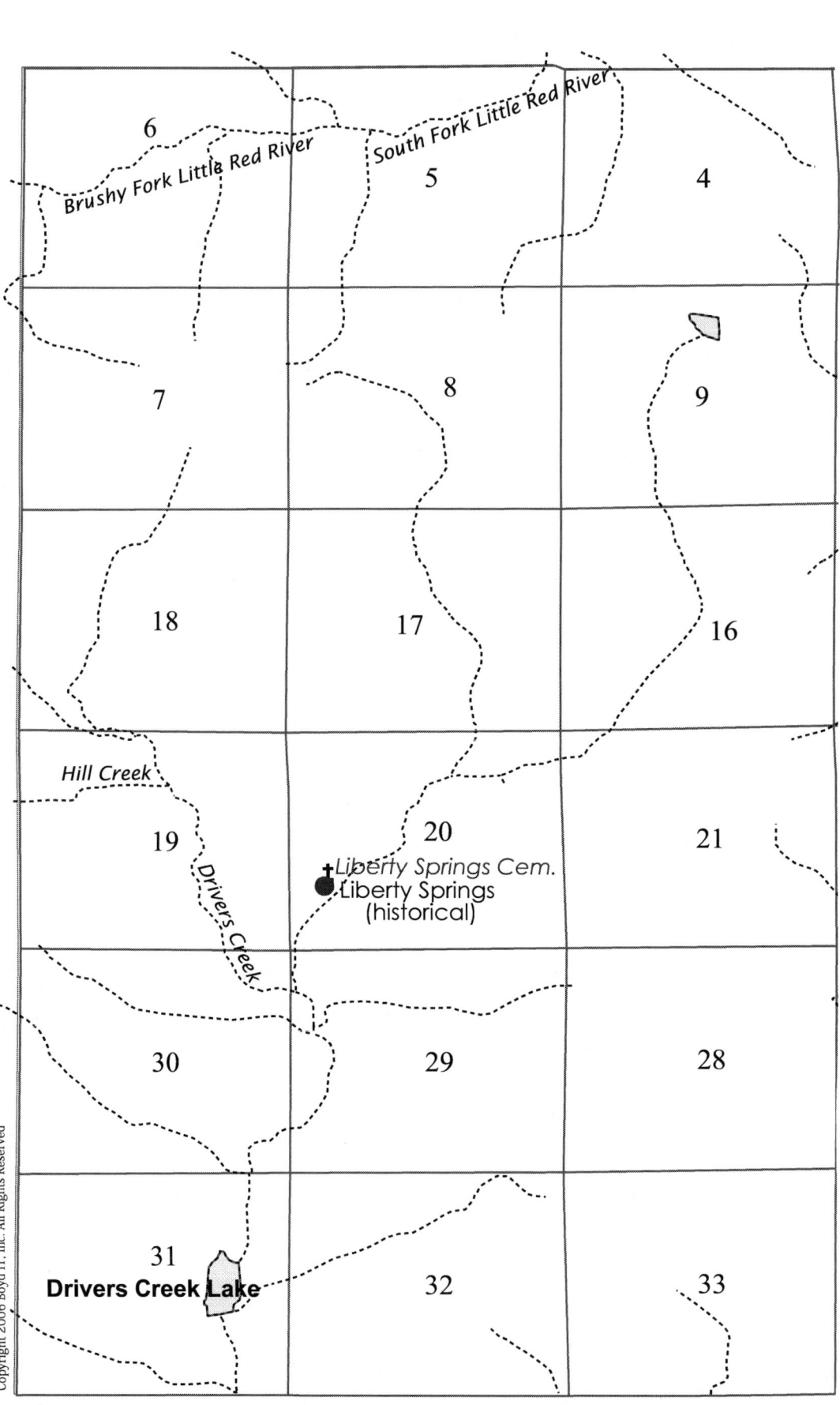

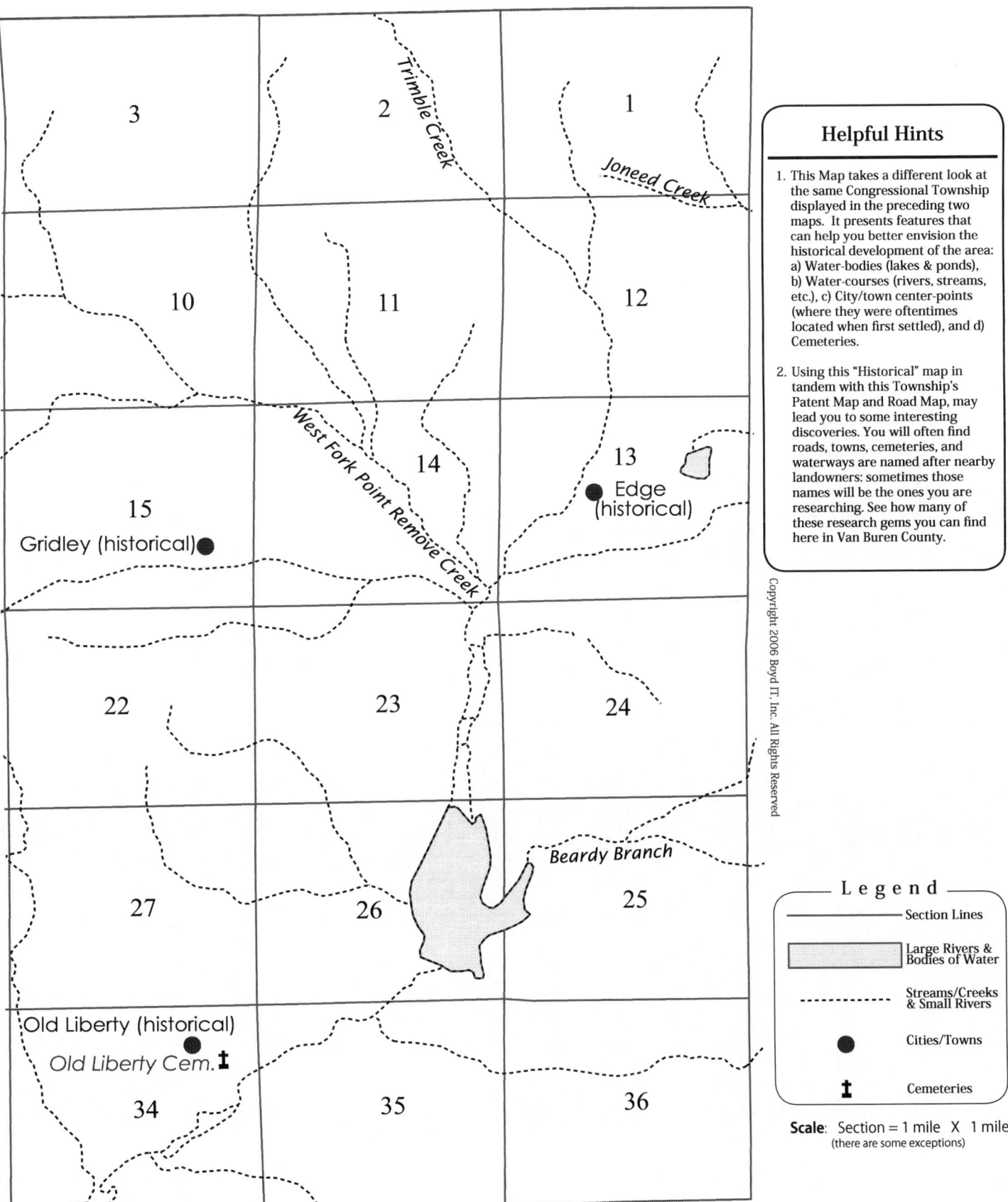

Map Group 17: Index to Land Patents
Township 10-North Range 15-West (5th PM)

After you locate an individual in this Index, take note of the Section and Section Part then proceed to the Land Patent map on the pages immediately following. You should have no difficulty locating the corresponding parcel of land.

The "For More Info" Column will lead you to more information about the underlying Patents. See the *Legend* at right, and the "How to Use this Book" chapter, for more information.

LEGEND
"For More Info . . . " column

- **A** = Authority (Legislative Act, See Appendix "A")
- **B** = Block or Lot (location in Section unknown)
- **C** = Cancelled Patent
- **F** = Fractional Section
- **G** = Group (Multi-Patentee Patent, see Appendix "C")
- **V** = Overlaps another Parcel
- **R** = Re-Issued (Parcel patented more than once)

(A & G items require you to look in the Appendixes referred to above. All other Letter-designations followed by a number require you to locate line-items in this index that possess the ID number found after the letter).

ID	Individual in Patent	Sec.	Sec. Part	Date Issued	Other Counties	For More Info . . .
4783	AKIN, James	5	E½SE	1842-09-05		A1
4886	AKIN, Louisa	4	N½NW	1860-10-01		A1 F
4887	" "	5	SENE	1860-10-01		A1 F
4800	AKINS, James J	4	NWSE	1855-03-01		A1
4801	" "	4	NWSW	1856-03-01		A1
4799	" "	4	N½NE	1856-09-01		A1 F
4697	BARNES, Andrew J	26	E½NW	1894-03-27		A2
4698	" "	26	NESW	1894-03-27		A2
4699	" "	26	SWNE	1894-03-27		A2
4709	BARNES, Andy	25	NWSW	1917-09-18		A2
4734	BARNES, Dennis	24	SESW	1897-04-14		A2
4735	" "	24	SWNE	1897-04-14		A2
4736	" "	24	W½SE	1897-04-14		A2
4756	BARNES, George W	13	S½SW	1919-05-01		A2
4757	" "	14	SESE	1919-05-01		A2
4758	" "	23	NENE	1919-05-01		A2
4919	BARNES, Rebecca A	24	N½SW	1897-04-14		A2
4920	" "	24	SENW	1897-04-14		A2
4921	" "	24	SWSW	1897-04-14		A2
4685	BEGGS, Alexander A	18	N½NW	1890-12-31		A2
4686	" "	7	S½SW	1890-12-31		A2
4810	BISHOP, James W	21	SESE	1909-05-27		A2
4811	" "	21	SWNE	1909-05-27		A2
4812	" "	21	W½SE	1909-05-27		A2
4884	BISHOP, Louia N	33	E½SW	1917-03-10		A2
4885	" "	33	N½SE	1917-03-10		A2
4789	BLUE, James D	8	SWNW	1879-09-23		A1
4991	BOST, William J	4	SWSE	1914-12-17		A2
4691	BOWDEN, Allen G	7	E½SE	1888-11-02		A2
4692	" "	7	SENE	1888-11-02		A2
4693	" "	8	SWSW	1888-11-02		A2
4855	BOWDEN, John W	17	NWSE	1883-01-15		A2
4856	" "	17	S½NE	1883-01-15		A2
4772	BOWLING, Isom M	11	N½SE	1903-07-01		A2
4773	" "	11	S½NE	1903-07-01		A2
4802	BOWLING, James M	11	N½NE	1899-02-13		A2
4829	BOWLING, John H	28	NENW	1904-01-27		A2
4830	" "	28	NWNE	1904-01-27		A2
4827	" "	10	NESE	1914-07-08		A2
4828	" "	11	NWSW	1914-07-08		A2
5030	BOWLING, William T	11	SWSW	1896-03-09		A2
5031	" "	14	N½NW	1896-03-09		A2
5032	" "	14	NWNE	1896-03-09		A2
4992	BRADFORD, William J	1	SWNW	1907-04-10		A2
4993	" "	2	E½SE	1907-04-10		A2
4994	" "	2	SENE	1907-04-10		A2

Township 10-N Range 15-W (5th PM) - Map Group 17

ID	Individual in Patent	Sec.	Sec. Part	Date Issued	Other Counties	For More Info...
4687	BRADLEY, Alexander	35	SENW	1879-12-15		A2
4688	" "	35	SWNE	1879-12-15		A2
4706	BRADLEY, Andrew W	25	N½NE	1901-08-12		A2
4707	" "	25	NENW	1901-08-12		A2
4708	" "	25	SWNE	1901-08-12		A2
4878	BRADLEY, Lonie W	26	SESW	1916-04-20		A2
4879	" "	26	SWSE	1916-04-20		A2
4880	" "	35	NENW	1916-04-20		A2
4889	BRADLEY, Mariah	35	N½NE	1876-03-20		A2
4890	" "	35	SENE	1876-03-20		A2
4891	" "	36	SWNW	1876-03-20		A2
4938	BRADLEY, Samuel A	36	NESW	1909-10-11		A2
4948	BRADLEY, Sim D	27	SESE	1913-05-26		A2
5004	BRADLEY, William M	35	NESE	1896-12-08		A2
5005	" "	36	NWSW	1896-12-08		A2
4937	BRANUM, Rolan E	23	W½NW	1908-12-03		A2
4795	BRENTS, James H	31	S½SW	1889-01-26		A2 F
4918	BRENTS, Pleasant M	31	N½NW	1889-01-26		A2
4980	BRICKEY, William G	18	SESW	1911-06-12		A2
4981	" "	18	SWSE	1911-06-12		A2
4982	" "	19	N½NW	1911-06-12		A2
4700	BULLARD, Andrew J	24	SENE	1914-09-17		A2
4682	CARIKER, Adam	18	SWNW	1882-05-10		A2
4963	CARIKER, Wiley A	29	NESW	1888-07-23		A2
4964	" "	29	NWSE	1888-07-23		A2
4965	" "	29	SENW	1888-07-23		A2
4966	" "	29	SWNE	1888-07-23		A2
4806	CHISM, James P	12	E½NW	1917-03-19		A1
4725	CLEAVER, Clarence W	1	NESE	1925-05-27		A2
4726	" "	1	SENE	1925-05-27		A2
4796	COLLIE, James H	28	N½SW	1889-09-17		A2
4797	" "	28	SENW	1889-09-17		A2
4798	" "	29	NESE	1889-09-17		A2
4732	COSTLEY, David F	17	N½NW	1890-04-16		A2
4733	" "	18	E½NE	1890-04-16		A2
4721	COUCH, Charity	30	SWNW	1889-01-26		A2
4722	" "	30	W½SW	1889-01-26		A2
4824	COUCH, John	4	SESW	1855-03-01		A1
4873	COUCH, Lewis	29	NWSW	1873-02-05		A2
4874	" "	29	SWNW	1873-02-05		A2
4959	CROW, Thomas J	20	SWSW	1909-11-08		A2
4960	" "	29	NWNW	1909-11-08		A2
4903	CROWELL, Mary A	22	SW	1897-06-07		A2
4967	DINKINS, Wiley	11	E½SW	1879-11-25		A2
4792	DRAKE, James E	28	NESE	1883-03-01		A2 R4714
4793	" "	28	SESW	1883-03-01		A2
4794	" "	28	W½SE	1883-03-01		A2
4939	DUNLAP, Samuel	22	NW	1894-01-18		A2
4764	DUNSWORTH, Harrison E	32	NWSW	1895-06-19		A2
4765	" "	32	SENW	1895-06-19		A2
4766	" "	32	W½NW	1895-06-19		A2
4907	DUNSWORTH, Molton C	20	NESW	1904-01-27		A2
4777	EADES, Jacob	22	NESE	1900-08-21		A2
4778	" "	23	W½SW	1900-08-21		A2
4779	" "	26	NWNW	1900-08-21		A2
5006	EADES, William M	26	E½NE	1911-06-26		A2
5007	" "	26	N½SE	1911-06-26		A2
4701	ENGLES, Andrew J	31	NESW	1890-06-06		A2
4702	" "	31	NWSE	1890-06-06		A2
4703	" "	31	S½NW	1890-06-06		A2
4784	FOSTER, James B	15	SW	1879-11-25		A2
4951	FRAZIER, Thomas A	18	W½SW	1913-09-12		A2
4731	FRENCH, David B	26	NWNE	1920-06-03		A2
4807	GIVENS, James R	3	E½NW	1889-09-17		A2 F
5039	GIVENS, Zenas N	15	N½SE	1898-08-27		A2
5040	" "	15	S½NE	1898-08-27		A2
5038	GOATCHER, Winfred G	36	SESW	1917-05-28		A2
4904	GRAY, Mary	22	SESE	1914-07-28		A2
4728	GRAYSON, Daniel R	19	E½SE	1883-01-15		A2
4729	" "	19	SENE	1883-01-15		A2
4730	" "	20	NWSW	1883-01-15		A2
4741	GUILING, Ella J	32	S½SE	1905-10-19		A2
4742	" "	33	SWSW	1905-10-19		A2

ID	Individual in Patent	Sec.	Sec. Part	Date Issued	Other Counties	For More Info . . .
4961	GUINN, Thomas J	31	S½SE	1890-03-13		A2
5008	GUINN, William M	31	NESE	1916-06-10		A2
5009	" "	32	SWSW	1916-06-10		A2
4683	HALL, Albert L	9	NWSW	1906-06-04		A2
4739	HALL, Elijah	15	NW	1890-05-31		A2
4842	HALL, John	10	NWSW	1889-09-17		A2
4843	" "	10	SWNW	1889-09-17		A2
4844	" "	9	NESE	1889-09-17		A2
4845	" "	9	SENE	1889-09-17		A2
4925	HALL, Robert	8	SESE	1882-04-10		A2
4926	" "	9	NESW	1882-04-10		A2
4927	" "	9	S½SW	1882-04-10		A2
4934	HALL, Robert W	5	NWSW	1896-08-12		A2
4935	" "	5	SWNW	1896-08-12		A2
4990	HALL, William	9	NENW	1914-09-04		A1
4819	HARDIN, Joan	7	NESW	1908-09-10		A2
4820	" "	7	S½NW	1908-09-10		A2
4922	HARDY, Rebecca	27	NE	1876-03-20		A2
4912	HARRIS, Nancy J	5	NESW	1904-12-31		A2
4913	" "	5	SENW	1915-04-02		A2
4866	HARRISON, Kilburn A	21	N½NE	1903-01-31		A2
4867	" "	21	NESE	1903-01-31		A2
4868	" "	21	SENE	1903-01-31		A2
4915	HARTSELL, Piety A	19	E½SW	1882-06-30		A2
4916	" "	19	W½SE	1882-06-30		A2
4803	HILAND, James M	10	NENW	1912-11-09		A2
4804	" "	3	SWSE	1912-11-09		A2
4857	HILAND, John W	10	NESW	1912-11-09		A2
4858	" "	10	SENW	1912-11-09		A2
4743	HILLIS, Eugene L	15	S½SE	1889-09-17		A2
4744	" "	22	E½NE	1889-09-17		A2
4946	HOGAN, Sarah J	7	SWNE	1904-01-27		A2
4947	" "	7	W½SE	1904-01-27		A2
4825	HONEYCUTT, John E	25	E½SW	1897-02-10		A2
4826	" "	25	W½SE	1897-02-10		A2
4704	HUBBARD, Andrew J	34	S½NW	1914-07-08		A2
4864	HUBBARD, Joseph B	14	W½SW	1913-02-08		A2 G42
4864	HUBBARD, Sallie R	14	W½SW	1913-02-08		A2 G42
4859	HUFFAKER, John W	28	SWSW	1882-08-25		A2
4860	" "	29	SESE	1882-08-25		A2
4861	" "	32	NENE	1882-08-25		A2
4862	" "	33	NWNW	1882-08-25		A2
5033	HUNT, William T	3	N½SE	1919-10-07		A2
4689	JONES, Alfred D	8	S½NE	1889-09-17		A2
4690	" "	9	W½NW	1889-09-17		A2
4759	JONES, George W	33	E½NW	1892-01-30		A2
4760	" "	33	NWNE	1892-01-30		A2
4761	" "	33	SWNW	1892-01-30		A2
4786	JONES, James C	6	SWSW	1902-10-11		A2
4788	" "	7	NWNW	1902-10-11		A2
4785	" "	6	SESW	1910-06-13		A2
4787	" "	7	NENW	1910-06-13		A2
4809	JONES, James T	27	NWNW	1915-09-09		A2
4956	JONES, Thomas H	5	N½NE	1882-05-10		A2
4968	JONES, William A	10	SWSW	1886-10-04		A2
4969	" "	9	NWSE	1886-10-04		A2
4970	" "	9	S½SE	1886-10-04		A2
4952	KEIGER, Thomas D	4	S½NW	1842-09-05		A1
4917	LANCASTER, Pleasant G	18	SENW	1896-05-25		A2
4900	LEFLER, Martin B	20	NWSE	1889-01-26		A2
4901	" "	20	S½NW	1889-01-26		A2
4902	" "	20	SWNE	1889-01-26		A2
4847	LINDSEY, John	11	NW	1876-03-20		A2
4831	LINDSEY, John H	5	SESW	1911-06-12		A2
4892	LINDSEY, Mark	2	S½SW	1882-05-10		A2
4893	" "	2	W½SE	1882-05-10		A2
5001	LINDSEY, William	10	NWNW	1883-01-15		A2
5002	" "	3	S½SW	1883-01-15		A2
5003	" "	4	SESE	1883-01-15		A2
4832	LITICKER, John H	6	NWNW	1919-09-08		A2
4881	LOVE, Lonnie F	15	NENE	1913-04-15		A2
4953	LOVE, Thomas G	10	SESE	1904-11-26		A2
4954	" "	10	W½SE	1904-11-26		A2

Township 10-N Range 15-W (5th PM) - Map Group 17

ID	Individual in Patent	Sec.	Sec. Part	Date Issued	Other Counties	For More Info . . .
4955	LOVE, Thomas G (Cont'd)	15	NWNE	1904-11-26		A2
4755	MALONE, George M	36	NWNE	1923-02-27		A2
4768	MASSEY, Henry	3	NWSW	1882-06-30		A2 F
4769	" "	3	SWNW	1882-06-30		A2 F
4770	" "	4	S½NE	1882-06-30		A2 F
4710	MAXWELL, Bailey	5	SWSE	1857-10-30		A1
4909	MCALLISTER, Murry	5	SWNE	1850-10-01		A1
4933	MCGINTY, Robert N	31	NWSW	1882-08-03		A2
4774	MCKUIN, Jacob C	25	SWSW	1898-08-27		A2
4775	" "	26	SESE	1898-08-27		A2
4776	" "	36	N½NW	1898-08-27		A2
4767	MCNABB, Henry A	22	NWNE	1916-01-26		A2
4882	MCNABB, Lorenzo G	28	W½NW	1888-04-27		A2
4883	" "	29	E½NE	1888-04-27		A2
4978	MCNABB, William E	21	E½NW	1889-09-17		A2
4979	" "	21	E½SW	1889-09-17		A2
4850	MEDLOCK, John T	27	N½SW	1906-06-04		A2
4851	" "	27	SESE	1906-06-04		A2
4852	" "	27	SWSE	1906-06-04		A2
4942	MEDLOCK, Sarah A	27	SWSW	1897-02-10		A2 G55
4943	" "	28	SESE	1897-02-10		A2 G55
4944	" "	33	NENE	1897-02-10		A2 G55
4945	" "	34	NWNW	1897-02-10		A2 G55
4833	MERRYMAN, John H	23	N½SE	1896-07-09		A2
4834	" "	23	SENE	1896-07-09		A2
4835	" "	24	SWNW	1896-07-09		A2
5011	MERRYMAN, William	12	S½SW	1894-09-07		A2
5012	" "	13	N½NW	1894-09-07		A2
4971	MERRYMAN, William A	13	E½SE	1906-04-14		A2
4972	" "	13	NWSE	1906-04-14		A2
4973	" "	24	NENE	1906-04-14		A2
5034	MILLER, William W	3	NESW	1913-02-08		A2
5035	" "	4	NESE	1913-02-08		A2
4848	MORGAN, John P	8	E½NW	1898-08-27		A2
4849	" "	8	N½NE	1898-08-27		A2
4962	MORGAN, Thomas W	3	NWNW	1920-05-27		A1
5015	MORGAN, William R	6	E½SE	1890-04-16		A2
5016	" "	6	SWSE	1890-04-16		A2
5017	" "	7	NWNE	1890-04-16		A2
4780	NEAL, James A	35	N½SW	1883-01-15		A2
4781	" "	35	NWSE	1883-01-15		A2
4782	" "	35	SESW	1883-01-15		A2
4711	NEWMAN, Berry J	27	SWNW	1909-05-27		A2 C R4712
4714	" "	28	NESE	1909-05-27		A2 C R4792
4715	" "	28	S½NE	1909-05-27		A2 C R4716
4712	" "	27	SWNW	1911-07-06		A2 R4711
4713	" "	28	NENE	1911-07-06		A2
4716	" "	28	S½NE	1911-07-06		A2 R4715
4737	NICHOLS, Edward T	1	SESW	1916-01-31		A2
4738	" "	1	W½SW	1916-01-31		A2
4936	NOLLY, Rogers	36	S½SE	1898-12-27		A2
4875	OLIGER, Lewis T	13	NE	1914-07-08		A2
4717	OWENS, Blake F	14	NESE	1901-06-25		A2
4718	" "	14	SENE	1901-06-25		A2
4753	OWENS, George H	34	S½SE	1889-01-26		A2
4754	" "	35	SWSW	1889-01-26		A2
4908	PARKS, Montford R	24	E½SE	1904-11-01		A2
4705	PENDLEY, Andrew J	12	SE	1915-11-01		A2
4942	PHILLIPS, Sarah A	27	SWSW	1897-02-10		A2 G55
4943	" "	28	SESE	1897-02-10		A2 G55
4944	" "	33	NENE	1897-02-10		A2 G55
4945	" "	34	NWNW	1897-02-10		A2 G55
4853	PLUMMER, John T	20	E½NE	1892-02-23		A2
4854	" "	21	W½NW	1892-02-23		A2
4869	PLUMMER, Leventine A	17	SESW	1876-03-01		A2
4870	" "	17	SWSE	1876-03-01		A2
4871	" "	20	NENW	1876-03-01		A2
4872	" "	20	NWNE	1876-03-01		A2
4910	POWELL, Nancy A	2	NWSW	1882-06-30		A2 F
4911	" "	2	SWNW	1882-06-30		A2 F
4995	PRINCE, William J	34	NENE	1885-05-20		A2
4996	" "	35	W½NW	1885-05-20		A2
4836	RAINEY, John H	35	SESE	1885-05-04		A2

Family Maps of Van Buren County, Arkansas

ID	Individual in Patent	Sec.	Sec. Part	Date Issued	Other Counties	For More Info...
4837	RAINEY, John H (Cont'd)	36	SWSW	1885-05-04		A2
4894	RAINWATER, Mark	13	N½SW	1897-02-10		A2
4895	" "	13	S½NW	1897-02-10		A2
4983	REED, William H	26	SWNW	1875-09-10		A2
4984	" "	26	W½SW	1875-09-10		A2
4985	" "	27	NESE	1875-09-10		A2
4813	REYNOLDS, James W	34	N½SE	1876-06-20		A2
4814	" "	34	S½NE	1876-06-20		A2
4815	REYNOLDS, Jane	34	SW	1877-03-20		A2 G61
4815	REYNOLDS, John	34	SW	1877-03-20		A2 G61
4805	RILEY, James N	17	NENE	1889-01-26		A2
4914	RILEY, Nancy J	17	E½SE	1877-02-20		A2
4974	RILEY, William A	17	N½SW	1885-12-10		A2
4975	" "	17	SENW	1885-12-10		A2
4976	" "	18	NESE	1885-12-10		A2
4977	RILEY, William C	17	SWNW	1913-07-14		A2
4808	ROBINSON, James	4	SWSW	1856-03-01		A1
4723	SCOTT, Charles F	32	NESW	1924-12-23		A2
4877	SHIPLEY, Lin B	12	S½NE	1917-04-27		A2
5029	SHIPLEY, William	23	S½SE	1907-04-10		A2
4749	SHIPP, George E	14	SESW	1904-07-27		A2
4750	" "	14	SWSE	1904-07-27		A2
4751	" "	23	NENW	1904-07-27		A2
4752	" "	23	NWNE	1904-07-27		A2
4923	SHIPP, Richard H	35	SWSE	1913-09-09		A2
5036	SHORT, William W	19	S½NW	1890-04-16		A2
5037	" "	19	W½NE	1890-04-16		A2
4762	SMART, George W	1	NESW	1911-06-12		A2
4763	" "	1	SENW	1911-06-12		A2
4745	SMITH, Francis M	13	SWSE	1896-01-03		A2
4746	" "	24	N½NW	1896-01-03		A2
4747	" "	24	NWNE	1896-01-03		A2
4840	SPENCER, John H	12	NWSW	1911-06-26		A2
4841	" "	12	SWNW	1911-06-26		A2
4838	" "	12	NESW	1911-07-01		A2
4839	" "	12	NWNW	1911-07-01		A2
4888	STANLEY, Lucian	3	NWNE	1911-07-24		A2
4684	STEPHENS, Albert S	8	N½SW	1895-11-13		A2 G67
4684	STEPHENS, Alex J	8	N½SW	1895-11-13		A2 G67
4684	STEPHENS, Brounlow F	8	N½SW	1895-11-13		A2 G67
4684	STEPHENS, Daisy	8	N½SW	1895-11-13		A2 G67
4684	STEPHENS, Elizabeth	8	N½SW	1895-11-13		A2 G67
4684	STEPHENS, Samuel	8	N½SW	1895-11-13		A2 G67
4846	STOBAUGH, John L	4	NESW	1849-10-01		A1
5013	STOBAUGH, William N	20	E½SE	1891-07-30		A2
5014	" "	21	W½SW	1891-07-30		A2
5018	STORY, William R	1	N½NE	1910-01-11		A2
5019	" "	1	NWSE	1910-01-11		A2
5020	" "	1	SWNE	1910-01-11		A2
4905	SUGG, Michael	7	NENE	1896-04-28		A2
4957	SUGG, Thomas H	2	N½NE	1882-05-10		A2
4958	" "	2	SWNE	1882-05-10		A2
4949	SUTER, Sterling P	2	NESW	1904-07-27		A2
4950	" "	2	SENW	1904-07-27		A2
4821	SWAIM, John A	18	NESW	1888-04-27		A2
4822	" "	18	NWSE	1888-04-27		A2
4823	" "	18	W½NE	1888-04-27		A2
5021	SWAIM, William R	17	SWSW	1888-07-23		A2
5022	" "	18	SESE	1888-07-23		A2
5023	" "	19	NENE	1888-07-23		A2
5024	" "	20	NWNW	1888-07-23		A2
4719	THOMPSON, Blewford	30	E½NW	1889-03-19		A2
4720	" "	30	E½SW	1889-03-19		A2
4724	THOMPSON, Charles H	27	NENW	1915-07-28		A2
4727	THOMPSON, Clark	19	W½SW	1890-04-16		A2
4771	THOMPSON, Henry R	30	NE	1888-07-23		A2
4865	THOMPSON, Jurda A	33	S½SE	1889-09-20		A2 G71
4876	THOMPSON, Lewis	30	NWNW	1883-01-15		A2
4906	THOMPSON, Mollie E	33	S½NE	1911-06-12		A2
4928	THOMPSON, Robert K	32	N½SE	1889-09-20		A2
4929	" "	32	S½NE	1889-09-20		A2
4930	THOMPSON, Robert M	29	SWSW	1888-07-23		A2
4931	" "	30	E½SE	1888-07-23		A2

Township 10-N Range 15-W (5th PM) - Map Group 17

ID	Individual in Patent	Sec.	Sec. Part	Date Issued	Other Counties	For More Info . . .
4932	THOMPSON, Robert M (Cont'd)	30	NWSE	1888-07-23		A2
4865	THOMPSON, Russell	33	S½SE	1889-09-20		A2 G71
5025	THOMPSON, William R	23	E½SW	1899-08-30		A2
5026	" "	23	SENW	1899-08-30		A2
5027	" "	23	SWNE	1899-08-30		A2
5028	" "	33	NWSW	1909-06-01		A1
4694	UNDERWOOD, Andrew H	17	NWNE	1883-01-15		A2
4695	" "	8	N½SE	1883-01-15		A2
4696	" "	8	SWSE	1883-01-15		A2
4790	UNDERWOOD, James D	22	NWSE	1915-07-26		A2
4791	" "	22	SWNE	1915-07-26		A2
4986	UNDERWOOD, William H	14	NESW	1889-09-17		A2
4987	" "	14	NWSE	1889-09-17		A2
4988	" "	14	SENW	1889-09-17		A2
4989	" "	14	SWNE	1889-09-17		A2
4748	WADDELL, Frank	11	SWSE	1914-05-06		A2
4863	WADE, John	3	E½NE	1911-07-24		A2
4997	WALLS, William J	29	SESW	1884-11-20		A2
4998	" "	29	SWSE	1884-11-20		A2
4999	" "	32	NENW	1884-11-20		A2
5000	" "	32	NWNE	1884-11-20		A2
4816	WEBB, Jasper	9	N½NE	1894-11-28		A2
4817	" "	9	SENW	1894-11-28		A2
4818	" "	9	SWNE	1894-11-28		A2
4940	WILKES, Samuel T	36	E½NE	1897-02-10		A2
4941	" "	36	SWNE	1897-02-10		A2
4740	WILLIAMS, Elisha S	2	N½NW	1861-03-28		A1 F
4896	WILLIAMS, Marmaduke	20	SESW	1882-10-20		A2
4897	" "	20	SWSE	1882-10-20		A2
4898	" "	29	NENW	1882-10-20		A2
4899	" "	29	NWNE	1882-10-20		A2
4924	WILLIAMS, Riley S	31	NE	1885-05-04		A2
5010	WILLIAMS, William M	30	SWSE	1910-03-10		A2

Family Maps of Van Buren County, Arkansas

Patent Map

T10-N R15-W
5th PM Meridian

Map Group 17

Township Statistics

Parcels Mapped	:	359
Number of Patents	:	189
Number of Individuals	:	189
Patentees Identified	:	180
Number of Surnames	:	109
Multi-Patentee Parcels	:	8
Oldest Patent Date	:	9/5/1842
Most Recent Patent	:	5/27/1925
Block/Lot Parcels	:	0
Parcels Re - Issued	:	3
Parcels that Overlap	:	0
Cities and Towns	:	6
Cemeteries	:	1

Township 10-N Range 15-W (5th PM) - Map Group 17

(Cadastral patent map showing land patentees by section. Sections numbered 1, 2, 3, 10, 11, 12, 13, 14, 15, 22, 23, 24, 25, 26, 27, 34, 35, 36.)

Section 1: STORY William R 1910; SMART George W 1911; STORY William R 1910; CLEAVER Clarence W 1925; BRADFORD William J 1907; NICHOLS Edward T 1916; SMART George W 1911; STORY William R 1910; CLEAVER Clarence W 1925; NICHOLS Edward T 1916

Section 2: WILLIAMS Elisha S 1861; SUGG Thomas H 1882; POWELL Nancy A 1882; SUTER Sterling P 1904; SUGG Thomas H 1882; BRADFORD William J 1907; POWELL Nancy A 1882; SUTER Sterling P 1904; BRADFORD William J 1907; LINDSEY Mark 1882; LINDSEY Mark 1882

Section 3: MORGAN Thomas W 1920; STANLEY Lucian 1911; WADE John 1911; MASSEY Henry 1882; GIVENS James R 1889; MASSEY Henry 1882; MILLER William W 1913; HUNT William T 1919; LINDSEY William 1883; HILAND James M 1912

Section 10: LINDSEY William 1883; HILAND James M 1912; HALL John 1889; HILAND John W 1912; HALL John 1889; HILAND John W 1912; LOVE Thomas G 1904; BOWLING John H 1914; JONES William A 1886; LOVE Thomas G 1904

Section 11: BOWLING James M 1899; LINDSEY John 1876; BOWLING Isom M 1903; BOWLING John H 1914; BOWLING Isom M 1903; BOWLING William T 1896; DINKINS Wiley 1879; WADDELL Frank 1914

Section 12: SPENCER John H 1911; SPENCER John H 1911; CHISM James P 1917; SHIPLEY Lin B 1917; SPENCER John H 1911; SPENCER John H 1911; PENDLEY Andrew J 1915; MERRYMAN William 1894

Section 13: MERRYMAN William 1894; OLIGER Lewis T 1914; RAINWATER Mark 1897; RAINWATER Mark 1897; MERRYMAN William A 1906; SMITH Francis M 1896; MERRYMAN William A 1906

Section 14: BOWLING William 1896; BOWLING William T 1896; UNDERWOOD William H 1889; UNDERWOOD William H 1889; OWENS Blake F 1901; UNDERWOOD William H 1889; UNDERWOOD William H 1889; OWENS Blake F 1901; HUBBARD Joseph B 1913 [42]; SHIPP George E 1904; SHIPP George E 1904; BARNES George W 1919

Section 15: HALL Elijah 1890; LOVE Thomas G 1904; LOVE Lonnie F 1913; GIVENS Zenas N 1898; FOSTER James B 1879; GIVENS Zenas N 1898; HILLIS Eugene L 1889

Section 22: DUNLAP Samuel 1894; MCNABB Henry A 1916; BRANUM Rolan E 1908; SHIPP George E 1904; SHIPP George E 1904; BARNES George W 1919; SMITH Francis M 1896; SMITH Francis M 1896; MERRYMAN William A 1906; UNDERWOOD James D 1915; HILLIS Eugene L 1889; THOMPSON William R 1899; MERRYMAN John H 1896; MERRYMAN John H 1896; BARNES Rebecca A 1897; BULLARD Andrew J 1914

Section 23: UNDERWOOD James D 1915; EADES Jacob 1900; EADES Jacob 1900; MERRYMAN John H 1896; BARNES Rebecca A 1897; CROWELL Mary A 1897; GRAY Mary 1914; THOMPSON William R 1899; SHIPLEY William 1907; BARNES Rebecca A 1897; BARNES Dennis 1897

Section 24: BARNES Dennis 1897; BARNES Dennis 1897; PARKS Montford R 1904

Section 25: BRADLEY Andrew W 1901; BRADLEY Andrew W 1901; BRADLEY Andrew W 1901; BRADLEY Andrew W 1901; BARNES Andy 1917; HONEYCUTT John E 1897; HONEYCUTT John E 1897; MCKUIN Jacob C 1898

Section 26: EADES Jacob 1900; BARNES Andrew J 1894; FRENCH David B 1920; REED William H 1875; BARNES Andrew J 1894; EADES William M 1911; REED William H 1875; BARNES Andrew J 1894; EADES William M 1911; BRADLEY Lonie W 1916; BRADLEY Lonie W 1916; MCKUIN Jacob C 1898

Section 27: JONES James T 1915; THOMPSON Charles H 1915; HARDY Rebecca 1876; NEWMAN Berry J 1911; NEWMAN Berry J 1909; MEDLOCK John T 1906; MEDLOCK Sarah A 1897 [56]; MEDLOCK John T 1906; BRADLEY Sim D 1913

Section 34: MEDLOCK Sarah A 1897 [56]; PRINCE William J 1885; HUBBARD Andrew J 1914; REYNOLDS James W 1876; REYNOLDS James W 1876; REYNOLDS Jane 1877 [62]

Section 35: PRINCE William J 1885; BRADLEY Lonie W 1916; BRADLEY Mariah 1876; BRADLEY Alexander 1879; BRADLEY Alexander 1879; BRADLEY Mariah 1876; NEAL James A 1883; NEAL James A 1883; NEAL James A 1883; BRADLEY William M 1896; OWENS George H 1889; OWENS George H 1889; NEAL James A 1883; SHIPP Richard H 1913; RAINEY John H 1885

Section 36: MCKUIN Jacob C 1898; MALONE George M 1923; BRADLEY Mariah 1876; WILKES Samuel T 1897; WILKES Samuel T 1897; BRADLEY William M 1896; BRADLEY Samuel A 1909; RAINEY John H 1885; GOATCHER Winfred G 1917; NOLLY Rogers 1898

Helpful Hints

1. This Map's INDEX can be found on the preceding pages.
2. Refer to Map "C" to see where this Township lies within Van Buren County, Arkansas.
3. Numbers within square brackets [ ] denote a multi-patentee land parcel (multi-owner). Refer to Appendix "C" for a full list of members in this group.
4. Areas that look to be crowded with Patentees usually indicate multiple sales of the same parcel (Re-issues) or Overlapping parcels. See this Township's Index for an explanation of these and other circumstances that might explain "odd" groupings of Patentees on this map.

Copyright 2006 Boyd IT, Inc. All Rights Reserved

Legend

— Patent Boundary
— Section Boundary
No Patents Found (or Outside County)
1., 2., 3., ... Lot Numbers (when beside a name)
[ ] Group Number (see Appendix "C")

Scale: Section = 1 mile X 1 mile (generally, with some exceptions)

Family Maps of Van Buren County, Arkansas

Road Map
T10-N R15-W
5th PM Meridian
Map Group 17

Cities & Towns
Butter Creek (historical)
Claude
Gravel Hill
Pine Mountain (historical)
Pleasant Grove
Scotland

Cemeteries
Foster Cemetery

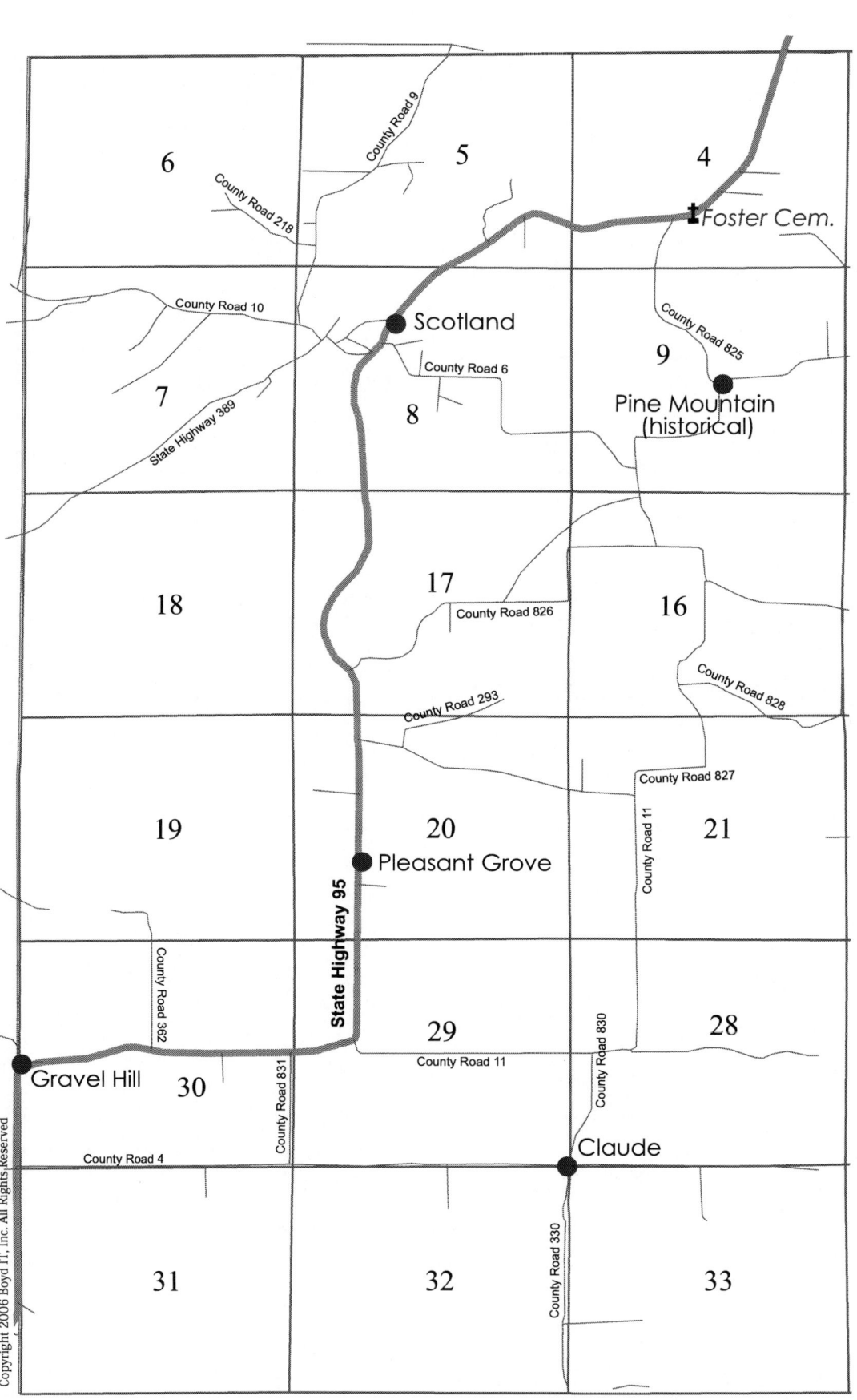

Township 10-N Range 15-W (5th PM) - Map Group 17

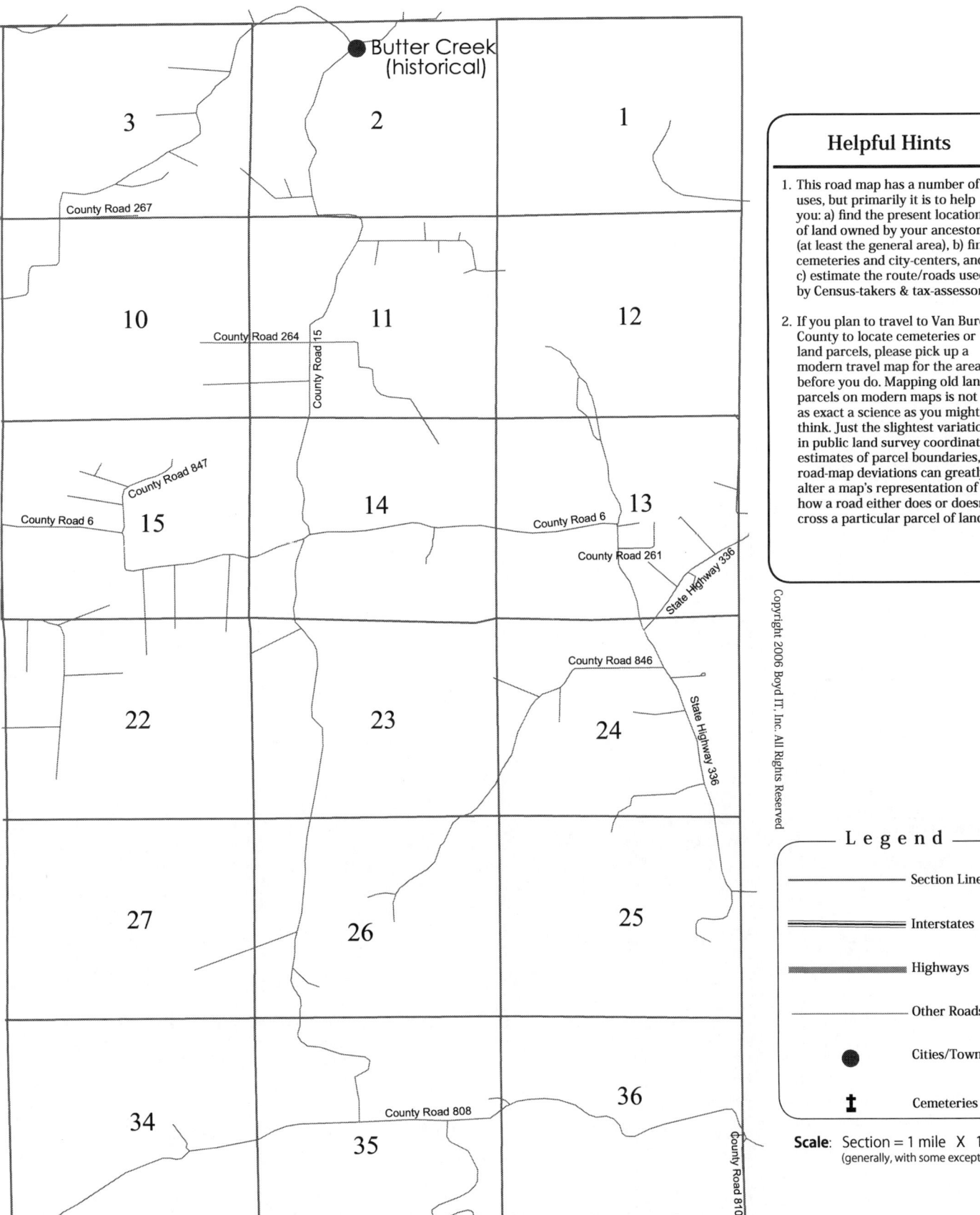

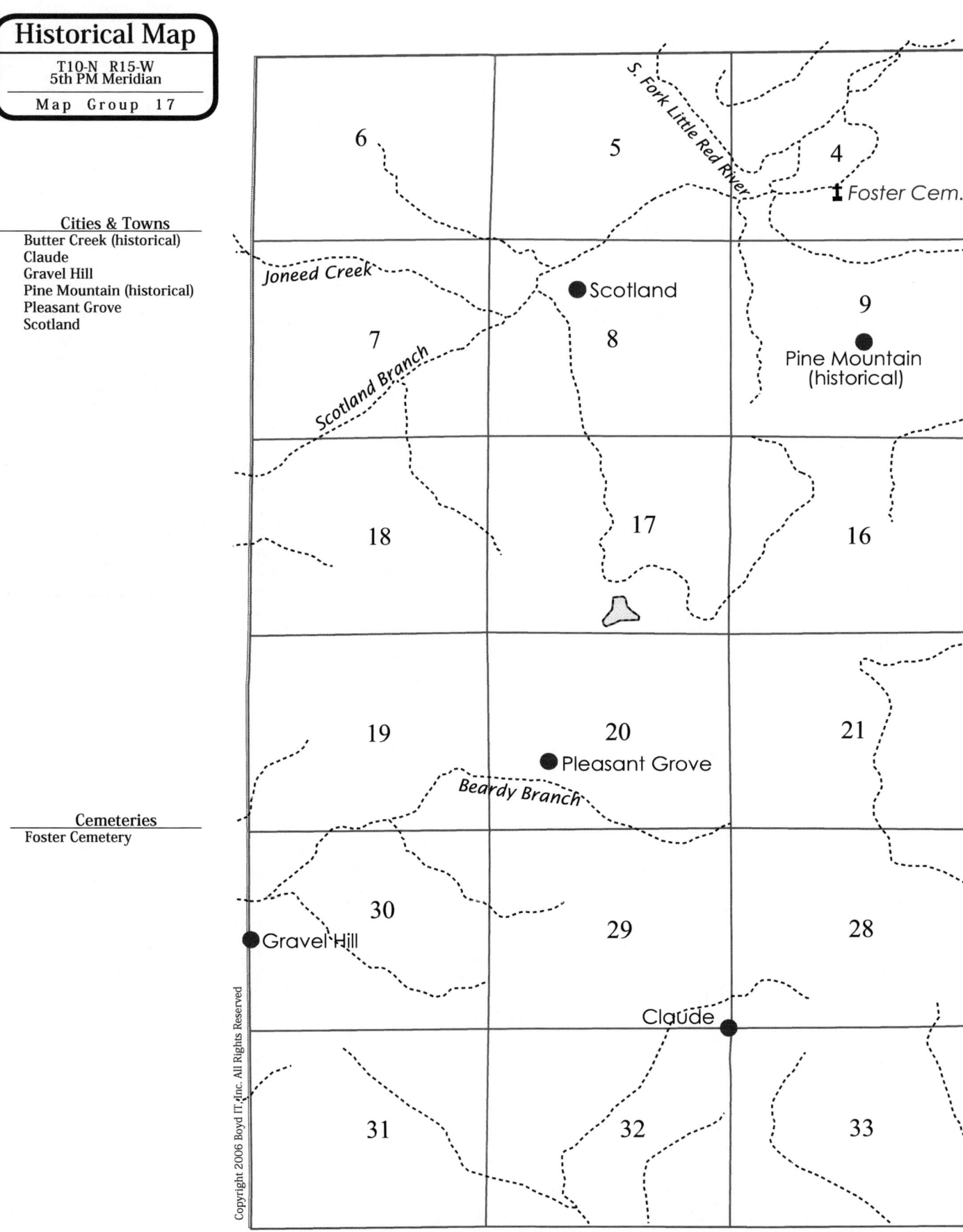

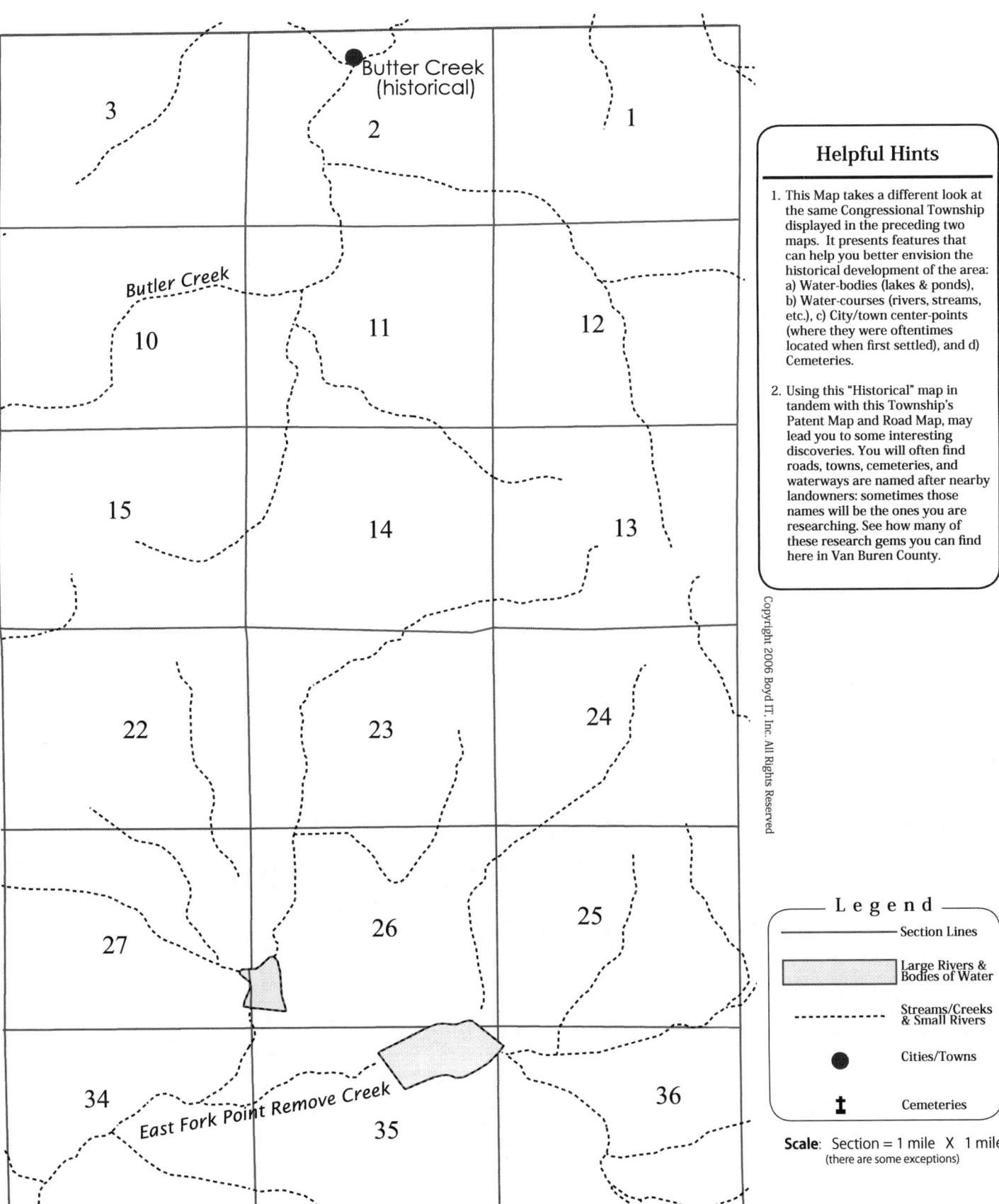

Map Group 18: Index to Land Patents
Township 10-North Range 14-West (5th PM)

After you locate an individual in this Index, take note of the Section and Section Part then proceed to the Land Patent map on the pages immediately following. You should have no difficulty locating the corresponding parcel of land.

The "For More Info" Column will lead you to more information about the underlying Patents. See the *Legend* at right, and the "How to Use this Book" chapter, for more information.

LEGEND
"For More Info . . . " column

- **A** = Authority (Legislative Act, See Appendix "A")
- **B** = Block or Lot (location in Section unknown)
- **C** = Cancelled Patent
- **F** = Fractional Section
- **G** = Group (Multi-Patentee Patent, see Appendix "C")
- **V** = Overlaps another Parcel
- **R** = Re-Issued (Parcel patented more than once)

(A & G items require you to look in the Appendixes referred to above. All other Letter-designations followed by a number require you to locate line-items in this index that possess the ID number found after the letter).

ID	Individual in Patent	Sec.	Sec. Part	Date Issued	Other Counties	For More Info . . .
5064	APJONES, Anna S	36	NWSW	1883-05-15		A1
5261	APJONES, Ludlow	35	E½SE	1889-09-20		A2
5262	" "	36	S½SW	1889-09-20		A2
5387	AUVENSHINE, William M	30	E½SW	1909-05-27		A2
5388	" "	30	NWSE	1909-05-27		A2
5369	AYRES, William F	3	SESE	1882-06-01		A1
5149	BANKS, Henry N	7	E½SE	1894-09-07		A2
5150	" "	8	NWSW	1894-09-07		A2
5151	" "	8	SWNW	1894-09-07		A2
5055	BARBER, Amos A	32	NE	1889-09-17		A2
5280	BARKER, Missourie J	36	NE	1889-09-17		A2
5308	BARKER, Robert D	22	S½SE	1916-03-15		A2
5309	" "	27	NENE	1916-03-15		A2
5041	BENNING, Abe	24	N½SW	1910-07-26		A2
5042	" "	24	NWSE	1910-07-26		A2
5043	" "	24	SWNW	1910-07-26		A2
5351	BISHOP, Tolley F	19	NENE	1903-07-01		A2
5352	" "	20	N½NW	1903-07-01		A2
5353	" "	20	SWNW	1903-07-01		A2
5363	BISHOP, William D	21	N½NE	1896-06-01		A2
5364	" "	22	W½NW	1896-06-01		A2
5332	BONDS, Sarah E	4	SESW	1903-01-31		A2
5333	" "	9	NENW	1903-01-31		A2
5377	BONDS, William J	4	NE	1905-04-18		A2
5210	BOWLING, John G	18	S½SW	1912-06-20		A2 F
5220	BOWLING, John I	31	E½SW	1895-06-19		A2
5221	" "	31	SWSE	1895-06-19		A2
5370	BOWLING, William F	8	N½NW	1915-02-26		A2
5047	BRADLEY, Allen B	17	E½NW	1917-06-06		A2
5048	" "	17	NESW	1917-06-06		A2
5049	" "	17	NWSE	1917-06-06		A2
5270	BREWER, Mary	31	E½NE	1890-01-31		A2
5271	" "	31	NESE	1890-01-31		A2
5272	" "	31	SWNE	1890-01-31		A2
5295	BREWER, Randal W	18	SWSE	1914-10-20		A2
5296	" "	19	NWNE	1914-10-20		A2
5297	BREWER, Rebecca E	30	S½SE	1889-09-20		A2
5298	" "	31	NENW	1889-09-20		A2
5299	" "	31	NWNE	1889-09-20		A2
5249	CATES, Jurell C	14	NWSW	1896-05-25		A2
5250	" "	14	SWNW	1896-05-25		A2
5251	" "	15	E½SE	1896-05-25		A2
5355	CATES, Will J	20	SWSW	1916-03-15		A2
5356	" "	29	NWNW	1916-03-15		A2
5194	CHEW, James Z	8	SENE	1914-07-08		A2
5195	" "	9	SENW	1914-07-08		A2

Township 10-N Range 14-W (5th PM) - Map Group 18

ID	Individual in Patent	Sec.	Sec. Part	Date Issued	Other Counties	For More Info . . .
5196	CHEW, James Z (Cont'd)	9	W½NW	1914-07-08		A2
5096	CLEAVER, David A	17	NE	1894-06-20		A2
5125	CLEAVER, George R	8	SE	1894-09-07		A2
5153	CRAWFORD, Homer C	19	E½SE	1913-05-19		A2
5154	" "	19	SENE	1913-05-19		A2
5155	" "	19	SWSE	1913-05-19		A2
5197	CULLUM, Jasper F	4	N½SE	1920-04-21		A2
5198	" "	4	NESW	1920-04-21		A2
5199	" "	4	SENW	1920-04-21		A2
5310	CULLUM, Robert D	23	SESW	1917-03-20		A2
5311	" "	26	NENW	1917-03-20		A2
5378	CULLUM, William J	25	SESW	1910-05-09		A2
5399	CULLUM, Willie C	4	NWSW	1920-02-04		A2
5074	CULPEPER, Charles H	7	N½NE	1918-08-27		A2
5075	" "	7	NENW	1918-08-27		A2
5076	" "	7	SWNE	1918-08-27		A2
5120	DICKSON, George	30	S½NW	1890-04-16		A2
5121	" "	30	W½SW	1890-04-16		A2
5088	DILLARD, Clem	33	SESW	1905-06-28		A2
5089	" "	33	SWSE	1905-06-28		A2
5276	DOLLAR, Mellie	12	S½SE	1899-04-17		A2 G17
5277	" "	12	SESW	1899-04-17		A2 G17
5278	" "	13	NENW	1899-04-17		A2 G17
5243	DUCKWORTH, Joseph	18	E½SE	1890-08-18		A2
5244	" "	18	NESW	1890-08-18		A2
5245	" "	18	NWSE	1890-08-18		A2
5205	ELDER, John E	35	E½NW	1896-05-25		A2
5206	" "	35	W½NE	1896-05-25		A2
5099	FARLEY, Dock B	21	SENE	1909-06-21		A2
5126	FORD, George T	26	SENW	1903-04-08		A2
5127	" "	26	SWNE	1903-04-08		A2
5128	" "	26	W½NW	1903-04-08		A2
5201	FORD, John D	25	SE	1901-06-25		A2
5341	FORD, Thomas C	14	NESE	1889-09-20		A2
5342	" "	14	SWSE	1889-09-20		A2
5340	" "	13	SWSW	1895-07-08		A2
5343	" "	23	NESE	1918-12-20		A2
5114	FULLERTON, Felix W	26	NWSW	1903-07-21		A2
5115	" "	27	NESE	1903-07-21		A2
5116	" "	27	S½NE	1903-07-21		A2
5146	FULLERTON, Henry J	27	NWSW	1894-09-07		A2
5147	" "	27	W½NW	1894-09-07		A2
5148	" "	28	SENE	1894-09-07		A2
5312	FULLERTON, Robert L	27	E½SW	1896-12-08		A2
5313	" "	27	W½SE	1896-12-08		A2
5371	GIPSON, William	2	SESE	1876-06-20		A2
5182	GOATCHER, James M	31	NWSE	1909-11-08		A2
5315	GOODEN, Samuel B J	26	N½SE	1911-06-26		A2
5316	" "	26	NESW	1911-06-26		A2
5317	" "	26	SENE	1911-06-26		A2
5136	GORDON, Henry A	20	SESE	1913-05-08		A2
5137	" "	20	SWSE	1913-05-08		A2
5138	" "	29	NENW	1913-05-08		A2
5044	GREEN, Abraham H	34	NESE	1904-07-27		A2
5045	" "	34	SENE	1904-07-27		A2
5046	" "	35	W½NW	1904-07-27		A2
5173	GREEN, James A	34	NESW	1911-09-21		A2
5174	" "	34	SENW	1911-09-21		A2
5373	GREEN, William	35	N½SW	1901-01-23		A2
5374	" "	35	NWSE	1901-01-23		A2
5375	" "	35	SESW	1901-01-23		A2
5372	" "	34	SESE	1912-08-26		A2
5376	" "	35	SWSW	1912-08-26		A2
5053	GREENLEE, Alson J	5	N½NW	1889-01-26		A2 F
5050	HAMMETT, Allen F	30	NWNW	1911-06-26		A2
5052	HAMMETT, Allien F	10	E½NE	1876-04-10		A2
5145	HARDIN, Henry F	9	W½SW	1897-04-14		A2
5258	HARDIN, Lewis M	5	E½SW	1895-05-03		A2
5259	" "	5	S½NW	1895-05-03		A2 F
5218	HARDY, John	5	W½SW	1885-03-16		A2
5219	" "	6	E½SE	1885-03-16		A2
5202	HARNESS, John D	22	SESW	1899-08-30		A2
5203	" "	27	E½NW	1899-08-30		A2

ID	Individual in Patent	Sec.	Sec. Part	Date Issued	Other Counties	For More Info . . .
5204	HARNESS, John D (Cont'd)	27	NWNE	1899-08-30		A2
5084	HERRING, Cicero H	25	N½NW	1895-01-11		A2
5085	" "	25	SENW	1895-01-11		A2
5086	" "	25	SWNE	1895-01-11		A2
5054	HUIE, Amanda C	10	SESW	1890-04-16		A2
5104	HUIE, Elisha R	20	NESE	1889-03-19		A2
5106	" "	20	S½NE	1889-03-19		A2
5107	" "	20	SENW	1889-03-19		A2
5105	" "	20	NWSE	1909-05-24		A1
5129	HUIE, George W	3	NWNE	1903-04-08		A2
5177	HUIE, James F	15	NENW	1899-03-17		A2
5274	HUIE, Matilda A	15	NWSW	1889-06-05		A2
5275	" "	15	SWNW	1889-06-05		A2
5304	HUIE, Richard G	29	E½SW	1882-06-30		A2
5305	" "	29	SENW	1882-06-30		A2
5306	" "	29	SWNE	1882-06-30		A2
5339	HUIE, Thomas B	15	SWSW	1897-02-10		A2
5165	HUNTER, Isaac	12	W½NW	1846-09-01		A1
5160	" "	11	SENE	1856-03-01		A1
5163	" "	12	SENW	1856-03-01		A1
5162	" "	12	NWSW	1860-05-01		A1
5159	" "	11	NENE	1860-10-01		A1
5161	" "	12	NENW	1860-10-01		A1
5164	" "	12	SWNE	1860-10-01		A1
5166	" "	1	SWSW	1882-10-20		A2 G44
5167	HUNTER, Isaac J	1	SESW	1889-09-17		A2
5168	" "	1	SWSE	1889-09-17		A2
5169	" "	12	NWNE	1889-09-17		A2
5181	HUNTER, James L	15	NESW	1898-05-23		A2
5183	HUNTER, James M	11	E½SE	1882-06-30		A2
5184	" "	12	SWSW	1882-06-30		A2
5185	" "	13	NWNW	1909-10-11		A2
5222	HUNTER, John J	15	SWSE	1914-11-07		A2
5166	HUNTER, Rebecca	1	SWSW	1882-10-20		A2 G44
5365	HUNTER, William D	12	NESW	1895-06-19		A2
5366	" "	12	NWSE	1895-06-19		A2
5213	HUTSON, John H	4	N½NW	1911-05-25		A2
5214	" "	4	SWNW	1911-05-25		A2
5215	" "	5	NENE	1911-05-25		A2
5314	JANES, Robert P	11	W½NW	1906-03-16		A1
5090	JENNINGS, Clifton R B	12	NESE	1917-05-28		A2
5320	JENNINGS, Samuel R	1	SESE	1884-11-20		A2
5321	" "	12	NENE	1884-11-20		A2
5404	JENNINGS, Zachariah B	12	SENE	1860-05-01		A1
5073	JONES, Berry G	8	N½NE	1909-10-11		A2
5117	JONES, Francis M	2	NWSW	1877-10-30		A2
5118	" "	3	N½SE	1877-10-30		A2
5119	" "	3	SWNE	1877-10-30		A2
5130	JONES, George W	35	SWSE	1919-06-25		A2
5142	JONES, Henry C	28	NESE	1905-09-21		A2
5143	" "	28	SWNE	1905-09-21		A2
5144	" "	28	W½SE	1905-09-21		A2
5191	JONES, James T	4	SWSW	1913-02-08		A2
5192	" "	5	N½SE	1913-02-08		A2
5193	" "	5	SESE	1913-02-08		A2
5240	JONES, Joseph C	22	N½SE	1904-05-05		A2
5241	" "	22	SENE	1904-05-05		A2
5242	" "	23	NWSW	1904-05-05		A2
5300	JONES, Reuben L	21	NESE	1889-09-20		A2
5301	" "	22	NESW	1889-09-20		A2
5302	" "	22	NWSW	1889-09-20		A2
5303	" "	22	SWSW	1889-09-20		A2
5357	JONES, William A	22	E½NW	1897-02-10		A2
5358	" "	22	W½NE	1897-02-10		A2
5178	KINDRICK, James H	11	N½SW	1895-01-11		A2
5179	" "	11	SENW	1895-01-11		A2
5180	" "	11	SESW	1895-01-11		A2
5152	KLINE, Henry S	13	E½NE	1909-07-12		A2
5109	KNIGHT, Elizabeth A	1	N½NW	1889-01-26		A2
5056	LEONARD, Andrew J	2	N½SE	1877-02-20		A2
5057	" "	2	S½NE	1877-02-20		A2
5058	" "	3	SENE	1892-01-11		A1
5170	LEONARD, Isaac M	3	NESW	1903-04-08		A2

Township 10-N Range 14-W (5th PM)   -   Map Group 18

ID	Individual in Patent	Sec.	Sec. Part	Date Issued	Other Counties	For More Info . . .
5171	LEONARD, Isaac M (Cont'd)	3	SENW	1903-04-08		A2
5087	LITTLE, Cinthe A	6	W½SE	1909-10-11		A2
5336	LITTLE, Sinthe A	6	S½NE	1901-10-01		A2
5091	LOFTIS, Clinton L	34	SESW	1910-07-26		A2
5092	" "	34	SWNE	1910-07-26		A2
5093	" "	34	W½SE	1910-07-26		A2
5252	LOFTIS, Labin	26	SWSW	1896-12-08		A2
5253	" "	27	SESE	1896-12-08		A2
5254	" "	34	N½NE	1896-12-08		A2
5292	LOFTIS, Philip L	24	N½NE	1913-05-08		A2
5293	" "	24	SENW	1913-05-08		A2
5294	" "	24	SWNE	1913-05-08		A2
5216	LOVELL, John H	20	N½SW	1897-04-14		A2
5282	LOVELL, Nancy	29	N½SE	1882-06-30		A2
5283	" "	29	SWSE	1882-06-30		A2
5186	MACKEY, James M	10	NESW	1905-03-30		A2
5187	" "	10	SWSE	1905-03-30		A2
5200	MACKEY, Jesse	32	SE	1895-01-11		A2
5389	MACKEY, William	13	E½SW	1911-04-05		A2
5233	MALONE, John W	27	SWSW	1903-04-08		A2
5234	" "	34	NENW	1903-04-08		A2
5235	" "	34	W½NW	1903-04-08		A2
5359	MANN, William B	7	NESW	1890-04-16		A2
5360	" "	7	NWSE	1890-04-16		A2
5111	MARTIN, Elma	23	NESW	1914-11-16		A2
5112	" "	23	NWSE	1914-11-16		A2
5113	" "	23	SWSW	1914-11-16		A2
5124	MARTIN, George M	36	W½SE	1906-06-04		A2
5123	" "	36	NESW	1908-09-21		A2
5400	MCALISTER, Wilson	18	N½NE	1890-12-31		A2
5401	" "	18	NENW	1890-12-31		A2
5402	" "	18	SWNE	1890-12-31		A2
5269	MCCOMIC, Marion	14	SESE	1860-05-01		A1
5228	MCDANIEL, John R	23	S½SE	1894-03-27		A2
5229	" "	26	N½NE	1894-03-27		A2
5273	MCDANIEL, Mary J	1	NENE	1882-08-03		A2
5256	MEDLOCK, Lester M	2	N½NE	1911-07-01		A2
5217	NEAL, John H	7	SENE	1905-04-18		A2 G57
5217	NEAL, Mary H	7	SENE	1905-04-18		A2 G57
5131	NEEDHAM, George W	29	NWSW	1894-09-07		A2
5132	" "	29	SWNW	1894-09-07		A2
5133	" "	30	NESE	1894-09-07		A2
5134	" "	30	SENE	1894-09-07		A2
5139	NEEDHAM, Henry B	20	SESE	1913-05-08		A2
5140	" "	21	S½SW	1913-05-08		A2
5141	" "	28	NENW	1913-05-08		A2
5238	NICHOLSON, Joseph A	6	SWSW	1901-06-25		A2
5239	" "	7	NWNW	1901-06-25		A2
5236	" "	6	NESW	1911-04-05		A2
5237	" "	6	SENW	1911-04-05		A2
5284	NICHOLSON, Note A	7	S½NW	1911-04-05		A2
5379	NISLER, William L	11	NWNE	1881-02-10		A1
5207	PARKS, John F	19	NWSW	1920-04-02		A2
5208	" "	19	SWNW	1920-04-02		A2
5211	PARKS, John G	31	NWSW	1889-09-17		A2 F
5212	" "	31	S½NW	1889-09-17		A2 F
5281	PARKS, Montford R	19	S½SW	1904-11-01		A2
5051	PATTERSON, Allen J	5	SWSE	1900-08-21		A2
5067	PAVATT, Artie M	20	N½NE	1897-06-14		A2
5068	" "	21	N½NW	1897-06-14		A2
5156	PAVATT, Isaac H	28	SWSW	1899-08-30		A2
5157	" "	29	SESE	1899-08-30		A2
5158	" "	33	N½NW	1899-08-30		A2
5264	PAVATT, Marcus D	21	N½SW	1882-10-20		A2
5265	" "	21	NWSE	1882-10-20		A2
5266	" "	21	SWNE	1882-10-20		A2 R5078
5255	PERDUE, Lee A	9	E½SW	1921-07-12		A2
5077	POLK, Charles	21	SENW	1860-05-01		A1
5078	" "	21	SWNE	1860-05-01		A1 R5266
5347	POLK, Thomas F	10	NENW	1877-02-20		A2
5348	" "	10	NWNE	1877-02-20		A2
5349	" "	3	SESW	1877-02-20		A2
5350	" "	3	SWSE	1877-02-20		A2

Family Maps of Van Buren County, Arkansas

ID	Individual in Patent	Sec.	Sec. Part	Date Issued	Other Counties	For More Info . . .
5257	POWELL, Lewis J	23	NW	1897-02-10		A2
5289	POWELL, Peter O	29	SWSW	1889-01-26		A2
5290	" "	32	NENW	1889-01-26		A2
5291	" "	32	W½NW	1889-01-26		A2
5286	" "	28	SWNW	1898-10-13		A2
5287	" "	29	N½NE	1898-10-13		A2
5288	" "	29	SENE	1898-10-13		A2
5285	" "	28	NWNW	1914-09-04		A1
5307	QUATTLEBUM, Riley W	36	E½SE	1904-01-27		A2
5081	RAINWATER, Charles T	13	SENW	1904-01-27		A2
5082	" "	13	SWNE	1904-01-27		A2
5083	" "	13	W½SE	1904-01-27		A2
5059	REES, Andrew J	18	NWSW	1889-01-26		A2 F
5060	" "	18	SENW	1889-01-26		A2
5061	" "	18	W½NW	1889-01-26		A2 F
5267	RHOADES, Margaret E	23	N½NE	1897-04-14		A2
5268	" "	24	N½NW	1897-04-14		A2
5322	RHOADES, Samuel	10	SESE	1856-03-01		A1
5319	RHOADES, Samuel F	2	S½NW	1917-03-10		A2
5367	RHOADES, William E	14	NWSE	1909-10-11		A2
5380	RHOADES, William L	11	NWSE	1861-05-01		A1
5381	" "	11	SWNE	1861-05-01		A1
5405	RHOADES, Zachariah B	9	SE	1882-06-30		A2
5097	RHOADS, David N	15	NWNW	1900-08-21		A2
5323	RHOADS, Samuel	10	N½SE	1860-05-01		A1
5324	" "	11	SWSW	1860-05-01		A1
5382	RHOADS, William L	11	SWSE	1860-05-01		A1
5383	" "	14	NWNE	1860-05-01		A1
5098	RHODES, David N	10	W½SW	1889-01-26		A2
5263	ROBARDS, Mack	23	S½NE	1891-03-06		A2
5062	ROBERDES, Andrew J	26	S½SE	1908-08-17		A2
5063	" "	35	E½NE	1908-08-17		A2
5396	ROBERTS, William T	24	S½SW	1897-12-15		A2
5397	" "	24	SWSE	1897-12-15		A2
5398	" "	25	NWNE	1897-12-15		A2
5069	ROBERTSON, Asa R	33	SWSW	1889-09-17		A2
5209	ROBERTSON, John F	26	SESW	1913-05-08		A2
5122	ROGERS, George L	2	NESW	1909-05-27		A2
5172	ROGERS, Jackson L	2	NENW	1889-09-17		A2 F
5230	ROGERS, John	2	NWNW	1882-04-10		A2
5231	" "	3	NENE	1882-04-10		A2
5279	ROGERS, Minerva	10	W½NW	1875-11-15		A2
5325	SHANAN, Samuel	1	N½SW	1883-01-15		A2
5326	" "	1	S½NW	1883-01-15		A2
5276	SHANNON, Mellie	12	S½SE	1899-04-17		A2 G17
5277	" "	12	SESW	1899-04-17		A2 G17
5278	" "	13	NENW	1899-04-17		A2 G17
5276	SHANNON, Robert L	12	S½SE	1899-04-17		A2 G17
5277	" "	12	SESW	1899-04-17		A2 G17
5278	" "	13	NENW	1899-04-17		A2 G17
5065	SHARP, Archibald H	1	N½SE	1882-06-30		A2
5066	" "	1	W½NE	1882-06-30		A2
5368	SHIPP, William E	14	E½SW	1907-04-10		A2
5390	SISSON, William R	25	NESW	1893-07-06		A2
5391	" "	25	SWNW	1893-07-06		A2
5392	" "	25	W½SW	1893-07-06		A2
5101	SMITH, Edward E	17	SWNW	1914-11-07		A2
5102	" "	17	W½SW	1914-11-07		A2
5176	SMITH, James C	15	SENW	1860-05-01		A1
5247	SMITH, Josiah	15	NWSE	1855-03-01		A1
5248	" "	15	SESW	1856-03-01		A1
5344	SMITH, Thomas D	19	N½NW	1912-05-20		A2
5345	" "	19	NESW	1912-05-20		A2
5346	" "	19	SENW	1912-05-20		A2
5361	STACKS, William B	33	N½SW	1896-03-09		A2
5362	" "	33	S½NW	1896-03-09		A2
5108	STOBAUGH, Elishie F	10	SWNE	1897-02-10		A2
5175	STOBAUGH, James A	15	NWNE	1882-06-01		A1
5223	STOBAUGH, John J	14	NWNW	1844-09-10		A1
5224	" "	15	E½NE	1856-03-01		A1
5225	" "	15	SWNE	1860-05-01		A1
5334	STOBAUGH, Sarah	21	S½SE	1889-09-17		A2
5335	" "	28	N½NE	1889-09-17		A2

Township 10-N Range 14-W (5th PM) - Map Group 18

ID	Individual in Patent	Sec.	Sec. Part	Date Issued	Other Counties	For More Info...
5393	STORY, William R	6	N½NW	1915-02-26		A2
5394	" "	6	NWSW	1915-02-26		A2
5395	" "	6	SWNW	1915-02-26		A2
5403	STRIPLING, Woody F	25	SENE	1910-07-26		A2
5327	SULLIVAN, Samuel	30	NENE	1906-02-28		A2
5328	" "	30	NENW	1906-02-28		A2
5329	" "	30	W½NE	1906-02-28		A2
5260	TARKINTON, Lincon C	13	E½SE	1906-11-12		A2
5232	TAYLOR, John T	5	W½NE	1912-01-22		A2
5318	TREADAWAY, Samuel B	33	NE	1889-09-20		A2
5246	WARBRITTON, Joseph R	36	NW	1889-09-17		A2
5100	WEBB, Earlia D	33	NWSE	1913-09-09		A2
5110	WEBB, Ellis E	28	SESE	1914-07-08		A2
5226	WEBB, John M	33	E½SE	1904-11-01		A2
5227	" "	34	W½SW	1904-11-01		A2
5079	WESTERMAN, Charles R	14	E½NE	1892-01-11		A2
5080	" "	14	SWNE	1892-01-11		A2
5103	WESTERMAN, Elander C	14	E½NW	1890-08-18		A2
5070	WHITWORTH, Benjamin F	7	SESW	1890-04-16		A2
5071	" "	7	SWSE	1890-04-16		A2
5072	" "	7	W½SW	1890-04-16		A2
5384	WHITWORTH, William L	8	E½SW	1897-07-26		A2
5385	" "	8	SENW	1897-07-26		A2
5386	" "	8	SWSW	1897-07-26		A2
5330	WILKES, Samuel T	31	NWNW	1897-02-10		A2
5094	WILLIAMS, Daniel E	4	S½SE	1896-06-01		A2
5095	" "	9	N½NE	1896-06-01		A2
5331	WILLIAMS, Sarah A E	9	SWNE	1913-09-09		A2
5337	WILLIAMS, Stephen S	10	SENW	1884-11-20		A2
5338	" "	9	SENE	1884-11-20		A2
5188	WINNINGHAM, James S	31	SESE	1895-05-03		A2
5189	" "	32	NESW	1895-05-03		A2
5190	" "	32	W½SW	1895-05-03		A2
5354	WINNINGHAM, Wellington F	32	SESW	1885-06-20		A2
5135	WRIGHT, George	32	SENW	1892-03-07		A1

Family Maps of Van Buren County, Arkansas

Patent Map
T10-N R14-W
5th PM Meridian

Map Group 18

Township Statistics

Parcels Mapped	:	365
Number of Patents	:	201
Number of Individuals	:	186
Patentees Identified	:	183
Number of Surnames	:	101
Multi-Patentee Parcels	:	5
Oldest Patent Date	:	9/10/1844
Most Recent Patent	:	7/12/1921
Block/Lot Parcels	:	0
Parcels Re-Issued	:	1
Parcels that Overlap	:	0
Cities and Towns	:	3
Cemeteries	:	0

Township 10-N Range 14-W (5th PM) - Map Group 18

Helpful Hints

1. This Map's INDEX can be found on the preceding pages.

2. Refer to Map "C" to see where this Township lies within Van Buren County, Arkansas.

3. Numbers within square brackets [ ] denote a multi-patentee land parcel (multi-owner). Refer to Appendix "C" for a full list of members in this group.

4. Areas that look to be crowded with Patentees usually indicate multiple sales of the same parcel (Re-issues) or Overlapping parcels. See this Township's Index for an explanation of these and other circumstances that might explain "odd" groupings of Patentees on this map.

Legend

— Patent Boundary
— Section Boundary
No Patents Found (or Outside County)
1., 2., 3., ... Lot Numbers (when beside a name)
[ ] Group Number (see Appendix "C")

Scale: Section = 1 mile X 1 mile (generally, with some exceptions)

Copyright 2006 Boyd IT, Inc. All Rights Reserved

259

Family Maps of Van Buren County, Arkansas

Road Map

T10-N R14-W
5th PM Meridian
Map Group 18

Cities & Towns
Choctaw
Culpepper
Formosa

Cemeteries
None

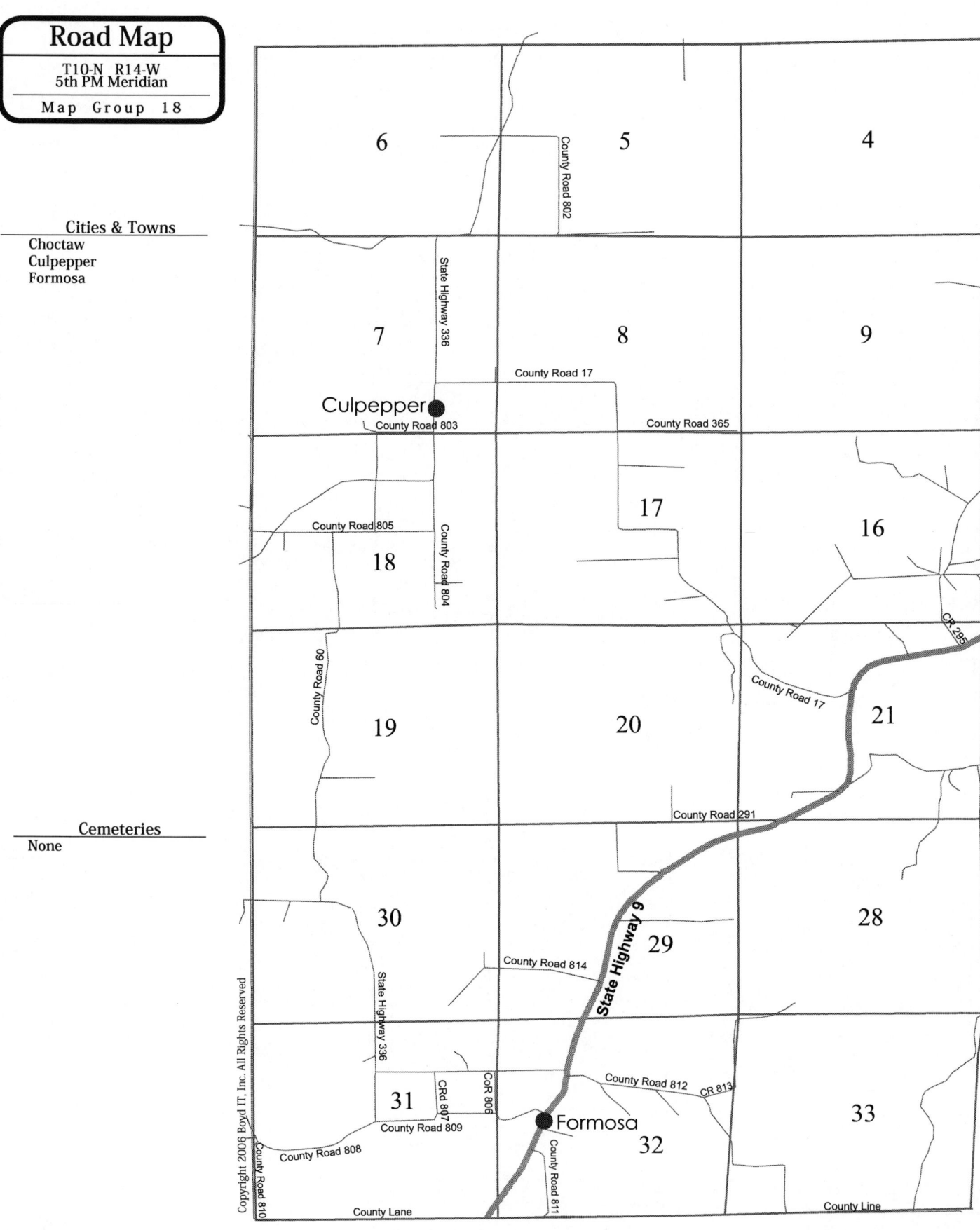

Township 10-N Range 14-W (5th PM) - Map Group 18

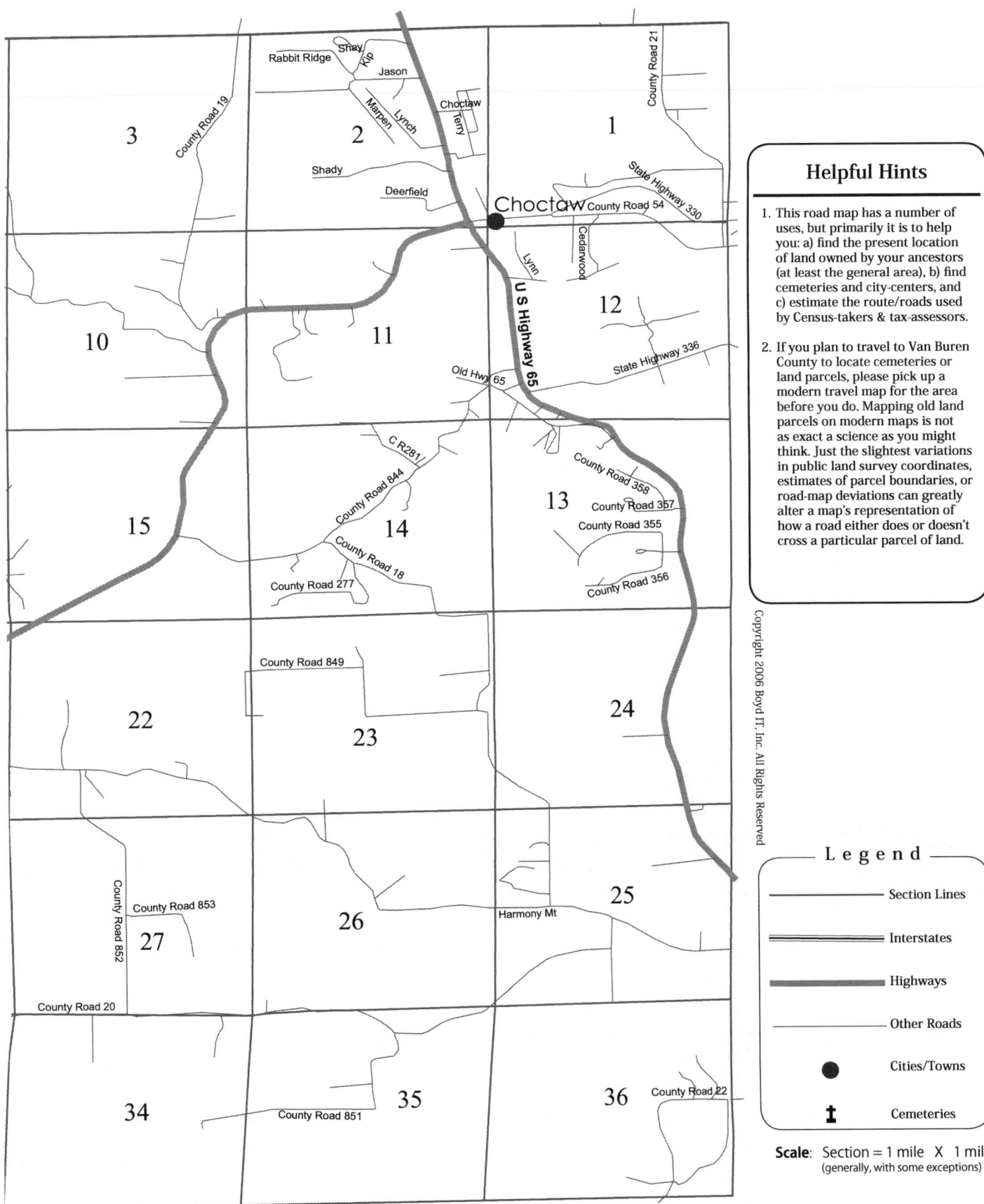

Family Maps of Van Buren County, Arkansas

Historical Map
T10-N R14-W
5th PM Meridian
Map Group 18

Cities & Towns
Choctaw
Culpepper
Formosa

Cemeteries
None

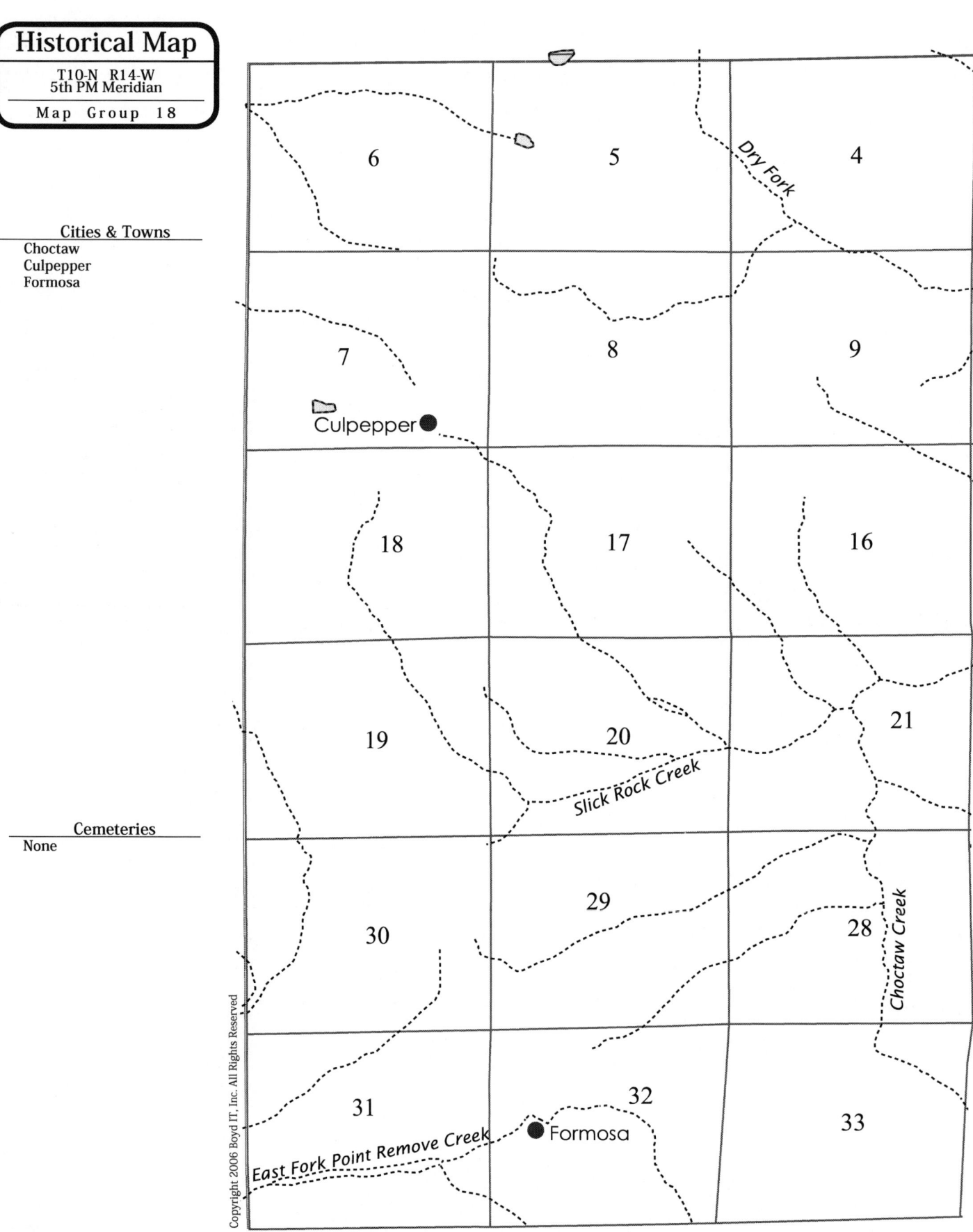

Township 10-N Range 14-W (5th PM) - Map Group 18

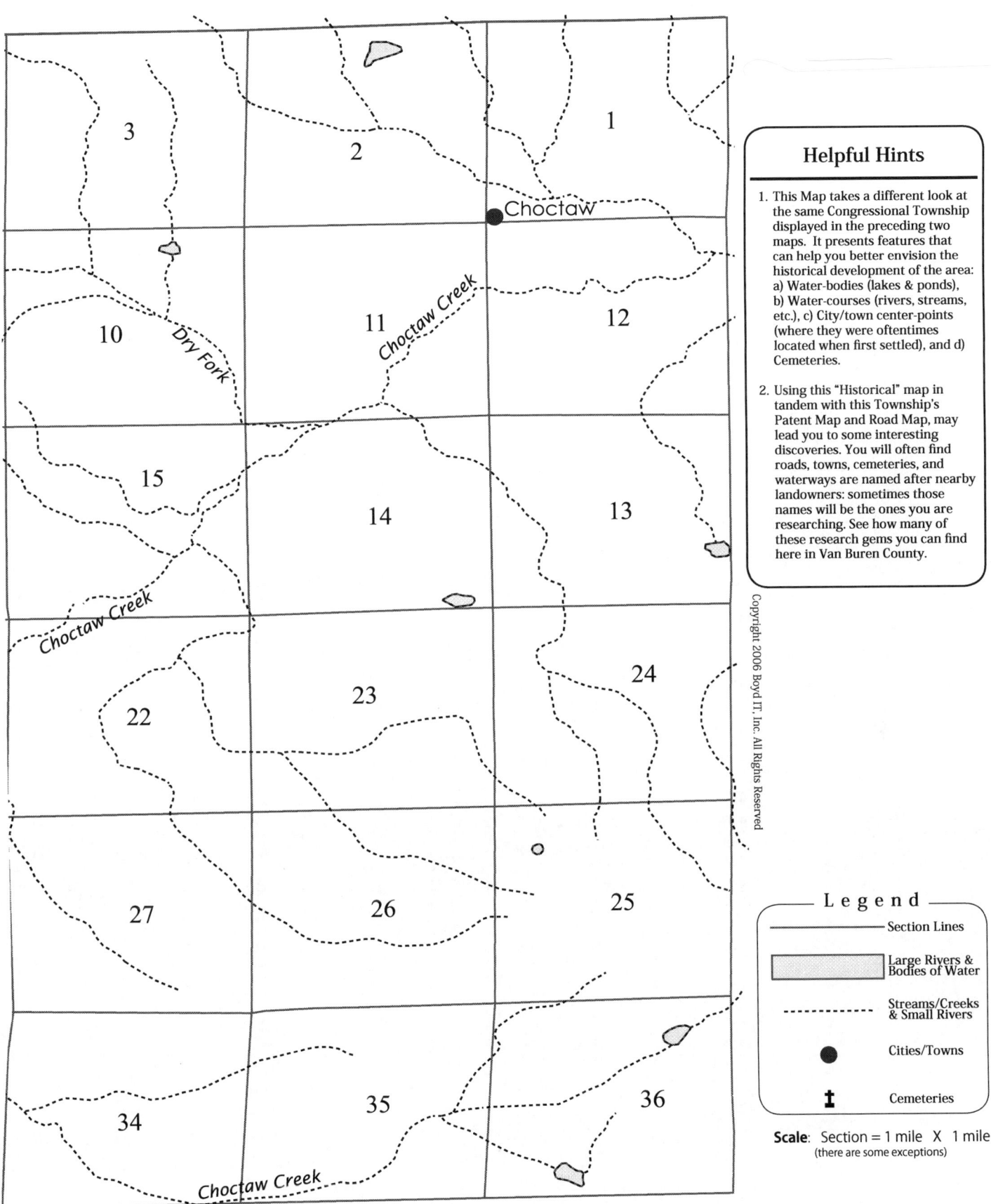

Family Maps of Van Buren County, Arkansas

Map Group 19: Index to Land Patents
Township 10-North Range 13-West (5th PM)

After you locate an individual in this Index, take note of the Section and Section Part then proceed to the Land Patent map on the pages immediately following. You should have no difficulty locating the corresponding parcel of land.

The "For More Info" Column will lead you to more information about the underlying Patents. See the *Legend* at right, and the "How to Use this Book" chapter, for more information.

LEGEND
"For More Info . . ." column

- **A** = Authority (Legislative Act, See Appendix "A")
- **B** = Block or Lot (location in Section unknown)
- **C** = Cancelled Patent
- **F** = Fractional Section
- **G** = Group (Multi-Patentee Patent, see Appendix "C")
- **V** = Overlaps another Parcel
- **R** = Re-Issued (Parcel patented more than once)

(A & G items require you to look in the Appendixes referred to above. All other Letter-designations followed by a number require you to locate line-items in this index that possess the ID number found after the letter).

ID	Individual in Patent	Sec.	Sec. Part	Date Issued	Other Counties	For More Info . . .
5720	AARONS, Timothy	14	E½NW	1904-08-26		A2
5721	" "	14	S½NE	1904-08-26		A2
5419	ANDERSON, Beckie L	19	E½SW	1911-02-09		A2 G1
5420	" "	19	N½SE	1911-02-09		A2 G1
5532	ANDERSON, James H	6	N½SW	1896-05-25		A2
5533	" "	6	NWSE	1896-05-25		A2
5534	" "	6	SWNW	1896-05-25		A2
5722	ANDREWS, Wade L	32	E½NW	1889-09-17		A2 F
5723	" "	32	SWNE	1889-09-17		A2
5724	" "	32	SWNW	1889-09-17		A2
5689	BAILEY, Samuel M	1	SESW	1899-12-21		A2
5690	" "	1	SWSE	1899-12-21		A2
5691	" "	12	NENW	1899-12-21		A2
5692	" "	12	NWNE	1899-12-21		A2
5696	BAILEY, Stephen A	12	NESW	1882-05-10		A2
5697	" "	12	NWSE	1882-05-10		A2
5698	" "	12	SENW	1882-05-10		A2
5699	" "	12	SWNE	1882-05-10		A2
5414	BAKER, Andy T	22	SENE	1909-10-11		A2
5415	" "	23	NESW	1909-10-11		A2
5416	" "	23	S½NW	1909-10-11		A2
5729	BAKER, William D	11	SESE	1907-04-10		A2
5730	" "	13	NWNW	1907-04-10		A2
5731	" "	14	N½NE	1907-04-10		A2
5481	BATES, Francis M	22	N½SE	1904-12-21		A2
5482	" "	22	SWNE	1904-12-21		A2
5483	" "	23	NWSW	1904-12-21		A2
5562	BATES, Jerry	2	NWSE	1922-03-13		A2
5700	BATES, Stephen A	5	NWNW	1897-02-10		A2
5701	" "	6	NENE	1897-02-10		A2
5504	BATTLES, George W	5	E½SW	1889-09-17		A2
5660	BATTLES, Mary M	5	SWNE	1913-09-09		A2 G4
5524	BOON, James	24	S½NW	1860-10-01		A1
5525	" "	24	SWNE	1860-10-01		A1
5548	BOON, James T	13	E½SE	1888-04-27		A2
5549	" "	13	SWSE	1888-04-27		A2
5749	BOON, William M	24	N½NE	1888-04-27		A2
5750	" "	24	NENW	1888-04-27		A2
5501	BRADFORD, George M	18	NENE	1860-05-01		A1
5669	BRADFORD, Nathan D	14	W½NW	1914-04-30		A2
5727	BRADFORD, William	7	NENE	1850-07-01		A1
5728	" "	8	W½NW	1854-05-01		A1
5777	BRADFORD, Zilman O	7	N½SE	1860-05-01		A1
5756	BRITTAIN, William P	12	SESE	1903-01-31		A2
5467	BRYANT, Elias	31	SENW	1889-09-17		A2
5468	" "	31	W½NW	1889-09-17		A2

Township 10-N Range 13-W (5th PM) - Map Group 19

ID	Individual in Patent	Sec.	Sec. Part	Date Issued	Other Counties	For More Info...
5751	BURKET, William M	20	NESE	1901-06-25		A2
5752	" "	21	NWSW	1901-06-25		A2
5753	" "	21	S½NW	1901-06-25		A2
5630	CHASTAIN, Joseph E	27	N½SW	1916-04-19		A2
5631	" "	27	NWSE	1916-04-19		A2
5632	" "	27	SENW	1916-04-19		A2
5667	CLONINGER, Moses H	8	SWNE	1860-05-01		A1
5671	COLLUMS, Newton J	34	N½NW	1885-05-04		A2
5419	CULLUM, Beckie L	19	E½SW	1911-02-09		A2 G1
5420	" "	19	N½SE	1911-02-09		A2 G1
5463	CULLUM, Elbert A	19	SESE	1904-11-01		A2
5464	" "	20	SWSW	1904-11-01		A2
5465	" "	29	NWNW	1904-11-01		A2
5466	" "	30	NENE	1904-11-01		A2
5614	CULLUM, John T	8	NESE	1890-03-13		A2
5615	" "	8	SENE	1890-03-13		A2
5616	" "	9	S½NW	1890-03-13		A2
5672	CULLUM, Nicodemus	29	SWNW	1912-06-20		A2
5673	" "	30	SENE	1912-06-20		A2
5670	DAUGHERTY, Nathaniel	3	W½NE	1848-07-10		A1 F
5413	DAVIS, Andrew B	34	NESE	1860-05-01		A1
5410	" "	26	SW	1860-09-01		A1
5412	" "	27	SESE	1860-09-01		A1
5411	" "	26	SWSE	1861-05-01		A1
5432	DAVIS, Catharine	33	N½SW	1860-05-01		A1
5433	DAVIS, Catharine H	33	S½SW	1860-05-01		A1
5434	" "	33	W½SE	1861-05-01		A1
5492	DEANE, Frank A	10	SESW	1908-08-17		A2
5493	" "	15	NENW	1908-08-17		A2
5771	DEMPSEY, Worth	4	NENE	1909-12-06		A2
5446	DEMPSY, David C	4	NENW	1896-03-16		A2
5447	" "	4	NWSE	1896-03-16		A2
5448	" "	4	W½NE	1896-03-16		A2 F
5526	DILLARD, James F	9	NESW	1903-04-08		A2
5527	" "	9	SWNE	1903-04-08		A2
5528	" "	9	W½SE	1903-04-08		A2
5619	ELDER, John W	22	NENW	1913-02-20		A2
5620	" "	22	NWNE	1913-02-20		A2
5621	" "	22	S½NW	1913-02-20		A2
5440	ENGLIS, Daniel P	13	N½NE	1889-11-19		A2
5461	FARLEY, Edward	23	NENE	1860-05-01		A1
5462	" "	24	NWNW	1860-05-01		A1
5560	FARLEY, Jeremiah	28	N½SE	1860-05-01		A1
5702	FARLEY, Stephen	25	SWSW	1857-09-01		A1
5704	" "	32	NENE	1860-05-01		A1
5703	" "	29	SESE	1879-12-15		A2
5705	" "	32	NWNE	1879-12-15		A2
5706	" "	32	SENE	1879-12-15		A2
5577	FINNEY, John E	12	S½SW	1901-01-23		A2
5578	" "	12	SWSE	1901-01-23		A2
5579	" "	13	NENW	1901-01-23		A2
5428	FISHER, Caleb	5	NENW	1883-03-01		A2
5429	" "	5	NWNE	1883-03-01		A2
5430	" "	5	S½NW	1883-03-01		A2
5766	FISHER, William W	6	S½NE	1888-07-23		A2
5505	FRENCH, George W	32	NWSE	1915-02-18		A2
5754	FRENCH, William M	33	NE	1896-06-01		A2 V5450
5734	GIPSON, William	33	SWNW	1859-12-10		A1
5688	GRIGGS, Samuel C	23	SWNE	1904-05-05		A2
5494	HARDEN, George	34	SESW	1860-05-01		A1
5495	" "	34	SWSE	1860-05-01		A1
5497	HARDIN, George	34	NWSE	1860-05-01		A1
5498	" "	34	SESE	1860-05-01		A1
5496	" "	34	NESW	1861-08-01		A1
5506	HARDIN, George W	34	S½NW	1885-12-10		A2
5660	HARMON, Mary M	5	SWNE	1913-09-09		A2 G4
5758	HARMOND, William R	11	NESW	1901-06-25		A2
5759	" "	11	SENW	1901-06-25		A2
5760	" "	11	W½NE	1901-06-25		A2
5554	HARRIS, James W	21	NWNW	1916-03-02		A2
5555	HICE, James W	13	SENE	1912-10-09		A2
5684	HILL, Robert S	3	NENE	1882-04-10		A1
5744	HOLDERFIELD, William K	33	NWNW	1860-05-01		A1

Family Maps of Van Buren County, Arkansas

ID	Individual in Patent	Sec.	Sec. Part	Date Issued	Other Counties	For More Info . . .
5745	HOLDERFIELD, William K (Cont'd)	33	SENW	1860-05-01		A1
5469	HUIE, Elisha W	10	E½NW	1914-09-17		A2
5470	" "	10	NESW	1914-09-17		A2
5471	" "	10	NWNE	1914-09-17		A2
5529	HUIE, James G	2	SWSW	1914-09-17		A2
5530	" "	3	S½SE	1914-09-17		A2
5531	" "	3	SESW	1914-09-17		A2
5564	HUIE, Jesse A	18	S½NE	1876-03-20		A2
5565	" "	18	SWSE	1878-11-30		A2 R5479
5566	HUIE, Jesse H	10	W½SW	1914-09-17		A2
5567	" "	9	E½SE	1914-09-17		A2
5406	JEFFERS, Abraham L	2	NE	1917-09-18		A2 F
5693	JENNINGS, Samuel R	6	SWSW	1884-11-20		A2
5694	" "	7	NWNW	1884-11-20		A2
5772	JENNINGS, Zachariah B	7	NWSW	1860-05-01		A1 F
5773	" "	7	SESW	1860-05-01		A1
5409	JOYNER, Amos E	31	SWNE	1906-04-14		A2
5592	KENNEDY, John M	28	NESW	1860-10-01		A1
5518	KLINE, Henry S	18	W½NW	1909-07-12		A2
5459	LAKE, Edgar B	10	NWSE	1909-01-21		A2
5460	" "	10	SWNE	1909-01-21		A2
5439	LANDFORD, Curtis C	33	NESE	1911-12-11		A2 G50
5439	LANKFORD, Fannie E	33	NESE	1911-12-11		A2 G50
5484	LESLEY, Francis M	28	SESW	1876-04-10		A2
5485	" "	28	SWSE	1876-04-10		A2
5563	LESLEY, Jerusha S	33	NENW	1882-04-10		A2
5681	LESLEY, Robert F	27	S½SW	1902-02-12		A2
5682	" "	27	SWSE	1902-02-12		A2
5683	" "	28	SESE	1902-02-12		A2
5761	LESLEY, William S	27	SWNW	1876-04-10		A2
5762	" "	28	NWNE	1876-04-10		A2
5763	" "	28	S½NE	1876-04-10		A2
5408	LINN, Alfred	32	SESW	1882-10-20		A1
5407	" "	32	NESW	1896-12-08		A2
5417	LINN, Asa	32	NESE	1860-05-01		A1
5418	" "	32	S½SE	1860-05-01		A1
5480	LINN, Francis K	36	NWNW	1860-10-01		A1
5508	LINN, George W	25	SENE	1885-03-16		A2
5507	" "	25	NENE	1894-11-28		A2
5568	LINN, Joel	28	NWSW	1912-04-25		A2
5569	" "	28	SWNW	1912-04-25		A2
5570	" "	29	NESE	1912-04-25		A2
5571	" "	29	SENE	1912-04-25		A2
5746	LINN, William	35	N½SE	1859-07-01		A1
5748	" "	35	W½NE	1860-05-01		A1
5747	" "	35	S½SE	1860-10-01		A1
5444	LOFTIS, Dave	25	NENW	1892-03-17		A2
5445	" "	25	NWNE	1892-03-17		A2
5755	LOFTIS, William M	30	E½NW	1909-11-08		A2
5678	LOVELL, Richard W	6	S½SE	1877-02-20		A2
5679	" "	6	SESW	1877-02-20		A2
5680	" "	7	NENW	1877-02-20		A2
5643	LOYD, Lida	36	SESE	1890-06-06		A2
5742	LUNSFORD, William J	17	E½SE	1905-04-18		A2
5743	" "	20	N½NE	1905-04-18		A2
5544	MADDOX, James	3	W½NW	1856-03-01		A1 F
5594	MADDOX, John	4	SESE	1846-09-01		A1
5593	" "	4	NESE	1854-05-01		A1
5600	" "	9	NWNW	1859-07-01		A1
5595	" "	4	SESW	1860-10-01		A1
5596	" "	4	SWSE	1860-10-01		A1
5597	" "	7	NWNE	1860-10-01		A1
5598	" "	9	NENE	1860-10-01		A1
5599	" "	9	NENW	1860-10-01		A1
5585	MARCHBANKS, John H	31	SW	1904-08-26		A2
5661	MARCUM, Minnie B	11	NENE	1911-02-23		A1
5662	" "	12	NWSW	1911-02-23		A1
5663	" "	12	W½NW	1911-02-23		A1
5664	MARTIN, Mordecai	13	SESW	1883-03-01		A2
5665	" "	13	W½SW	1883-03-01		A2
5666	" "	14	NESE	1883-03-01		A2
5659	MCDANIEL, Mary J	6	NWNW	1882-08-03		A2
5572	MCDOW, John C	17	SESW	1920-04-05		A2

ID	Individual in Patent	Sec.	Sec. Part	Date Issued	Other Counties	For More Info . . .
5573	MCDOW, John C (Cont'd)	17	SWSE	1920-04-05		A2
5450	MCELHANY, David	33	SENE	1877-02-20		A2 V5754
5521	MCGEHEE, James A	8	SESE	1895-07-08		A2
5522	" "	9	NWSW	1895-07-08		A2
5523	" "	9	S½SW	1895-07-08		A2
5708	MCGEHEE, Susan E	18	NWNE	1897-10-28		A2
5425	MCKIM, Benjamin T	19	SWSE	1919-09-12		A2
5426	" "	30	NWSE	1919-09-12		A2
5427	" "	30	W½NE	1919-09-12		A2
5519	MCKIM, Isaac G	20	SESW	1917-10-20		A2
5735	MCLAIN, William H	14	SWSW	1910-09-22		A2
5736	" "	15	E½SE	1910-09-22		A2
5737	" "	22	NENE	1910-09-22		A2
5586	MCMILLEN, John H	1	W½SW	1904-05-05		A2
5587	" "	2	E½SE	1904-05-05		A2
5637	MONTGOMERY, Leroy G	20	NWSE	1904-11-26		A2
5638	" "	20	S½NE	1906-09-14		A2
5685	NEAL, Samuel A	23	E½SE	1885-03-16		A2
5686	" "	24	SWSW	1885-03-16		A2
5687	" "	25	NWNW	1885-03-16		A2
5588	NELSON, John H	31	NENW	1903-04-08		A2
5589	" "	31	NWNE	1903-04-08		A2
5442	PARISH, Daniel	23	W½SE	1878-04-05		A2
5443	" "	26	NENW	1882-08-25		A1
5441	" "	23	SESW	1895-01-11		A2
5550	PARISH, James T	24	N½SE	1911-04-20		A2
5603	PARISH, John P	26	NWNE	1860-05-01		A1
5604	" "	26	SENE	1860-05-01		A1
5606	" "	26	SWNE	1860-05-01		A1
5605	" "	26	SENW	1860-10-01		A1
5602	" "	26	N½SE	1887-04-21		A2
5677	PARISH, Richard F	26	NENE	1888-05-08		A1
5732	PARISH, William F	14	N½SW	1876-06-20		A2
5733	" "	14	W½SE	1876-06-20		A2
5646	PARKER, Mack H	20	NWSW	1925-05-27		A2
5647	" "	20	SWNW	1925-05-27		A2
5561	PATTERSON, Jerome B	24	SESE	1860-09-01		A1
5536	PEARCE, James M	3	SENW	1850-10-01		A1
5535	" "	3	N½NW	1855-03-01		A1 F
5537	" "	4	SENE	1855-03-01		A1 F
5617	PEARCE, John T	36	E½SW	1889-09-20		A2
5618	" "	36	W½SE	1889-09-20		A2
5774	PETTIT, Zack T	36	NWSW	1893-07-06		A2
5775	" "	36	S½NW	1893-07-06		A2
5776	" "	36	SWNE	1893-07-06		A2
5514	PIERCE, Henry B	2	SENW	1902-04-15		A2 G59 F
5610	PIERCE, John R	11	N½NW	1912-04-25		A2
5611	" "	2	SESW	1912-04-25		A2
5612	" "	2	SWSE	1912-04-25		A2
5514	PIERCE, Lucy E	2	SENW	1902-04-15		A2 G59 F
5514	PIERCE, Nellie L	2	SENW	1902-04-15		A2 G59 F
5514	PIERCE, Richard H	2	SENW	1902-04-15		A2 G59 F
5757	PIERCE, William	3	SENE	1848-07-10		A1
5551	PIKE, James T	24	N½SW	1903-07-01		A2
5552	" "	24	SESW	1903-07-01		A2
5553	" "	24	SWSE	1903-07-01		A2
5545	PRESLEY, James R	15	S½SW	1901-01-23		A2
5546	" "	15	SWSE	1901-01-23		A2
5547	" "	22	NWNW	1901-01-23		A2
5645	PRESLEY, Louis T	17	N½NE	1912-11-09		A2
5475	QUATTLEBAUM, Enos E	10	NESE	1909-06-21		A2
5476	" "	10	SENE	1909-06-21		A2
5477	" "	11	NWSW	1909-06-21		A2
5478	" "	11	SWNW	1909-06-21		A2
5509	QUATTLEBUM, George W	31	SESE	1898-06-01		A2
5510	" "	32	W½SW	1898-06-01		A2
5674	QUATTLEBUM, Phillip	30	E½SW	1889-09-17		A2
5675	" "	30	NWSW	1889-09-17		A2
5676	" "	30	SWSE	1889-09-17		A2
5488	RAMSEY, Francis	25	NESW	1860-05-01		A1
5489	" "	25	NWSE	1860-05-01		A1
5490	" "	25	SENW	1860-05-01		A1
5491	" "	25	SWNE	1860-05-01		A1

Family Maps of Van Buren County, Arkansas

ID	Individual in Patent	Sec.	Sec. Part	Date Issued	Other Counties	For More Info . . .
5627	RHEA, Jonathan E	31	NESE	1896-08-28		A2
5628	" "	31	SENE	1896-08-28		A2
5629	" "	31	W½SE	1896-08-28		A2
5511	RHOADES, George W	15	N½SW	1911-02-20		A2
5512	" "	15	S½NW	1911-02-20		A2
5515	RHOADES, Henry F	5	SWSW	1900-11-12		A2
5574	RHOADES, John D	21	NENW	1904-07-27		A2
5575	" "	21	NWNE	1904-07-27		A2
5590	RHOADES, John H	9	NWNE	1878-04-05		A2
5768	RHOADES, Woody K	17	NESW	1911-02-20		A2
5769	" "	17	NWSE	1911-02-20		A2
5770	" "	17	S½NE	1911-02-20		A2
5472	RHOADS, Eliza	10	W½NW	1900-08-21		A2
5473	" "	3	SWSW	1900-08-21		A2
5474	" "	9	SENE	1900-08-21		A2
5695	RHOADS, Sarah	3	N½SW	1901-06-25		A2
5431	ROBERTS, Caleb	35	NENE	1873-06-20		A1
5502	ROGERS, George R	21	SESE	1905-10-19		A2
5503	" "	28	NENE	1905-10-19		A2
5580	ROGERS, John F	10	S½SE	1911-04-05		A2
5581	" "	15	NWNE	1911-04-05		A2
5633	ROGERS, Joshua A	31	NENE	1904-11-26		A2
5634	" "	32	NWNW	1904-11-26		A2
5613	ROW, John	2	N½NW	1848-09-01		A1 F
5516	RUSSELL, Henry	29	W½SW	1897-04-14		A2
5517	" "	30	E½SE	1897-04-14		A2
5499	SEALS, George J	11	NESE	1910-07-26		A2
5500	" "	11	SENE	1910-07-26		A2
5423	SHARP, Benjamin F	6	E½NW	1882-06-30		A2
5424	" "	6	NWNE	1882-06-30		A2
5657	SHELTON, Marion	24	SENE	1860-07-02		A1
5479	SHETLEY, Eugene A	18	SWSE	1910-11-25		A2 R5565
5668	SHETLEY, Moses T	4	SWSW	1898-01-19		A2
5725	SHETLEY, William B	8	E½SW	1889-01-26		A2
5726	" "	8	W½SE	1889-01-26		A2
5639	SHIPMAN, Lewis C	22	SESW	1924-12-20		A2
5640	" "	22	SWSE	1924-12-20		A2
5641	" "	27	NENW	1924-12-20		A2
5642	" "	27	NWNW	1924-12-20		A2
5520	SIMPKINS, Jacob	3	N½SE	1860-05-01		A1
5576	SIMPKINS, John D	2	SW	1911-10-19		A1 F
5707	SIMPKINS, Stephen	2	NWNE	1855-03-01		A1 F
5421	SNEED, Ben E	25	SESW	1913-02-12		A1
5422	" "	36	NENW	1913-02-12		A1
5513	SNEED, George W	36	SWSW	1900-08-21		A2
5711	STARK, Thomas D	15	NENE	1917-01-26		A2
5712	" "	15	NWSE	1917-01-26		A2
5713	" "	15	S½NE	1917-01-26		A2
5591	STOBAUGH, John J	8	NWSW	1860-05-01		A1
5764	STOBAUGH, William	5	NWSW	1877-10-30		A2
5765	" "	6	NESE	1877-10-30		A2
5556	STRACENER, Jasper N	22	SESE	1913-02-20		A2
5557	" "	23	SWSW	1913-02-20		A2
5558	" "	26	NWNW	1913-02-20		A2
5559	" "	27	NENE	1913-02-20		A2
5767	STRIPLING, Woody F	30	SWNW	1910-07-26		A2
5635	SUMNERS, Julia	20	S½SE	1889-09-17		A2
5636	" "	29	N½NE	1889-09-17		A2
5644	TARKINTON, Lincon C	18	W½SW	1906-11-12		A2
5658	THOMAS, Marvin	1	NENE	1908-07-09		A1
5538	THOMASON, James M	25	NESE	1905-08-26		A2
5539	" "	25	S½SE	1905-08-26		A2
5607	THOMASON, John P	36	N½NE	1888-04-27		A2
5608	" "	36	NESE	1888-04-27		A2
5609	" "	36	SENE	1888-04-27		A2
5436	TIPTON, Charles P	21	NESW	1910-06-13		A2
5437	" "	21	NWSE	1910-06-13		A2
5438	" "	21	SWNE	1910-06-13		A2
5648	TOMLINSON, Madison F	11	S½SW	1917-01-26		A2
5649	" "	11	W½SE	1917-01-26		A2
5486	TREADAWAY, Francis M	4	N½SW	1877-10-30		A2
5487	" "	5	E½SE	1877-10-30		A2
5624	TREADAWAY, Joleyett	17	N½NW	1877-02-20		A2

Township 10-N Range 13-W (5th PM) - Map Group 19

ID	Individual in Patent	Sec.	Sec. Part	Date Issued	Other Counties	For More Info . . .
5625	TREADAWAY, Joleyett (Cont'd)	7	SESE	1877-02-20		A2
5626	" "	8	SWSW	1877-02-20		A2
5717	TREADAWAY, Thomas	17	SWSW	1916-03-15		A2
5718	" "	18	SESE	1916-03-15		A2
5719	" "	19	N½NE	1916-03-15		A2
5715	TREADAWAY, Thomas N	5	W½SE	1876-11-03		A2
5716	" "	8	N½NE	1876-11-03		A2
5714	" "	4	SENW	1892-01-11		A1
5653	TREECE, Manerva A	29	E½NW	1894-04-10		A2
5654	" "	29	NESW	1894-04-10		A2
5655	" "	29	SWNE	1894-04-10		A2
5622	WAIN, John W	33	SESE	1860-10-01		A1
5623	" "	34	SWSW	1860-10-01		A1
5582	WALLEY, John F	21	NESE	1920-07-28		A2
5583	" "	22	N½SW	1920-07-28		A2
5584	" "	22	SWSW	1920-07-28		A2
5709	WALTERS, Thomas C	14	SESE	1895-02-15		A2
5710	" "	23	SENE	1895-02-15		A2
5650	WARD, Malford	17	NWSW	1901-11-16		A2
5651	" "	17	S½NW	1901-11-16		A2
5652	" "	18	NESE	1901-11-16		A2
5449	WESTERMAN, David G	28	SWSW	1904-08-26		A2
5451	WHITE, Drewberry	13	NESW	1860-05-01		A1 C R5452
5453	" "	13	NWSE	1860-05-01		A1 C R5454
5455	" "	13	S½NW	1860-05-01		A1 C R5456
5457	" "	13	SWNE	1860-05-01		A1 C R5458
5452	" "	13	NESW	1896-07-06		A1 R5451
5454	" "	13	NWSE	1896-07-06		A1 R5453
5456	" "	13	S½NW	1896-07-06		A1 R5455
5458	" "	13	SWNE	1896-07-06		A1 R5457
5738	WILLIAMS, William H	1	SESE	1888-04-27		A2
5739	" "	12	NENE	1888-04-27		A2
5740	" "	12	NESE	1888-04-27		A2
5741	" "	12	SENE	1888-04-27		A2
5656	WINNINGHAM, Marion S	30	SWSW	1905-04-18		A2
5540	WOOD, James M	27	SWNE	1915-05-20		A2
5541	WOODS, James M	26	SWNW	1889-09-17		A2
5542	" "	27	NESE	1889-09-17		A2
5543	" "	27	SENE	1889-09-17		A2
5435	WOODWARD, Charles F	21	E½NE	1913-09-09		A2
5601	YOUNG, John O	2	S½NW	1846-09-01		A1 F

Family Maps of Van Buren County, Arkansas

Patent Map
T10-N R13-W
5th PM Meridian

Map Group 19

Township Statistics

Parcels Mapped	:	372
Number of Patents	:	206
Number of Individuals	:	182
Patentees Identified	:	176
Number of Surnames	:	116
Multi-Patentee Parcels	:	5
Oldest Patent Date	:	9/1/1846
Most Recent Patent	:	5/27/1925
Block/Lot Parcels	:	0
Parcels Re-Issued	:	5
Parcels that Overlap	:	2
Cities and Towns	:	6
Cemeteries	:	2

Township 10-N Range 13-W (5th PM) - Map Group 19

Helpful Hints

1. This Map's INDEX can be found on the preceding pages.

2. Refer to Map "C" to see where this Township lies within Van Buren County, Arkansas.

3. Numbers within square brackets [ ] denote a multi-patentee land parcel (multi-owner). Refer to Appendix "C" for a full list of members in this group.

4. Areas that look to be crowded with Patentees usually indicate multiple sales of the same parcel (Re-issues) or Overlapping parcels. See this Township's Index for an explanation of these and other circumstances that might explain "odd" groupings of Patentees on this map.

Copyright 2006 Boyd IT, Inc. All Rights Reserved

Legend

— Patent Boundary

— Section Boundary

No Patents Found (or Outside County)

1., 2., 3., ... Lot Numbers (when beside a name)

[ ] Group Number (see Appendix "C")

Scale: Section = 1 mile X 1 mile (generally, with some exceptions)

271

Family Maps of Van Buren County, Arkansas

Road Map
T10-N R13-W
5th PM Meridian
Map Group 19

Cities & Towns
Bloomington (historical)
Choctaw Pines
East Mountain (historical)
Green Tree
Morganton
Palisades

Cemeteries
Hardin Cemetery
Quattlebaum Cemetery

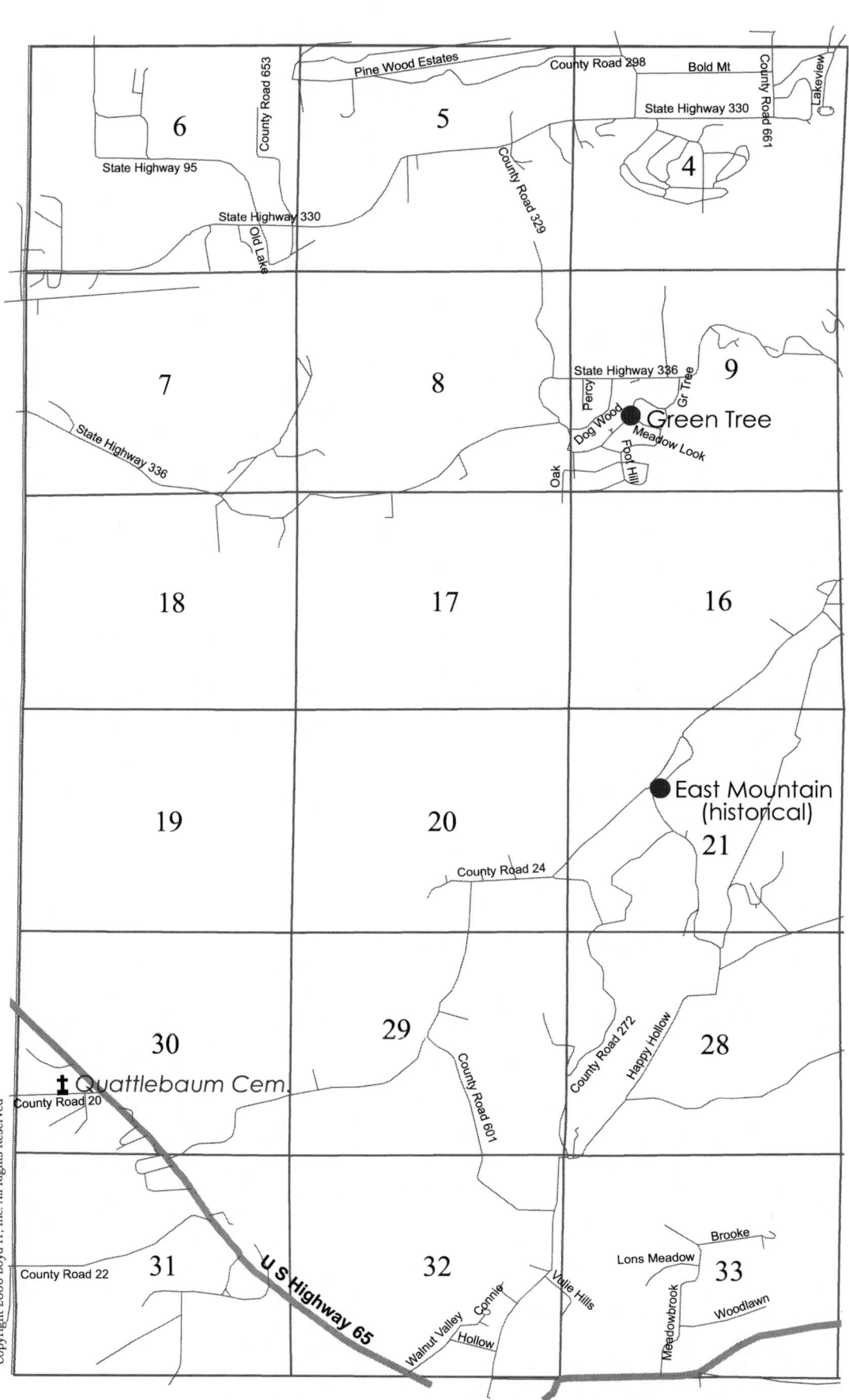

Township 10-N Range 13-W (5th PM) - Map Group 19

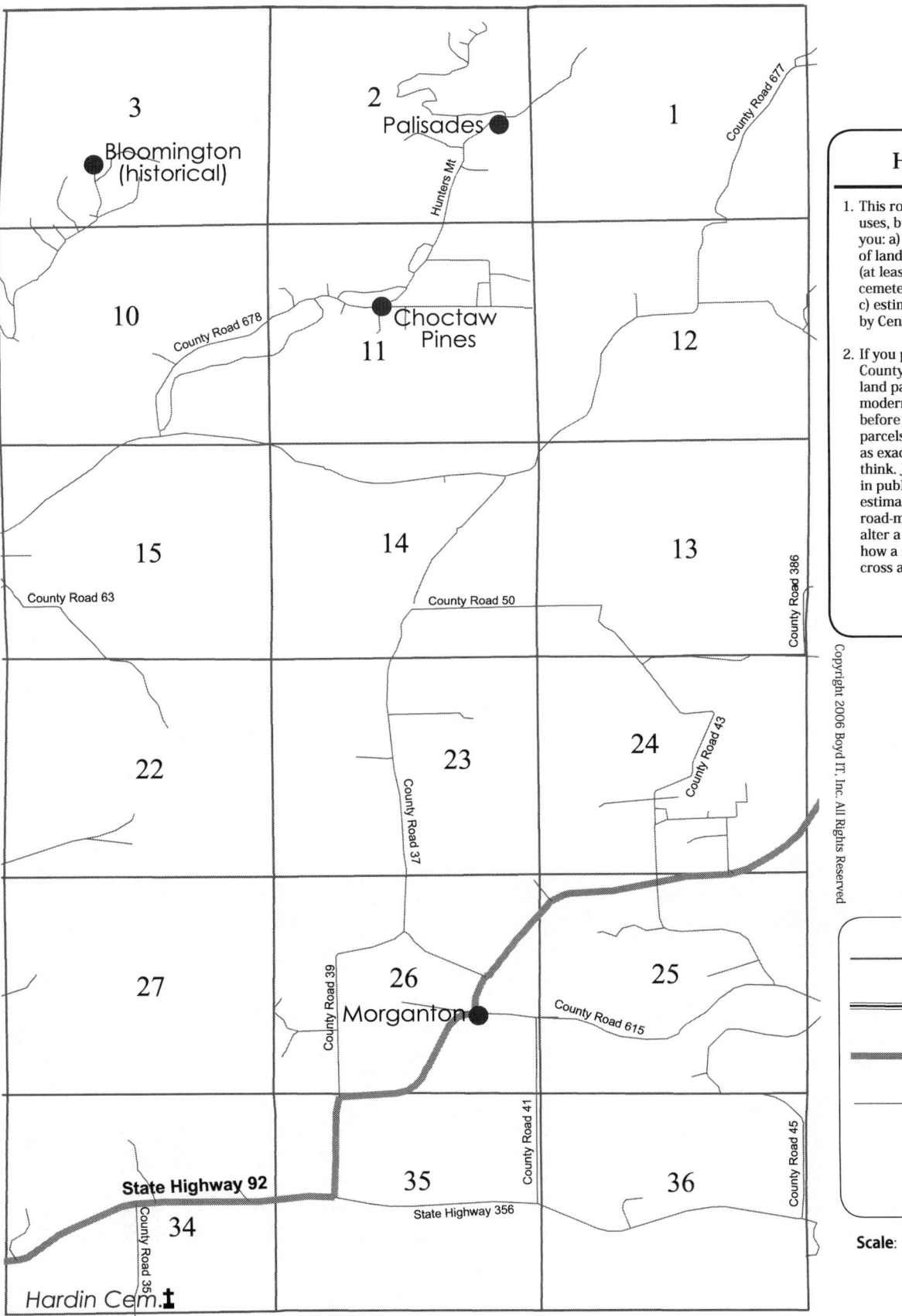

Family Maps of Van Buren County, Arkansas

Historical Map
T10-N R13-W
5th PM Meridian
Map Group 19

Cities & Towns
Bloomington (historical)
Choctaw Pines
East Mountain (historical)
Green Tree
Morganton
Palisades

Cemeteries
Hardin Cemetery
Quattlebaum Cemetery

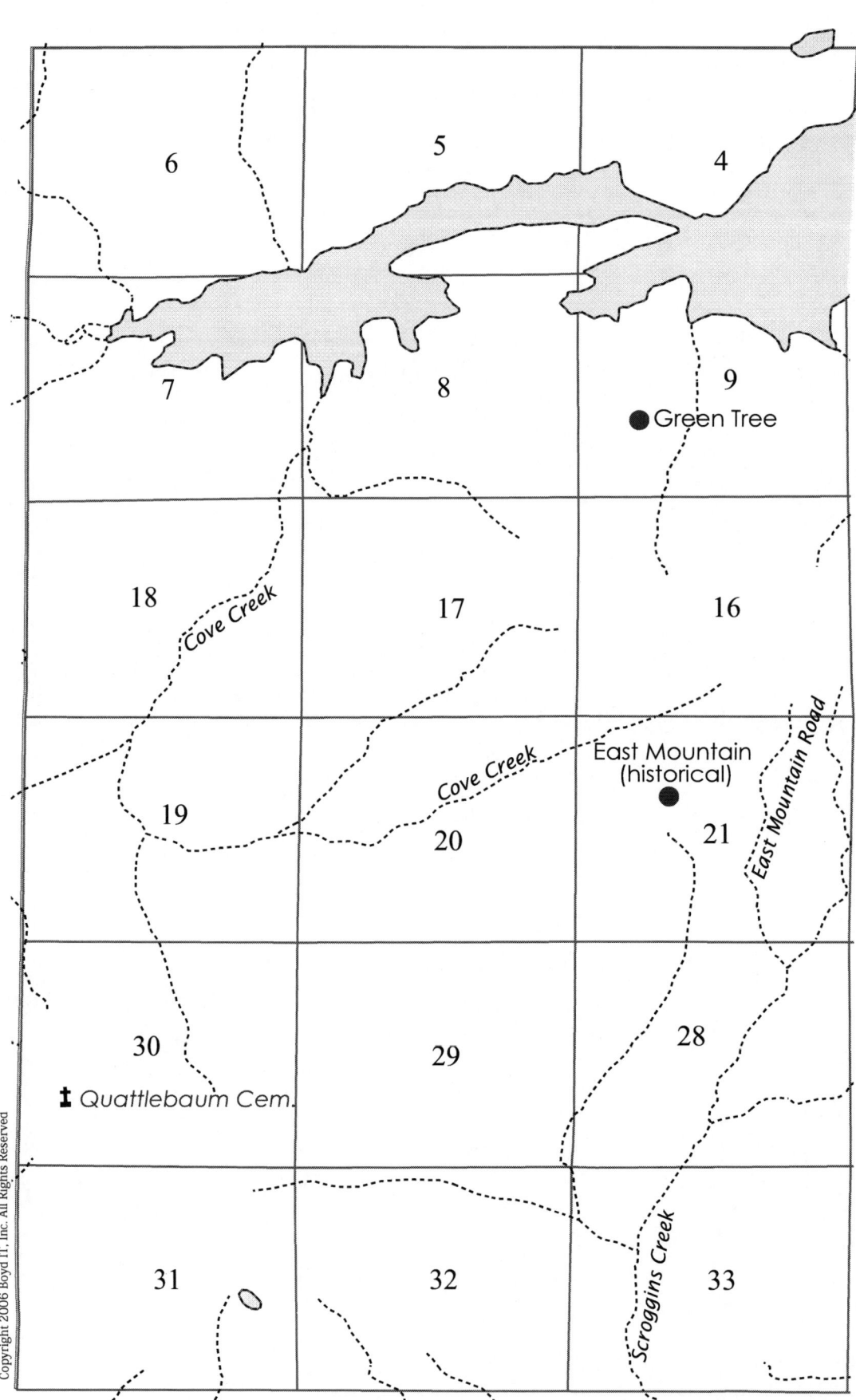

Township 10-N Range 13-W (5th PM) - Map Group 19

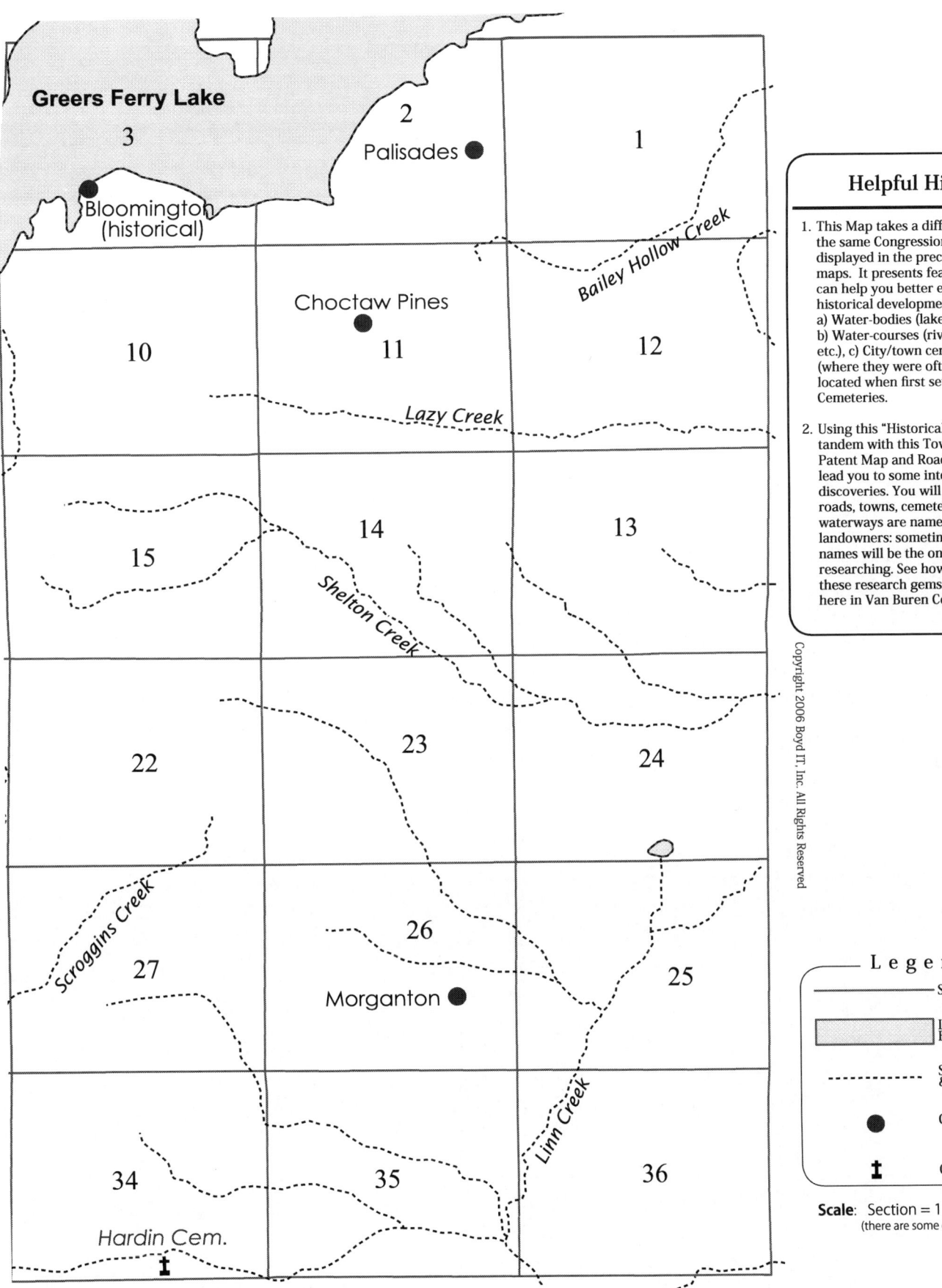

275

Map Group 20: Index to Land Patents
Township 10-North Range 12-West (5th PM)

After you locate an individual in this Index, take note of the Section and Section Part then proceed to the Land Patent map on the pages immediately following. You should have no difficulty locating the corresponding parcel of land.

The "For More Info" Column will lead you to more information about the underlying Patents. See the *Legend* at right, and the "How to Use this Book" chapter, for more information.

LEGEND
"For More Info . . ." column

A = Authority (Legislative Act, See Appendix "A")
B = Block or Lot (location in Section unknown)
C = Cancelled Patent
F = Fractional Section
G = Group (Multi-Patentee Patent, see Appendix "C")
V = Overlaps another Parcel
R = Re-Issued (Parcel patented more than once)

(A & G items require you to look in the Appendixes referred to above. All other Letter-designations followed by a number require you to locate line-items in this index that possess the ID number found after the letter).

ID	Individual in Patent	Sec.	Sec. Part	Date Issued	Other Counties	For More Info . . .
5779	ALISON, Absalum	4	NWSE	1860-05-01		A1
5780	" "	4	SWSE	1860-05-01		A1
5859	ANDREWS, Henry W	27	SESW	1890-12-31		A2
5860	" "	27	SWSE	1890-12-31		A2
5786	BAILEY, Bennett H	7	SWSE	1872-06-25		A1
5982	BAILEY, William H	6	NWSE	1906-11-12		A2 F
5983	" "	6	SW	1906-11-12		A2 F
5930	BRADFORD, Pleasant R	4	NENE	1885-06-20		A2
5931	" "	4	SESE	1885-06-20		A2
5985	BRITTAIN, William P	7	S½SW	1903-01-31		A2 F
5926	BRITTON, Peyton S	33	N½SE	1860-10-01		A1
5927	" "	33	S½NE	1860-10-01		A1
5928	" "	34	SWNW	1860-10-01		A1
5839	BROWN, George W	29	N½SE	1904-08-26		A2
5914	BROWN, Mahala T	29	SWSE	1906-02-28		A2
5915	" "	32	NWNE	1906-02-28		A2
5852	BYNUM, Harrison T	4	S½SW	1906-03-12		A2
5853	" "	8	NENE	1906-03-12		A2
5854	" "	9	NWNW	1906-03-12		A2
5908	BYNUM, Kinchen R	5	W½SW	1890-04-16		A2
5909	" "	6	E½SE	1890-04-16		A2
5912	CHALK, Luther B	3	SW	1882-06-30		A2
5954	CHALK, Stephen G	10	N½NE	1890-04-05		A2
5955	" "	3	S½SE	1890-04-05		A2
5969	CULLUM, William A	5	NENW	1914-05-06		A2
5970	" "	5	NWNE	1914-05-06		A2
5862	DAVIS, Jacob B	15	SWSW	1901-08-12		A2
5863	" "	22	NENW	1901-08-12		A2
5864	" "	22	W½NW	1901-08-12		A2
5797	DUKE, David J	4	E½NW	1910-06-13		A2
5798	" "	4	NESW	1910-06-13		A2
5799	" "	4	SWNW	1910-06-13		A2
5885	EASON, John	18	E½NE	1860-09-01		A1
5886	" "	19	S½SE	1860-09-01		A1
5795	ENGLIS, Daniel P	18	N½NW	1889-11-19		A2 F
5894	ENGLIS, John R	18	S½NW	1882-06-30		A2 F
5895	" "	18	SW	1882-06-30		A2 F
5902	EVANS, Joseph A	30	E½SW	1901-04-22		A2
5903	" "	30	SWSE	1901-04-22		A2
5836	FARMER, George L	32	SESW	1904-12-31		A2
5972	FARMER, William B	34	W½SE	1907-04-10		A2
5921	FLEMMONS, Moses F	21	NESW	1901-08-24		A2
5922	" "	21	S½NE	1901-08-24		A2 R5841
5923	" "	21	SENW	1901-08-24		A2
5878	FLOWERS, Jeff D	10	N½SE	1901-01-23		A2
5879	" "	10	SENW	1901-01-23		A2

Township 10-N Range 12-W (5th PM) - Map Group 20

ID	Individual in Patent	Sec.	Sec. Part	Date Issued	Other Counties	For More Info...
5880	FLOWERS, Jeff D (Cont'd)	10	SWNE	1901-01-23		A2
5810	FULKS, Edmon N	17	S½SE	1876-04-10		A2
5950	FULKS, Sarah	20	N½NE	1882-08-03		A2
5840	GARDNER, George W	20	SWNW	1901-08-24		A2 V5873
5841	" "	21	S½NE	1901-08-24		A2 R5922
5858	GARDNER, Henry J	30	W½NE	1882-06-30		A2
5831	GIBBINS, Emma	32	NESE	1906-03-12		A2
5932	GILLMORE, Richard R	22	N½SE	1912-03-28		A2
5933	" "	22	S½NE	1912-03-28		A2
5791	GRADDY, Charles H	21	N½NW	1901-11-16		A2
5861	GRADDY, Huse C	7	SESE	1903-01-31		A2
5865	GRADDY, James E	9	NWSE	1896-03-09		A2
5866	" "	9	S½NE	1896-03-09		A2
5867	" "	9	SENW	1896-03-09		A2
5887	GRADDY, John F	18	N½SE	1876-04-10		A2
5888	" "	18	SWNE	1876-04-10		A2
5916	GRADDY, Marlin A	20	SESW	1911-09-21		A2
5917	" "	20	SWSE	1911-09-21		A2
5980	GRADDY, William G	20	N½SE	1882-05-10		A2
5981	" "	20	SENW	1882-05-10		A2
5990	GRANT, Williams	30	N½SE	1898-10-18		A1
5953	GROH, Simon	21	NWSW	1891-11-23		A1
5920	HAWKINS, Masa H	9	E½SW	1888-07-23		A2
5957	HENDRIXSON, Thomas J	17	NWNE	1911-05-25		A2
5958	" "	8	SESE	1911-05-25		A2
5959	" "	8	W½SE	1911-05-25		A2
5956	HICKS, Thomas A	32	SWSE	1885-05-04		A2
5778	HOLESOMBACK, Abraham	9	NENW	1860-07-02		A1
5832	HOLMES, Eugene M	28	S½NE	1913-05-08		A2
5973	HOLMES, William D	27	NWSW	1899-08-14		A2
5974	" "	28	N½SE	1899-08-14		A2
5787	HOMSLEY, Bennett P	5	NWNW	1919-09-22		A2
5788	" "	6	NENE	1919-09-22		A2
5807	HUNT, Ed A	10	N½NW	1908-12-28		A1
5808	" "	10	SWNW	1908-12-28		A1
5809	" "	9	NENE	1908-12-28		A1
5837	HUNT, George M	9	NWNE	1876-03-20		A2
5785	INGRAM, Ambros C	18	NWNE	1912-05-09		A2
5803	INGRAM, Dewitt C	4	W½NE	1912-07-25		A2 V5929
5925	JOHNSON, Patrick	22	SENW	1860-10-01		A1
5900	JONES, Jonathan W	10	SWSW	1890-04-05		A2
5901	" "	15	NWNW	1890-04-05		A2
5804	KENNEDY, Drew M	27	NWSE	1899-08-14		A2
5805	" "	27	S½NW	1899-08-14		A2
5806	" "	27	SWNE	1899-08-14		A2
5842	KENNEDY, George W	20	NESW	1860-05-01		A1
5975	LESLEY, William F	29	NENW	1910-07-01		A2
5976	" "	29	W½NW	1910-07-01		A2
5800	LEWIS, David	31	S½NW	1877-05-15		A2
5801	" "	31	SW	1877-05-15		A2 F
5781	LIGAN, Albert H	17	NESW	1877-02-20		A2
5782	" "	17	S½SW	1877-02-20		A2
5783	" "	20	NENW	1877-02-20		A2
5843	LINN, George W	30	SWNW	1885-03-16		A2
5891	LINN, John	32	N½SW	1901-08-29		A2
5892	" "	32	SENW	1901-08-29		A2
5893	" "	32	SWSW	1901-08-29		A2
5951	LINN, Seab	31	S½NE	1907-04-10		A2
5952	" "	31	W½SE	1907-04-10		A2
5793	LONG, Clarinda	34	E½NW	1890-04-16		A2
5794	" "	34	S½NE	1890-04-16		A2
5977	LOYD, William F	31	N½NE	1897-02-10		A2
5978	" "	31	NENW	1897-02-10		A2 F
5941	MAIN, Samuel A	4	NWNW	1914-03-07		A2
5942	" "	5	NENE	1914-03-07		A2
5943	MCLEHANY, Samuel	3	E½NE	1889-09-17		A2 F
5944	" "	3	NESE	1889-09-17		A2
5945	" "	3	NWNE	1889-09-17		A2 F
5986	MELTON, William T	8	NESE	1890-03-13		A2
5987	" "	8	S½NE	1890-03-13		A2
5988	" "	9	SWNW	1890-03-13		A2
5844	MICHAEL, George W	3	SWNE	1861-05-01		A1 F
5870	MOORE, James	27	E½SE	1860-05-01		A1

Family Maps of Van Buren County, Arkansas

ID	Individual in Patent	Sec.	Sec. Part	Date Issued	Other Counties	For More Info . . .
5871	MOORE, James (Cont'd)	34	N½NE	1860-05-01		A1
5984	MOORE, William M	34	E½SE	1897-06-07		A2
5784	NEAL, Amanda E	6	NW	1909-10-21		A1 F
5845	NELSON, George W	17	NENE	1914-07-08		A2
5889	ODOM, John H	15	S½SE	1906-02-28		A2
5890	" "	22	NENE	1906-02-28		A2
5936	PARISH, Ritchard	29	N½SW	1875-07-01		A2
5937	" "	29	SENW	1875-07-01		A2
5963	PARISH, Thomas	29	NENE	1860-05-01		A1
5964	" "	29	S½NE	1860-10-01		A1
5961	" "	28	N½SW	1878-04-05		A2
5962	" "	28	W½NW	1878-04-05		A2
5960	" "	20	SESE	1882-08-25		A1
5881	PATTERSON, Jerome B	19	SWSW	1860-09-01		A1
5882	" "	30	N½NW	1860-10-01		A1 F
5946	PAYNE, Samuel	17	NWSW	1890-04-16		A2
5811	PENNINGTON, Edwin	28	E½NW	1899-12-21		A2
5872	PENNINGTON, James S	22	N½SW	1913-02-08		A2
5907	PENNINGTON, Killis J	21	S½SW	1860-05-01		A1
5856	PERMENTER, Henry C	7	N½SW	1901-04-22		A2 F
5857	" "	7	NW	1901-04-22		A2 F
5802	PHILLIPS, David M	31	E½SE	1882-05-10		A2
5883	PIKE, Jobe	29	S½SW	1898-03-08		A2
5884	" "	32	N½NW	1898-03-08		A2
5979	PIKE, William F	32	SENE	1916-04-01		A2
5830	PRESLEY, Ellsey S	9	W½SW	1907-04-10		A2
5834	PRESLEY, Franklin W	7	E½NE	1905-08-05		A2
5835	" "	8	W½NW	1905-08-05		A2
5924	PRESLEY, Nancy	18	SESE	1900-07-12		A2
5833	RAMSEY, Francis	30	E½NE	1890-04-16		A2
5790	RIDENS, Carroll H	6	SWSE	1861-08-01		A1
5789	ROBBERTS, Caleb	17	W½NW	1861-03-28		A1
5814	SANDERS, Elias B	21	SE	1882-05-10		A2
5816	SANDERS, Elihu	22	S½SW	1860-09-01		A1
5817	" "	22	SWSE	1860-09-01		A1
5818	" "	27	NENE	1861-08-01		A1
5819	" "	27	NENW	1861-08-01		A1
5820	" "	27	NESW	1882-04-10		A1
5821	" "	27	SWSW	1883-01-15		A2
5822	" "	28	SESE	1883-01-15		A2
5825	" "	33	NENE	1883-01-15		A2
5827	" "	34	NWNW	1883-01-15		A2
5823	" "	28	SESW	1884-02-15		A1
5824	" "	28	SWSE	1884-02-15		A1
5826	" "	33	NWNE	1884-02-15		A1
5815	SANDERS, Elihu D	21	N½NE	1885-03-16		A1
5846	SARTAIN, George W	30	SESE	1860-09-01		A1
5855	SCOTT, Harvey S	3	NW	1882-06-30		A2 F
5874	SHELTON, James	19	N½SE	1860-05-01		A1
5875	" "	19	N½SW	1860-05-01		A1 F
5876	" "	19	S½NE	1860-05-01		A1
5877	" "	19	S½NW	1860-05-01		A1 F
5838	SHORT, George R	20	W½SW	1908-12-03		A2
5971	SIMMS, William A	34	E½SW	1899-08-14		A2
5847	SIMPKINS, George W	17	N½SE	1885-12-10		A2
5848	" "	17	S½NE	1885-12-10		A2
5965	SMITH, Thomas	17	E½NW	1904-05-05		A2
5966	" "	8	S½SW	1904-05-05		A2
5967	SNEED, Thomas	33	S½SE	1885-05-04		A2
5896	STEWARD, John	28	SWSW	1893-07-06		A2
5897	" "	29	SESE	1893-07-06		A2
5898	" "	32	NENE	1893-07-06		A2
5899	" "	33	NWNW	1893-07-06		A2
5934	STUART, Richard W	7	N½SE	1860-09-01		A1
5935	" "	7	SWNE	1860-09-01		A1
5849	SWINEA, George W	4	NWSW	1889-01-26		A2
5850	" "	5	NESE	1889-01-26		A2
5851	" "	5	S½NE	1889-01-26		A2
5929	TACKETT, Phillip	4	S½NE	1904-05-05		A2 V5803
5868	TALLENT, James K	32	SESE	1885-05-04		A2
5869	" "	33	SWSW	1885-05-04		A2
5947	TALLENT, Sarah A	5	NWSE	1910-06-13		A2 G70
5948	" "	5	S½SE	1910-06-13		A2 G70

Township 10-N Range 12-W (5th PM) - Map Group 20

ID	Individual in Patent	Sec.	Sec. Part	Date Issued	Other Counties	For More Info . . .
5949	TALLENT, Sarah A (Cont'd)	8	NWNE	1910-06-13		A2 G70
5947	TALLENT, William J	5	NWSE	1910-06-13		A2 G70
5948	" "	5	S½SE	1910-06-13		A2 G70
5949	" "	8	NWNE	1910-06-13		A2 G70
5828	THOMPSON, Elisha A	15	SESW	1912-05-20		A2
5829	" "	22	NWNE	1912-05-20		A2
5938	THOMPSON, Robert L	15	E½NE	1912-09-21		A2
5939	" "	15	NWSE	1912-09-21		A2
5940	" "	15	SWNE	1912-09-21		A2
5904	TURNEY, Joseph	4	NESE	1860-05-01		A1
5905	" "	4	SENE	1860-05-01		A1 F
5812	VAUGHAN, Edwin S	18	SWSW	1860-10-01		A1
5813	" "	19	N½N½	1860-10-01		A1
5873	VAUGHAN, James S	20	W½NW	1860-05-01		A1 V5840
5906	WILLIAMS, Josiah R	27	SENE	1860-05-01		A1
5910	WILLIAMS, Lawrence M	9	E½SE	1860-05-01		A1
5911	" "	9	SWSE	1860-05-01		A1
5913	WILLIAMS, Macy M	22	SESE	1911-06-12		A2
5918	WILLIAMS, Mary M	15	N½SW	1861-06-01		A1
5919	" "	15	S½NW	1910-04-01		A2
5968	WILLIAMS, Wash M	15	NESE	1912-05-09		A2
5989	WILLIAMS, William	10	SENE	1909-06-21		A1
5792	WOOD, Charley F	29	NWNE	1913-02-08		A2
5796	WOODRUFF, Darius F	32	SWNW	1909-11-04		A1

Patent Map

T10-N R12-W
5th PM Meridian

Map Group 20

Township Statistics

Parcels Mapped	:	213
Number of Patents	:	131
Number of Individuals	:	118
Patentees Identified	:	117
Number of Surnames	:	81
Multi-Patentee Parcels	:	3
Oldest Patent Date	:	5/1/1860
Most Recent Patent	:	9/22/1919
Block/Lot Parcels	:	0
Parcels Re-Issued	:	1
Parcels that Overlap	:	4
Cities and Towns	:	1
Cemeteries	:	0

Family Maps of Van Buren County, Arkansas

Van Buren County

Section 6
- NEAL Amanda E 1909
- HOMSLEY Bennett P 1919
- BAILEY William H 1906
- BYNUM Kinchen R 1890
- RIDENS Carroll H 1861
- BAILEY William H 1906

Section 5
- HOMSLEY Bennett P 1919
- CULLUM William A 1914
- CULLUM William A 1914
- MAIN Samuel A 1914
- SWINEA George W 1889
- BYNUM Kinchen R 1890
- TALLENT [71] Sarah A 1910
- SWINEA George W 1889
- TALLENT [71] Sarah A 1910

Section 4
- MAIN Samuel A 1914
- DUKE David J 1910
- INGRAM Dewitt C 1912
- BRADFORD Pleasant R 1885
- DUKE David J 1910
- TACKETT Philip 1904
- TURNEY Joseph 1860
- SWINEA George W 1889
- DUKE David J 1910
- ALISON Absalum 1860
- TURNEY Joseph 1860
- BYNUM Harrison T 1906
- ALISON Absalum 1860
- BRADFORD Pleasant R 1885

Section 7
- PERMENTER Henry C 1901
- PRESLEY Franklin W 1905
- STUART Richard W 1860
- PERMENTER Henry C 1901
- STUART Richard W 1860
- BRITTAIN William P 1903
- BAILEY Bennett H 1872
- GRADDY Huse C 1903

Section 8
- PRESLEY Franklin W 1905
- SMITH Thomas 1904
- TALLENT [71] Sarah A 1910
- BYNUM Harrison T 1906
- MELTON William T 1890
- HENDRIXSON Thomas J 1911
- MELTON William T 1890

Section 9
- BYNUM Harrison T 1906
- HOLESOMBACK Abraham 1860
- HUNT George M 1876
- HUNT Ed A 1908
- MELTON William T 1890
- GRADDY James E 1896
- GRADDY James E 1896
- PRESLEY Ellsey S 1907
- GRADDY James E 1896
- HAWKINS Masa H 1888
- WILLIAMS Lawrence M 1860
- WILLIAMS Lawrence M 1860

Section 18
- ENGLIS Daniel P 1889
- INGRAM Ambros C 1912
- ENGLIS John R 1882
- GRADDY John F 1876
- EASON John 1860
- GRADDY John F 1876
- ENGLIS John R 1882
- VAUGHAN Edwin S 1860

Section 17
- ROBBERTS Caleb 1861
- SMITH Thomas 1904
- PAYNE Samuel 1890
- PRESLEY Nancy 1900
- LIGAN Albert H 1877

Section 16
- HENDRIXSON Thomas J 1911
- NELSON George W 1914
- SIMPKINS George W 1885
- SIMPKINS George W 1885
- FULKS Edmon N 1876

Van Buren County 16

Section 19
- VAUGHAN Edwin S 1860
- SHELTON James 1860
- SHELTON James 1860
- SHELTON James 1860
- SHELTON James 1860
- PATTERSON Jerome B 1860

Section 20
- VAUGHAN James S 1860
- LIGAN Albert H 1877
- GARDNER George W 1901
- GRADDY William G 1882
- SHORT George R 1908
- KENNEDY George W 1860
- GRADDY William G 1882
- GRADDY Marlin A 1911

Section 21
- FULKS Sarah 1882
- GRADDY Charles H 1901
- SANDERS Elihu D 1885
- FLEMMONS Moses F 1901
- FLEMMONS Moses F 1901
- GARDNER George W 1901
- GROH Simon 1891
- FLEMMONS Moses F 1901
- PARISH Thomas 1882
- SANDERS Elias B 1882
- PENNINGTON Killis J 1860

Section 30
- PATTERSON Jerome B 1860
- GARDNER Henry J 1882
- LINN George W 1885
- RAMSEY Francis 1890
- EVANS Joseph A 1901
- EVANS Joseph A 1901
- SARTAIN George W 1860

Section 29
- LESLEY William F 1910
- LESLEY William F 1910
- PARISH Ritchard 1875
- GRANT Williams 1898
- PARISH Ritchard 1875
- PIKE Jobe 1898
- PIKE Jobe 1898

Section 28
- WOOD Charley F 1913
- PARISH Thomas 1860
- PARISH Thomas 1878
- PARISH Thomas 1860
- PARISH Thomas 1878
- PENNINGTON Edwin 1899
- HOLMES Eugene M 1913
- HOLMES William D 1899
- BROWN George W 1904
- BROWN Mahala T 1906
- STEWARD John 1893
- STEWARD John 1893
- SANDERS Elihu 1884
- SANDERS Elihu 1883
- BROWN Mahala T 1906
- STEWARD John 1893
- STEWARD John 1893
- SANDERS Elihu 1884
- SANDERS Elihu 1883

Section 31
- LOYD William F 1897
- LOYD William F 1897
- LEWIS David 1877
- LINN Seab 1907
- LEWIS David 1877
- LINN Seab 1907

Section 32
- WOODRUFF Darius F 1909
- LINN John 1901
- LINN John 1901
- LINN John 1901
- FARMER George L 1904
- PHILLIPS David M 1882
- PIKE William F 1916
- GIBBINS Emma 1906
- HICKS Thomas A 1885
- TALLENT James K 1885

Section 33
- BRITTON Peyton S 1860
- BRITTON Peyton S 1860
- TALLENT James K 1885
- SNEED Thomas 1885

Copyright 2006 Boyd IT, Inc. All Rights Reserved

Township 10-N Range 12-W (5th PM) - Map Group 20

Section 3
- SCOTT, Harvey S — 1882
- MCLEHANY, Samuel — 1889
- MICHAEL, George W — 1861
- MCLEHANY, Samuel — 1889
- MCLEHANY, Samuel — 1889
- CHALK, Luther B — 1882
- CHALK, Stephen G — 1890

Section 2

Section 1

Section 10
- HUNT, Ed A — 1908
- CHALK, Stephen G — 1890
- HUNT, Ed A — 1908
- FLOWERS, Jeff D — 1901
- FLOWERS, Jeff D — 1901
- WILLIAMS, William — 1909
- FLOWERS, Jeff D — 1901
- JONES, Jonathan W — 1890

Section 11

Section 12

Section 15
- JONES, Jonathan W — 1890
- THOMPSON, Robert L — 1912
- WILLIAMS, Mary M — 1910
- THOMPSON, Robert L — 1912
- WILLIAMS, Mary M — 1861
- THOMPSON, Robert L — 1912
- WILLIAMS, Wash M — 1912
- DAVIS, Jacob B — 1901
- THOMPSON, Elisha A — 1912
- ODOM, John H — 1906

Section 14
Cleburne County

Section 13

Section 22
- DAVIS, Jacob B — 1901
- DAVIS, Jacob B — 1901
- THOMPSON, Elisha A — 1912
- ODOM, John H — 1906
- JOHNSON, Patrick — 1860
- GILLMORE, Richard R — 1912
- PENNINGTON, James S — 1913
- GILLMORE, Richard R — 1912
- SANDERS, Elihu — 1860
- SANDERS, Elihu — 1860
- WILLIAMS, Macy M — 1911

Section 23

Section 24

Section 27
- SANDERS, Elihu — 1861
- SANDERS, Elihu — 1861
- KENNEDY, Drew M — 1899
- KENNEDY, Drew M — 1899
- WILLIAMS, Josiah R — 1860
- HOLMES, William D — 1899
- SANDERS, Elihu — 1882
- KENNEDY, Drew M — 1899
- SANDERS, Elihu — 1883
- ANDREWS, Henry W — 1890
- ANDREWS, Henry W — 1890
- MOORE, James — 1860

Section 26

Section 25

Section 34
- SANDERS, Elihu — 1883
- MOORE, James — 1860
- BRITTON, Peyton S — 1860
- LONG, Clarinda — 1890
- LONG, Clarinda — 1890
- FARMER, William B — 1907
- SIMMS, William A — 1899
- MOORE, William M — 1897

Section 35

Section 36

Helpful Hints

1. This Map's INDEX can be found on the preceding pages.
2. Refer to Map "C" to see where this Township lies within Van Buren County, Arkansas.
3. Numbers within square brackets [ ] denote a multi-patentee land parcel (multi-owner). Refer to Appendix "C" for a full list of members in this group.
4. Areas that look to be crowded with Patentees usually indicate multiple sales of the same parcel (Re-issues) or Overlapping parcels. See this Township's Index for an explanation of these and other circumstances that might explain "odd" groupings of Patentees on this map.

Copyright 2006 Boyd IT, Inc. All Rights Reserved

Legend
- Patent Boundary
- Section Boundary
- No Patents Found (or Outside County)
- 1., 2., 3., ... Lot Numbers (when beside a name)
- [ ] Group Number (see Appendix "C")

Scale: Section = 1 mile X 1 mile (generally, with some exceptions)

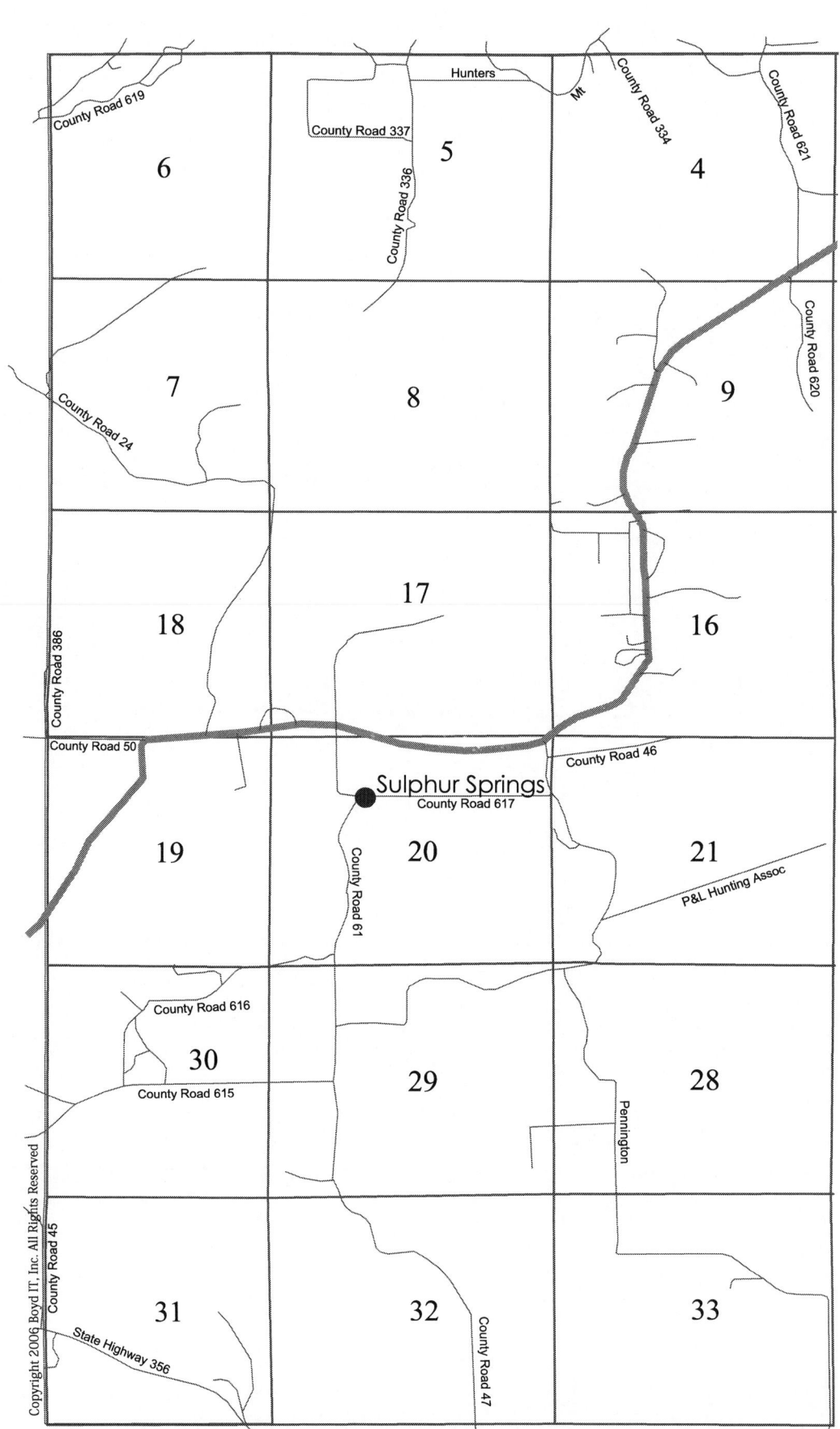

Township 10-N Range 12-W (5th PM) - Map Group 20

Cedar Brook / Pinewood / State Highway 92 / County Road 840 — 3	2	1
10	11	12
Van Buren County 15	*Cleburne County* 14	13
22	23	24
27	26	25
Tarterhill — 34 / Crossroads / C R 52	35	36

Helpful Hints

1. This road map has a number of uses, but primarily it is to help you: a) find the present location of land owned by your ancestors (at least the general area), b) find cemeteries and city-centers, and c) estimate the route/roads used by Census-takers & tax-assessors.

2. If you plan to travel to Van Buren County to locate cemeteries or land parcels, please pick up a modern travel map for the area before you do. Mapping old land parcels on modern maps is not as exact a science as you might think. Just the slightest variations in public land survey coordinates, estimates of parcel boundaries, or road-map deviations can greatly alter a map's representation of how a road either does or doesn't cross a particular parcel of land.

Copyright 2006 Boyd IT, Inc. All Rights Reserved

Legend

— Section Lines
= Interstates
▬ Highways
— Other Roads
● Cities/Towns
† Cemeteries

Scale: Section = 1 mile X 1 mile
(generally, with some exceptions)

Family Maps of Van Buren County, Arkansas

Historical Map
T10-N R12-W
5th PM Meridian
Map Group 20

Cities & Towns
Sulphur Springs

Cemeteries
None

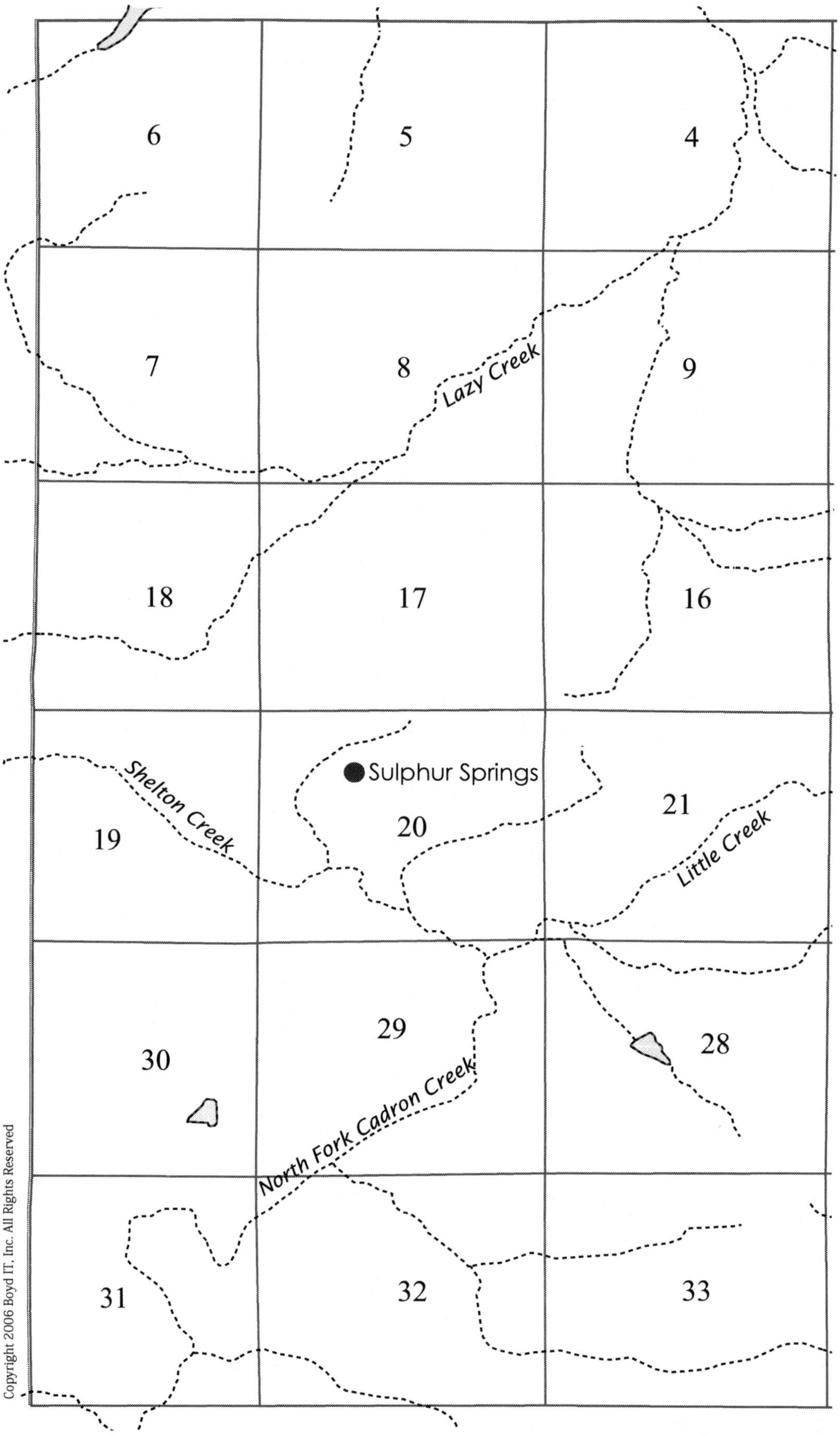

Township 10-N Range 12-W (5th PM) - Map Group 20

Moccasin Branch 3 Wild Goose Branch	2	1
10	11	12
15	14 *Cleburne County*	13
Van Buren County 22	23	24
27	26	25
34	35	36

Helpful Hints

1. This Map takes a different look at the same Congressional Township displayed in the preceding two maps. It presents features that can help you better envision the historical development of the area: a) Water-bodies (lakes & ponds), b) Water-courses (rivers, streams, etc.), c) City/town center-points (where they were oftentimes located when first settled), and d) Cemeteries.

2. Using this "Historical" map in tandem with this Township's Patent Map and Road Map, may lead you to some interesting discoveries. You will often find roads, towns, cemeteries, and waterways are named after nearby landowners: sometimes those names will be the ones you are researching. See how many of these research gems you can find here in Van Buren County.

Copyright 2006 Boyd IT, Inc. All Rights Reserved

Legend
— Section Lines
▬ Large Rivers & Bodies of Water
----- Streams/Creeks & Small Rivers
● Cities/Towns
✝ Cemeteries

Scale: Section = 1 mile X 1 mile
(there are some exceptions)

285

Map Group 21: Index to Land Patents
Township 9-North Range 14-West (5th PM)

After you locate an individual in this Index, take note of the Section and Section Part then proceed to the Land Patent map on the pages immediately following. You should have no difficulty locating the corresponding parcel of land.

The "For More Info" Column will lead you to more information about the underlying Patents. See the *Legend* at right, and the "How to Use this Book" chapter, for more information.

LEGEND
"For More Info . . ." column

- **A** = Authority (Legislative Act, See Appendix "A")
- **B** = Block or Lot (location in Section unknown)
- **C** = Cancelled Patent
- **F** = Fractional Section
- **G** = Group (Multi-Patentee Patent, see Appendix "C")
- **V** = Overlaps another Parcel
- **R** = Re-Issued (Parcel patented more than once)

(A & G items require you to look in the Appendixes referred to above. All other Letter-designations followed by a number require you to locate line-items in this index that possess the ID number found after the letter).

ID	Individual in Patent	Sec.	Sec. Part	Date Issued	Other Counties	For More Info . . .
6024	ABERNATHY, James F	2	E½SE	1906-01-30		A2
6025	" "	2	W½SE	1910-05-09		A2
6023	BARTLETT, Isabella	34	SWSE	1917-01-18		A2
5995	BRADLEY, Anslem	34	N½SE	1889-09-20		A2
6077	BRICKEY, William N	36	SENW	1879-12-15		A2
6078	" "	36	SWNE	1879-12-15		A2
6079	" "	36	W½NW	1879-12-15		A2
6065	CANBY, Robert	24	NW	1877-03-20		A2
6047	CASTLEBERRY, Lucy A	22	NENE	1909-11-04		A1
6072	CHILDRES, Thomas Y	34	NE	1888-07-23		A2
5999	CROWNOVER, Daniel M	14	S½SE	1895-05-03		A2
6036	CULLUM, John J	34	SW	1889-09-20		A2
6005	DAULEY, George T	10	NENW	1902-10-11		A2
6006	" "	3	S½SW	1902-10-11		A2
6051	DAVIDSON, Martha	26	NE	1895-02-15		A2
6035	DUGLASS, John	12	SESE	1859-07-01		A1
6052	DUGLASS, Mary	12	NESE	1860-10-01		A1
6027	EVANS, James T	10	SENW	1913-05-08		A2
6062	FULKERSON, Nancy	12	S½NE	1860-10-01		A1
6081	FULKERSON, William T	1	SESE	1883-07-10		A2
6082	" "	12	NENE	1883-07-10		A2
5991	GUTHRIE, Adam	12	E½SW	1879-12-15		A2
5993	" "	12	W½SE	1879-12-15		A2
5992	" "	12	S½NW	1882-08-25		A2
5994	" "	12	W½SW	1882-08-25		A2
6045	HAMMOND, Keifer F	10	S½SW	1913-04-15		A2
6034	HARRIS, John B	26	SW	1888-07-23		A2
6041	JAMES, John W	10	N½NE	1892-03-17		A2
6042	" "	10	S½NE	1892-03-17		A2
6073	JENKINS, Wesley	36	S½SW	1888-04-27		A2
6002	JOHNSON, Daniel R	22	W½NW	1889-09-20		A2
6003	" "	22	W½SW	1889-09-20		A2
6011	JOHNSON, Hardy	24	SW	1888-07-23		A2
6048	JOHNSON, Marion	22	SESE	1895-08-08		A2
6049	" "	22	SESW	1895-08-08		A2
6050	" "	22	W½SE	1895-08-08		A2
6059	LACKEY, Moses A	26	SE	1894-01-18		A2
6012	LEE, Harf	24	NE	1888-07-23		A2
6000	LINN, Daniel M	1	SESW	1860-10-01		A1
6001	" "	1	SWSE	1860-10-01		A1
6057	LOYD, Milton W	24	E½SE	1894-09-07		A2
6058	" "	24	W½SE	1894-09-07		A2
6037	LUTHER, John	34	SESE	1884-11-13		A1
6038	" "	35	SWSW	1884-11-13		A1
6004	MARTIN, George M	1	NWNE	1906-09-14		A2
6043	MCCALISTER, Joseph	22	SENE	1861-05-01		A1

Township 9-N Range 14-W (5th PM) - Map Group 21

ID	Individual in Patent	Sec.	Sec. Part	Date Issued	Other Counties	For More Info . . .
6044	MCCALISTER, Joseph (Cont'd)	23	S½NW	1861-05-01		A1
6053	MCCOY, Mattie	3	E½SE	1912-05-09		A2
6046	MCDANIEL, Lillion C	2	NWNW	1910-07-01		A2
6069	MCDANIEL, Thomas	1	N½SE	1877-03-20		A2
6070	" "	1	SENE	1877-03-20		A2
5996	MCFARLAND, Burrell	3	NE	1897-07-26		A2
6063	MCFARLIN, Pink	3	N½SW	1897-07-26		A2
6064	" "	3	S½NW	1897-07-26		A2
6074	MCFARLIN, William B	3	W½SE	1907-04-10		A2
6017	MCKNIGHT, Hugh F	2	E½NW	1901-01-23		A2
6018	" "	2	NWSW	1901-01-23		A2
6019	" "	2	SWNW	1901-01-23		A2
5997	NEWTON, Catharine	36	N½SW	1888-04-27		A2
6080	NICHOLSON, William P	26	NW	1893-09-08		A2
6067	PALMER, Samuel	2	NE	1888-04-27		A2
6029	PATTERSON, Jerome B	1	SWSW	1882-06-30		A2
6030	" "	12	N½NW	1882-06-30		A2
6031	" "	12	NWNE	1882-06-30		A2
6068	PATTERSON, Thomas M	11	N½NE	1890-03-13		A2
6071	RILEY, Thomas	36	E½NE	1888-04-27		A2
6026	SADLER, James M	34	NW	1892-03-17		A2
6039	SCANLAN, John	1	NW	1885-06-30		A2
6013	SOHN, Henry	13	N½N½	1885-12-10		A2
6040	SPILLERS, John	14	S½NW	1882-05-10		A2
6054	STEEL, Michael	22	NENW	1861-05-01		A1
6055	" "	22	NWNE	1861-05-01		A1
5998	STEELE, Catharine	15	SESW	1860-05-01		A1
6020	STEELE, Isaac J	15	NESW	1875-09-20		A1
6021	" "	15	SENW	1875-09-20		A1
6009	TALLEY, Hall H	14	N½SE	1877-03-20		A2
6010	" "	14	S½NE	1877-03-20		A2
6060	THOMAS, Moses	36	NENW	1893-02-01		A2
6061	" "	36	NWNE	1893-02-01		A2
6016	VINEYARD, Hiram	22	SWNE	1882-08-25		A1
6014	" "	22	NESW	1888-07-23		A2
6015	" "	22	SENW	1888-07-23		A2
6022	WARD, Isaac R	11	N½NW	1906-08-16		A2
6028	WARD, James T	1	N½SW	1908-12-03		A2
6032	WARD, John A	1	NENE	1909-05-27		A2
6033	" "	1	SWNE	1909-05-27		A2
6056	WARD, Miles J	2	S½SW	1904-10-10		A2
6076	WARD, William H	10	SE	1898-05-23		A2
6066	WESTFIELD, Samuel F	36	SE	1888-07-23		A2
6007	WINNINGHAM, George W	10	N½SW	1889-09-20		A2
6008	" "	10	W½NW	1889-09-20		A2
6075	YERBY, William E	14	SW	1877-03-20		A2

Family Maps of Van Buren County, Arkansas

Patent Map

T9-N R14-W
5th PM Meridian

Map Group 21

Township Statistics

Parcels Mapped	:	101
Number of Patents	:	70
Number of Individuals	:	68
Patentees Identified	:	67
Number of Surnames	:	51
Multi-Patentee Parcels	:	1
Oldest Patent Date	:	7/1/1859
Most Recent Patent	:	1/18/1917
Block/Lot Parcels	:	0
Parcels Re-Issued	:	0
Parcels that Overlap	:	0
Cities and Towns	:	2
Cemeteries	:	0

Note: the area contained in this map amounts to far less than a full Township. Therefore, its contents are completely on this single page (instead of a "normal" 2-page spread).

Legend

- Patent Boundary
- Section Boundary
- No Patents Found (or Outside County)
- 1., 2., 3., ... Lot Numbers (when beside a name)
- [ ] Group Number (see Appendix "C")

Scale: Section = 1 mile X 1 mile (generally, with some exceptions)

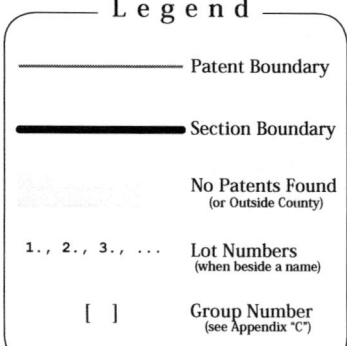

Copyright 2006 Boyd IT, Inc. All Rights Reserved

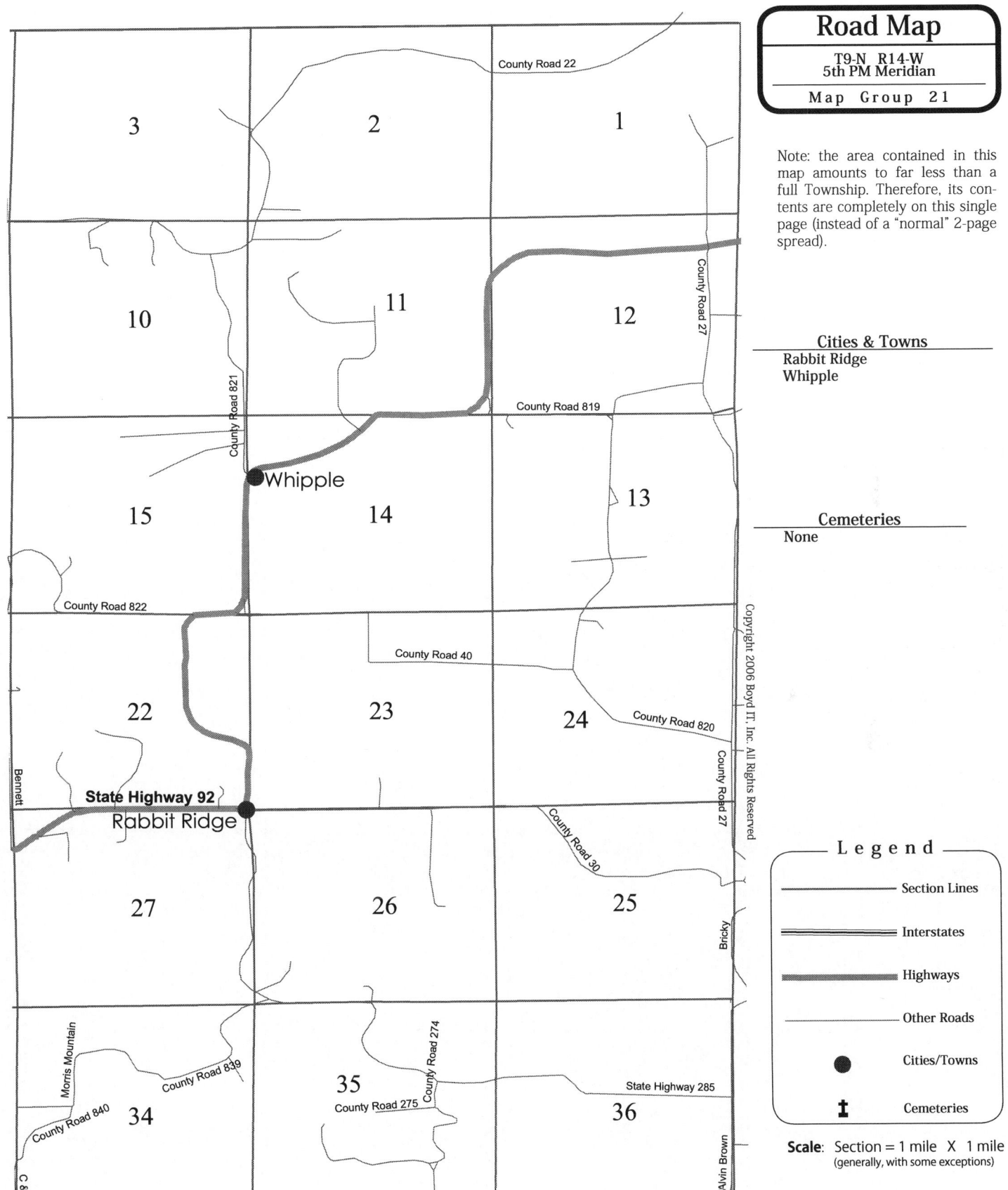

Family Maps of Van Buren County, Arkansas

Historical Map
T9-N R14-W
5th PM Meridian
Map Group 21

Note: the area contained in this map amounts to far less than a full Township. Therefore, its contents are completely on this single page (instead of a "normal" 2-page spread).

Cities & Towns
Rabbit Ridge
Whipple

Cemeteries
None

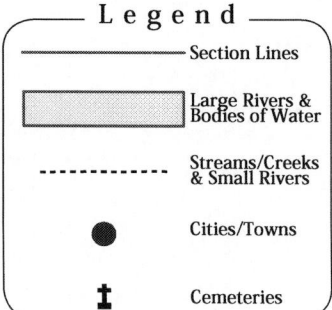

Legend
- Section Lines
- Large Rivers & Bodies of Water
- Streams/Creeks & Small Rivers
- ● Cities/Towns
- ✝ Cemeteries

Scale: Section = 1 mile X 1 mile
(there are some exceptions)

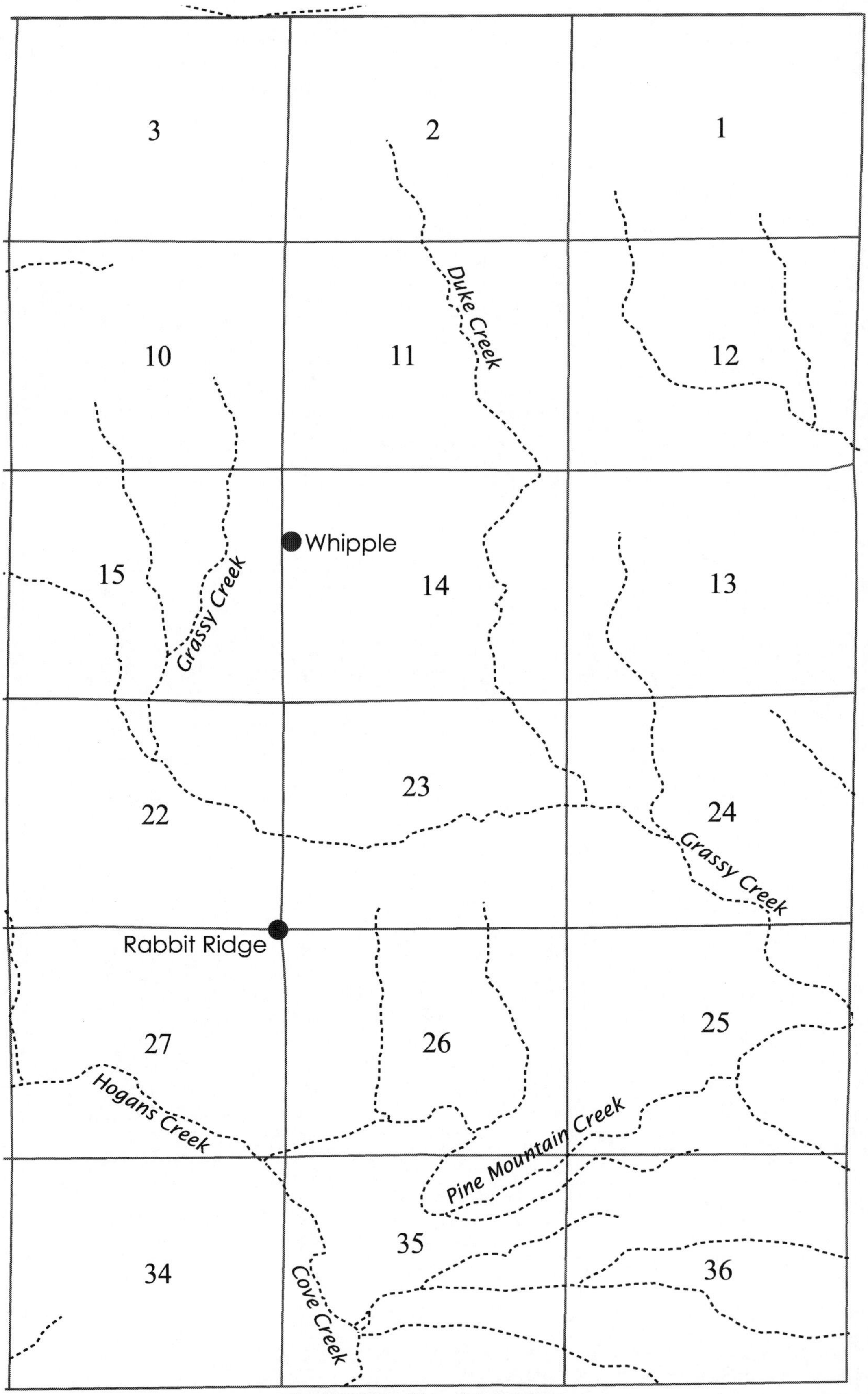

Map Group 22: Index to Land Patents
Township 9-North Range 13-West (5th PM)

After you locate an individual in this Index, take note of the Section and Section Part then proceed to the Land Patent map on the pages immediately following. You should have no difficulty locating the corresponding parcel of land.

The "For More Info" Column will lead you to more information about the underlying Patents. See the *Legend* at right, and the "How to Use this Book" chapter, for more information.

```
                    LEGEND
           "For More Info . . ." column
A = Authority (Legislative Act, See Appendix "A")
B = Block or Lot (location in Section unknown)
C = Cancelled Patent
F = Fractional Section
G = Group  (Multi-Patentee Patent, see Appendix "C")
V = Overlaps another Parcel
R = Re-Issued (Parcel patented more than once)

(A & G items require you to look in the Appendixes referred
to above. All other Letter-designations followed by a number
require you to locate line-items in this index that possess
the ID number found after the letter).
```

ID	Individual in Patent	Sec.	Sec. Part	Date Issued	Other Counties	For More Info . . .
6283	AUSTIN, White A	25	NESE	1860-09-01		A1
6284	" "	25	SENE	1860-09-01		A1
6137	BAILEY, Hartwell	28	SW	1888-04-27		A2
6207	BAILEY, Joseph	28	S½NW	1886-10-04		A2
6135	BAY, Harrett	18	N½NE	1888-07-23		A2
6136	" "	7	S½SE	1888-07-23		A2
6123	BLACKWELL, George W	22	E½SE	1889-09-20		A2
6261	BOYD, Selma A	1	SWNE	1923-10-05		A2
6086	BRICKEY, Alfred H	30	SWNW	1888-07-28		A2
6087	" "	30	W½SW	1888-07-28		A2
6285	BROWN, William A	17	SESE	1888-04-27		A2
6286	" "	20	E½NE	1888-04-27		A2
6287	" "	20	NWNE	1888-04-27		A2
6274	BRYANT, Thomas	13	W½SW	1900-08-21		A2
6275	" "	14	NESE	1900-08-21		A2
6276	" "	14	SENE	1900-08-21		A2
6161	BURROUGHS, James A	36	E½NE	1909-10-11		A2
6162	" "	36	NENW	1909-10-11		A2
6163	" "	36	NWNE	1909-10-11		A2
6227	CAMPBELL, Mary	12	NESW	1892-03-17		A2
6228	" "	12	SENW	1892-03-17		A2
6294	CASEY, William G	15	NWSW	1882-06-30		A2
6295	" "	15	SENW	1882-06-30		A2
6296	" "	15	W½NW	1882-06-30		A2
6155	CASSEY, Isaac M	34	NE	1896-02-13		A2
6177	CASSEY, James M	15	N½SE	1890-04-05		A2
6178	" "	15	NESW	1890-04-05		A2
6179	" "	15	SWNE	1890-04-05		A2
6085	CHAMBERS, Albert	28	N½NW	1892-05-26		A2
6119	CHAMBERS, George	32	SE	1888-04-27		A2
6249	CHISCO, Robert F	22	W½SW	1902-03-07		A2
6193	CHRISCO, Jesse F	10	S½NW	1925-07-08		A2
6143	COLLINS, Henry	32	NW	1888-04-27		A2
6218	COSSEY, Linley M	15	S½SE	1899-04-10		A2
6219	" "	15	S½SW	1899-04-10		A2
6277	COSSEY, Thomas	24	S½NE	1859-12-10		A1 F
6255	CRUSE, Samuel A	20	NESW	1899-02-13		A2
6194	CUNNINGHAM, John A	10	N½NW	1902-04-15		A2
6195	" "	10	W½NE	1902-04-15		A2
6278	CUNNINGHAM, Thomas	10	E½NE	1899-12-21		A2
6279	" "	10	N½SE	1899-12-21		A2
6102	DAVIS, Cornelious C	11	SENE	1860-05-01		A1
6115	DAVIS, Felix G	14	S½SE	1860-05-01		A1
6114	" "	14	NWSE	1876-06-20		A2
6116	" "	23	NWNE	1876-06-20		A2
6208	DAVIS, Joseph C	11	W½SE	1919-06-17		A2

Township 9-N Range 13-W (5th PM) - Map Group 22

ID	Individual in Patent	Sec.	Sec. Part	Date Issued	Other Counties	For More Info . . .
6211	DIXON, Joseph W	30	E½NE	1911-04-05		A2
6199	DONAHUE, John H	26	SW	1901-08-24		A2
6186	DOUGLAS, Jesse	19	SESE	1860-05-01		A1
6187	" "	19	SWSE	1860-05-01		A1
6188	" "	20	N½SE	1877-02-20		A2
6189	" "	20	SENW	1877-02-20		A2
6190	" "	20	SWNE	1877-02-20		A2
6229	DOUGLASS, Mary	7	NWSW	1876-11-03		A2
6198	DUGLASS, John	7	SWSW	1859-07-01		A1 F
6288	EVANS, William B	34	NW	1914-08-26		A2
6270	FARLEY, Stephen M	18	NWSW	1893-07-06		A2
6271	" "	18	S½NW	1893-07-06		A2
6091	FARMER, Andrew J	1	NESW	1888-07-23		A2
6092	" "	1	SENW	1888-07-23		A2
6093	" "	1	W½SE	1888-07-23		A2
6149	FLEMMINGS, Hiram F	17	SENW	1911-06-26		A2
6106	FOWLER, David	34	SW	1900-11-12		A2
6236	GEER, Nathaniel	9	NW	1877-03-20		A2
6089	GRAHAM, Andrew F	6	N½NW	1909-05-27		A2
6090	" "	6	W½NE	1909-05-27		A2
6124	GRANT, George W	23	NENE	1912-07-18		A2 G35
6124	GRANT, Nancy J	23	NENE	1912-07-18		A2 G35
6233	GRIMES, Nancy J	23	S½NE	1889-09-17		A2
6234	" "	24	W½NW	1889-09-17		A2
6174	HANEY, James	5	E½SW	1877-10-30		A2
6175	" "	8	N½NW	1877-10-30		A2
6121	HARDIN, George	3	NWNE	1860-10-01		A1 F
6120	" "	3	NENW	1861-08-01		A1 F
6176	HARRIS, James	30	E½SE	1891-08-19		A2
6125	HARTWICK, George W	24	E½SE	1875-08-20		A2
6159	HARTWICK, Jacob	22	NW	1877-03-20		A2
6214	HARTWICK, Leonard	22	E½SW	1877-03-20		A2
6215	" "	22	W½SE	1877-03-20		A2
6180	HOLDERFIELD, James M	5	N½SE	1890-03-13		A2
6181	" "	5	S½NE	1890-03-13		A2
6134	HOLLAND, Harf	36	SWNW	1911-07-01		A2
6222	HOLLAND, Malden	35	S½SE	1860-05-01		A1
6223	" "	36	W½SW	1860-05-01		A1
6113	HUTCHENS, Elizabeth	3	SW	1879-12-15		A2
6105	HUTCHINS, Daniel M	21	NE	1904-01-27		A2
6182	HUTCHINS, James M	14	S½NW	1896-06-01		A2
6183	" "	14	W½NE	1896-06-01		A2
6209	HUTCHINS, Joseph L	15	NENW	1899-04-17		A2
6210	" "	15	SENE	1899-04-17		A2
6272	HUTCHINS, Swan A	4	E½SE	1882-05-10		A2
6273	" "	4	S½NE	1882-05-10		A2
6304	HUTCHINS, William P	10	S½SE	1895-05-03		A2
6305	" "	15	N½NE	1895-05-03		A2
6088	HUTTO, Anderson E	26	NW	1898-05-10		A2 F
6111	JAMES, Dibbrell	23	NW	1892-05-26		A2
6104	JENKINS, Daniel	28	NE	1890-04-16		A2
6097	JOHNSON, Austin P	12	E½NE	1890-05-31		A2
6098	" "	12	SWNE	1890-05-31		A2
6242	JOHNSON, Pinkney L	1	NWSW	1889-09-17		A2
6243	" "	1	S½SW	1889-09-17		A2
6244	" "	12	NENW	1889-09-17		A2
6203	JOHNSTON, John R	20	S½S½	1896-03-09		A2
6140	JONES, Henrietta	11	S½SW	1913-06-02		A2 G46
6141	" "	14	N½NW	1913-06-02		A2 G46
6140	JONES, William E	11	S½SW	1913-06-02		A2 G46
6141	" "	14	N½NW	1913-06-02		A2 G46
6160	KOPP, Jacob	8	W½SW	1889-09-20		A2
6122	LANGFORD, George T	4	SWNW	1890-04-05		A2
6103	LANKFORD, Curtis C	4	N½NE	1889-06-05		A2 F
6247	LANKFORD, Robert C	5	S½SE	1877-03-20		A2
6248	" "	8	N½NE	1877-03-20		A2
6144	LEE, Henry	32	NE	1888-04-27		A2
6308	LEE, William R	32	SW	1889-09-17		A2
6226	LINDSEY, Manuel	26	1NE	1903-07-01		A2
6262	LINN, Sim	2	NESE	1889-09-20		A2
6263	" "	2	SENE	1889-09-20		A2
6264	" "	2	W½NE	1889-09-20		A2
6107	LOYD, David	36	NESW	1860-09-01		A1

ID	Individual in Patent	Sec.	Sec. Part	Date Issued	Other Counties	For More Info . . .
6108	LOYD, David (Cont'd)	36	NWSE	1860-09-01		A1
6109	" "	36	SENW	1860-09-01		A1
6110	" "	36	SWNE	1860-09-01		A1
6112	LOYD, Eli	18	SWSW	1889-05-25		A2 F
6216	LOYD, Lida	1	E½NE	1890-06-06		A2
6217	" "	1	NESE	1890-06-06		A2
6230	LOYD, Mary E	30	N½NW	1890-04-05		A2
6231	" "	30	NWNE	1890-04-05		A2
6191	MARTIN, Jesse E	35	N½NE	1896-02-29		A1
6192	" "	36	NWNW	1896-02-29		A1
6201	MARTIN, John J	9	NE	1882-06-30		A2
6220	MATHEWS, Lucinda M	2	S½SW	1905-10-19		A2
6221	" "	3	E½SE	1905-10-19		A2
6289	MCALISTER, William B	4	NWNW	1860-10-01		A1 F
6290	" "	5	N½NE	1860-10-01		A1
6282	MCDANIEL, Thomas	6	SWNW	1877-03-20		A2
6117	MCKIM, George B	13	SWSE	1901-01-23		A2
6118	" "	24	W½NE	1901-01-23		A2
6166	MCKNIGHT, James E	18	SESW	1906-09-14		A2
6101	MONTGOMERY, Charles	28	SE	1888-04-27		A2
6200	NELSON, John H	6	SENW	1895-05-03		A2
6300	NISLER, William L	4	NWSW	1876-11-03		A2
6301	" "	4	SWSE	1876-11-03		A2
6245	ODAM, Richard N	2	NESW	1882-06-30		A2
6246	" "	2	S½NW	1882-06-30		A2
6083	ODOM, Adam D	11	N½SW	1914-09-17		A2
6084	" "	11	S½NW	1914-09-17		A2
6185	ODOM, Jesse D	14	SW	1900-08-21		A2
6309	ODOM, William R	11	N½NW	1901-01-23		A2
6310	" "	11	W½NE	1901-01-23		A2
6145	OVIATT, Henry	8	E½SW	1875-09-10		A2
6146	" "	8	S½SE	1875-09-10		A2
6311	PARISH, William T	3	S½NW	1897-06-07		A2
6265	PATTERSON, Simons	11	E½SE	1860-05-01		A1
6266	" "	14	NENE	1860-05-01		A1
6306	PATTERSON, William	8	N½SE	1883-01-15		A2
6307	" "	8	S½NE	1883-01-15		A2
6147	POE, Henry	7	N½NW	1860-10-01		A1 F
6250	POYNE, Robert H	17	N½SE	1882-06-30		A2
6251	" "	17	S½NE	1882-06-30		A2
6239	QUATTLEBAUM, Phillip M	5	E½NW	1888-07-23		A2
6240	" "	5	SWNW	1888-07-23		A2
6241	" "	6	SENE	1888-07-23		A2
6126	QUATTLEBUM, George W	6	NENE	1898-06-01		A2
6280	RAY, Thomas J	9	SW	1882-05-10		A2 R6204
6133	RECTOR, Granville S	17	SW	1885-05-04		A2
6099	RIDENS, Carroll H	4	NESW	1860-05-01		A1
6100	" "	4	NWSE	1860-05-01		A1
6293	ROGERS, William F	17	SWSE	1901-01-23		A2
6167	ROWE, James F	20	N½NW	1888-04-27		A2
6168	" "	20	NWSW	1888-04-27		A2
6169	" "	20	SWNW	1888-04-27		A2
6204	ROWE, John R	9	SW	1882-06-30		A2 R6280
6148	RUSSELL, Hezekiah H	6	E½SE	1897-12-15		A2
6235	SANDAGE, Nathan	13	E½NE	1888-07-23		A2
6267	SANDAGE, Stephen A	13	NENW	1890-08-18		A2
6268	" "	13	NWSE	1890-08-18		A2
6269	" "	13	W½NE	1890-08-18		A2
6297	SANDAGE, William I	24	E½NE	1911-04-27		A2 F
6184	SCANLON, Jerry E	5	NWNW	1915-08-31		A1
6291	SHEARRON, William C	31	S½NW	1906-06-30		A1 F
6127	SNEED, George W	1	N½NW	1900-08-21		A2
6128	" "	2	NENE	1900-08-21		A2
6292	SPAIN, William D	10	SW	1883-01-15		A2
6170	SPIRES, James H	30	SENW	1888-07-23		A2
6171	" "	30	SWNE	1888-07-23		A2
6172	" "	30	W½SE	1888-07-23		A2
6232	STRACENER, Michael	4	S½SW	1890-03-13		A2
6142	TARKINGTON, Henrietta	26	SE	1861-05-01		A1 C F
6094	TARKINTON, Andrew J	13	NESW	1901-11-16		A2
6095	" "	13	SENW	1901-11-16		A2
6096	" "	13	W½NW	1901-11-16		A2
6256	TAYLOR, Samuel M	24	11	1905-11-14		A2

Township 9-N Range 13-W (5th PM) - Map Group 22

ID	Individual in Patent	Sec.	Sec. Part	Date Issued	Other Counties	For More Info . . .
6257	TAYLOR, Samuel M (Cont'd)	24	4	1905-11-14		A2
6152	THOMASON, Hiram	11	NENE	1888-04-27		A2
6153	" "	12	W½NW	1888-04-27		A2
6150	THOMASON, Hiram F	26	E½SE	1910-04-01		A2
6151	THOMASON, Hiram R	2	S½SE	1901-01-23		A2
6202	THOMASON, John L	12	W½SW	1901-08-12		A2
6173	TIPTON, James H	26	NE	1903-07-14		A2 G72 F
6173	TIPTON, Julia A	26	NE	1903-07-14		A2 G72 F
6252	TRAWICK, Rufus L	36	E½SE	1899-04-22		A2
6253	" "	36	SESW	1899-04-22		A2
6254	" "	36	SWSE	1899-04-22		A2
6258	VAUGHN, Sarah A	30	E½SW	1895-11-13		A2
6237	VEST, Peggie J	3	S½NE	1891-08-19		A2 G73
6238	" "	3	W½SE	1891-08-19		A2 G73
6302	WADDELL, William M	13	SESW	1910-05-09		A2
6303	" "	24	E½NW	1910-05-09		A2
6224	WADDLE, Malden L	24	SW	1909-05-27		A2
6281	WALKER, Thomas L	22	NE	1897-06-14		A2
6130	WALLS, George	12	NWSE	1900-08-21		A2
6131	" "	12	S½SE	1900-08-21		A2
6132	" "	12	SESW	1900-08-21		A2
6237	WALTERS, Peggie J	3	S½NE	1891-08-19		A2 G73
6238	" "	3	W½SE	1891-08-19		A2 G73
6164	WARBRITTEN, James A	17	NENE	1911-06-26		A2
6129	WARD, George W	1	SWNW	1916-03-15		A2
6138	WARD, Henderson A	7	S½NW	1877-03-20		A2
6139	" "	7	W½NE	1877-03-20		A2
6156	WARD, Isaac	18	NESW	1876-06-20		A2
6157	" "	18	SWNE	1876-06-20		A2
6158	" "	18	W½SE	1876-06-20		A2
6154	WARD, Isaac K	8	S½NW	1889-01-26		A2
6165	WARD, James B	6	W½SW	1896-06-01		A2
6196	WARD, John A	7	E½NE	1882-05-10		A2
6197	" "	7	N½SE	1882-05-10		A2
6205	WARD, Jordan	6	E½SW	1877-03-20		A2
6206	" "	6	W½SE	1877-03-20		A2
6212	WARD, Josiah	18	N½NW	1889-02-07		A2 F
6213	" "	7	E½SW	1889-02-07		A2
6259	WARD, Sarah D	18	E½SE	1889-01-26		A2
6260	" "	18	SENE	1889-01-26		A2
6312	WARD, William T	17	NENW	1889-01-26		A2
6313	" "	17	NWNE	1889-01-26		A2
6314	" "	17	W½NW	1889-01-26		A2
6315	WARD, William W	1	SESE	1920-06-22		A2
6225	WILLIAMS, Mansel M	2	NWSW	1860-10-01		A1
6298	WOODY, William J	2	N½NW	1876-04-10		A2
6299	" "	3	NENE	1876-04-10		A2

Family Maps of Van Buren County, Arkansas

Patent Map

T9-N R13-W
5th PM Meridian

Map Group 22

Township Statistics

Parcels Mapped	:	233
Number of Patents	:	148
Number of Individuals	:	146
Patentees Identified	:	142
Number of Surnames	:	103
Multi-Patentee Parcels	:	6
Oldest Patent Date	:	7/1/1859
Most Recent Patent	:	7/8/1925
Block/Lot Parcels	:	3
Parcels Re-Issued	:	1
Parcels that Overlap	:	0
Cities and Towns	:	4
Cemeteries	:	6

Section 6
- GRAHAM, Andrew F — 1909
- MCDANIEL, Thomas — 1877
- NELSON, John H — 1895
- WARD, James B — 1896
- WARD, Jordan — 1877
- WARD, Jordan — 1877
- QUATTLEBUM, George W — 1898
- GRAHAM, Andrew F — 1909
- QUATTLEBAUM, Phillip M — 1888
- RUSSELL, Hezekiah H — 1897

Section 5
- SCANLON, Jerry E — 1915
- QUATTLEBAUM, Phillip M — 1888
- QUATTLEBAUM, Phillip M — 1888
- HANEY, James — 1877

Section 4
- MCALISTER, William B — 1860
- HOLDERFIELD, James M — 1890
- HOLDERFIELD, James M — 1890
- LANKFORD, Robert C — 1877
- MCALISTER, William B — 1860
- LANGFORD, George T — 1890
- NISLER, William L — 1876
- RIDENS, Carroll H — 1860
- STRACENER, Michael — 1890
- LANKFORD, Curtis C — 1889
- HUTCHINS, Swan A — 1882
- RIDENS, Carroll H — 1860
- NISLER, William L — 1876
- HUTCHINS, Swan A — 1882

Section 7
- POE, Henry — 1860
- WARD, Henderson A — 1877
- WARD, Henderson A — 1877
- WARD, John A — 1882
- DOUGLASS, Mary — 1876
- DUGLASS, John — 1859
- WARD, Josiah — 1889
- WARD, John A — 1882
- BAY, Harrett — 1888

Section 8
- HANEY, James — 1877
- WARD, Isaac K — 1889
- KOPP, Jacob — 1889
- OVIATT, Henry — 1875

Section 9
- LANKFORD, Robert C — 1877
- PATTERSON, William — 1883
- PATTERSON, William — 1883
- OVIATT, Henry — 1875
- GEER, Nathaniel — 1877
- ROWE, John R — 1882
- RAY, Thomas J — 1882
- MARTIN, John J — 1882

Section 18
- WARD, Josiah — 1889
- BAY, Harrett — 1888
- FARLEY, Stephen M — 1893
- WARD, Isaac — 1876
- WARD, Sarah D — 1889
- FARLEY, Stephen M — 1893
- WARD, Isaac — 1876
- WARD, Isaac — 1876
- LOYD, Eli — 1889
- MCKNIGHT, James E — 1906
- WARD, Sarah D — 1889

Section 17
- WARD, William T — 1889
- WARD, William T — 1889
- WARD, William T — 1889
- FLEMMINGS, Hiram F — 1911
- POYNE, Robert H — 1882
- RECTOR, Granville S — 1885
- POYNE, Robert H — 1882
- ROGERS, William F — 1901

Section 16
- WARBRITTEN, James A — 1911
- BROWN, William A — 1888

Section 19

Section 20
- ROWE, James F — 1888
- ROWE, James F — 1888
- ROWE, James F — 1888
- BROWN, William A — 1888
- DOUGLAS, Jesse — 1877
- DOUGLAS, Jesse — 1877
- CRUSE, Samuel A — 1899
- BROWN, William A — 1888
- DOUGLAS, Jesse — 1877
- DOUGLAS, Jesse — 1860
- DOUGLAS, Jesse — 1860
- JOHNSTON, John R — 1896

Section 21
- HUTCHINS, Daniel M — 1904

Section 30
- LOYD, Mary E — 1890
- LOYD, Mary E — 1890
- BRICKEY, Alfred H — 1888
- SPIRES, James H — 1888
- SPIRES, James H — 1888
- DIXON, Joseph W — 1911
- BRICKEY, Alfred H — 1888
- SPIRES, James H — 1888
- VAUGHN, Sarah A — 1895
- HARRIS, James — 1891

Section 29

Section 28
- CHAMBERS, Albert — 1892
- BAILEY, Joseph — 1886
- BAILEY, Hartwell — 1888
- JENKINS, Daniel — 1890
- MONTGOMERY, Charles — 1888

Section 31
- SHEARRON, William C — 1906

Section 32
- COLLINS, Henry — 1888
- LEE, William R — 1889

Section 33
- LEE, Henry — 1888
- CHAMBERS, George — 1888

Copyright 2006 Boyd IT, Inc. All Rights Reserved

Township 9-N Range 13-W (5th PM) - Map Group 22

Section 3
- HARDIN George 1861
- HARDIN George 1860
- WOODY William J 1876
- PARISH William T 1897
- VEST [74] Peggie J 1891
- VEST [74] Peggie J 1891
- HUTCHENS Elizabeth 1879
- MATHEWS Lucinda M 1905

Section 2
- WOODY William J 1876
- WILLIAMS Mansel M 1860
- ODAM Richard N 1882
- ODAM Richard N 1882
- MATHEWS Lucinda M 1905

Section 1
- LINN Sim 1889
- SNEED George W 1900
- SNEED George W 1900
- WARD George W 1916
- FARMER Andrew J 1888
- BOYD Selma A 1923
- LOYD Lida 1890
- LINN Sim 1889
- JOHNSON Pinkney L 1889
- FARMER Andrew J 1888
- LOYD Lida 1890
- THOMASON Hiram R 1901
- JOHNSON Pinkney L 1889
- FARMER Andrew J 1888
- WARD William W 1920

Helpful Hints
1. This Map's INDEX can be found on the preceding pages.
2. Refer to Map "C" to see where this Township lies within Van Buren County, Arkansas.
3. Numbers within square brackets [ ] denote a multi-patentee land parcel (multi-owner). Refer to Appendix "C" for a full list of members in this group.
4. Areas that look to be crowded with Patentees usually indicate multiple sales of the same parcel (Re-issues) or Overlapping parcels. See this Township's Index for an explanation of these and other circumstances that might explain "odd" groupings of Patentees on this map.

Section 10
- CUNNINGHAM John A 1902
- CUNNINGHAM John A 1902
- CHRISCO Jesse F 1925
- CUNNINGHAM Thomas 1899
- SPAIN William D 1883
- CUNNINGHAM Thomas 1899
- HUTCHINS William P 1895

Section 11
- ODOM William R 1901
- ODOM William R 1901
- ODOM Adam D 1914
- ODOM Adam D 1914
- JONES [46] Henrietta 1913

Section 12
- THOMASON Hiram 1888
- THOMASON Hiram 1888
- DAVIS Cornelious C 1860
- DAVIS Joseph C 1919
- PATTERSON Simons 1860
- JOHNSON Pinkney L 1889
- CAMPBELL Mary 1892
- THOMASON John L 1901
- JOHNSON Austin P 1890
- CAMPBELL Mary 1892
- WALLS George 1900
- WALLS George 1900
- JOHNSON Austin P 1890
- WALLS George 1900

Section 15
- CASEY William G 1882
- HUTCHINS Joseph L 1899
- HUTCHINS William P 1895
- CASEY William G 1882
- CASSEY James M 1890
- HUTCHINS Joseph L 1899
- CASEY William G 1882
- CASSEY James M 1890
- COSSEY Linley M 1899
- COSSEY Linley M 1899

Section 14
- JONES [46] Henrietta 1913
- HUTCHINS James M 1896
- HUTCHINS James M 1896
- ODOM Jesse D 1900
- DAVIS Felix G 1876
- BRYANT Thomas 1900
- BRYANT Thomas 1900
- DAVIS Felix G 1860

Section 13
- PATTERSON Simons 1860
- TARKINTON Andrew J 1901
- SANDAGE Stephen A 1890
- SANDAGE Stephen A 1890
- TARKINTON Andrew J 1901
- SANDAGE Nathan 1888
- TARKINTON Andrew J 1901
- SANDAGE Stephen A 1890
- WADDELL William M 1910
- MCKIM George B 1901

Section 22
- HARTWICK Jacob 1877
- WALKER Thomas L 1897
- CHISCO Robert F 1902
- HARTWICK Leonard 1877
- HARTWICK Leonard 1877
- BLACKWELL George W 1889

Section 23
- JAMES Dibbrell 1892

Section 24
- DAVIS Felix G 1876
- GRANT [35] George W 1912
- GRIMES Nancy J 1889
- GRIMES Nancy J 1889
- MCKIM George B 1901
- WADDELL William M 1910
- SANDAGE William I 1911
- COSSEY Thomas 1859
- WADDLE Malden L 1909
- HARTWICK George W 1875
- Lots-Sec. 24
- 4 TAYLOR, Samuel M 1905
- 11 TAYLOR, Samuel M 1905

Section 27

Section 26
- Lots-Sec. 26
- 1(NE) LINDSEY, Manuel 1903
- HUTTO Anderson E 1898
- TIPTON [73] James H 1903
- THOMASON Hiram F 1910
- DONAHUE John H 1901
- TARKINGTON Henrietta 1861

Section 25
- AUSTIN White A 1860
- AUSTIN White A 1860

Section 34
- EVANS William B 1914
- CASSEY Isaac M 1896
- FOWLER David 1900

Section 35
- MARTIN Jesse E 1896

Section 36
- MARTIN Jesse E 1896
- BURROUGHS James A 1909
- BURROUGHS James A 1909
- BURROUGHS James A 1909
- HOLLAND Harf 1911
- LOYD David 1860
- LOYD David 1860
- HOLLAND Malden 1860
- LOYD David 1860
- LOYD David 1860
- HOLLAND Malden 1860
- TRAWICK Rufus L 1899
- TRAWICK Rufus L 1899
- TRAWICK Rufus L 1899

Legend
- Patent Boundary
- Section Boundary
- No Patents Found (or Outside County)
- 1., 2., 3., ... Lot Numbers (when beside a name)
- [ ] Group Number (see Appendix "C")

Scale: Section = 1 mile X 1 mile (generally, with some exceptions)

Copyright 2006 Boyd IT, Inc. All Rights Reserved

Family Maps of Van Buren County, Arkansas

Road Map
T9-N R13-W
5th PM Meridian
Map Group 22

Cities & Towns
Bee Branch
Damascus
Gravesville
Southside

Cemeteries
Bee Branch Cemetery
Bee Branch Cemetery
Blackwell Cemetery
Center Hill Cemetery
Holland Cemetery
Lloyd Cemetery

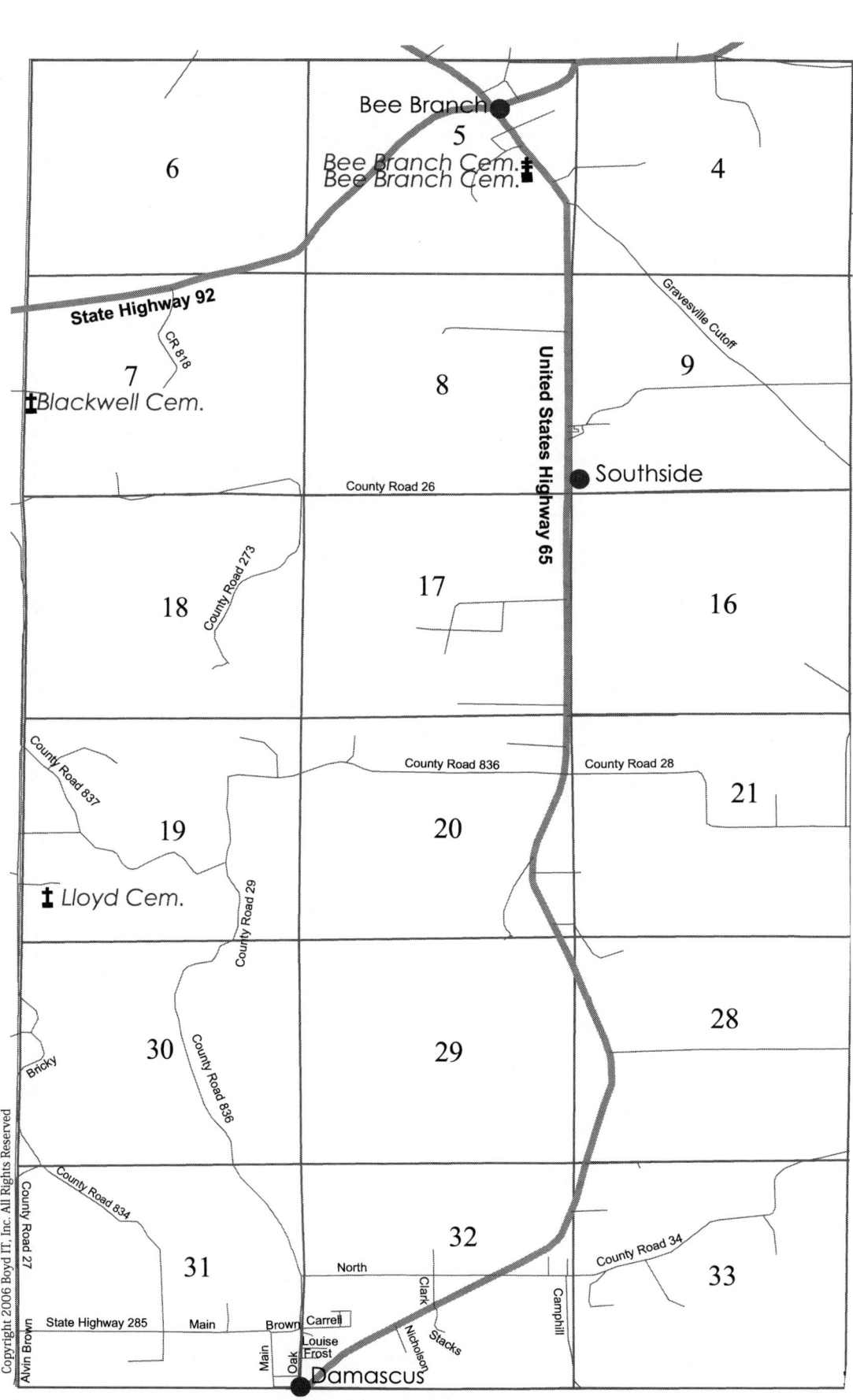

Township 9-N Range 13-W (5th PM) - Map Group 22

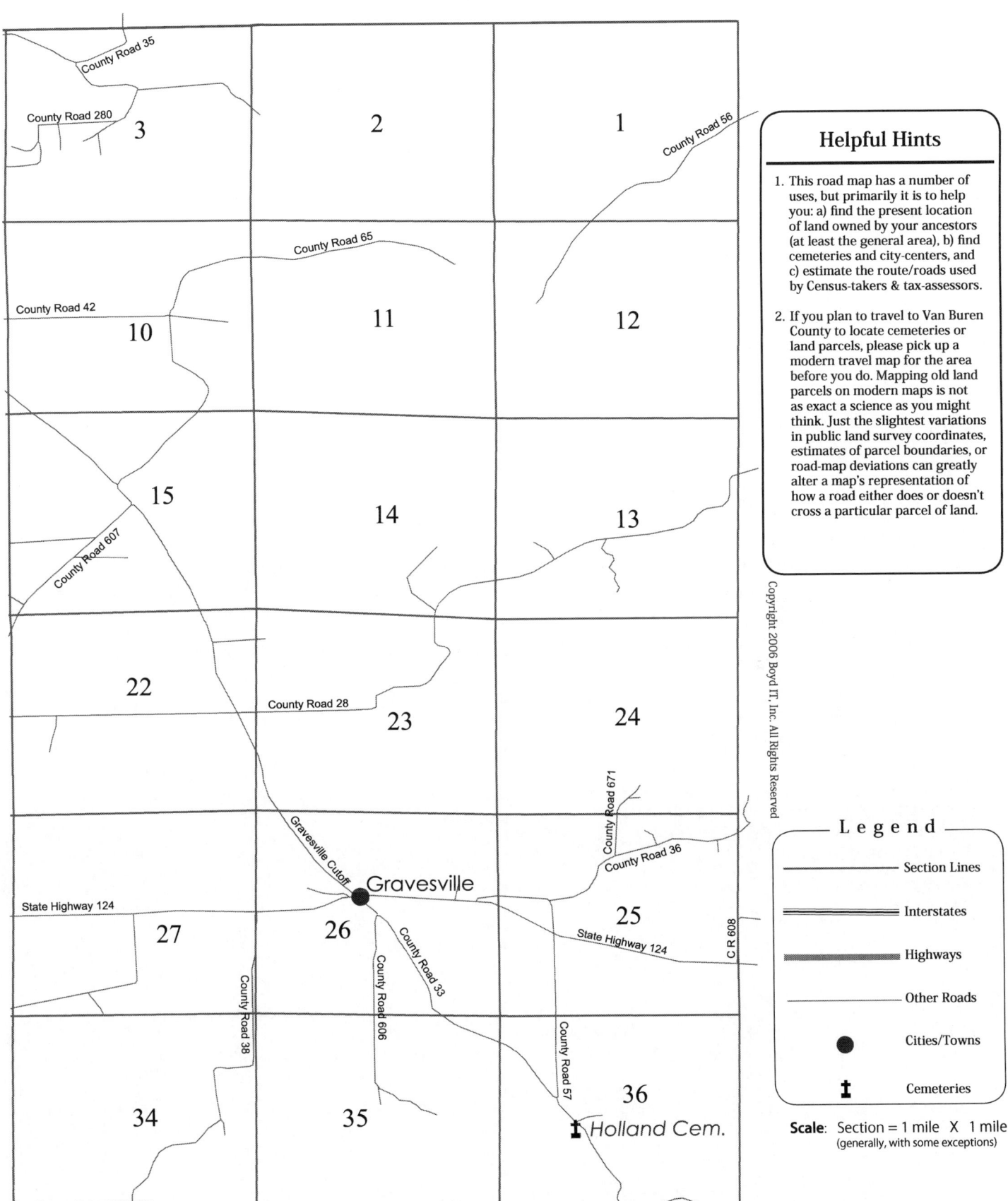

Family Maps of Van Buren County, Arkansas

Historical Map
T9-N R13-W
5th PM Meridian
Map Group 22

Cities & Towns
Bee Branch
Damascus
Gravesville
Southside

Cemeteries
Bee Branch Cemetery
Bee Branch Cemetery
Blackwell Cemetery
Center Hill Cemetery
Holland Cemetery
Lloyd Cemetery

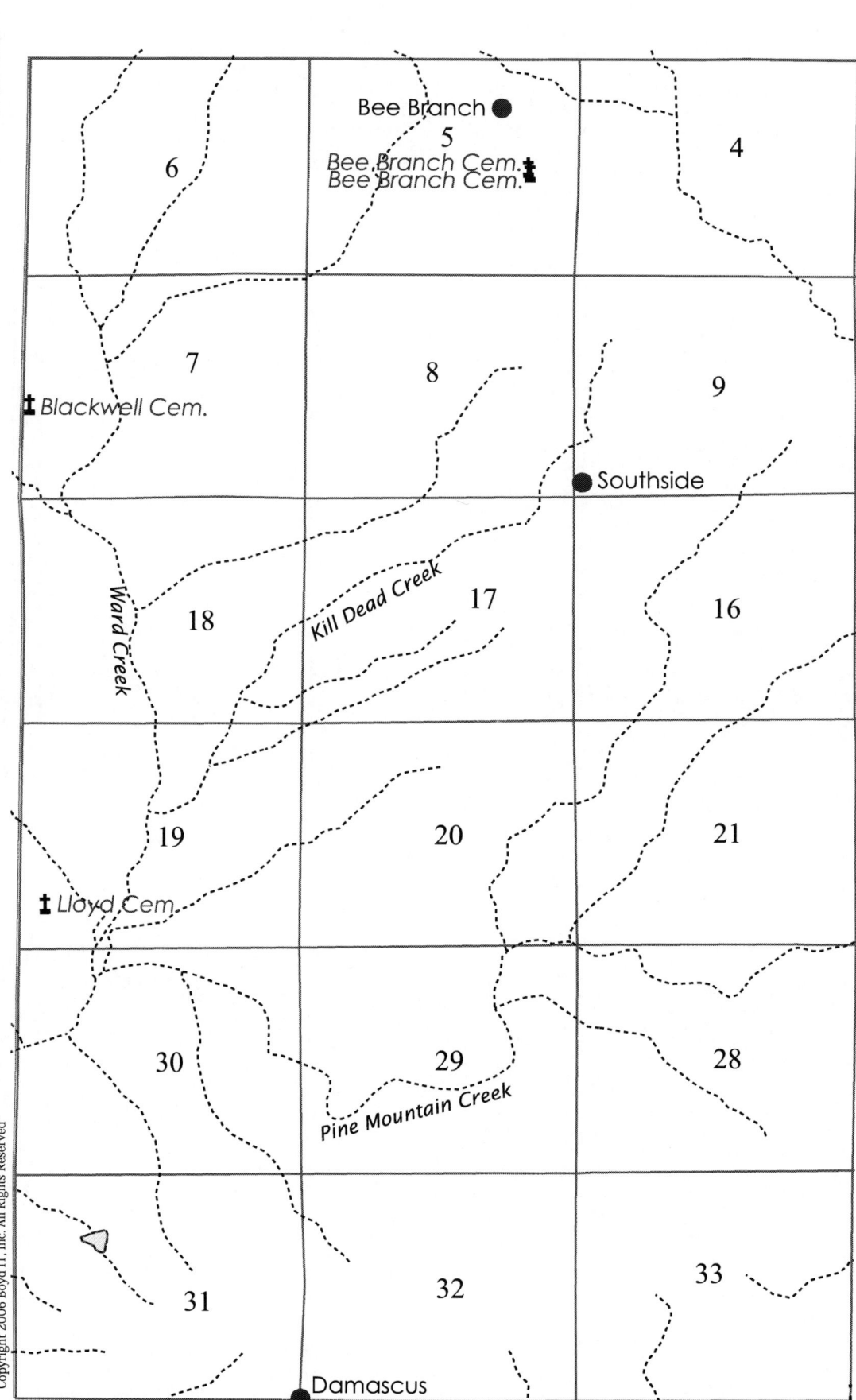

Township 9-N Range 13-W (5th PM) - Map Group 22

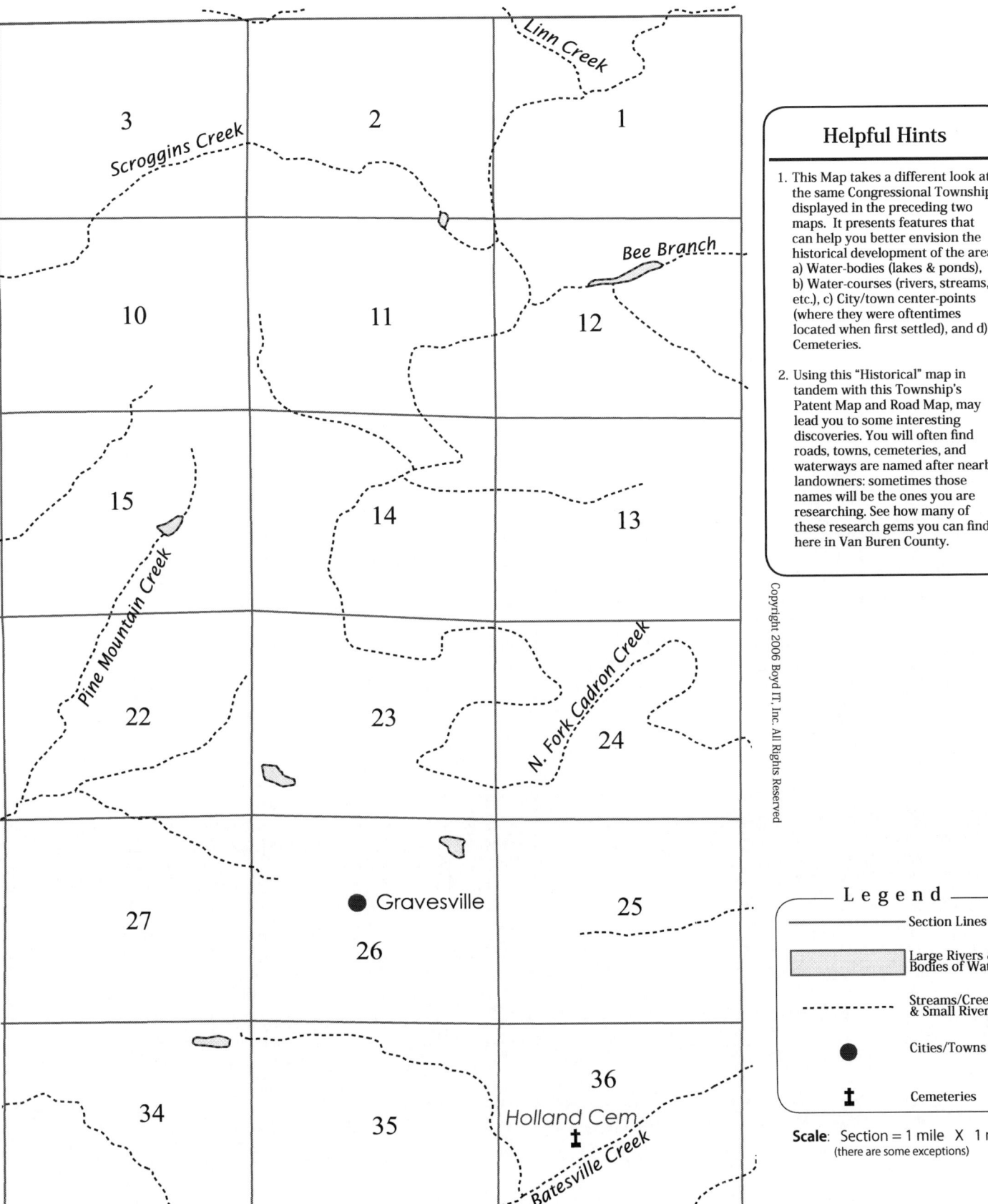

Map Group 23: Index to Land Patents
Township 9-North Range 12-West (5th PM)

After you locate an individual in this Index, take note of the Section and Section Part then proceed to the Land Patent map on the pages immediately following. You should have no difficulty locating the corresponding parcel of land.

The "For More Info" Column will lead you to more information about the underlying Patents. See the *Legend* at right, and the "How to Use this Book" chapter, for more information.

LEGEND
"For More Info . . ." column

- **A** = Authority (Legislative Act, See Appendix "A")
- **B** = Block or Lot (location in Section unknown)
- **C** = Cancelled Patent
- **F** = Fractional Section
- **G** = Group (Multi-Patentee Patent, see Appendix "C")
- **V** = Overlaps another Parcel
- **R** = Re-Issued (Parcel patented more than once)

(A & G items require you to look in the Appendixes referred to above. All other Letter-designations followed by a number require you to locate line-items in this index that possess the ID number found after the letter).

ID	Individual in Patent	Sec.	Sec. Part	Date Issued	Other Counties	For More Info . . .
6399	BARNES, James T	10	NWNW	1890-12-31		A2
6400	" "	9	E½NE	1890-12-31		A2
6401	" "	9	NESE	1890-12-31		A2
6362	BEAN, George W	31	N½NE	1860-10-01		A1
6363	" "	31	SENE	1860-10-01		A1
6361	" "	29	SWSW	1861-08-01		A1
6488	BONDS, Richard W	4	SE	1888-07-23		A2
6481	BURROUGH, Nymphas A	28	N½N½	1860-05-01		A1
6479	" "	22	S½SW	1896-01-04		A1
6480	" "	27	N½NW	1896-01-04		A1
6354	CAGLE, Elijah	31	SWSE	1860-10-01		A1
6394	CARGILL, James L	34	S½SW	1860-05-01		A1
6355	CAVENDER, Elijah F	32	SESW	1912-12-06		A2
6356	" "	32	SWSE	1912-12-06		A2
6395	CHASTAIN, James M	19	SW	1906-06-30		A2 F
6396	" "	19	SWSE	1906-06-30		A2
6474	CLIFTON, Nathan	27	N½SE	1857-10-30		A1
6475	" "	27	NESW	1857-10-30		A1
6476	" "	27	SENW	1857-10-30		A1
6477	" "	27	SWNE	1857-10-30		A1
6437	CURTIS, Jonathan C	17	N½SE	1898-08-15		A1
6438	" "	17	SWSE	1898-10-18		A1
6391	DAVES, James F	7	SW	1897-06-14		A2 F
6392	" "	7	SWSE	1897-06-14		A2
6497	DAVES, Solomon P	22	W½NE	1911-04-05		A2 V6337
6342	DAVIS, Cornelius E	3	SWNW	1882-11-10		A2 G14
6343	" "	4	SENE	1882-11-10		A2 G14
6388	DAVIS, James B	19	NW	1890-04-05		A2 F
6414	DAVIS, John F	19	N½NE	1904-01-27		A2
6420	DAVIS, John G	29	NENW	1857-09-01		A1
6417	" "	20	N½NW	1859-07-01		A1
6415	" "	17	SESE	1860-05-01		A1
6416	" "	20	N½NE	1860-05-01		A1
6418	" "	20	NESE	1860-05-01		A1
6419	" "	20	SENE	1860-05-01		A1
6342	DAVIS, Telithia	3	SWNW	1882-11-10		A2 G14
6343	" "	4	SENE	1882-11-10		A2 G14
6508	DAVIS, William	21	NWNW	1860-05-01		A1
6509	" "	21	S½NW	1860-05-01		A1
6377	DRISKILL, Isaac S	27	SESW	1889-01-26		A2
6455	DUNCAN, Lee E	30	NESE	1913-10-22		A2
6486	DUNCAN, Rebecca A	19	NWSE	1904-05-05		A2
6487	" "	19	SWNE	1904-05-05		A2
6404	EDWARDS, Jesse	34	E½SW	1857-10-30		A1
6403	" "	33	E½SE	1859-07-01		A1
6405	" "	34	W½SW	1859-07-01		A1

Township 9-N Range 12-W (5th PM) - Map Group 23

ID	Individual in Patent	Sec.	Sec. Part	Date Issued	Other Counties	For More Info . . .
6406	EDWARDS, Jesse (Cont'd)	7	NENE	1920-10-06		A2
6407	"	8	NWNW	1920-10-06		A2
6439	EDWARDS, Joseph	30	NW	1900-08-21		A2 F
6440	"	30	NWNE	1900-08-21		A2
6469	EDWARDS, Mary	28	S½SW	1860-05-01		A1
6470	"	33	NWNW	1860-05-01		A1
6441	EMMONS, Joseph	19	E½SE	1860-05-01		A1
6442	"	20	SW	1860-05-01		A1
6443	"	29	NWNW	1860-05-01		A1
6444	"	30	NENE	1860-05-01		A1 F
6358	FARMER, George L	5	N½NW	1890-03-13		A2
6359	"	5	SWNW	1890-03-13		A2 R6496
6491	FLOYD, Samuel	29	N½NE	1860-10-01		A1
6360	GIBBINS, George L	6	SW	1920-06-01		A1 F
6482	GOFF, Perline	32	NESW	1901-04-22		A2
6483	"	32	SWNW	1901-04-22		A2
6484	"	32	W½SW	1901-04-22		A2
6346	GOOCH, David D	15	N½NW	1901-04-22		A2
6372	GOODMAN, Henry	15	N½SE	1860-05-01		A1
6373	"	15	N½SW	1860-05-01		A1
6374	"	15	S½NW	1860-05-01		A1
6375	"	15	SWNE	1860-05-01		A1
6515	GRANT, William	30	S½SE	1859-07-01		A1
6513	"	29	NWSW	1860-05-01		A1
6514	"	29	SWNW	1860-05-01		A1
6516	"	30	SENE	1860-05-01		A1
6517	"	30	SWNE	1861-08-01		A1
6523	GRISHAM, William M	9	SW	1860-05-01		A1 F R6331
6331	GRISSOM, Bealey D	9	SW	1917-05-28		A2 R6523
6332	HARTLEY, Benjamin W	6	NW	1877-05-15		A2 F
6333	"	6	SWNE	1877-05-15		A2
6492	HASKINS, Samuel H	21	SESE	1905-06-16		A2 R6334
6452	HENDRICKSON, Joshua B	33	E½SW	1860-05-01		A1
6453	"	33	SENW	1860-05-01		A1
6454	"	33	SWSE	1860-05-01		A1
6498	HICKS, Thomas A	5	SENW	1885-05-04		A2
6499	"	5	W½NE	1885-05-04		A2
6316	HOLLAND, Albert	21	N½SE	1857-09-01		A1
6319	"	21	S½NE	1857-09-01		A1
6320	"	21	SWSE	1857-09-01		A1
6317	"	21	NENW	1859-07-01		A1
6318	"	21	NWNE	1859-07-01		A1
6321	"	22	NWSW	1873-06-20		A1
6335	HOLLAND, Calvin	22	NESW	1860-05-01		A1
6336	"	22	S½NW	1860-05-01		A1
6338	"	22	W½SE	1860-05-01		A1
6339	"	27	NWNE	1860-05-01		A1
6334	"	21	SESE	1861-03-28		A1 R6492
6337	"	22	SWNE	1861-03-28		A1 V6497
6376	HOLLAND, Hosea	21	NENE	1914-09-15		A2
6393	HOLMES, James H	3	NWNE	1920-07-28		A2
6446	HUDSON, Joseph	20	SESE	1860-05-01		A1
6447	"	20	W½SE	1860-05-01		A1
6448	"	21	SW	1860-05-01		A1
6408	HUNT, John B	28	S½NW	1860-05-01		A1
6409	"	29	N½SE	1860-05-01		A1
6410	"	29	NESW	1860-05-01		A1
6411	"	29	SENE	1860-05-01		A1
6324	JOHNSON, Asa	6	SESE	1901-01-23		A2 F
6325	"	6	SWSE	1901-01-23		A2 F
6326	"	7	N½NW	1901-01-23		A2 F
6327	"	7	NWNE	1901-01-23		A2 F
6328	JOHNSON, Austin P	7	S½NW	1890-05-31		A2 F
6467	JOHNSON, Mary C	7	SENE	1901-06-25		A2
6468	"	8	SWNW	1901-06-25		A2
6518	JOHNSON, William	18	NWNW	1861-08-01		A1 F
6524	JOHNSON, William O	6	NWNE	1917-04-27		A2
6465	JONES, Mary B	10	NESE	1913-02-08		A2 G47
6466	"	10	SENE	1913-02-08		A2 G47
6421	KARR, John J	30	NWSE	1903-06-24		A2 F
6422	"	30	SW	1903-06-24		A2 F
6340	LEONARD, Charley F	5	SE	1895-11-13		A2
6329	LOFTIS, Barton	10	SESE	1859-07-01		A1

ID	Individual in Patent	Sec.	Sec. Part	Date Issued	Other Counties	For More Info . . .
6330	LOFTIS, Barton (Cont'd)	15	E½NE	1859-07-01		A1
6432	LOFTIS, John P	22	SESE	1860-05-01		A1
6433	" "	27	E½NE	1860-05-01		A1
6500	LOFTIS, Thomas J	34	NE	1857-09-01		A1
6519	LOFTIS, William	10	NENE	1860-09-01		A1
6520	" "	10	NENW	1860-09-01		A1
6521	" "	10	NWNE	1860-09-01		A1 F
6522	" "	3	SE	1860-09-01		A1 F
6489	MCKENZIE, Samuel A	29	SENW	1910-02-07		A2
6490	" "	29	SWNE	1910-02-07		A2
6424	MCKIM, John	18	NE	1890-06-06		A2 G54 F
6424	MCKIM, Martha H	18	NE	1890-06-06		A2 G54 F
6525	MCNAMEE, William P	22	SENE	1860-05-01		A1
6526	" "	27	S½SE	1860-05-01		A1
6527	" "	34	N½SE	1860-05-01		A1
6425	MILIKEN, John	32	N½SE	1860-07-02		A1
6426	" "	32	S½NE	1860-07-02		A1
6427	" "	32	SESE	1860-07-02		A1
6428	MILLIKIN, John	32	N½NW	1860-05-01		A1
6429	" "	32	SENW	1860-05-01		A1
6506	NEAL, William D	7	NESE	1860-09-01		A1
6507	" "	7	SWNE	1860-09-01		A1
6471	PARISH, Miley L	18	NWSW	1900-11-12		A2 C F
6472	" "	18	SE	1900-11-12		A2 C F R6345
6473	" "	18	SWSW	1900-11-12		A2 C
6348	PHILIPS, David	10	E½SW	1860-05-01		A1
6350	" "	10	S½NW	1860-05-01		A1
6352	" "	10	SWSE	1860-05-01		A1
6353	" "	15	NWNE	1860-05-01		A1
6349	" "	10	NWSE	1860-09-01		A1
6351	" "	10	SWNE	1860-09-01		A1
6322	PHILLIPS, Alice	6	N½SE	1913-05-26		A2
6323	" "	6	SENE	1913-05-26		A2
6347	PHILLIPS, David M	6	NENE	1882-05-10		A2
6386	PHILLIPS, James A	10	W½SW	1890-10-18		A2
6387	" "	9	SESE	1890-10-18		A2
6504	PHILLIPS, Vergil E	22	NESE	1921-09-09		A2
6510	PHILLIPS, William F	3	SENE	1920-05-27		A2
6531	PHILLIPS, William W	19	SENE	1901-06-25		A2
6532	" "	20	S½NW	1901-06-25		A2
6533	" "	20	SWNE	1901-06-25		A2
6485	PROUSE, Philip O	33	NWSW	1860-05-01		A1
6364	REDDICK, George W	15	S½S½	1860-05-01		A1
6365	" "	22	N½NW	1860-05-01		A1
6366	" "	22	NENE	1860-05-01		A1
6367	RICHMOND, Green B	31	N½SE	1861-03-28		A1
6368	" "	31	S½NW	1861-03-28		A1 F
6369	" "	31	SESE	1861-03-28		A1
6370	" "	31	SW	1861-03-28		A1
6371	" "	31	SWNE	1861-03-28		A1
6344	ROLLINGS, David A	17	NWSW	1900-06-25		A2
6345	" "	18	SE	1900-06-25		A2 F R6472
6412	ROLLINS, John E	17	NESW	1901-11-16		A2
6413	" "	17	S½SW	1901-11-16		A2
6478	SANDAGE, Nathan	18	S½NW	1888-07-23		A2
6378	SCARLETT, Jacob E	27	W½SW	1857-10-30		A1
6380	" "	28	SESE	1857-10-30		A1
6381	" "	28	SWSE	1860-10-01		A1
6382	" "	33	NENW	1860-10-01		A1
6383	" "	33	NWNE	1860-10-01		A1
6379	" "	28	NESE	1895-06-08		A1
6384	" "	34	NWNW	1895-06-08		A1
6457	SCARLETT, Lewis J	33	NENE	1860-05-01		A1
6458	" "	33	NWSE	1860-05-01		A1
6459	" "	33	S½NE	1860-05-01		A1
6460	" "	34	NENW	1860-05-01		A1
6461	" "	34	SENW	1860-05-01		A1
6462	" "	34	SWNW	1860-05-01		A1
6430	SELPH, John N	27	SWNW	1861-05-01		A1
6431	" "	28	SENE	1861-05-01		A1
6449	SHACKLEFORD, Joseph P	29	SESE	1883-01-15		A2
6450	" "	29	SWSE	1883-01-15		A2
6451	" "	32	N½NE	1883-01-15		A2

Township 9-N Range 12-W (5th PM)   -   Map Group 23

ID	Individual in Patent	Sec.	Sec. Part	Date Issued	Other Counties	For More Info . . .
6389	SIMMS, James D	8	E½NW	1899-08-14		A2
6390	" "	8	W½NE	1899-08-14		A2
6505	SIMMS, William A	3	N½NW	1899-08-14		A2
6445	SIMS, Joseph F	17	NW	1894-05-15		A2
6502	SIMS, Vance M	4	NESW	1906-06-04		A2
6503	" "	4	S½SW	1906-06-04		A2
6511	SIMS, William F	8	E½NE	1889-01-26		A2
6512	" "	8	NESE	1889-01-26		A2
6397	SNEED, James	4	N½NW	1890-03-13		A2
6398	" "	4	SWNE	1890-03-13		A2
6434	SNEED, John	3	SW	1893-11-04		A2 F
6493	SNEED, Samuel	4	NWSW	1882-05-10		A2
6495	" "	5	E½NE	1882-05-10		A2
6496	" "	5	SWNW	1882-05-10		A2 R6359
6494	" "	4	SENW	1882-08-25		A1
6501	SNEED, Thomas	4	N½NE	1885-05-04		A2
6528	SNEED, William T	28	N½SW	1901-06-25		A2
6529	" "	28	NWSE	1901-06-25		A2
6530	" "	28	SWNE	1901-06-25		A2
6357	SPEIGHTS, Everett C	9	W½SE	1914-03-07		A2
6463	TIPTON, Mary A	9	N½NW	1897-02-10		A2
6464	" "	9	NWNE	1897-02-10		A2 F
6465	TRAWICK, Mary B	10	NESE	1913-02-08		A2 G47
6466	" "	10	SENE	1913-02-08		A2 G47
6341	WARD, Claiborne	33	SWSW	1897-04-23		A1
6385	WARD, Jacob K	8	NWSW	1920-04-10		A1
6402	WARD, Jesse D	7	NWSE	1915-05-07		A2
6423	WARD, John L	8	E½SW	1903-10-26		A2
6435	WARD, John T	7	SESE	1904-11-15		A2
6436	" "	8	SWSW	1904-11-15		A2
6534	WARD, William W	9	S½NW	1906-09-14		A2
6456	WATERS, Leecy C	3	SWNE	1896-05-13		A2
6535	WOOD, William W	5	SW	1899-02-25		A2

Family Maps of Van Buren County, Arkansas

Patent Map

T9-N R12-W
5th PM Meridian

Map Group 23

Township Statistics

Parcels Mapped	:	220
Number of Patents	:	122
Number of Individuals	:	102
Patentees Identified	:	99
Number of Surnames	:	65
Multi-Patentee Parcels	:	5
Oldest Patent Date	:	9/1/1857
Most Recent Patent	:	9/9/1921
Block/Lot Parcels	:	0
Parcels Re-Issued	:	4
Parcels that Overlap	:	2
Cities and Towns	:	1
Cemeteries	:	0

Township 9-N Range 12-W (5th PM) - Map Group 23

Section 3
- SIMMS, William A — 1899
- HOLMES, James H — 1920
- DAVIS [14], Cornelius E — 1882
- WATERS, Leecy C — 1896
- PHILLIPS, William F — 1920
- SNEED, John — 1893
- LOFTIS, William — 1860

Section 2

Section 1

Section 10
- BARNES, James T — 1890
- LOFTIS, William — 1860
- LOFTIS, William — 1860
- LOFTIS, William — 1860
- PHILIPS, David — 1860
- PHILIPS, David — 1860
- JONES [47], Mary B — 1913
- PHILLIPS, James A — 1890
- PHILIPS, David — 1860
- JONES [47], Mary B — 1913
- PHILIPS, David — 1860
- PHILIPS, David — 1860
- LOFTIS, Barton — 1859

Section 11

Section 12

Section 15
- GOOCH, David D — 1901
- PHILIPS, David — 1860
- GOODMAN, Henry — 1860
- GOODMAN, Henry — 1860
- LOFTIS, Barton — 1859
- GOODMAN, Henry — 1860
- GOODMAN, Henry — 1860
- REDDICK, George W — 1860

Section 14 — Cleburne County

Section 13

Section 22
- REDDICK, George W — 1860
- DAVES, Solomon P — 1911
- REDDICK, George W — 1860
- HOLLAND, Calvin — 1860
- HOLLAND, Calvin — 1861
- MCNAMEE, William P — 1860
- HOLLAND, Albert — 1873
- HOLLAND, Calvin — 1860
- HOLLAND, Calvin — 1860
- PHILLIPS, Vergil E — 1921
- BURROUGH, Nymphas A — 1896
- LOFTIS, John P — 1860

Section 23

Section 24

Section 27
- BURROUGH, Nymphas A — 1896
- HOLLAND, Calvin — 1860
- SELPH, John N — 1861
- CLIFTON, Nathan — 1857
- CLIFTON, Nathan — 1857
- LOFTIS, John P — 1860
- CLIFTON, Nathan — 1857
- CLIFTON, Nathan — 1857
- SCARLETT, Jacob E — 1857
- DRISKILL, Isaac S — 1889
- MCNAMEE, William P — 1860

Section 26

Section 25

Section 34
- SCARLETT, Jacob E — 1895
- SCARLETT, Lewis J — 1860
- SCARLETT, Lewis J — 1860
- SCARLETT, Lewis J — 1860
- LOFTIS, Thomas J — 1857
- EDWARDS, Jesse — 1859
- EDWARDS, Jesse — 1857
- MCNAMEE, William P — 1860
- CARGILL, James L — 1860

Section 35

Section 36

Helpful Hints

1. This Map's INDEX can be found on the preceding pages.
2. Refer to Map "C" to see where this Township lies within Van Buren County, Arkansas.
3. Numbers within square brackets [ ] denote a multi-patentee land parcel (multi-owner). Refer to Appendix "C" for a full list of members in this group.
4. Areas that look to be crowded with Patentees usually indicate multiple sales of the same parcel (Re-issues) or Overlapping parcels. See this Township's Index for an explanation of these and other circumstances that might explain "odd" groupings of Patentees on this map.

Copyright 2006 Boyd IT, Inc. All Rights Reserved

Legend

— Patent Boundary
— Section Boundary
No Patents Found (or Outside County)
1., 2., 3., ... Lot Numbers (when beside a name)
[ ] Group Number (see Appendix "C")

Scale: Section = 1 mile X 1 mile (generally, with some exceptions)

Family Maps of Van Buren County, Arkansas

Road Map
T9-N R12-W
5th PM Meridian
Map Group 23

Cities & Towns
Fairbanks

Cemeteries
None

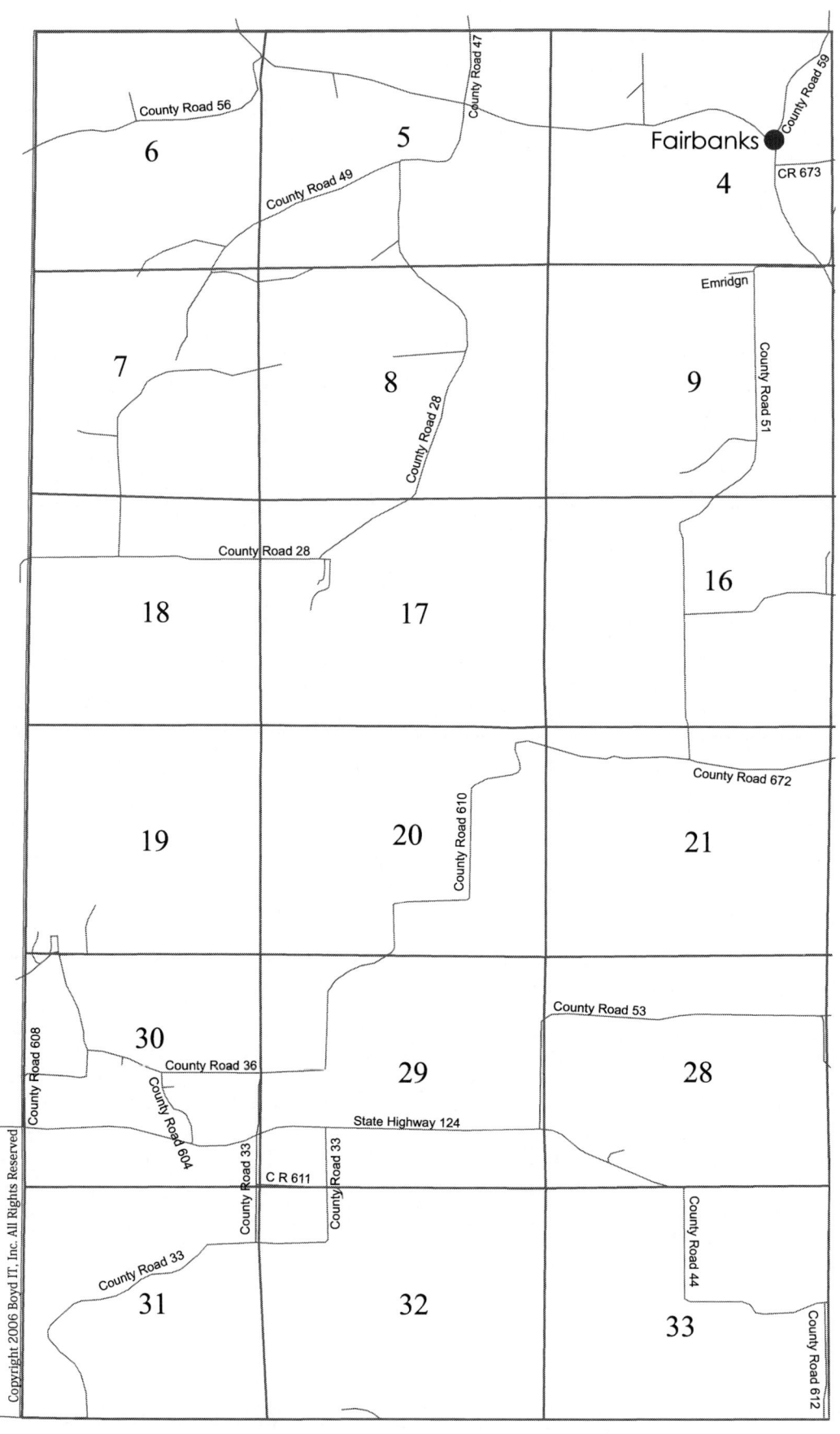

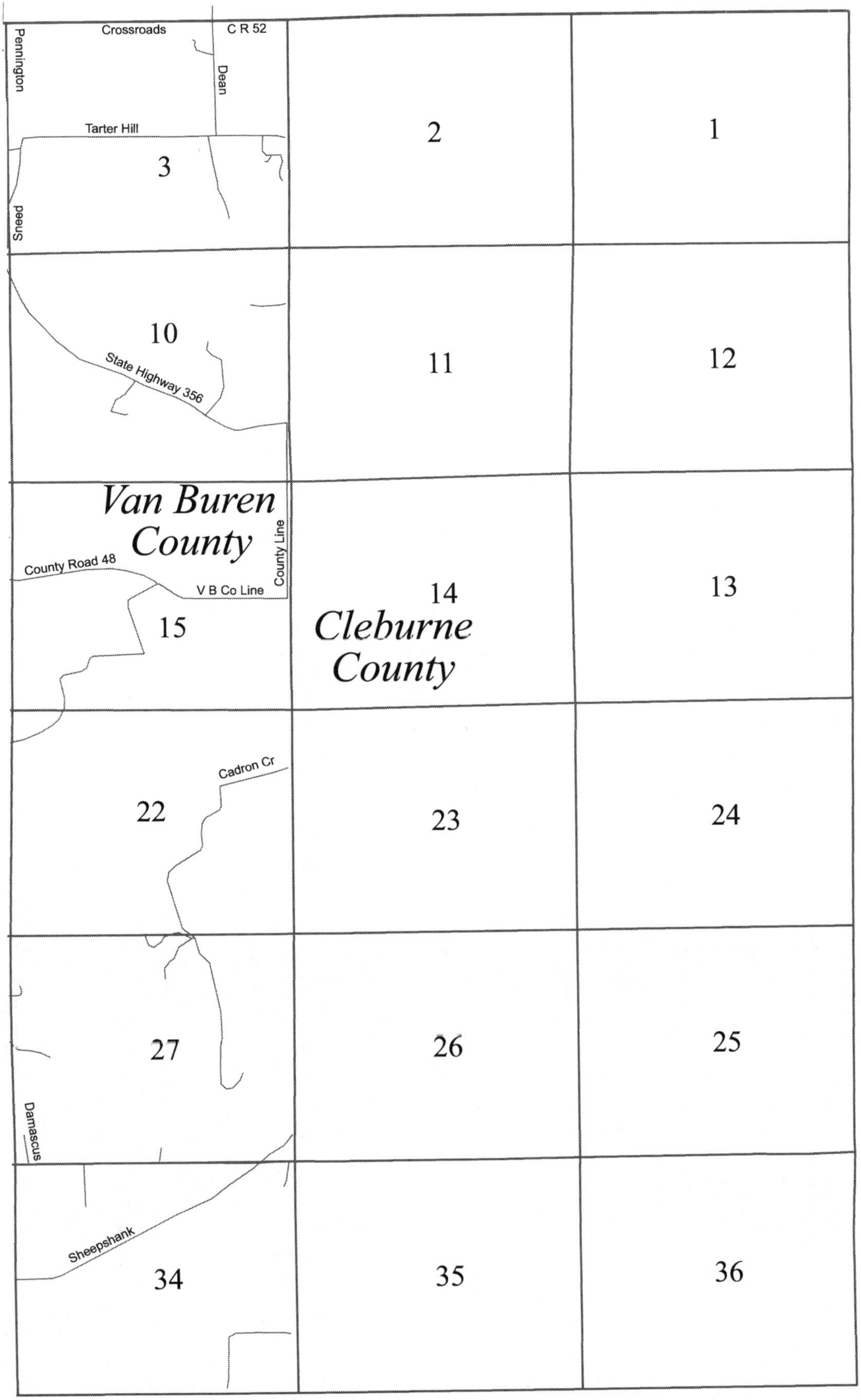

Township 9-N Range 12-W (5th PM) - Map Group 23

Helpful Hints

1. This road map has a number of uses, but primarily it is to help you: a) find the present location of land owned by your ancestors (at least the general area), b) find cemeteries and city-centers, and c) estimate the route/roads used by Census-takers & tax-assessors.

2. If you plan to travel to Van Buren County to locate cemeteries or land parcels, please pick up a modern travel map for the area before you do. Mapping old land parcels on modern maps is not as exact a science as you might think. Just the slightest variations in public land survey coordinates, estimates of parcel boundaries, or road-map deviations can greatly alter a map's representation of how a road either does or doesn't cross a particular parcel of land.

Van Buren County

Cleburne County

Sections: 3, 2, 1, 10, 11, 12, 15, 14, 13, 22, 23, 24, 27, 26, 25, 34, 35, 36

Roads/features: Pennington, Crossroads, C R 52, Dean, Tarter Hill, Sheep, State Highway 356, County Road 48, V B Co Line, County Line, Cadron Cr, Damascus, Sheepshank

Copyright 2006 Boyd IT, Inc. All Rights Reserved

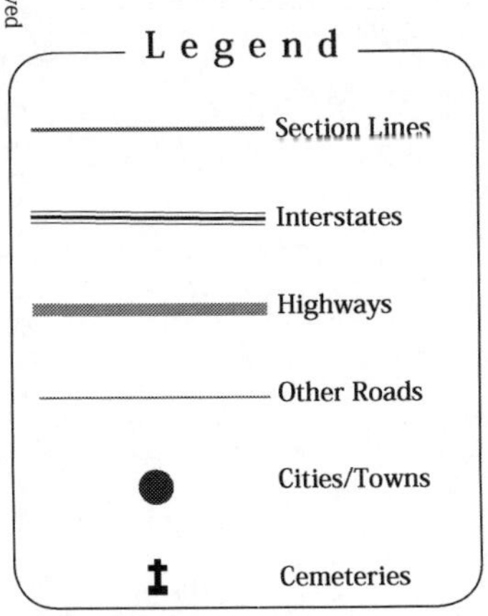

Legend

— Section Lines
≡ Interstates
▬ Highways
— Other Roads
● Cities/Towns
✝ Cemeteries

Scale: Section = 1 mile X 1 mile
(generally, with some exceptions)

309

Family Maps of Van Buren County, Arkansas

Historical Map
T9-N R12-W
5th PM Meridian
Map Group 23

Cities & Towns
Fairbanks

Cemeteries
None

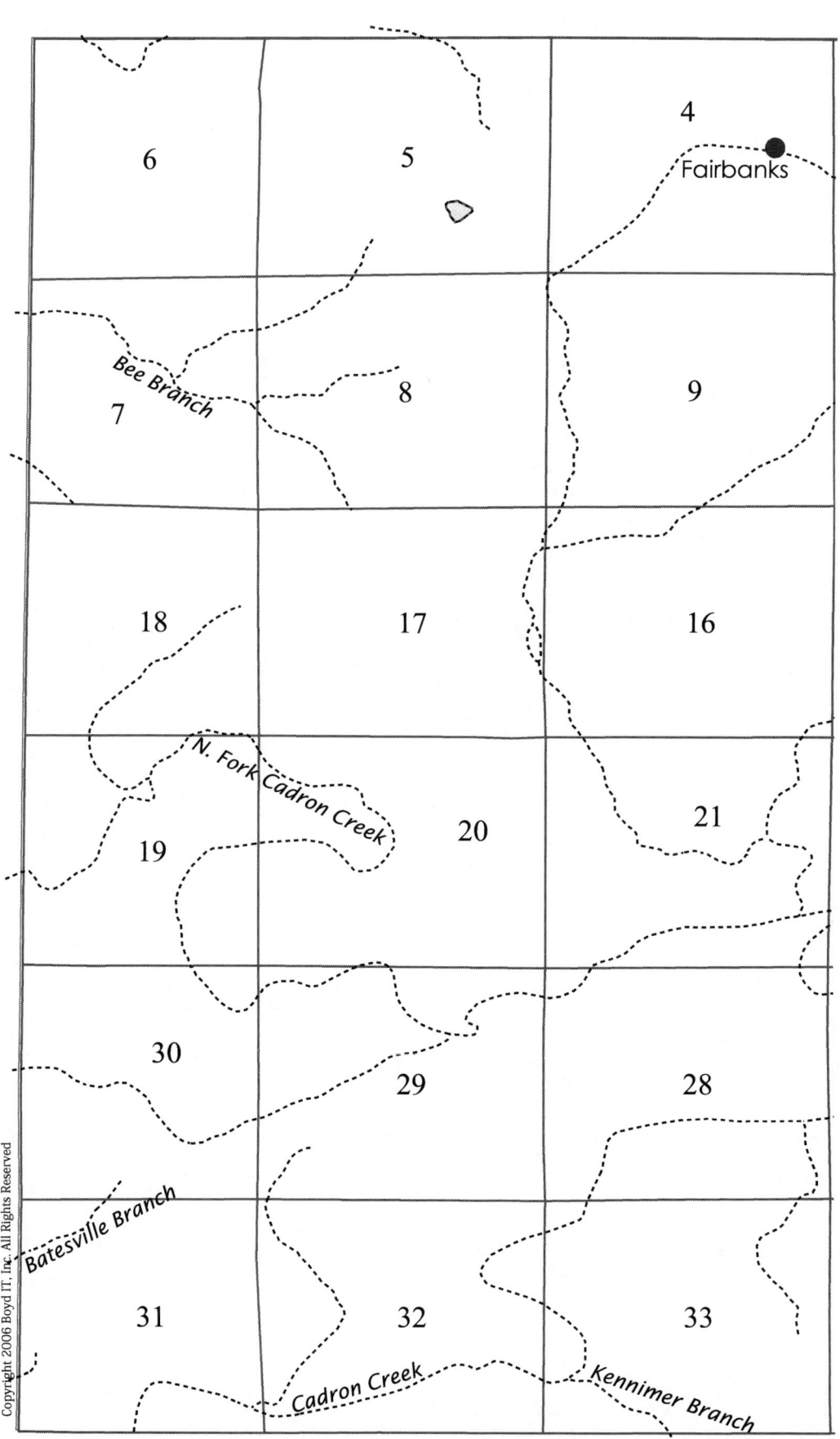

Township 9-N Range 12-W (5th PM) - Map Group 23

3	2	1
10 *Van Buren County*	11 *Cleburne County*	12
15	14	13
22	23	24
27	26	25
34	35	36

N. Fork Cadron Creek
Cadron Creek
Addler Branch

Helpful Hints

1. This Map takes a different look at the same Congressional Township displayed in the preceding two maps. It presents features that can help you better envision the historical development of the area: a) Water-bodies (lakes & ponds), b) Water-courses (rivers, streams, etc.), c) City/town center-points (where they were oftentimes located when first settled), and d) Cemeteries.

2. Using this "Historical" map in tandem with this Township's Patent Map and Road Map, may lead you to some interesting discoveries. You will often find roads, towns, cemeteries, and waterways are named after nearby landowners: sometimes those names will be the ones you are researching. See how many of these research gems you can find here in Van Buren County.

Copyright 2006 Boyd IT, Inc. All Rights Reserved

Legend

— Section Lines
▒ Large Rivers & Bodies of Water
- - - Streams/Creeks & Small Rivers
● Cities/Towns
† Cemeteries

Scale: Section = 1 mile X 1 mile
(there are some exceptions)

Appendices

Appendix A - Acts of Congress Authorizing the Patents Contained in this Book

The following Acts of Congress are referred to throughout the Indexes in this book. The text of the Federal Statutes referred to below can usually be found on the web. For more information on such laws, check out the publishers's web-site at *www.arphax.com*, go to the "Research" page, and click on the "Land-Law" link.

Ref. No.	Date and Act of Congress	Number of Parcels of Land
1	April 24, 1820: Sale-Cash Entry (3 Stat. 566)	966
2	May 20, 1862: Homestead EntryOriginal (12 Stat. 392)	5569

Appendix B - Section Parts (Aliquot Parts)

The following represent the various abbreviations we have found thus far in describing the parts of a Public Land Section. Some of these are very obscure and rarely used, but we wanted to list them for just that reason. A full section is 1 square mile or 640 acres.

Section Part	Description	Acres
<none>	Full Acre (if no Section Part is listed, presumed a full Section)	640
<1-??>	A number represents a Lot Number and can be of various sizes	?
E½	East Half-Section	320
E½E½	East Half of East Half-Section	160
E½E½SE	East Half of East Half of Southeast Quarter-Section	40
E½N½	East Half of North Half-Section	160
E½NE	East Half of Northeast Quarter-Section	80
E½NENE	East Half of Northeast Quarter of Northeast Quarter-Section	20
E½NENW	East Half of Northeast Quarter of Northwest Quarter-Section	20
E½NESE	East Half of Northeast Quarter of Southeast Quarter-Section	20
E½NESW	East Half of Northeast Quarter of Southwest Quarter-Section	20
E½NW	East Half of Northwest Quarter-Section	80
E½NWNE	East Half of Northwest Quarter of Northeast Quarter-Section	20
E½NWNW	East Half of Northwest Quarter of Northwest Quarter-Section	20
E½NWSE	East Half of Northwest Quarter of Southeast Quarter-Section	20
E½NWSW	East Half of Northwest Quarter of Southwest Quarter-Section	20
E½S½	East Half of South Half-Section	160
E½SE	East Half of Southeast Quarter-Section	80
E½SENE	East Half of Southeast Quarter of Northeast Quarter-Section	20
E½SENW	East Half of Southeast Quarter of Northwest Quarter-Section	20
E½SESE	East Half of Southeast Quarter of Southeast Quarter-Section	20
E½SESW	East Half of Southeast Quarter of Southwest Quarter-Section	20
E½SW	East Half of Southwest Quarter-Section	80
E½SWNE	East Half of Southwest Quarter of Northeast Quarter-Section	20
E½SWNW	East Half of Southwest Quarter of Northwest Quarter-Section	20
E½SWSE	East Half of Southwest Quarter of Southeast Quarter-Section	20
E½SWSW	East Half of Southwest Quarter of Southwest Quarter-Section	20
E½W½	East Half of West Half-Section	160
N½	North Half-Section	320
N½E½NE	North Half of East Half of Northeast Quarter-Section	40
N½E½NW	North Half of East Half of Northwest Quarter-Section	40
N½E½SE	North Half of East Half of Southeast Quarter-Section	40
N½E½SW	North Half of East Half of Southwest Quarter-Section	40
N½N½	North Half of North Half-Section	160
N½NE	North Half of Northeast Quarter-Section	80
N½NENE	North Half of Northeast Quarter of Northeast Quarter-Section	20
N½NENW	North Half of Northeast Quarter of Northwest Quarter-Section	20
N½NESE	North Half of Northeast Quarter of Southeast Quarter-Section	20
N½NESW	North Half of Northeast Quarter of Southwest Quarter-Section	20
N½NW	North Half of Northwest Quarter-Section	80
N½NWNE	North Half of Northwest Quarter of Northeast Quarter-Section	20
N½NWNW	North Half of Northwest Quarter of Northwest Quarter-Section	20
N½NWSE	North Half of Northwest Quarter of Southeast Quarter-Section	20
N½NWSW	North Half of Northwest Quarter of Southwest Quarter-Section	20
N½S½	North Half of South Half-Section	160
N½SE	North Half of Southeast Quarter-Section	80
N½SENE	North Half of Southeast Quarter of Northeast Quarter-Section	20
N½SENW	North Half of Southeast Quarter of Northwest Quarter-Section	20
N½SESE	North Half of Southeast Quarter of Southeast Quarter-Section	20

Family Maps of Van Buren County, Arkansas

Section Part	Description	Acres
N½SESW	North Half of Southeast Quarter of Southwest Quarter-Section	20
N½SESW	North Half of Southeast Quarter of Southwest Quarter-Section	20
N½SW	North Half of Southwest Quarter-Section	80
N½SWNE	North Half of Southwest Quarter of Northeast Quarter-Section	20
N½SWNW	North Half of Southwest Quarter of Northwest Quarter-Section	20
N½SWSE	North Half of Southwest Quarter of Southeast Quarter-Section	20
N½SWSE	North Half of Southwest Quarter of Southeast Quarter-Section	20
N½SWSW	North Half of Southwest Quarter of Southwest Quarter-Section	20
N½W½NW	North Half of West Half of Northwest Quarter-Section	40
N½W½SE	North Half of West Half of Southeast Quarter-Section	40
N½W½SW	North Half of West Half of Southwest Quarter-Section	40
NE	Northeast Quarter-Section	160
NEN½	Northeast Quarter of North Half-Section	80
NENE	Northeast Quarter of Northeast Quarter-Section	40
NENENE	Northeast Quarter of Northeast Quarter of Northeast Quarter	10
NENENW	Northeast Quarter of Northeast Quarter of Northwest Quarter	10
NENESE	Northeast Quarter of Northeast Quarter of Southeast Quarter	10
NENESW	Northeast Quarter of Northeast Quarter of Southwest Quarter	10
NENW	Northeast Quarter of Northwest Quarter-Section	40
NENWNE	Northeast Quarter of Northwest Quarter of Northeast Quarter	10
NENWNW	Northeast Quarter of Northwest Quarter of Northwest Quarter	10
NENWSE	Northeast Quarter of Northwest Quarter of Southeast Quarter	10
NENWSW	Northeast Quarter of Northwest Quarter of Southwest Quarter	10
NESE	Northeast Quarter of Southeast Quarter-Section	40
NESENE	Northeast Quarter of Southeast Quarter of Northeast Quarter	10
NESENW	Northeast Quarter of Southeast Quarter of Northwest Quarter	10
NESESE	Northeast Quarter of Southeast Quarter of Southeast Quarter	10
NESESW	Northeast Quarter of Southeast Quarter of Southwest Quarter	10
NESW	Northeast Quarter of Southwest Quarter-Section	40
NESWNE	Northeast Quarter of Southwest Quarter of Northeast Quarter	10
NESWNW	Northeast Quarter of Southwest Quarter of Northwest Quarter	10
NESWSE	Northeast Quarter of Southwest Quarter of Southeast Quarter	10
NESWSW	Northeast Quarter of Southwest Quarter of Southwest Quarter	10
NW	Northwest Quarter-Section	160
NWE½	Northwest Quarter of Eastern Half-Section	80
NWN½	Northwest Quarter of North Half-Section	80
NWNE	Northwest Quarter of Northeast Quarter-Section	40
NWNENE	Northwest Quarter of Northeast Quarter of Northeast Quarter	10
NWNENW	Northwest Quarter of Northeast Quarter of Northwest Quarter	10
NWNESE	Northwest Quarter of Northeast Quarter of Southeast Quarter	10
NWNESW	Northwest Quarter of Northeast Quarter of Southwest Quarter	10
NWNW	Northwest Quarter of Northwest Quarter-Section	40
NWNWNE	Northwest Quarter of Northwest Quarter of Northeast Quarter	10
NWNWNW	Northwest Quarter of Northwest Quarter of Northwest Quarter	10
NWNWSE	Northwest Quarter of Northwest Quarter of Southeast Quarter	10
NWNWSW	Northwest Quarter of Northwest Quarter of Southwest Quarter	10
NWSE	Northwest Quarter of Southeast Quarter-Section	40
NWSENE	Northwest Quarter of Southeast Quarter of Northeast Quarter	10
NWSENW	Northwest Quarter of Southeast Quarter of Northwest Quarter	10
NWSESE	Northwest Quarter of Southeast Quarter of Southeast Quarter	10
NWSESW	Northwest Quarter of Southeast Quarter of Southwest Quarter	10
NWSW	Northwest Quarter of Southwest Quarter-Section	40
NWSWNE	Northwest Quarter of Southwest Quarter of Northeast Quarter	10
NWSWNW	Northwest Quarter of Southwest Quarter of Northwest Quarter	10
NWSWSE	Northwest Quarter of Southwest Quarter of Southeast Quarter	10
NWSWSW	Northwest Quarter of Southwest Quarter of Southwest Quarter	10
S½	South Half-Section	320
S½E½NE	South Half of East Half of Northeast Quarter-Section	40
S½E½NW	South Half of East Half of Northwest Quarter-Section	40
S½E½SE	South Half of East Half of Southeast Quarter-Section	40

Appendix B - Section Parts (Aliquot Parts)

Section Part	Description	Acres
S½E½SW	South Half of East Half of Southwest Quarter-Section	40
S½N½	South Half of North Half-Section	160
S½NE	South Half of Northeast Quarter-Section	80
S½NENE	South Half of Northeast Quarter of Northeast Quarter-Section	20
S½NENW	South Half of Northeast Quarter of Northwest Quarter-Section	20
S½NESE	South Half of Northeast Quarter of Southeast Quarter-Section	20
S½NESW	South Half of Northeast Quarter of Southwest Quarter-Section	20
S½NW	South Half of Northwest Quarter-Section	80
S½NWNE	South Half of Northwest Quarter of Northeast Quarter-Section	20
S½NWNW	South Half of Northwest Quarter of Northwest Quarter-Section	20
S½NWSE	South Half of Northwest Quarter of Southeast Quarter-Section	20
S½NWSW	South Half of Northwest Quarter of Southwest Quarter-Section	20
S½S½	South Half of South Half-Section	160
S½SE	South Half of Southeast Quarter-Section	80
S½SENE	South Half of Southeast Quarter of Northeast Quarter-Section	20
S½SENW	South Half of Southeast Quarter of Northwest Quarter-Section	20
S½SESE	South Half of Southeast Quarter of Southeast Quarter-Section	20
S½SESW	South Half of Southeast Quarter of Southwest Quarter-Section	20
S½SESW	South Half of Southeast Quarter of Southwest Quarter-Section	20
S½SW	South Half of Southwest Quarter-Section	80
S½SWNE	South Half of Southwest Quarter of Northeast Quarter-Section	20
S½SWNW	South Half of Southwest Quarter of Northwest Quarter-Section	20
S½SWSE	South Half of Southwest Quarter of Southeast Quarter-Section	20
S½SWSE	South Half of Southwest Quarter of Southeast Quarter-Section	20
S½SWSW	South Half of Southwest Quarter of Southwest Quarter-Section	20
S½W½NE	South Half of West Half of Northeast Quarter-Section	40
S½W½NW	South Half of West Half of Northwest Quarter-Section	40
S½W½SE	South Half of West Half of Southeast Quarter-Section	40
S½W½SW	South Half of West Half of Southwest Quarter-Section	40
SE	Southeast Quarter Section	160
SEN½	Southeast Quarter of North Half-Section	80
SENE	Southeast Quarter of Northeast Quarter-Section	40
SENENE	Southeast Quarter of Northeast Quarter of Northeast Quarter	10
SENENW	Southeast Quarter of Northeast Quarter of Northwest Quarter	10
SENESE	Southeast Quarter of Northeast Quarter of Southeast Quarter	10
SENESW	Southeast Quarter of Northeast Quarter of Southwest Quarter	10
SENW	Southeast Quarter of Northwest Quarter-Section	40
SENWNE	Southeast Quarter of Northwest Quarter of Northeast Quarter	10
SENWNW	Southeast Quarter of Northwest Quarter of Northwest Quarter	10
SENWSE	Souteast Quarter of Northwest Quarter of Southeast Quarter	10
SENWSW	Southeast Quarter of Northwest Quarter of Southwest Quarter	10
SESE	Southeast Quarter of Southeast Quarter-Section	40
SESENE	SoutheastQuarter of Southeast Quarter of Northeast Quarter	10
SESENW	Southeast Quarter of Southeast Quarter of Northwest Quarter	10
SESESE	Southeast Quarter of Southeast Quarter of Southeast Quarter	10
SESESW	Southeast Quarter of Southeast Quarter of Southwest Quarter	10
SESW	Southeast Quarter of Southwest Quarter-Section	40
SESWNE	Southeast Quarter of Southwest Quarter of Northeast Quarter	10
SESWNW	Southeast Quarter of Southwest Quarter of Northwest Quarter	10
SESWSE	Southeast Quarter of Southwest Quarter of Southeast Quarter	10
SESWSW	Southeast Quarter of Southwest Quarter of Southwest Quarter	10
SW	Southwest Quarter-Section	160
SWNE	Southwest Quarter of Northeast Quarter-Section	40
SWNENE	Southwest Quarter of Northeast Quarter of Northeast Quarter	10
SWNENW	Southwest Quarter of Northeast Quarter of Northwest Quarter	10
SWNESE	Southwest Quarter of Northeast Quarter of Southeast Quarter	10
SWNESW	Southwest Quarter of Northeast Quarter of Southwest Quarter	10
SWNW	Southwest Quarter of Northwest Quarter-Section	40
SWNWNE	Southwest Quarter of Northwest Quarter of Northeast Quarter	10
SWNWNW	Southwest Quarter of Northwest Quarter of Northwest Quarter	10

Section Part	Description	Acres
SWNWSE	Southwest Quarter of Northwest Quarter of Southeast Quarter	10
SWNWSW	Southwest Quarter of Northwest Quarter of Southwest Quarter	10
SWSE	Southwest Quarter of Southeast Quarter-Section	40
SWSENE	Southwest Quarter of Southeast Quarter of Northeast Quarter	10
SWSENW	Southwest Quarter of Southeast Quarter of Northwest Quarter	10
SWSESE	Southwest Quarter of Southeast Quarter of Southeast Quarter	10
SWSESW	Southwest Quarter of Southeast Quarter of Southwest Quarter	10
SWSW	Southwest Quarter of Southwest Quarter-Section	40
SWSWNE	Southwest Quarter of Southwest Quarter of Northeast Quarter	10
SWSWNW	Southwest Quarter of Southwest Quarter of Northwest Quarter	10
SWSWSE	Southwest Quarter of Southwest Quarter of Southeast Quarter	10
SWSWSW	Southwest Quarter of Southwest Quarter of Southwest Quarter	10
W½	West Half-Section	320
W½E½	West Half of East Half-Section	160
W½N½	West Half of North Half-Section (same as NW)	160
W½NE	West Half of Northeast Quarter	80
W½NENE	West Half of Northeast Quarter of Northeast Quarter-Section	20
W½NENW	West Half of Northeast Quarter of Northwest Quarter-Section	20
W½NESE	West Half of Northeast Quarter of Southeast Quarter-Section	20
W½NESW	West Half of Northeast Quarter of Southwest Quarter-Section	20
W½NW	West Half of Northwest Quarter-Section	80
W½NWNE	West Half of Northwest Quarter of Northeast Quarter-Section	20
W½NWNW	West Half of Northwest Quarter of Northwest Quarter-Section	20
W½NWSE	West Half of Northwest Quarter of Southeast Quarter-Section	20
W½NWSW	West Half of Northwest Quarter of Southwest Quarter-Section	20
W½S½	West Half of South Half-Section	160
W½SE	West Half of Southeast Quarter-Section	80
W½SENE	West Half of Southeast Quarter of Northeast Quarter-Section	20
W½SENW	West Half of Southeast Quarter of Northwest Quarter-Section	20
W½SESE	West Half of Southeast Quarter of Southeast Quarter-Section	20
W½SESW	West Half of Southeast Quarter of Southwest Quarter-Section	20
W½SW	West Half of Southwest Quarter-Section	80
W½SWNE	West Half of Southwest Quarter of Northeast Quarter-Section	20
W½SWNW	West Half of Southwest Quarter of Northwest Quarter-Section	20
W½SWSE	West Half of Southwest Quarter of Southeast Quarter-Section	20
W½SWSW	West Half of Southwest Quarter of Southwest Quarter-Section	20
W½W½	West Half of West Half-Section	160

Appendix C - Multi-Patentee Groups

The following index presents groups of people who jointly received patents in Van Buren County, Arkansas. The Group Numbers are used in the Patent Maps and their Indexes so that you may then turn to this Appendix in order to identify all the members of the each buying group.

Group Number 1
ANDERSON, Beckie L; CULLUM, Beckie L

Group Number 2
BACON, Elizabeth; REEVES, Elizabeth

Group Number 3
BAKER, Hezekiah; BAKER, Martha S

Group Number 4
BATTLES, Mary M; HARMON, Mary M

Group Number 5
BENNETT, Mandy; BENNETT, Peter

Group Number 6
BENTLEY, Cornealious F; BENTLEY, Margaret E

Group Number 7
BRITTAIN, Frederick H; BRITTAIN, Sarah F

Group Number 8
CHANDLER, John B; CHANDLER, Nancy

Group Number 9
CLUTTS, Emily C; CLUTTS, Paul

Group Number 10
CONKLIN, Belle; JOHNSON, Belle; JOHNSON, Nathan

Group Number 11
COOPER, Permelia A; POSTELL, Permelia A

Group Number 12
CRAWFORD, Homer C; CRAWFORD, William L

Group Number 13
DAULEY, Arkie P; DEAN, Arkie P

Group Number 14
DAVIS, Cornelius E; DAVIS, Telithia

Group Number 15
DAVIS, Mattie V; NICKLES, Mattie V

Group Number 16
DEAN, Rebecca J; DEAN, Thomas J

Group Number 17
DOLLAR, Mellie; SHANNON, Mellie; SHANNON, Robert L

Group Number 18
DOWDY, Mary; DOWDY, Thomas

Group Number 19
DURRETT, Frances C; DURRETT, William

Group Number 20
DYER, Mattie; DYER, Samuel H; ELY, Mattie

Group Number 21
EMERSON, Green; EMERSON, Piety

Group Number 22
FILES, Rebecca; HENSLEY, Rebecca

Group Number 23
FORRESTER, Rachel; WILLIAMS, Rachel

Group Number 24
FRYMAN, Mary E; FRYMAN, Stephen

Group Number 25
GARDNER, Martha M; MCKINNEY, Martha M

Group Number 26
GARNER, Martin S; GARNER, Mary A

Group Number 27
GARRETT, Rosa C; PARKER, Rosa C

Group Number 28
GEARY, Benjamin H; GEARY, Sarah

Group Number 29
GIBBONS, Edmon E; GIBBONS, Mary E; SHELTON, Mary E

Group Number 30
GIBBY, James T; GIBBY, Nancy

Group Number 31
GOLDMAN, Pairlee; GOLDMAN, Thomas E

Group Number 32
GOODEN, Bertha E; GOODEN, Nathan T; STORY, Bertha E

Group Number 33
GOODEN, Daisy M; GOODEN, Thomas M

Group Number 34
GOODNIGHT, John; GOODNIGHT, Nancy

Group Number 35
GRANT, George W; GRANT, Nancy J

Group Number 36
HALL, Peter C; HALL, Sarah

Group Number 37
HAMPTON, Alice R; HAMPTON, Middleton E

Group Number 38
HARNESS, John; HARNESS, Susan

Group Number 39
HATLEY, Elizabeth; HATLEY, John

Group Number 40
HENSLEY, James D; HENSLEY, Mary A

Group Number 41
HENSLEY, Ollie E; SYKES, Mary J

Group Number 42
HUBBARD, Joseph B; HUBBARD, Sallie R

Group Number 43
HUIE, Mary L; RUMLEY, Mary L

Group Number 44
HUNTER, Isaac; HUNTER, Rebecca

Group Number 45
INGLES, Nancy; INGLES, William M

Group Number 46
JONES, Henrietta; JONES, William E

Group Number 47
JONES, Mary B; TRAWICK, Mary B

Group Number 48
KELLEY, Alice E; THOMASON, Alice E

Group Number 49
KNIGHT, Felix G; KNIGHT, Ruthe C

Group Number 50
LANDFORD, Curtis C; LANKFORD, Fannie E

Group Number 51
MCCALOUM, Elizabeth; MCCALOUM, Fad

Group Number 52
MCCOY, Irvin L; MCCOY, Rival E

Group Number 53
MCGEE, Mary E; WATTS, Mary E

Group Number 54
MCKIM, John; MCKIM, Martha H

Group Number 55
MEDLOCK, Sarah A; PHILLIPS, Sarah A

Group Number 56
MELTON, King L; MELTON, Mary

Group Number 57
NEAL, John H; NEAL, Mary H

Group Number 58
PERKINS, Alice; PERKINS, Green

Group Number 59
PIERCE, Henry B; PIERCE, Lucy E; PIERCE, Nellie L; PIERCE, Richard H

Group Number 60
REEVES, Emma C; STERLIN, Emma C

Group Number 61
REYNOLDS, Jane; REYNOLDS, John

Group Number 62
SANDERS, Charlotte; SANDERS, Peter

Group Number 63
SHIPP, Mary E; SHIPP, Newton

Group Number 64
SHORT, George W; SHORT, Minnie

Group Number 65
SIMS, Houston H; SIMS, Rosie B

Group Number 66
SKIDMORE, Nancy; SKIDMORE, Turner L

Group Number 67
STEPHENS, Albert S; STEPHENS, Alex J; STEPHENS, Brounlow F; STEPHENS, Daisy; STEPHENS, Elizabeth; STEPHENS, Samuel

Group Number 68
STEPHENS, George; STEPHENS, Martillis

Group Number 69
STEWART, John V; STEWART, Phebe

Group Number 70
TALLENT, Sarah A; TALLENT, William J

Group Number 71
THOMPSON, Jurda A; THOMPSON, Russell

Group Number 72
TIPTON, James H; TIPTON, Julia A

Group Number 73
VEST, Peggie J; WALTERS, Peggie J

Group Number 74
WALDRIP, Aggie M J; WALDRIP, Carrie C

Group Number 75
WARREN, Squire; WARREN, Tolitha C

Group Number 76
WATSON, Amanda; WATSON, Richard

Group Number 77
WILLIAMS, Catharine J; WILLIAMS, William R

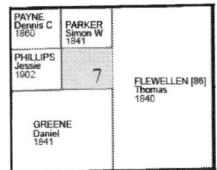

Extra! Extra! (about our Indexes)

We purposefully do not have an all-name index in the back of this volume so that our readers do not miss one of the best uses of this book: finding misspelled names among more specialized indexes.

Without repeating the text of our "How-to" chapter, we have nonetheless tried to assist our more anxious researchers by delivering a short-cut to the two county-wide Surname Indexes, the second of which will lead you to all-name indexes for each Congressional Township mapped in this volume :

> **Surname Index** (whole county, with number of parcels mapped) ....page 18
> **Surname Index** (township by township) ....just following

For your convenience, the "How To Use this Book" Chart on page 2 is repeated on the reverse of this page.

We should be releasing new titles every week for the foreseeable future. We urge you to write, fax, call, or email us any time for a current list of titles. Of course, our web-page will always have the most current information about current and upcoming books.

Arphax Publishing Co.
2210 Research Park Blvd.
Norman, Oklahoma 73069
(800) 681-5298 toll-free
(405) 366-6181 local
(405) 366-8184 fax
info@arphax.com

www.arphax.com

How to Use This Book - A Graphical Summary

Part I
"The Big Picture"

- **Map A** ▸ Counties in the State
- **Map B** ▸ Surrounding Counties
- **Map C** ▸ Congressional Townships (Map Groups) in the County
- **Map D** ▸ Cities & Towns in the County
- **Map E** ▸ Cemeteries in the County
- **Surnames in the County** ▸ Number of Land-Parcels for Each Surname
- **Surname/Township Index** ▸ Directs you to Township Map Groups in Part II

The Surname/Township Index can direct you to any number of Township Map Groups

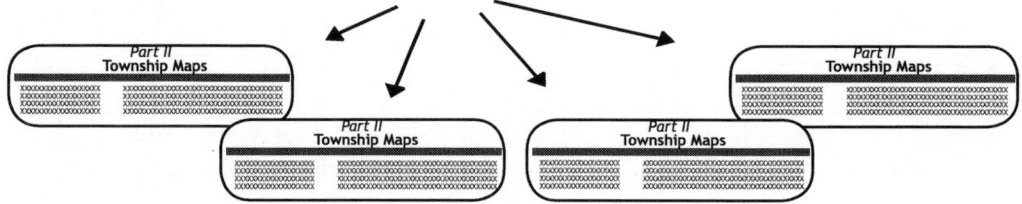

Part II
Township Map Groups
(1 for each Township in the County)

Each Township Map Group contains all four of of the following tools . . .

- **Land Patent Index** ▸ Every-name Index of Patents Mapped in this Township
- **Land Patent Map** ▸ Map of Patents as listed in above Index
- **Road Map** ▸ Map of Roads, City-centers, and Cemeteries in the Township
- **Historical Map** ▸ Map of Lakes, Rivers, Creeks, City-Centers, and Cemeteries

Appendices

- **Appendix A** ▸ Congressional Authority enabling Patents within our Maps
- **Appendix B** ▸ Section-Parts / Aliquot Parts (a comprehensive list)
- **Appendix C** ▸ Multi-patentee Groups (Individuals within Buying Groups)